W0263559

Antonia B. Kesel
Monika M. Junge
Werner Nachtigall

Einführung in die angewandte Statistik
für Biowissenschaftler

Springer Basel AG

Autorinnen und Autor:
Dr. Antonia B. Kesel
Monika M. Junge
Prof. Dr. Werner Nachtigall
Universität des Saarlandes
Fachrichtung 13.4 Zoologie
D-66041 Saarbrücken

CIP-Titelaufnahme der deutschen Bibliothek

Kesel, Antonia Bettina:
Einführung in die angewandte Statistik für Biowissenschaftler /
Antonia B. Kesel; Monika M. Junge; Werner Nachtigall. -
Springer Basel AG, 1999
   ISBN 978-3-7643-5953-9   ISBN 978-3-0348-8702-1 (eBook)
   DOI 10.1007/978-3-0348-8702-1

© 1999 Springer Basel AG
Ursprünglich erschienen bei Birkhäuser Verlag 1999
Umschlaggestaltung: Micha Lotrovsky, Therwil, Schweiz
Camera-ready Vorlage erstellt von Doris Zehren, Saarbrücken, Deutschland
Gedruckt auf säurefreiem Papier, hergestellt aus chlorfrei gebleichtem Zellstoff. TCF∞

ISBN 978-3-7643-5953-9

9 8 7 6 5 4 3 2 1

Vorwort

Die vorliegende Einführung in die Methoden des statistischen Arbeitens ging aus einem Skriptum zur Lehrveranstaltung Statistik für Erstsemester der Biologie hervor und wurde über Jahre überarbeitet und aktualisiert. So entstand nun eine "kursoptimiertes" Lehrbuch, das sich (nicht nur) an Studierende und / oder Statistikinteressierte der Biowissenschaften wendet. Dabei steht weniger die jeweils zugrundeliegende statistische Theorie als vielmehr die Anwendung statistischer Methoden als Werkzeug zur Interpretation experimentell gewonnenen Datenmaterials im Vordergrund.

Vorgestellt werden sowohl beschreibende, deskriptive (Kap. 3) als auch beurteilende, induktive bzw. analytische (Kap. 5 bis 7) Methoden. Unser Fokus lag hierbei nicht auf der möglichst vollständigen Erfassung aller Deskriptions- und Testverfahren, sondern vielmehr auf einer transparenten Darstellung der jeweiligen Vorgehensweise, der notwendigen Voraussetzungen zur Durchführung adäquater Testverfahren sowie der Sensibilisierung des Lesers für die Chancen und Grenzen statistischer Aussagen.

Herangezogen wurden dazu die gängigsten Deskriptionsparameter und Testverfahren im Bereich der biologischen Datenanalyse. Wenngleich die praxisorientierte Darstellung eine "kochrezeptartigen" Vorgehensweise suggerieren mag, so weisen viele kritische Anmerkungen zwar auf die einfache Handhabung der Testverfahren aber auch auf die Problematik der Interpretation des statistischen Ergebnisses hin.

Schwerpunkt des Buches bilden die Methoden der univariaten Statistik, daher wurden multivariate Verfahren lediglich im Rahmen der bivariaten linearen Regression und Korrelation (Kap. 8) berücksichtigt. An vielen Stellen mußte daher auf weiterführende Literatur verwiesen werden, ein Verzeichnis befindet sich im Anhang.

Um neben dem Einsatz als kursbegleitendes Unterrichtsmaterial auch die Möglichkeit zum autodidaktischen Erarbeiten statistischer Vorgehensweisen zu ermöglichen, wurden die jeweiligen Lehrinhalte sowohl in möglichst anschaulichen Graphiken als auch an ausführlichen *Beispielen* (jeweils kursiv dargestellt) in aller Ausführlichkeit behandelt. Weiterhin wurde jedem Kapitel ein Reihe Übungsaufgaben nachgestellt, deren Lösungen im Anhang dem Überprüfung des Eingeübten dienen sollen. Gleiches sollen die jedem Kapitel nachgestellten Zusammenfassungen ermöglichen, die die wesentlichen Punkte jeweils nochmals rekapitulieren. Ein ausführliches Sachverzeichnis soll dem Nachschlagen spezieller Abschnitte bzw. Methoden dienen, das ebenfalls zugefügte Verzeichnis englischsprachiger Fachtermini dem Verständnis englischsprachiger Originalpublikationen sowie den meist englischsprachigen Komputerprogrammen zur Statistik.

Vermutlich wird es auch dem vorliegenden Buch nicht vergönnt sein, beim Leser die Liebe zur Statistik zu wecken, wir hoffen jedoch damit den Einstieg in statistisches Arbeiten zu erleichtern und die Skepsis - nicht die Kritikfähigkeit! - vor statistischen Methoden zu nehmen: noch immer stellt die Statistik das einzige verfügbare Werkzeug dar, die biologische Datenvielfalt zu ordnen und zu interpretieren.

Unser Dank gilt allen, die durch kritisches Hinterfragen der Darstellungen und Inhalte dieses Buch maßgeblich beeinflußten. Namentlich sei Herrn Prof. Dr. Dietrich Bilo und Herrn Prof. Dr. Hanns-Christof Spatz für die kritische Kommentierung des Manuskriptes gedankt, Frau Dipl. Biol. Doris Zehren für das Erstellen der Graphiken, Satz und Layout, Frau Dipl. Biol. Patricia Kreuz und unzähligen Studierenden für das akribische Suchen und Finden von Fehlern und Unklarheiten.

Saarbrücken, im Januar 1999   Die Verfasser

Inhalt

Teil I:

Einführung

Kapitel 1:
Einführung in das statistische Arbeiten

Wie in allen Fachgebieten sind auch in der Statistik eine Reihe von exakt definierten Vokabeln und Fachtermini gebräuchlich. Für das Verständnis des dargestellten Stoffes ist es unbedingt nötig, diese Definitionen zu kennen. Einige der grundlegenden Begriffe werden deshalb hier im Zusammenhang erläutert. Eine umfangreichere alphabetische Zusammenstellung der gebräuchlichsten Fachtermini befindet sich im Anhang.

1.1 Grundbegriffe

Die **Grundgesamtheit** ist die Menge aller Elemente einer "Gruppe", an denen theoretisch unter gleichen Bedingungen die Ausprägung eines bestimmten Merkmals (z.B. Länge, Breite, Farbe etc.) erfaßt werden kann. Alle Äpfel einer Plantage stellen zum Beispiel eine solche Grundgesamtheit dar. Bei allen Elementen dieser Grundgesamtheit, in diesem Fall also bei den Äpfeln der Plantage, kann unter gleichen Bedingungen z.B. direkt nach der Ernte, die Ausprägung des Merkmals "Masse" erfaßt werden.
In diesem Beispiel sind alle Elemente der Grundgesamtheit, alle Äpfel der Plantage, konkret erfaßbar. Es wird deshalb von einer **konkreten** oder **realen** Grundgesamtheit gesprochen. Können nicht alle Elemente der Grundgesamtheit wirklich erfaßt werden, liegt eine **hypothetische** Grundgesamtheit vor. Biologische Beispiele für hypothetische Grundgesamtheiten sind die Körpergröße aller Individuen einer Art, die Tauchtiefen von Wahlen, die Massen aller Apfel etc. Auch die Schrittlänge eines laufenden Menschen kann als solche Grundgesamtheit definiert sein. Vergleichbare Beispiele aus dem technischen Bereich sind die Flugweite von Bällen aus einer Ballwurfmaschine oder alle Würfe mit einem Würfel.
Die Grundgesamtheit enthält eine Anzahl von N Elementen. Sie wird deshalb oft kurz als Grundgesamtheit N bezeichnet. Unterschieden werden **endliche** (z.B.: die Masse aller Mäuse in einer Laborzucht: N = konkrete Anzahl) und **unendliche** Grundgesamtheiten (z.B. alle Würfe mit einem Würfel: N = ∞). Konkrete Grundgesamtheiten sind immer endlich; hypothetische können endlich oder unendlich sein.
Nur in wenigen Fällen ist die ganze Grundgesamtheit in einem Experiment wirklich erfaßbar. Oft sind es zu viele Individuen oder nicht alle Individuen sind für den Experi-

mentator erreichbar. Es ist zum Beispiel nicht möglich, alle Vögel einer bestimmten Gattung, die auf einer Insel leben, als Grundgesamtheit zu erfassen.

Um diese Grundgesamtheit trotzdem charakterisieren zu können, ist man darauf angewiesen, eine kleine repräsentative Teilmenge, die zufällig aus der Grundgesamtheit ausgewählt wird, zu betrachten und von ihr auf die Grundgesamtheit rückzuschließen. Eine solche Teilmenge wird als **Stichprobe** bezeichnet. Damit die Stichprobe repräsentativ sein kann, ist es wichtig, daß ihre Elemente zufällig aus der Grundgesamtheit ausgewählt wurden. Zufällig bedeutet, daß jedes Individuum der Grundgesamtheit beim Erfassen der Stichprobe theoretisch die gleiche Chance hat, gewählt zu werden. Die Anzahl aller Elemente einer Stichprobe ist der **Stichprobenumfang n**.

Das untersuchte **Merkmal** der Elemente in der Stichprobe ist die **Zufallsvariable X**. Der Wert, den die Zufallsvariable X annimmt, wird als **Merkmalsausprägung x** oder **Realisation x der Zufallsvariablen** bezeichnet. So ist zum Beispiel die Länge einer untersuchten Muschelart die Zufallsvariable X und die konkret gemessene Länge einer einzelnen Muschel dieser Art die Realisation x der Zufallsvariablen X. Die Aufnahme der n Elemente in die Stichprobe und das Notieren der Werte x_i, die die Zufallsvariable X annimmt, wird **Zufallsexperiment** oder kurz **Experiment** oder **Versuch** genannt.

Damit durch die statistische Auswertung der im Experiment erhaltenen Daten auch eine Aussage auf die gestellte Frage getroffen werden kann, müssen die Voraussetzungen, unter denen das Experiment durchgeführt wird, vorher genau geplant werden. Auf welche Punkte bei der Versuchsplanung und Durchführung geachtet werden sollte, wird in Beispiel 1.1 aufgezeigt. Untersucht werden soll die Wirksamkeit eines Düngemittels auf den Ertrag von Apfelbäumen.

Beispiel 1.1: Durchführung eines statistischen Experiments

1. Wahl geeigneter Rahmenbedingungen für das Experiment

Für das Experiment werden 200 Apfelbäume der gleichen Sorte und gleichen Alters ausgewählt. Die Grundvoraussetzungen, unter denen die Bäume wachsen, wie Bodenbeschaffenheit und Lage sind im gesamten Anbaugebiet gleichwertig. Die Hälfte der Bäume wird mit dem zu testenden Düngemittel behandelt.

2. Präzises Formulieren der Fragestellung und Wahl der Zufallsvariablen X

Als Maß für die Wirksamkeit des Düngemittels werden die Massen der Äpfel von gedüngten und ungedüngten Bäumen miteinander verglichen. Die Fragestellung lautet dann: Beeinflußt das verwendete Düngemittel die Massen der geernteten Äpfel? Die Apfelmasse ist die Zufallsvariable X. Die ermittelten Massen der einzelnen Äpfel sind die Realisationen x_1, x_2, ... , x_n der Zufallsvariablen X. Ein Vergleich der Anzahl der Äpfel pro Baum oder der Längen der Laubblätter als Maß für die Wirksamkeit des Düngemittels wäre auch denkbar und würde unter Umständen zu einem anderen Ergebnis führen. Diese Überlegung soll zeigen, daß das Ergebnis durch die Wahl der Zufallsvariablen beeinflußt sein kann. In diesem Fall fiel die Entscheidung auf einen Vergleich der Massen, da dies ein wichtiger Faktor für die Vermarktung ist.

3. Planung und Ausführung des Experiments

Um den Arbeitsaufwand so gering wie möglich zu halten, werden aus dem Erntegut der gedüngten und ungedüngten Bäume jeweils 60 Äpfel zufällig gewählt und gewogen. Man erhält durch dieses Zufallsexperiment zwei Stichproben, eine aus der

Grundgesamtheit aller geernteten Äpfel der gedüngten, die zweite aus der Grundgesamtheit aller geernteten Äpfel der ungedüngten Bäume. Die Anzahl der Äpfel pro Stichprobe ist der Stichprobenumfang n = 60. Das Wiegen, die Ermittlung der Realisationen x der Zufallsvariablen X erfolgt mit einer Waage, die ± 1 g genau wiegt. (Zur Wahl des geeigneten Meßgeräts s. 1.3)

4. Statistische Auswertung

Die statistische Auswertung (Teil II und III) der gewonnenen Daten erlaubt mit einer bestimmten Irrtumswahrscheinlichkeit eine Aussage darüber, ob das Düngemittel in diesem Experiment wirksam ist.

5. Interpretation des statistischen Ergebnisses

Die Stichprobe wird als repräsentativ für die Grundgesamtheit, aus der sie stammt angesehen. Deshalb darf davon ausgegangen werden, daß die Aussage bezüglich der Apfelmassen der Stichproben auch für die jeweiligen Grundgesamtheiten gültig ist.
Man muß sich aber immer darüber im Klaren sein, daß trotz der genauen Vorschriften für die Anwendung der Statistik die Aussage über die Grundgesamtheit, die aufgrund des Experiments getroffen wird, von vielen unterschiedlichen Faktoren beeinflußt wird. Der wichtigste Faktor ist - wie oben schon angesprochen - die Fragestellung und die daraus folgende Wahl der Zufallsvariablen X.
Die Fragestellung muß sinnvoll sein, das Problem möglichst genau erfassen, und sie muß sich mit den Mitteln der Statistik beantworten lassen. Die Forderung, daß die Fragestellung sinnvoll sein soll, bedeutet, daß der untersuchte Zusammenhang theoretisch möglich ist. Es konnte beispielsweise statistisch gezeigt werden, daß in einem bestimmten Gebiet die Abnahme von Storchennestern proportional zur Abstieg der Geburtenrate beim Menschen war. Obwohl die Statistik korrekt durchgeführt wurde, ist diese Aussage natürlich sinnleer, da durch die zugrundeliegende Fragestellung vorausgesetzt wird, daß sich die beiden Größen theoretisch beeinflussen können - und dieser Zusammenhang besteht ja nun bekanntlich nicht. Auch die Wahl der Meßmethode, die zufällige Stichprobe und die zur Bewertung gewählten Kriterien beeinflussen die Aussage.

1.2 Merkmalsarten

Die unterschiedlichen Merkmalsarten, die an einer Zufallsvariablen untersucht werden können, lassen sich auf Grund ihrer Skalierung in quantitative und qualitative Merkmale einteilen.

1.2.1 Quantitative Merkmale

Die Merkmalsausprägungen **quantitativer (= metrischer = zahlenmäßiger) Merkmale** sind Zahlen in ihrer natürlichen Reihenfolge auf dem Zahlenstrahl. Es lassen sich stetige und diskrete Merkmale unterscheiden.
Diskrete Merkmale können nur bestimmte (meist ganzzahlige) Werte annehmen. Oft werden die Werte x_i der Zufallsvariablen X diskreter Merkmale durch einen Zählvorgang ermittelt. Ein Beispiel für ein diskretes Merkmal ist die Anzahl der Äpfel in 5-kg-Tüten

(Abb. 1.1). Durch Zählen kann die Anzahl x_i der Äpfel pro Tüte ermittelt werden, wobei nur bestimmte - in diesem Fall ganzzahlige - Werte x_i für die Zufallsvariable X gefunden werden. Die Werte sind diskret voneinander getrennt, Zwischenwerte existieren nicht.

Die Werte **stetiger Merkmale** können dagegen beliebig nahe beieinander liegen. Theoretisch tritt bei stetigen Merkmalen jede Realisation x_i des Merkmals X nur einmal auf. Es muß nur genau genug gemessen werden.

Abb. 1.1: Das Stabhistogramm stellt dar, wieviele der 200 untersuchten 5-kg Tüten welche Anzahl von Äpfeln enthalten. Es können nur diskrete Werte vorkommen, Zwischenwerte sind nicht möglich.

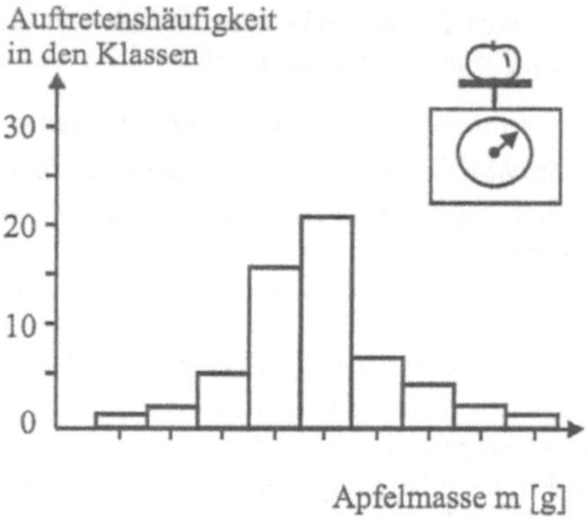

Abb. 1.2: Histogramm des stetigen Merkmals "Apfelmasse". Die Meßwerte wurden in Klassen (s. 2.1.3) zusammengefaßt, damit sich das gehäufte Auftreten um einen mittleren Wert im Graph darstellt.

Würde man zum Beispiel die Äpfel einer Stichprobe mit einer Waage mit sehr großer Meßempfindlichkeit wiegen, so würde für jeden Apfel eine andere Masse erfaßt werden. Die Massen könnten theoretisch unendlich nah beieinander liegen (= stetige Werte) und jeder Wert würde nur einmal auftreten. Um dennoch darstellen zu können, an welcher Stelle der Skala gehäuft Meßwerte auftreten, werden nebeneinanderliegende Werte in aneinanderstoßende Klassen zusammengefaßt (Abb. 1.2). In der Praxis sind solche hochgenauen Messungen meist nicht durchführbar und auch nicht nötig. Wie nah die einzelnen Werte bei einer konkreten Messung nebeneinander liegen, ist dann abhängig von der Meßempfindlichkeit des verwendeten Meßinstruments. Bei einer digitalen Personenwaage zum Beispiel, die die Werte auf ein 1 kg genau angibt, beträgt der Abstand der Werte x_i zweier Elemente der Stichprobe folglich mindestens 1 kg. Es handelt sich dann aber trotzdem um das stetige Merkmal "Masse".

1.2.2 Qualitative Merkmale

Bei **qualitativen (= topologischen)** Merkmalen werden nominale und ordinale Merkmale unterschieden. Von **nominalen (= kategorialen = begrifflichen)** Merkmalen wird gesprochen, wenn die verschiedenen Merkmalsausprägungen keine natürliche Reihenfolge haben. Die Merkmalsausprägungen sind namentlich bekannte Kategorien. Als

Beispiel lassen sich hier die Zugehörigkeit von Tieren zu verschiedenen Gattungen nennen. Sind nur zwei nominale Merkmalsausprägungen möglich, wie zum Beispiel weiblich oder männlich, dann wird von **alternativen (= dichotomen)** Merkmalen gesprochen.

Ordinale Merkmalsausprägungen zeichnen sich durch eine natürliche Reihenfolge aus, in der die einzelnen Kategorien - sie werden hier auch als Ränge bezeichnet - auf der Merkmalsskala auftreten. Die Ränge sind durch Begriffe gekennzeichnet wie beispielsweise die Ränge beim Militär oder durch mit natürlichen Zahlen oder Buchstaben codierte Merkmalsausprägungen. Im Gegensatz zu quantitativen können die Ränge der ordinalen Merkmale - auch die zahlencodierten - unterschiedliche Abstände haben.

Als Beispiel sei hier die Larvalentwicklung von Insekten genannt: Die einzelnen Larvenstadien sind in der Reihenfolge ihres Auftretens numeriert (L1, L2, L3...). Sie können anhand der unterschiedlichen Merkmalsausprägungen voneinander unterschieden werden, die Dauer der einzelnen Stadien ist jedoch unterschiedlich. Auch bei Schulnoten von 1 - 6 sind die Abstände zwischen den einzelnen Noten nicht gleich: um eine 4 = ausreichend zu erhalten, muß schon mindestens 50% der geforderten Leistung erbracht werden.

1.3 Das Meßgerät

Bei der Planung eines wissenschaftlichen Experiments sollte mit Sorgfalt ein für die Fragestellung adäquates Meßgerät ausgewählt werden. Adäquat heißt, daß das Meßgerät die speziellen Anforderungen der Messung qualitativ erfüllt. In der Praxis bemüht man sich, eine Meßapparatur zu finden, die zur Durchführung der notwendigen Messungen **ausreichend exakte Ergebnisse** liefert.

Zum Beispiel ist eine Personenwaage, die einen internen Fehler von $\pm$ 1 kg hat, normalerweise ausreichend, um die Masse von Erwachsenen von ungefähr 75 kg zu bestimmen. Das Wiegen mit deutlich größerer Empfindlichkeit wäre mit wesentlich größerem finanziellen Aufwand verbunden, würde aber kaum eine genauere Aussage bringen, da die Masse eines Menschen während eines Tages um mehr als 1 kg schwankt. Für das Abwiegen einer Masse von 3 kg ist diese Personenwaage dagegen vollkommen ungeeignet. Hierbei würde die Masse durch den internen Fehler bis zu 1/3 über- oder unterschätzt. Beim Wiegen der Person von 75 kg beträgt der Fehler dagegen nur 1/75.

Wichtige Kriterien bei der Auswahl des Meßgeräts ist die genaue **Ablesbarkeit des Ergebnisses,** am besten über eine Skala oder ein Zählwerk. Bei großen Meßumfängen oder sehr schnell aufeinanderfolgenden Messungen ist das Einlesen der Daten über eine Schnittstelle direkt in den Computer meist die bessere Lösung. Die **Genauigkeit,** mit der die Meßwerte aufgenommen werden können, ist abhängig von der tatsächlichen Empfindlichkeit des Meßgeräts. Zum Beispiel beträgt die Meßempfindlichkeit der oben beschriebenen Personenwaage $\pm$1 kg. Eine Einteilung der Skala in 100 g-Abschnitte sollte nicht darüber hinwegtäuschen. Weiterhin wird die **Reproduzierbarkeit** des Meßergebnisses gefordert, d.h. bei mehrmaligem Wiegen der gleichen Masse sollte - im Rahmen der Meßempfindlichkeit - immer wieder dasselbe Ergebnis ermittelt werden. Dies setzt beim Meßgerät Nullpunktkonstanz und Hysteresefreiheit (d.h. die Messungen bei Be- und Entlastung liefern identische Ergebnisse) voraus.

1.4 Meßfehler

Es kann davon ausgegangen werden, daß alle Messungen, so exakt sie auch durchgeführt sein mögen, mit mehr oder minder großen Fehlern behaftet sind.

Systematische Fehler, wie sie zum Beispiel durch eine fehlerhafte Eichung entstehen, würden alle Meßwerte, und somit auch das Endergebnis, in eine Richtung verschieben. Meist lassen sich solche Fehler durch sorgfältiges Planen und Ausführen des Experiments ausschließen. Vor einem wissenschaftlichen Experiment sollte deshalb jedes Meßgerät besonders im Hinblick auf systematische Fehler überprüft werden.

Unsystematische, zufällige Fehler treten dagegen unvermeidlich bei jeder Messung auf. Diese Fehler sind dadurch charakterisiert, daß sie unterschiedliche Ursachen haben, voneinander unabhängig sind und in unterschiedliche Richtungen weisen. Es kann sich dabei zum Beispiel um meßgerätinterne Fehler oder auch Ablesefehler (Parallaxenfehler) handeln. Weitere Fehlerursachen, die Meßergebnisse entscheidend beeinflussen können und mit denen gerechnet werden sollte, sind mechanische Schwingungen, elektrische und magnetische Einflüsse, oder bei elektrischen Meßgeräten Spannungsschwankungen während der Messung. In den meisten Messungen ist die Ungenauigkeit des Meßgeräts der am leichtesten zu quantifizierende Fehler.

Im allgemeinen gleichen sich unsystematische, zufällige Fehler aus. Man spricht deshalb auch von symmetrischen Fehlern: Der gemessene Wert ist in einem Fall etwas kleiner, im anderen etwas größer als der wahre Wert. Trifft dies bei einer Messung zu, so wird dies als symmetrisch verteilte Streuung der Meßfehler um einen theoretischen "wahren" Wert bezeichnet.

Wird bei **veränderten Randbedingungen** (andere Temperatur, Druck...) gemessen, kann der entstandene Fehler meist rechnerisch korrigiert werden. Ist dies nicht möglich, so kann er zumindest quantitativ angegeben werden.

1.4.1 Angabe des absoluten, relativen und prozentualen Meßfehlers

Zu Beginn eines Experiments sollte stets getestet werden, wie groß der maximale Fehler ist, der bei der Messung auftreten kann. Dieser maximale Fehler kann z.B. bei einer Waage festgestellt werden, indem die Messung mit einem Eichkörper unter den gleichen Bedingungen, die auch beim Versuch herrschen, mehrfach wiederholt wird: Eine Waage, auf der im Experiment Massen von ca. 50 g gewogen werden sollen, wird 10 mal mit demselben geeichten 50 g Stück belastet. Die maximal auftretende Abweichung vom tatsächlichen Wert wird als maximaler Meßfehler für das Experiment angenommen.

Die Angabe des Meßfehlers kann in Form des absoluten, relativen oder prozentualen Fehlers erfolgen. Wiegt man mit der Waage, bei der ein maximaler Meßfehler von ± 1 g festgestellt wurde, ein Objekt, für das die Waage eine Masse von $x = 40$ g anzeigt, so liegt die tatsächliche Masse des Gegenstands zwischen 39 g und 41 g. Die Abweichung von ± 1 g wird auch als absoluter Fehler F_{abs} (Abb. 1.3A) bezeichnet.

Die Angabe des **absoluten** Fehlers sagt noch nichts darüber aus, wie bedeutungsvoll der Fehler für die Messung ist. Dies erkennt man erst durch die Berechnung des relativen Fehlers.

Als **relativen** Fehler F_{rel} (F 1.1) bezeichnet man den auf den Meßwert x_i normierten absoluten Fehler. Relative Fehler sind stets dimensionslos. Oft wird der aufgetretene Fehler auch als **prozentualer** Fehler $F_{\%}$ (F 1.2) angegeben (Abb. 1.3 B). Aus der Größe des relativen bzw. prozentualen Fehlers läßt sich die Qualität der durchgeführten Messung abschätzen (Bsp. 1.2).

(F 1.1)

$$F_{rel} = \frac{\text{absoluter Fehler}}{\text{Meßwert}} = \frac{F_{abs}}{x_i}$$

(F 1.2)

$$F_{\%} = \frac{\text{absoluter Fehler}}{\text{Meßwert}} \cdot 100 = F_{rel} \cdot 100$$

A)   B)

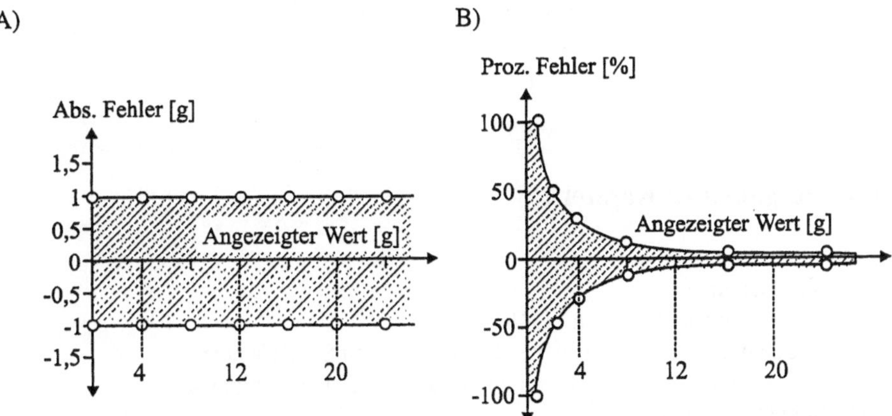

Abb. 1.3A): Darstellung des absoluten Maximalfehlers einer Waage, deren Meßgenauigkeit + 1 g beträgt. B): Darstellung des prozentualen Fehlers einer Waage mit einem maximalen Fehler von ± 1 g. Für den Meßwert 1 g beträgt der prozentuale Fehler 100%. Er nimmt für größere Massen exponentiell ab.

Beispiel 1.2: Relativer und prozentualer Fehler beim Wiegen verschiedener Massen

Wiegen der Masse von 40 g und von 2 g mit einer Waage deren absoluter Fehler ± 1 g beträgt. Aus Formel F 1.1 und F 1.2 berechnet sich der Fehler zu:

$$F_{rel(40\,g)} = \frac{1\,g}{40\,g} = 0{,}025 \qquad F_{\%} = 2{,}5\%$$

$$F_{rel(2\,g)} = \frac{1\,g}{2\,g} = 0{,}500 \qquad F_{\%} = 50\%$$

Beim Wiegen einer Masse von 40 g tritt ein relativer Fehler F_{rel} von lediglich 0,025 = 2,5% auf. Beim Wiegen einer Masse von 2 g liegt der Fehler F_{rel} bei 0,500 = 50%. Die Waage ist folglich für das genaue Bestimmen dieser Masse nicht geeignet.

Zusammenfassung

- Quantitative = metrische = zahlenmäßige Merkmale können diskret oder stetig sein. Die einzelnen Realisationen dieser Merkmale sind in ihrer Reihenfolge und in ihrem Abstand durch den Zahlenstrahl festgelegt.

- Qualitative = topologische Merkmale können entweder nominal = kategorisch = begrifflich oder auch ordinal sein.

- Die bei einer Messung unvermeidbar auftretenden Fehler können akzeptiert werden, wenn sie voneinander unabhängig sind und in verschiedene Richtungen weisen. Systematische Fehler sollten vermieden werden. Ist dies nicht möglich, sollte man versuchen, sie rechnerisch zu korrigieren oder zumindest ihre Größe anzugeben.

Übungsaufgaben zu Kapitel 1

A 1.1
Was versteht man unter
a) einer Zufallsvariablen? Nennen Sie Beispiele.
b) einer diskreten und einer stetigen Verteilung? Nennen Sie Beispiele.
c) der Grundgesamtheit? Welche Arten von Grundgesamtheiten gibt es?
d) dem Stichprobenumfang?
e) einer Stichprobe?

A 1.2
Wodurch kann ein Meßgerät die Messung beeinflussen?
Wie testet man ob ein Meßgerät für einen geplanten Versuch adäquat ist?

A 1.3
Nenne Sie diskrete, stetige, ordinale und nominale Merkmalsausprägungen.

A 1.4
Wie groß ist der absolute, relative und prozentuale Fehler folgender Messungen:
a) Wiegen einer Person von 53 kg auf einer Waage, die auf ± 1 kg genau mißt?
b) Geschwindigkeitsmessung mit einem Tachometer, der auf ± 5 km h^{-1} genau geht bei einer angezeigten Geschwindigkeit 100 km h^{-1}?

A 1.5
Welche Aussagen sind richtig?
a) Eine Grundgesamtheit liegt vor, wenn nicht alle zugehörigen Elemente erfaßt werden können.

b) Reale Grundgesamtheiten sind immer endlich.

c) Ordinale Merkmale haben immer gleiche Abstände.

d) Quantitative Merkmale sind stetig oder diskret.

e) Die Merkmalsausprägung wird durch ein Zufallsexperiment ermittelt.

f) Die Realisationen der Zufallsvariablen werden durch Messen (oder andere objektive Kriterien) ermittelt.

g) Diskrete Merkmale können nur ganzzahlige Werte annehmen.

h) Hypothetische Grundgesamtheiten sind immer unendlich.

i) Das Merkmal, das an den Elementen der Stichprobe untersucht wird, ist die Zufallsvariable X.

j) Ein Zufallsexperiment ist das Erheben einer Stichprobe.

k) In der Stichprobe und in der Grundgesamtheit können gleich viele Elemente sein.

l) Stetige Werte können theoretisch unendlich nah nebeneinander liegen.

Teil II:

Deskriptive Statistik für den univariaten Fall

Ziel der deskriptiven (beschreibenden) Statistik ist es, die in einem Experiment gewonnenen Meßwerte übersichtlich darzustellen und durch Kenngrößen zu charakterisieren. Im Mittelpunkt der deskriptiven Statistik steht die Häufigkeitsverteilung. Durch sie wird die Auftretenshäufigkeit einzelner oder klassierter Meßwerte dargestellt. Die Häufigkeitsverteilung wird im Rahmen der deskriptiven Statistik sowohl graphisch und tabellarisch dargestellt, als auch als Funktion formuliert.

Die Ausführungen in diesem Teil II beschränken sich auf den univariaten Fall. Univariat bedeutet, daß nur *ein* Merkmal X (z.B. die Masse) in seiner Ausprägung x_i an den Individuen der Stichprobe betrachtet wird.

Kapitel 2:
Darstellung der Stichprobendaten in Tabellen und Graphiken

2.1 Tabellarische Darstellung und Klassierung der Meßwerte

2.1.1 Die Urliste

In der **Urliste** befinden sich alle im Zufallsexperiment ermittelten Meßwerte x_1, x_2...x_n der Zufallsvariablen X in der Reihe ihres Auftretens (Bsp. 2.1). Die Urliste ist die Originalmitschrift des durchgeführten Experiments. Auf ihr basieren alle weiteren Auswertungen.

Beispiel 2.1: Erstellen einer Urliste aus den ermittelten Apfelmassen der Stichprobe

Aus den geernteten Äpfeln der unbehandelten Apfelbäume wird eine Stichprobe gezogen (n = 60). Das Merkmal "Masse" der Äpfel, die Zufallsvariable X, wird in dieser Stichprobe untersucht (s. Bsp 1.1). Es wurden folgende Apfelmassen x_i [g] in der Urliste notiert:

151 144 162 150 138 152 161 148 151 131 151 143 158 134 148 151 147 146
144 151 138 147 163 154 119 148 138 139 144 144 150 151 156 178 148 141
146 143 141 153 144 131 151 148 154 125 144 143 135 137 168 142 144 146
159 170 151 147 154 148

2.1.2 Die Primäre Verteilungsliste

Die lediglich chronologische Datensammlung in der Urliste wird nun geordnet. Dabei werden die aufgetretenen Meßwerte in ihrer natürlichen Reihenfolge in einer Tabelle eingetragen und die Häufigkeit ihres Auftretens gezählt. Das Ergebnis ist die Primäre Verteilungsliste (Bsp. 2.2). Die beobachtete Häufigkeit der einzelnen Meßwerte x_i wird als absolute Häufigkeit H_i bezeichnet.

Beispiel 2.2: Erstellen der Primären Verteilungsliste der Apfelmassen-Stichprobe

Tab. 2. 1: Primäre Verteilungsliste der Apfelmassen-Stichprobe. Die aufgetretenen Meßergebnisse sind der Größe nach geordnet, und die Auftretenshäufigkeiten sind ausgezählt (Werte aus Bsp. 2.1).

1	*2*		*1*	*2*
Apfelmassen	*Aufgetretene Häufigkeit*		*Apfelmassen*	*Aufgetretene Häufigkeit*
m	*H*		*m*	*H*
g	*-*		*g*	*-*
119	*1*		*150*	*2*
125	*1*		*151*	*8*
131	*2*		*152*	*1*
134	*1*		*153*	*1*
135	*1*		*154*	*3*
137	*1*		*156*	*1*
138	*3*		*158*	*1*
139	*1*		*159*	*1*
141	*2*		*161*	*1*
142	*1*		*162*	*1*
143	*3*		*163*	*1*
144	*7*		*168*	*1*
146	*3*		*170*	*1*
147	*3*		*178*	*1*
148	*6*			

2.1.3 Die Klassenliste

Bei der Messung eines quantitativ stetigen Merkmals läßt sich in der Primären Verteilungsliste oft noch keine charakteristische Häufigkeitsverteilung erkennen. Ein Meßwert der Zufallsvariablen X tritt - besonders bei sehr genauen Messungen - entweder nur einmal oder bei nur sehr wenigen Messungen auf. Durch die Einteilung der Werte in Klassen läßt sich aus der Primären Verteilungsliste eine Klassenliste erstellen.

In den Statistikbüchern finden sich unterschiedliche Angaben zur Berechnung von Klassengrenzen und Klassenbreiten, die den unterschiedlichen Fragestellungen angepaßt sind. Die hier vorgestellte Möglichkeit ist also nur eine von vielen. Sie hat sich in der Praxis aber für das Einüben statistischen Arbeitens als recht brauchbar erwiesen.

Um eine Klassierung durchführen zu können, müssen die Anzahl der Klassen, die Klassenbreite sowie die Lage der Klassen und deren Grenzen festgelegt werden. Für die Berechnung der **Klassenanzahl K** (F 2.1) gilt:

(F 2.1)

$$K \approx 5 \cdot \log n$$

Ergibt sich aus dieser Berechnung eine gerade Zahl für K, so erhöht man die Klassenanzahl meist um eins, da sich bei einer ungeraden Anzahl von Klassen ein zentrales Maximum besser darstellen läßt (Bsp. 2.3). Die Anzahl der Klassen, die sich nach der hier aufgeführten Formel ergeben, sollte jedoch bei sehr großen Stichprobenumfängen reduziert werden, da die Klassenliste sonst schnell unübersichtlich wird. In den Übungsaufgaben befinden sich hierzu einige Beispiele.

Beispiel 2.3: Berechnung der Anzahl der Klassen K zur Klassierung der Apfelmassen-Stichprobe

Nach Formel F 2.1 berechnet sich die Anzahl K der Klassen für einen Stichprobenumfang von n = 60 zu:

$$K = 5 \cdot \log 60 = 8,89 \rightarrow \textit{Es werden 9 Klassen gebildet.}$$

Die **Klassenbreite b** (F 2.2) wird bestimmt, indem die Differenz aus dem größten Meßwert x_{max} und dem kleinsten Meßwert x_{min} gebildet wird. Die so errechnete Spannweite R der Stichprobe wird durch die Anzahl der Klassen K dividiert.

(F 2.2)

$$b = \frac{(x_{i\ max} - x_{i\ min})}{K}$$

Bei der Berechnung der Klassenbreite darf <u>nie</u> abgerundet werden, da sonst die am Rand liegenden Werte nicht in den Klassen erfaßt werden (Bsp. 2.4). Aufgerundet wird meist auf gleiche Dezimalstelle mit der die Meßwerte angegeben sind. Oft wird die Klassierung durch Einteilung in 2er, 5er oder 10er Schritten übersichtlicher. Man muß aber darauf achten, daß der von den Klassen überstrichene Bereich nicht zu groß wird.

Beispiel 2.4: Berechnung der Klassenbreite der Klassen in der Apfelmassen-Stichprobe

Nach Formel F 2.2 berechnet sich die Klassenbreite für die Apfelmassen-Stichprobe zu:
$x_{min} = 119\ g;\ x_{max} = 178\ g$ *(Bsp. 2.2); Klassenanzahl K = 9 (Bsp. 2.3)*

$$\textit{Klassenbreite } b = \frac{(178\ g - 119\ g) + 1}{9} = \frac{60\ g}{9} = 6,67\ g \qquad \textit{aufgerundet 7 g}$$

Die Klassenbreite beträgt 7 g.

Durch das Aufrunden der Klassenbreite ist der von den Klassen überstrichene Wertebereich größer als die Spannweite der Meßwerte. Um nicht an einem Rand der Verteilung eine leere Klasse zu erhalten, wird die **Mitte der mittleren Klasse** (F 2.3) auf die Mitte der Spannweite festgelegt (Bsp. 2.5).

(F 2.3)

$$\textbf{Mitte der mittleren Klasse:} \quad \frac{x_{max} - x_{min}}{2} + x_{min}$$

Beispiel 2.5: Berechnung der Lage der Mitte der mittleren Klasse

Nach Formel F 2.3 liegt die Mitte der mittleren Klasse der Apfelmassen-Stichprobe bei:
$x_{min} = 119\ g;\ x_{max} = 178\ g$ *(Werte aus Bsp. 2.2)*

$$\frac{x_{max} - x_{min}}{2} + x_{min} = \frac{178\ g - 119\ g}{2} + 119\ g = 148{,}5\ g \leftarrow \textit{Mitte der mittleren Klasse}$$

Die Klasse Nr. 5 ist die mittlere Klasse (Bsp. 2.3).

Von der mittleren Klasse ausgehend, werden die Klassen nach rechts und links angeschlossen. Bei der Festlegung der **Klassengrenzen** ist zu beachten, daß die Klassen unmittelbar aneinanderstoßen, so daß bei der stetigen Verteilung alle Werte erfaßt werden: die obere Klassengrenze der Klasse 1 ist gleichzeitig die untere Klassengrenze der Klasse 2 etc.

Die errechnete **absolute Klassenhäufigkeit** H_{Kl} (**= Besetzungszahl der Klasse**) ist die Summe der Häufigkeiten der Werte x_i, die in einer Klasse zusammengefaßt sind. Dabei ist es sehr wichtig, daß die Häufigkeit eines Wertes, der die Klassengrenze darstellt, aufgeteilt wird. Ist die Häufigkeit geradzahlig, wird jeweils die Hälfte den beiden angrenzenden Klassen zuaddiert. Bei ungeraden Häufigkeiten wird der höheren Klasse vereinbarungsgemäß 1 mehr zugeteilt.

Qualitative Werte liegen in Kategorien oder Rängen vor. Sollen diese ebenfalls zusammengefaßt werden, müssen unter Umständen neue Kategorien definiert werden. Wurden zum Beispiel Personen nach ihrer Haarfarbe in die Kategorien blond, rot, braun, schwarz eingeteilt, so könnte eine Zusammenfassung nur noch aus den Kategorien blond und nicht-blond bestehen.

Diese Klassierung hat den Charakter einer Zusammenfassung und bedeutet somit eine Reduktion der Daten. Das Erstellen einer Klassenliste ist in Beispiel 2.6 ausführlich dargestellt.

Beispiel 2.6: Erstellen einer Klassenliste für die Apfelmassen-Stichprobe

Tab. 2.2: Ausführliche Klassenliste der Apfelmassen-Stichprobe (Bsp. 2.2): K = 9 (Bsp. 2.3); b = 7g (Bsp. 2.4); Mitte der mittleren Klasse Nr. 5 bei 148,5g (Bsp. 2.5).

Masse x_i (g)	Häufigkeit H	Kl.-Nr.	Besetzungszahl der Klassen = Häufigkeit H_{Kl}	
----117----	---------------	Klassengrenze---	--	--------
118				
119	1			
120		Klasse Nr. 1		1
121				
122				
123				
-----124-----	---------------	Klassengrenze---	--	--------
125	1			
126				
127		Klasse Nr. 2		2
128				
129				
130				1
-----131-----	--------2--------	Klassengrenze---	-------------Aufteilen der Häufigkeit-----	--------
132				1
133				
134	1	Klasse Nr. 3		5
135	1			
136				
137	1			1
----138-----	--------3--------	Klassengrenze---	-------------Aufteilen der Häufigkeit-----	--------
139	1			2
140				
141	2	Klasse Nr. 4		16
142	1			
143	3			
144	7			
-----145-----	---------------	Klassengrenze---	--	--------
146	3			
147	3			
148	6	148,5 ←Mitte der mittleren Kl. Nr. 5		22
149				
150	2			
151	8			0
-----152-----	--------1--------	Klassengrenze---	-------------Aufteilen der Häufigkeit-----	--------
153	1			1
154	3			
155		Klasse Nr. 6		7
156	1			
157				
158	1			0
-----159-----	--------1--------	Klassengrenze---	-------------Aufteilen der Häufigkeit-----	--------
160				1
161	1			
162	1	Klasse Nr. 7		4
163	1			
164				
165				
----166-----	---------------	Klassengrenze---	--	--------
167				
168	1			
169		Klasse Nr. 8		2
170	1			
171				
172				
----173-----	---------------	Klassengrenze---	--	--------
174				
175				
176		Klasse Nr. 9		1
177				
178	1			
179				
-----180----	---------------	------------------------	--	--------

2.2 Die relative und prozentuale Häufigkeit

Die konkret aufgetretene Anzahl eines Meßwerts x_i, wird als **absolute Häufigkeit** H_i bezeichnet. Sind die Daten klassiert, spricht man von der **Besetzungszahl der Klasse** H_{Kl}. Die Regeln zur Berechnung der Besetzungszahl sind beim Erstellen der Klassenliste angegeben (s 2.1.3).

Soll die Auftretenshäufigkeit H_i in verschieden großen Stichproben verglichen werden, so werden die dimensionslose relative Häufigkeit h_i (F 2.4) oder die prozentuale Häufigkeit $h_\%$ (F 2.6) berechnet (Bsp. 2.7).

Die **relative Häufigkeit** h_i berechnet sich zu:

(F 2.4)

$$h_i = \frac{H_i}{n}$$

Da die Summe der absoluten Häufigkeiten $H_i = n$ ist, gilt für die Summe der relativen Häufigkeiten h_i (F 2.5):

(F 2.5)

$$\Sigma\, h_i = 1$$

Die **prozentuale Häufigkeiten** $h_\%$ berechnet sich zu:

(F 2.6)

$$h_{i\,\%} = h_i \cdot 100$$

Beispiel 2.7: Relative und prozentuale Häufigkeiten der klassierten Apfelmassen

Tab. 2.3: Klassenliste der Apfelmassen-Stichprobe (vgl. Bsp. 2.6) mit absoluter Häufigkeit H, relativer Häufigkeit h (F 2.4) und prozentualer Häufigkeit $h_\%$ (F2.6). Die Angabe der relativen bzw. prozentualen Häufigkeit ermöglicht des Vergleich von Stichproben mit unterschiedlichen Stichprobenumfängen.

1	2		3	4	5	6
Klasse	*Klassengrenzen*		*Klassen-mitte*	*Absolute Häufigkeit*	*Relative Häufigkeit*	*prozentuale Häufigkeit*
Kl.-Nr.	K_{untere}	K_{obere}	m_i	*H*	*h*	$h_\%$
-	*g*	*g*	*g*	-	-	*%*
1	*117*	*124*	*120,5*	*1*	*0,0167*	*1,67*
2	*124*	*131*	*127,5*	*2*	*0,0333*	*3,33*
3	*131*	*138*	*134,5*	*5*	*0,0833*	*8,33*
4	*138*	*145*	*141,5*	*16*	*0,2667*	*26,67*
5	*145*	*152*	*148,5*	*22*	*0,3667*	*36,37*
6	*152*	*159*	*155,5*	*7*	*0,1167*	*11,67*
7	*159*	*166*	*162,5*	*4*	*0,0667*	*6,67*
8	*166*	*173*	*169,5*	*2*	*0,0333*	*3,33*
9	*173*	*180*	*176,5*	*1*	*0,0167*	*1,67*
	b = 7g *K = 9*			*n = 60*	*Σ = 1*	*Σ = 100 %*

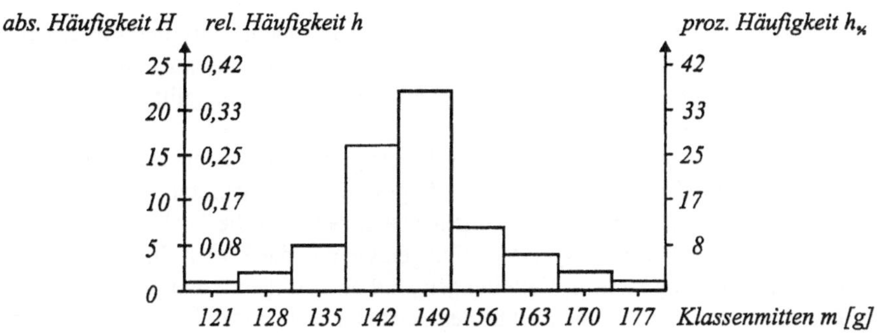

Abb. 2.1: Histogramm der absoluten Häufigkeit H, der relativen Häufigkeit h und der prozentualen Häufigkeit $h_\%$ der Massen von 60 Äpfeln.

2.3 Die graphische Darstellung von Meßwerten

Um die Verteilung der Häufigkeit in einer Stichprobe besser erfassen zu können, wird sie oft graphisch dargestellt. Vereinbarungsgemäß werden die Realisationen der Zufallsvariablen X, die gemessenen Werte x_1, x_2, ... x_n (bei klassierten Werten die Meßwertklassen), auf der Abszisse (x-Achse) aufgetragen. Dabei ist darauf zu achten, daß der Abstand zwischen den Meßwerten maßstabgetreu dargestellt wird. Auf der Ordinate (y-Achse) wird zu jedem Meßwert x_i, beziehungsweise zu jeder Klasse die zugehörige Häufigkeit aufgetragen.

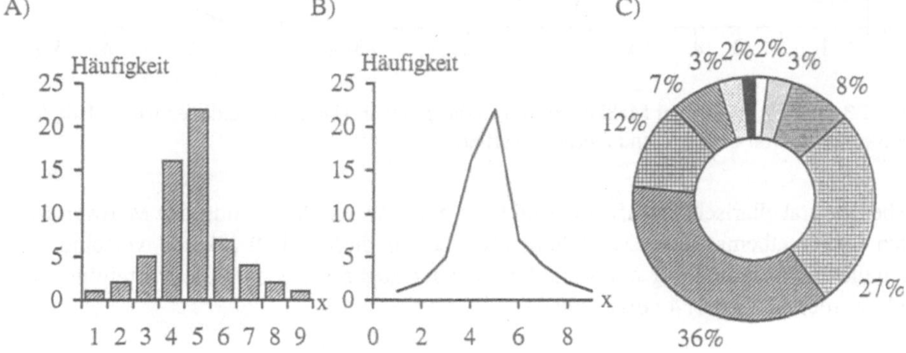

Abb. 2.2: Verschiedene Möglichkeiten der graphischen Darstellung von Meßdaten: A) Säulendiagramm oder Histogramm; bei diskreten Werten sollten die Säulen in der Darstellung nicht aneinanderstoßen (Stab- oder Linienhistogramm), bei stetigen Verteilungen werden die Säulen direkt aneinander gesetzt (Blockhistogramm); B) Liniendiagramm; C) Ringdiagramm

Damit das Diagramm verständlich ist, müssen die Koordinaten exakt beschriftet und mit Dimension und Einheit versehen sein. In der Abbildungsunterschrift wird die Fragestellung, mit der sich die Graphik beschäftigt, genannt. Die Quelle, aus der die Daten stammen, ist anzugeben. Innerhalb der Graphik sollte nicht über das notwendige Maß hinaus beschriftet werden, da zu viele Details verwirren. Allgemein gilt: So viel wie nötig, aber so wenig wie möglich!

Die Wahl der Darstellungsart ist abhängig von dem zugrunde liegenden Datenmaterial. Stichproben werden häufig als Histogramme dargestellt. Bei diskreten Verteilungen sollten die Säulen in der Darstellung nicht aneinanderstoßen, um die Diskontinuität der Meßwerte zu verdeutlichen; bei stetigen Verteilungen werden die Säulen direkt aneinander gesetzt. Zur Darstellung stetiger Verteilungen sind auch Liniendiagramme recht gut geeignet. Die Linie interpoliert die Dichte der Auftretenshäufigkeit bei immer feiner werdenden Klasseneinteilungen (s. 4.3.1 und Bsp. 3.4). Die Verteilung nominaler Merkmale läßt sich häufig mit Hilfe eines Tortendiagramms gut darstellen. Von den vielfältigen Möglichkeiten der graphischen Darstellung sind hier (Abb. 2.2) nur einige angeführt.

In Abbildung 2.3 ist jeweils das gleiche Zahlenmaterial unterschiedlich dargestellt. Beim Betrachten dieser Diagramme wird erkennbar, daß durch die Art der Achseneinteilung der Eindruck des Betrachters beeinflußt wird. Um den dargestellten Zusammenhang richtig einordnen zu können, muß deshalb immer die Skalierung der Achsen sehr genau beachtet werden, da sonst Effekte suggeriert werden, die de facto nicht existieren oder wesentlich schwächer ausgeprägt sind, als man aufgrund des Diagramms zunächst annimmt.

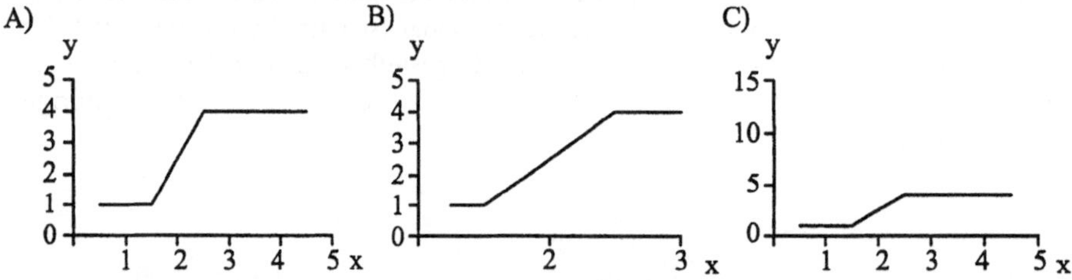

Abb. 2.3 A) – C): Allen drei Meßkurven liegen die gleichen Daten zugrunde; es wurde lediglich die Skalierung von Ordinate und Abszisse variiert.

Neben der tabellarischen Auflistung und der graphischen Darstellung der Meßwerte ist auch eine mathematische Darstellung möglich. In diesem Fall können verschiedene Modelle zur Beschreibung der Verteilung herangezogen werden. Diese Verteilungsmodelle werden in Kapitel 4 vorgestellt.

Zusammenfassung

- Die grundlegende Aufgabe der beschreibenden Statistik ist es, vorhandenes Datenmaterial zu ordnen, zusammenzufassen und darzustellen, damit aus den Meßwerten Informationen über die Stichprobe gewonnen werden können. Meist ist es erst nach einer entsprechenden Aufbereitung der Werte möglich, Schlußfolgerungen bezüglich der Grundgesamtheit zu ziehen.

- Der zentrale Begriff der beschreibenden Statistik ist die Häufigkeitsverteilung, das heißt die Zuordnung der Auftretenshäufigkeiten zu den Meßwerten.

- Die Darstellung der Häufigkeitsverteilung kann tabellarisch oder graphisch erfolgen.

Übungsaufgaben zu Kapitel 2

A 2.1

Im Rahmen einer Diplomarbeit zu Biokompatibilität von Metallegierungen wurde untersucht, wie lange Bakterienzellen auf der Metalloberfläche überleben. Ermittelt wurden folgende Daten:

1	2
Bakterienlebensdauer auf einer Metalloberfläche	Anzahl der Bakterienzellen in einem Areal
Klassengrenze unten K_u - Klassengrenze oben K_o	H
min	-
300 - 370	2
370 - 440	14
440 - 510	37
510 - 580	39
580 - 650	42
650 - 720	48
720 - 790	59
790 - 860	52
860 - 930	41
930 - 1000	31
1000 - 1070	23
1070 - 1140	8
1140 - 1210	4

a) Berechnen Sie eine relative und prozentuale Häufigkeitsverteilung.
b) Konstruieren Sie ein relatives Häufigkeitshistogramm.
c) Wie groß ist die Klassenbreite b?
d) Welches ist die Zufallsvariable? Ist sie diskret oder stetig?

A 2.2

Gemessen wurden die Körpergrößen [cm] und die Körpermassen [kg] von 25 männlichen und 29 weiblichen Studierenden. Es ergaben sich folgende Urlisten.

Urliste zur Verteilung der Körpergröße und -masse der männlichen Studierenden:

Student Nr.		1	2	3	4	5	6	7	8	9	10	11	12	13
Größe L	cm	178	190	194	185	189	180	180	192	168	176	188	192	190
Masse M	kg	63,6	105,2	78,5	82,0	65,9	78,7	68,3	75,7	84,4	79,7	61,0	72,1	67,1

Student Nr.		14	15	16	17	18	19	20	21	22	23	24	25
Größe L	cm	186	185	175	187	173	185	183	188	180	176	182	181
Masse M	kg	72,3	92,3	74,5	80,3	80,7	82,5	63,0	63,1	72,9	74,2	85,6	76,0

Urliste zur Verteilung der Körpergröße und -masse der weiblichen Studierenden:

Studentin Nr.		1	2	3	4	5	6	7	8	9	10	11	12	13
Größe L	cm	160	173	170	166	165	169	164	164	171	175	160	167	168
Masse M	kg	63,3	66,5	63,5	73,4	76,0	57,8	62,4	47,9	64,4	53,3	47,1	48,1	65,3

Studentin Nr.		14	15	16	17	18	19	20	21	22	23	24	25	26
Größe L	cm	179	165	183	165	170	167	162	183	174	172	167	167	173
Masse M	kg	64,9	60,0	53,3	60,4	53,9	50,0	60,9	74,9	59,7	65,9	59,8	45,8	57,7

Studentin Nr.		27	28	29
Größe L	cm	178	174	167
Masse M	kg	58,0	58,7	55,7

a) Fertigen Sie aus der "Studentinnen"- oder der "Studenten"-Urliste sowohl für die Körpergrößen, als auch für die Körpermassen eine Klassenliste an. Berechnen Sie dazu die Klassenanzahl K, die Klassenbreite b sowie die Lage der mittleren Klasse.

b) Tragen Sie die unter a) erstellte Klassenliste als Histogramm (Millimeterpapier) auf.

Kapitel 3:
Charakterisierung von Stichproben durch Kenngrößen

3.1 Kenngrößen

Statt der vollständigen Beschreibung der Häufigkeitsverteilung einer Stichprobe besteht auch die Möglichkeit, die Verteilung durch die Angabe von Kenngrößen zu charakterisieren. Die Kenngrößen - sie werden auch als Parameter der Verteilung bezeichnet - werden nach vorgegebenen Formeln aus der Stichprobe berechnet. Die wichtigsten Kenngrößen sind der arithmetische Mittelwert und die Standardabweichung. Der Informationsverlust, der durch die Reduktion der Verteilung auf ihre Kenngrößen entsteht, wird im Interesse einer Vereinfachung hingenommen.
Wie schon im ersten Kapitel kurz dargestellt, wird eine Stichprobe erstellt, um mit ihrer Hilfe etwas über die Eigenschaften der Grundgesamtheit zu erfahren, aus der diese Stichprobe stammt. Die Kenngrößen der Stichproben sind **Schätzgrößen** für die Kenngrößen der Grundgesamtheit. Man bezeichnet sie als Schätzgrößen, da die unbekannten und meist auch nicht ermittelbaren Kenngrößen der Grundgesamtheit über die Stichprobe geschätzt werden können.
Die im folgenden vorgestellten Kenngrößen stellen lediglich eine Auswahl der in der statistischen Praxis gebräuchlichen Parameter dar.

3.1.1 Mittelwerte

3.1.1.1 Das arithmetische Mittel: Mittelwert $\bar{x}$

Das arithmetische Mittel $\bar{x}$ der Stichprobe ist eine Schätzgröße für den Mittelwert μ der Grundgesamtheit, aus der die Stichprobe stammt. Abhängig davon, in welcher Form die empirischen Daten vorliegen, wird die Formel zur Berechnung von $\bar{x}$ modifiziert.
In den meisten Taschenrechnern ist Berechnung des Mittelwerts $\bar{x}$ fest einprogrammiert, und es werden nur noch die einzelnen (beziehungsweise die klassierten) x_i-Werte eingegeben. Beim Vergleich der Ergebnisse von verschiedenen Taschenrechnern ist allerdings zu bemerken, daß die Ergebnisse durch unterschiedliche Rundung geringfügig voneinander abweichen können. Die hier recht ausführliche Darstellung der Berechnung soll das Verständnis für den Umgang mit statistischen Kenngrößen einüben.
Liegen die Werte als Urliste vor, wird das arithmetische Mittel (F 3.1) als Quotient aus der Summe aller Einzelwerte x_i und dem Stichprobenumfang n berechnet (Bsp. 3.1).

(F 3.1)

$$\bar{x} = \frac{\sum x_i}{n}$$

Der Stichprobenumfang n sollte nicht zu klein sein (n ≥ 7), da sehr kleine Stichproben oft stark unsymmetrisch sind und das arithmetische Mittel dann den Mittelwert μ der Grundgesamtheit schlecht repräsentiert. Unter einem Stichprobenumfang von n = 3 ist eine Mittelwertberechnung nicht zulässig. Die Dimension und die Einheit des Mittelwertes $\bar{x}$ sind gleich der Dimension und der Einheit der Einzelmeßwerte.

Beispiel 3.1: Berechnung des arithmetischen Mittels $\bar{x}$ aus der Urliste

Urliste der Apfelmassen-Stichprobe [g] (n =60, Werte aus Bsp. 2.1):

151 144 162 150 138 152 161 148 151 131 151 143 158 134 148 151 147 146
144 151 138 147 163 154 119 148 138 139 144 144 150 151 156 178 148 141
146 143 141 153 144 131 151 148 154 125 144 143 135 137 168 142 144 146
159 170 151 147 154 148

Eingesetzt in Formel F 3.1 berechnet sich der Mittelwert $\bar{x}$ der Apfelmassen [g] zu:

$$\bar{x} = \frac{8843\ g}{60} = 147{,}3833\ g$$

Ausgehend von der Urliste berechnet sich das arithmetische Mittel $\bar{x}$ der Apfelmassen zu
$\bar{x} = 147{,}4\ g$.

Liegen die Meßwerte schon in Form einer Primären Verteilungsliste oder einer Klassenhäufigkeitsliste vor, wird die Formel (F 3.1) zur Berechnung des arithmetischen Mittels $\bar{x}$ angepaßt.

Zur Berechnung aus der **Primären Verteilungsliste** (F 3.2) werden die Einzelwerte x_i mit ihrer absoluten Auftretenshäufigkeit H_i multipliziert. Die Summe dieser Produkte wird durch den Meßumfang n geteilt (Bsp. 3.2).

(F 3.2)

$$\bar{x} = \frac{\sum (x_i \cdot H_i)}{n}$$

Aus der **Klassenhäufigkeitsliste** läßt sich der Mittelwert $\bar{x}$ berechnen (F 3.3) durch Aufsummieren der Produkte aus den Klassenmitten m_i und ihrer relativen Häufigkeit h_i (F 2.4) (Bsp. 3.3).

(F 3.3)

$$\bar{x} = \sum m_i \cdot h_i = \frac{\sum (m_i \cdot H_i)}{n}$$

Die Abweichung des Ergebnisses (Bsp. 3.3) bei der Berechnung des Mittelwerts aus der Klassenhäufigkeitsliste von dem Ergebnis bei der Berechnung aus der Urliste oder der Primären Verteilungsliste kommt dadurch zustande, daß hier bereits durch die Klassierung eine Datenreduktion vorgenommen worden ist. Es werden nicht mehr die Originalwerte x_i, sondern die Klassenmitten m_i zur Berechnung des Mittelwerts herangezogen. Man akzeptiert diesen Fehler, da besonders bei großen Meßumfängen die Berechnung aus Einzelwerten sehr aufwendig wäre.

Beispiel 3.2: Berechnung des arithmetischen Mittels $\bar{x}$ aus der Primären Verteilungsliste

Tab. 3. 1: Primäre Verteilungsliste der Apfelmassen-Stichprobe (Werte aus Bsp. 2.2).

1	2	1	2	1	2
Apfelmassen	Aufgetretene Häufigkeit	Apfelmassen	Aufgetretene Häufigkeit	Apfelmassen	Aufgetretene Häufigkeit
m	H	m	H	m	H
g	-	g	-	g	-
119	1	143	3	156	1
125	1	144	7	158	1
131	2	146	3	159	1
134	1	147	3	161	1
135	1	148	6	162	1
137	1	150	2	163	1
138	3	151	8	168	1
139	1	152	1	170	1
141	2	153	1	178	1
142	1	154	3		

Eingesetzt in Formel F 3.2 berechnet sich der Mittelwert $\bar{x}$ zu:

$$\bar{x} = \frac{\sum (x_i \cdot H_i)}{n} = \frac{119\,g + 125\,g + ... + 148\,g \cdot 6 + ... + 178\,g}{60} = \frac{8843\,g}{60} = 147{,}3833\,g$$

Das arithmetische Mittel der Apfelmassen beträgt bei Berechnung aus der Primären Verteilungsliste $\bar{x} = 147{,}4$ g. Das Ergebnis ist identisch mit dem aus der Urliste.

Beispiel 3.3: Berechnung des arithmetischen Mittels $\bar{x}$ aus der Klassenliste

Tab. 3. 2: Klassenliste der Apfelmassen-Stichprobe (Werte aus Bsp. 2.7) (Abb. 3.1).

1	2		3	4	5
Klasse	Klassengrenzen		Klassenmitte	absolute Häufigkeit	relative Häufigkeit
Kl.-Nr.	K_{untere}	K_{obere}	m_i	H	h
-	g	g	g	-	-
1	117	124	120,5	1	0,0167
2	124	131	127,5	2	0,0333
3	131	138	134,5	5	0,0833
4	138	145	141,5	16	0,2667
5	145	152	148,5	22	0,3667
6	152	159	155,5	7	0,1167
7	159	166	162,5	4	0,0667
8	166	173	169,5	2	0,0333
9	173	180	176,5	1	0,0167

Eingesetzt in Formel F 3.3 berechnet sich der Mittelwert $\bar{x}$ zu:

$$\bar{x} = 120{,}5\,g \cdot 1{,}0167 + 127{,}5\,g \cdot 0{,}0333 + ... + 176{,}5\,g \cdot 0{,}0167 = 147{,}2167 g$$

Das arithmetische Mittel der Apfelmassen beträgt $\bar{x} = 147{,}2$ g nach der Berechnung aus der Klassenhäufigkeitsliste. Dieser Wert weicht von dem Ergebnis der Berechnung aus der Urliste und der Primären Verteilungsliste geringfügig ab.

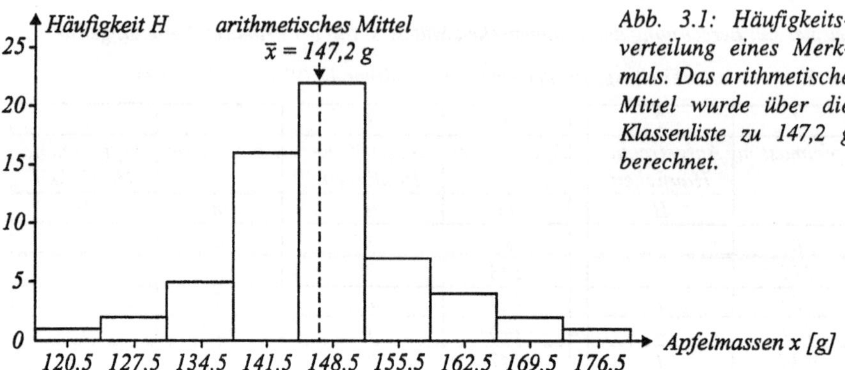

Abb. 3.1: Häufigkeitsverteilung eines Merkmals. Das arithmetische Mittel wurde über die Klassenliste zu 147,2 g berechnet.

Sollen **mehrere Stichproben** mit den Umfängen $n_1, n_2, ... n_n$ und den Mittelwerten $\bar{x}_1, \bar{x}_2,$ ... $\bar{x}_n$ zu einer Stichprobe zusammenfügt werden, so läßt sich das arithmetische Mittel $\bar{x}_{ges}$, das auch als Gesamtmittel $\bar{x}_{ges}$ bezeichnet wird, berechnen als:

(F 3.4)

$$\bar{x}_{ges} = \frac{n_1 \cdot \bar{x}_1 + n_2 \cdot \bar{x}_2 + ... + n_n \cdot \bar{x}_n}{n_{ges}}$$

3.1.1.2 Das harmonische Mittel $\bar{x}_H$

Der Mittelwert der Stichprobe wird über das harmonische Mittel berechnet, wenn die angegebene Auftretenshäufigkeit H_i, die im Zähler der Zufallsvariablen X stehende Dimension aufweist. Dies liegt vor, wenn die Angabe zum Beispiel lautet: Es wurden n Kilometer mit einer Geschwindigkeit von x km h^{-1} zurückgelegt. Die Zufallsvariable "Geschwindigkeit" hat die Dimension km h^{-1} und die Auftretenshäufigkeit H_i ist in Kilometern (= Dimension im Zähler) angegeben. Bei der Angabe, es wurden n Stunden mit einer Geschwindigkeit von x km h^{-1} zurückgelegt, bezieht sich die Häufigkeit auf die Dimension im Nenner! In diesem Fall wird der Mittelwert über das arithmetische Mittel berechnet. Das harmonische Mittel $\bar{x}_H$ ist der reziproke Wert (Kehrwert) des arithmetischen Mittels aus den reziproken Werten x_i (= $1/x_i$) der Zufallsvariablen X. Soll aus der Urliste das harmonische Mittel $\bar{x}_H$ berechnet werden, kommt Formel F 3.5 für das ungewichtete harmonische Mittel zur Anwendung.

(F 3.5)

$$\bar{x}_H = \frac{n}{\dfrac{1}{x_1} + \dfrac{1}{x_2} + ... + \dfrac{1}{x_n}} = \frac{n}{\displaystyle\sum_{i=1}^{n} \dfrac{1}{x_i}}$$

Da in der Praxis die gleichen Meßwerte oft mehrfach auftreten und in der Primären Verteilungsliste oder Klassenliste zusammengefaßt sind, kann die Berechnung verkürzt werden, indem die aufgetretenen Werte x_i mit ihrer Auftretenshäufigkeit H_i gewichtet werden. Man bezeichnet die folgende Formel (F 3.6) deshalb auch als die Formel des gewichteten harmonischen Mittelwerts (Bsp. 3.4).

(F 3.6)

$$\bar{x}_H = \frac{H_1 + H_2 + \dots + H_i}{\dfrac{H_1}{x_1} + \dfrac{H_2}{x_2} + \dots + \dfrac{H_i}{x_i}} = \frac{n}{\displaystyle\sum_{i=1}^{n}\left(\dfrac{H_i}{x_i}\right)}$$

Bei der Berechnung des harmonischen Mittels $\bar{x}_H$ über die Auftretenshäufigkeit der im Zähler stehenden Dimension ergibt sich der gleiche Wert wie bei der Berechnung des arithmetischen Mittels $\bar{x}$ über die Auftretenshäufigkeit der im Nenner stehenden Dimension, wenn die Angaben den gleichen Sachverhalt beschreiben. In Beispiel 3.5 ist dies für den in Beispiel 3.4 beschriebenen Sachverhalt gezeigt.

Beispiel 3.4: Berechnung der mittleren Fluggeschwindigkeit als harmonisches Mittel $\bar{x}_H$

Eine Taube fliegt eine Strecke von A nach B, weiter nach C und wieder zurück nach A. Wegen der wechselnden Windverhältnisse fliegt sie unterschiedlich schnell. Die Anzahl der Kilometer (= Dimension im Zähler) ist die angegebene Häufigkeit:

	Anzahl der Kilometer H	geflogene Geschwindigkeit x
Strecke A nach B:	*99*	*66 km h^{-1}*
Strecke B nach C:	*255*	*85 km h^{-1}*
Strecke C nach A:	*180*	*72 km h^{-1}*

Berechnung der Durchschnittsgeschwindigkeit als harmonisches Mittel (F 3.6):

$$\bar{x}_H = \frac{H_1 + H_2 + H_3}{\dfrac{H_1}{x_1} + \dfrac{H_2}{x_2} + \dfrac{H_3}{x_3}} = \frac{534\,km}{\dfrac{99\,km}{66\,km\,h^{-1}} + \dfrac{255\,km}{85\,km\,h^{-1}} + \dfrac{180\,km}{72\,km\,h^{-1}}} = 76{,}286\,km\,h^{-1}$$

Die Taube fliegt im Schnitt mit einer Geschwindigkeit von 76,3 km h^{-1}.

Beispiel 3.5: Berechnung der mittleren Fluggeschwindigkeit als arithmetisches Mittel $\bar{x}$

Eine Taube fliegt wie in Beispiel 3.4 von A nach B, von B nach C und wieder nach A. Diesmal ist aber nicht die Strecke zwischen den Punkten A, B und C angegeben, sondern die für den Flug benötigte Zeit (= Dimension im Nenner):

	Anzahl der geflogenen Stunden H	geflogene Geschwindigkeit x
Strecke A nach B:	*1,5*	*66 km h^{-1}*
Strecke B nach C:	*3*	*85 km h^{-1}*
Strecke C nach A:	*2,5*	*72 km h^{-1}*

Die Durchschnittsgeschwindigkeit kann als arithmetisches Mittel $\bar{x}$ unter Verwendung der Formel F 3.2 berechnet werden:

$$\bar{x} = \frac{\sum (x_i \cdot H_i)}{n} = \frac{1{,}5\,h \cdot 66\,km\,h^{-1} + 3\,h \cdot 85\,km\,h^{-1} + 2{,}5\,h \cdot 72\,km\,h^{-1}}{7\,h} = 76{,}286\,km\,h^{-1}$$

Die Taube fliegt im Schnitt mit einer Geschwindigkeit von 76,3 km h^{-1}. Es ergibt sich derselbe Wert wie in Beispiel 3.4.

3.1.1.3 Der Zentralwert: Median $\tilde{x}$

Der Median ist der Meßwert x_i, der genau in der Mitte der Meßreihe steht, wenn die Meßwerte der **Urliste** der Größe nach geordnet sind. Er wird durch Abzählen der sortierten Daten ermittelt (Bsp. 3.6). Bei einer geraden Anzahl von Meßwerten ist der Median das arithmetische Mittel aus den beiden in der Mitte stehenden Meßwerten. Somit sind immer 50% der Werte kleiner (bzw. $\leq$) und 50% größer (bzw. $\geq$) als der Median. Da bei klassierten Werten das Ermitteln des Medians durch einfaches Abzählen nicht mehr möglich ist, wird dieser nach Formel F 3.7 bestimmt (Bsp. 3.7). Man geht bei der Berechnung immer davon aus, daß der Median in der mittleren Klasse liegt.

(F 3.7)

$$\tilde{x} = K_u + \frac{\frac{n}{2} - H_u}{H_m} \cdot b$$

(K_u: untere Klassengrenze der mittleren Klasse, H_u: Summe der Beobachtungen bis K_u, H_m: Häufigkeit mittleren Klasse, n = Stichprobenumfang, b = Klassenbreite)

Beispiel 3.6: Berechnung des Medians $\tilde{x}$ aus der Urliste der Körpergrößen

Urliste der Körpergrößen [cm] 20-jähriger Frauen (n = 23):
135 156 159 162 163 163 163 165 165 166 167 <u>167</u> 168 169 169 170 171 171 174 176 178 178 197

Der Median entspricht hier dem mittleren Meßwert, der in aufsteigender Reihenfolge geordneten Körpergrößen: Er beträgt nach Ablesen aus der Urliste:167 cm. (Abb.3.2)

Beispiel 3.7: Berechnung des Medians $\tilde{x}$ aus der Klassenliste der Körpergrößen

Tab. 3.3: Stichprobe der Körpergrößen [cm] 20-jähriger Frauen (Urliste in Bsp. 3.6).

1	2		3	4	5
Kl.-Nr.	*Klassengrenzen*		*Klassenmitte*	*abs. Häufigkeit*	*rel. Häufigkeit*
	K_u	K_o	m_i	H	h
-	*cm*	*cm*	*cm*	-	-
1	*132*	*141*		*1*	*0,0435*
2	*141*	*150*	*145,5*	*0*	*0*
3	*150*	*159*	*154,5*	*1*	*0,0435*
4	*159*	*168*	*163,5*	*10*	*0,4348*
5	*168*	*177*	*172,5*	*8*	*0,3478*
6	*177*	*186*	*181,5*	*2*	*0,087*
7	*186*	*195*		*1*	*0,0435*

Nach Formel F 3.7 beträgt der Median $\tilde{x}$: b = 9 cm, K_u = 159 cm, n = 23, H_u = 2, H_m = 10

$$\tilde{x} = 159\ cm + \frac{\frac{23}{2} - 2}{10} \cdot 9\ cm = 167{,}55\ cm$$

Der Wert des Medians der Körperlängen liegt nach der Berechnung aus der Klassenliste bei 167,6 cm. Er weicht damit geringfügig vom dem aus der Urliste abgelesenen ab.

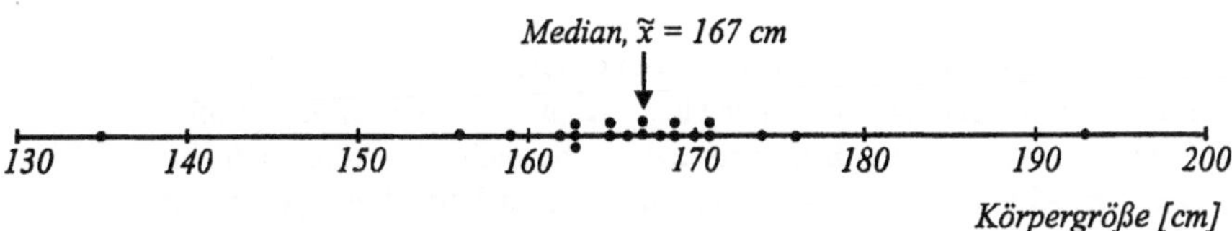

Abb.3.2: Auf der Skala sind Körpergrößen 20jähriger Frauen (Bsp. 3.6) in cm eingetragen (•). Rechts und links vom Median liegen gleich viele Meßwerte.

3.1.1.4 Das Dichtemittel: Der Modus oder Modalwert D

Der Modus oder Modalwert ist in einer diskreten Verteilung der am häufigsten auftretende Wert. In einer eingipfeligen, stetigen Verteilung liegt der Modalwert an der Stelle, an der die Häufigkeitsverteilungsfunktion ihr Maximum hat. Er entspricht dann der Mitte der am häufigsten besetzten Klasse. Der Modus gibt Antwort auf die Frage, welche Merkmalsausprägung am häufigsten auftritt (Bsp. 3.8). Da der Modus allein von der Auftretenshäufigkeit abhängt, muß er nicht in der Mitte der Verteilung liegen.

Beispiel 3.8: Ermittlung des Modus D aus Stichproben

Abb. 3.3: Unimodale Verteilung. Die Anzahl der Arme bei 200 gefangenen Seesternen: 1 Seestern mit einem Arm, 8 Seesterne mit 3 Armen, 17 Seesterne mit 4 Armen, 174 Seesterne mit 5 Armen. Frage nach dem Modus: Wie viele Arme haben die meisten Seesterne dieser Art? Der Modus beträgt D = 5 Arme. Der Modus entspricht dem am häufigsten vorkommenden Wert. (Das arithmetische Mittel von $\bar{x}$ = 4,815 Armen pro Seestern wäre keine sinnvolle Antwort!)

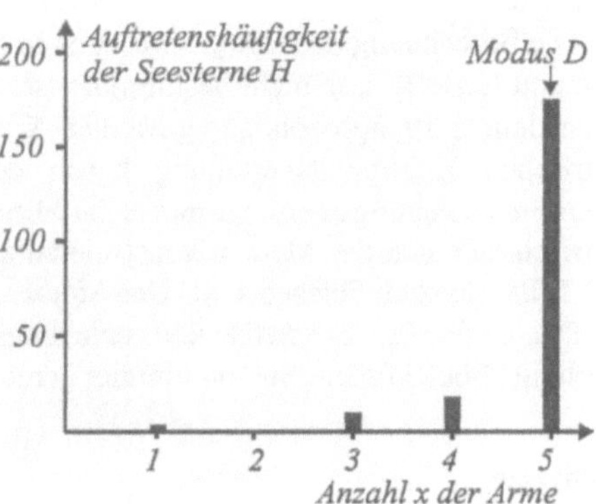

Abb. 3.4: Bimodale Verteilung. Es wurden die Punkte auf den Elytren (Flügeldecken) von 200 Marienkäfern (Coccinellidae.), die von einem Rosengebüsch abgesammelt wurden, ausgezählt: 1 Käfer hatte 1 Punkt, 86 hatten 2 Punkte, 14 hatten 4 Punkte, 2 hatten 5 Punkte, 4 hatten 6 Punkte und 93 hatten 7 Punkte. Frage nach dem Modus: Wie viele Punkte haben die Marienkäfer? Der Modus 1 beträgt D1 = 2 Punkte, der Modus 2 beträgt D2 = 7 Punkte.

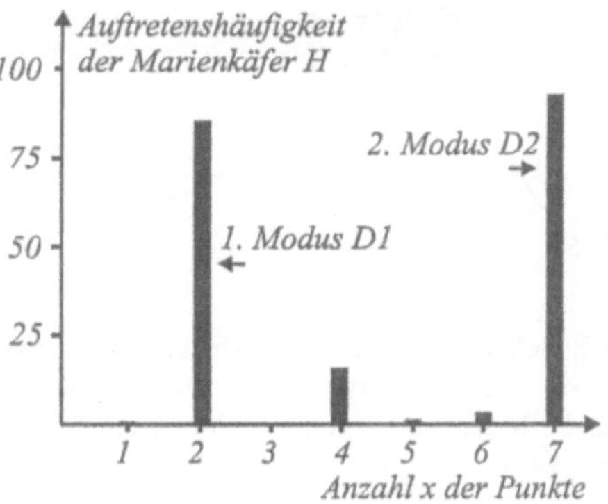

Man nennt Verteilungen, in denen nur eine Merkmalsausprägung stark gehäuft auftritt, **unimodal.** Diese Verteilungen haben nur einen Modus. Für Verteilungen mit mehreren Maxima - sie werden als **bimodal, trimodal,** ... bezeichnet - können mehrere Modi bestimmt werden (Abb. 3.4). Voraussetzung für eine gesicherte Aussage über den Modus ist das Vorliegen einer großen Stichprobe.

3.1.1.5 Anwendung des arithmetischen Mittels $\bar{x}$, des harmonischen Mittel $\bar{x}_H$, des Medians $\tilde{x}$ und des Modus D bei der Schätzung des Mittelwerts μ

Der Median $\tilde{x}$ wird meist bei ordinal skalierten Werten der Zufallsvariablen (= Rangdaten), der arithmetische Mittelwert $\bar{x}$ hingegen bei metrisch (= qualitativ) skalierten Werten zur Schätzung des Mittelwerts μ angewandt. Lautet die Frage, welche Realisation der Zufallsvariablen am häufigsten auftritt, so muß mit dem Modus D gearbeitet werden. Prinzipiell wird der Median $\tilde{x}$ dem arithmetischen Mittelwert $\bar{x}$ vorgezogen, wenn in der Stichprobe stärkere "Ausreißer" aufgetreten sind, da in seine Berechnung nicht die Größe der Meßwerte eingeht, sondern nur die Tatsache, wieviele Meßwerte sich, von der Mitte aus gesehen, auf der rechten oder linken Seite befinden.

Sind die Werte einer Verteilung mit starken Ausreißern in Klassen zusammengefaßt, so wird mit offenen Endklassen gearbeitet. Die erste und letzte Klasse haben dann keine untere, beziehungsweise keine obere Klassengrenze, und damit auch keine definierte Klassenbreite. In diesem Fall wird der Mittelwert ebenfalls über den Median $\tilde{x}$ geschätzt. Die Berechnung des Mittelwerts $\bar{x}$ ist in diesem Fall gar nicht möglich, da m_i für die erste und letzte Klasse nicht bestimmbar ist. Auch bei asymmetrischen Verteilungen oder sehr kleinen Stichproben ist der Median $\tilde{x}$ zu bevorzugen. Nur im Fall einer streng symmetrischen Häufigkeitsverteilung haben der Median, der Modalwert und das arithmetische beziehungsweise harmonische Mittel den gleichen Wert (Abb. 3.5).

Geometrisch läßt sich der Median konstruieren als derjenige Wert, der das Histogramm in zwei Teile gleicher Flächen teilt. Der Modus entspricht immer dem Maximum einer Kurve. Die Lage des arithmetischen beziehungsweise harmonischen Mittels läßt sich graphisch nicht bestimmen. Sie muß immer berechnet werden.

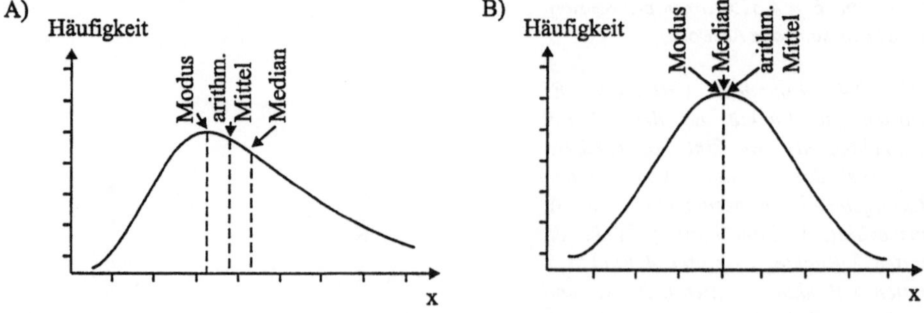

Abb. 3.5: Schema zur Lage von Median, Modalwert und arithmetischem bzw. harmonischem Mittel. Nur bei streng symmetrischen Häufigkeitsverteilungen (Teilabbildung B) haben der Median, der Modalwert und das arithmetische bzw. harmonische Mittel denselben Wert.

3.1.2 Die Streuung

Zur genauen Charakterisierung der Häufigkeitsverteilung einer Stichprobe ist nicht nur die Angabe eines Mittelwerts notwendig, sondern auch ein Maß für die Variabilität des untersuchten Merkmals. Dieser Parameter wird als Streuung bezeichnet.

Genau wie der aus der Stichprobe berechnete Mittelwert eine Schätzgröße für den Mittelwert μ der Grundgesamtheit ist, so ist die Streuung der Stichprobe eine Schätzung der Streuung der Grundgesamtheit σ. Auch hier gibt es wieder verschiedene Maße zur Angabe der Streuung der Stichprobe. Am häufigsten werden die Varianz s^2 und die Standardabweichung s eingesetzt. An dieser Stelle sollen aber auch die seltener benutzten Parameter Spannweite R, Quartile und Variationskoeffizient V vorgestellt werden.

3.1.2.1 Die Varianz s^2

Die Art der Streuung von Meßwerten um den Mittelwert kann durch die Varianz s^2 beschrieben werden. Die Varianz s^2 ist die mittlere quadratische Abweichung der Werte x_i vom arithmetischen Mittelwert $\overline{x}$ der Stichprobe. Das Quadrieren der Abweichung verhindert, daß sich die Differenzen bei symmetrischen Streuungen um den Mittelwert zu Null aufaddieren. Die Einheit und Dimension der Varianz ist das Quadrat der Einheit und Dimension der Einzelmeßwerte.

Liegen die Werte der Zufallsvariablen X in Form einer **Urliste** vor (Bsp. 3.9), so berechnet sich die Varianz s^2 aus der Summe der Abweichungsquadrate der Werte x_i vom arithmetischen Mittelwert $\overline{x}$, geteilt durch die Anzahl der Freiheitsgrade v (F 3.8). Die Anzahl der Freiheitsgrade v beträgt bei der Berechnung der Varianz immer $v = n - 1$. (Definition der Anzahl der Freiheitsgrade s. 5.3).

(F 3.8)

$$s^2 = \frac{\sum (x_i - \overline{x})^2}{n - 1}$$

Beispiel 3.9: Berechnung der Varianz s^2 aus der Urliste der Apfelmassen-Stichprobe

Urliste der Apfelmassen-Stichprobe [g] (Werte aus Bsp.2.1):

151 144 162 150 138 152 161 148 151 131 151 143 158 134 148 151 147 146
144 151 138 147 163 154 119 148 138 139 144 144 150 151 156 178 148 141
146 143 141 153 144 131 151 148 154 125 144 143 135 137 168 142 144 146
159 170 151 147 154 148

Eingesetzt in Formel F 3.8 berechnet sich die Varianz s^2 zu (n = 60):

$$s^2 = \frac{(119\,g - 147{,}3833\,g)^2 + (125\,g - 147{,}3833\,g)^2 + ... + (178\,g - 147{,}3833\,g)^2}{60 - 1} = 101{,}9692\,g^2$$

Die Varianz der Apfelmassen beträgt 102,0 g^2 nach der Berechnung aus den Daten der Urliste.

Liegen die Meßwerte schon geordnet in Form einer Primären Verteilungsliste oder einer Klassenhäufigkeitsliste vor, so wird die Formel zur Berechnung der Varianz s^2 analog den Veränderungen in der Formel zur Mittelwertberechnung (s. 3.1.1.1), abgeändert.

Bei der Berechnung der Varianz s^2 aus der **Primären Verteilungsliste** (F 3.9) wird die Summe aus dem Produkt der absoluten Auftretenshäufigkeiten H_i und den Abweichungsquadraten der Werte x_i vom Mittelwert $\overline{x}$ gebildet und durch die Anzahl der Freiheitsgrade $v = n - 1$ geteilt.

(F 3.9)

$$s^2 = \frac{\sum\left[H_i \cdot (x_i - \overline{x})^2\right]}{n - 1}$$

Es ergibt sich hierbei derselbe Wert wie bei der Berechnung aus der Urliste.

Für die **Klassenliste** verläuft die Berechnung (F 3.10) analog der Mittelwertberechnung. Statt der Realisationen der Zufallsvariablen x_i werden nun die Klassenmitten m_i eingesetzt (Bsp. 3.10). Die benötigte Auftretenshäufigkeit ist die Besetzungszahl H_i (= absolute Auftretenshäufigkeit) der Klassen.

(F 3.10)

$$s^2 = \frac{\sum\left[H_i \cdot (m_i - \overline{x})^2\right]}{n - 1}$$

Beispiel 3.10: Berechnung der Varianz s^2 der Apfelmassen-Stichprobe aus der Klassenhäufigkeitsliste

Tab. 3.4: Klassenliste der Apfelmassen-Stichprobe (Werte aus Bsp. 2.7)

1	2		3	4	5
Klasse	*Klassengrenzen*		*Klassenmitte*	*absolute Häufigkeit*	*relative Häufigkeit*
Kl.-Nr.	K_{untere}	K_{obere}	m_i	H	h
-	*g*	*g*	*g*	-	-
1	*117*	*124*	*120,5*	*1*	*0,0167*
2	*124*	*131*	*127,5*	*2*	*0,0333*
3	*131*	*138*	*134,5*	*5*	*0,0833*
4	*138*	*145*	*141,5*	*16*	*0,2667*
5	*145*	*152*	*148,5*	*22*	*0,3667*
6	*152*	*159*	*155,5*	*7*	*0,1167*
7	*159*	*166*	*162,5*	*4*	*0,0667*
8	*166*	*173*	*169,5*	*2*	*0,0333*
9	*173*	*180*	*176,5*	*1*	*0,0167*

Eingesetzt in Formel F 3.10 berechnet sich die Varianz s^2 zu (n = 60):

$$s^2 = \frac{1 \cdot (120,5\ g - 147,3833\ g)^2 + ... + 1 \cdot (176,5\ g - 147,3833\ g)^2}{60 - 1} = 103,8280\ g^2$$

Die Varianz der Apfelmassen der Stichprobe beträgt nach der Berechnung aus der Klassenhäufigkeitsliste $s^2 = 103,8\ g^2$. Die hier aus der Klassenliste berechnete Varianz ist geringfügig größer als die aus den Einzelwerten berechnete. Eine Korrektur des so entstandenen Fehlers ist durch die Varianzkorrektur nach Sheppard (F 3.11) möglich.

Berechnet man die Varianz s^2 aus den Werten der Klassenhäufigkeitsliste, so ergibt sich ein anderer Wert als bei Berechnung der Varianz aus der Urliste, weil anstelle der Einzelabweichungen die Abweichungen der Klassenmitten vom Mittelwert betrachtet werden. Dies bedeutet, daß durch das Zusammenfassen der Werte zu Klassen die Streuung der Einzelwerte innerhalb der Klassen vernachlässigt wird.

Da eine Varianz, die man aus klassierten Daten berechnet, meist größer ist - besonders bei sehr grober Klasseneinteilung (Anzahl der Klassen K << 5 log n; F 2.1) - als die Varianz aus den unklassierten Werten, ist eine Korrektur sinnvoll. Eine Möglichkeit dazu ist die **Varianzkorrektur nach Sheppard** (F 3.11). Das Korrekturglied ist abhängig von der Klassenbreite b:

(F 3.11)

$$s^2_{korrigiert} = s^2_{berechnet} - \frac{b^2}{12}$$

Achtung: Mit den korrigierten Varianzen sollte allerdings in statistischen Tests keinesfalls weiter gerechnet werden, da es hierbei zu einer systematischen Verschiebung der Werte kommt. Die korrigierten Werte sind kleiner als die ursprünglichen.

3.1.2.2 Die Standardabweichung s

Die Standardabweichung s ist ein Maß für die mittlere Abweichung der Werte x_i einer Stichprobe vom Mittelwert $\bar{x}$. Sie berechnet sich als die positive Quadratwurzel aus der Varianz s^2. Die Standardabweichung s ist neben dem arithmetischen Mittel $\bar{x}$ die wichtigste Kenngröße für die numerische Charakterisierung einer Verteilung. Sie ist auch Grundlage für die Standardisierung von Verteilungen (s. 4.3.1.2).

Einheit und Dimension der Standardabweichung s ist immer gleich der Einheit und Dimension der Einzelmeßwerte. Für die Berechnung der Standardabweichung s (F 3.12) aus der **Urliste** gilt (Bsp. 3.11):

(F 3.12)

$$s = + \sqrt{s^2} = + \sqrt{\frac{\sum (x_i - \bar{x})^2}{n - 1}}$$

Beispiel 3.11: Berechnung der Standardabweichung s der Apfelmassen aus der Urliste

Urliste der Apfelmassen-Stichprobe [g] (Werte aus Bsp. 2.1):

151 144 162 150 138 152 161 148 151 131 151 143 158 134 148 151 147 146
144 151 138 147 163 154 119 148 138 139 144 144 150 151 156 178 148 141
146 143 141 153 144 131 151 148 154 125 144 143 135 137 168 142 144 146
159 170 151 147 154 148

n = 60; $\bar{x}$ = 147,3833 g (Bsp. 3.1); eingesetzt in Formel F 3.12 ergibt sich:

$$s = +\sqrt{\frac{\left(119\,g - 147,3833\,g\right)^2 + \left(125\,g - 147,3833\,g\right)^2 + ... + \left(178\,g - 147,3833\,g\right)^2}{60 - 1}} = 10,0980\,g$$

Die Standardabweichung beträgt s = 10,1 g.

Abhängig davon, in welcher Form die Werte vorliegen, benutzt man - analog der Berechnung der Varianz s^2 – auch zur Berechnung der Standardabweichung s unterschiedliche Formeln. Für die Berechnung der Standardabweichung s (F 3.13) aus der **Primären Verteilungsliste** gilt:

(F 3.13)

$$s = + \sqrt{s^2} = + \sqrt{\frac{\sum \left[H_i \cdot (x_i - \overline{x})^2 \right]}{n - 1}}$$

Für die Berechnung der Standardabweichung s (F 3.14) aus der **Klassenliste** gilt:

(F 3.14)

$$s = + \sqrt{s^2} = + \sqrt{\frac{\sum \left[H_i \cdot (m_i - \overline{x})^2 \right]}{n - 1}}$$

Auch bei der Berechnung der Standardabweichung wäre - besonders bei sehr grober Klasseneinteilung - natürlich eine Korrektur der aus der Klassenliste berechneten Standardabweichung nach Sheppard sinnvoll. Wird jedoch die berechnete Standardabweichung für statistische Tests benötigt, so dürfen dort **keine** korrigierten Werte eingesetzt werden.

3.1.2.3 Die Quartile

Man berechnet die Quartile, indem man die Meßwerte aus den Urlisten der Größe nach ordnet und in vier Viertel zerlegt. Die drei Meßpunkte an den Grenzen der Sektoren, die man dabei findet, bezeichnet man als die Quartile $x_{0,25}$, $x_{0,5}$, $x_{0,75}$. Das Quartil $x_{0,5}$ ist identisch mit dem Median (s. 3.1.1.3). Die vier Abschnitte selbst werden als Interquartile bezeichnet.

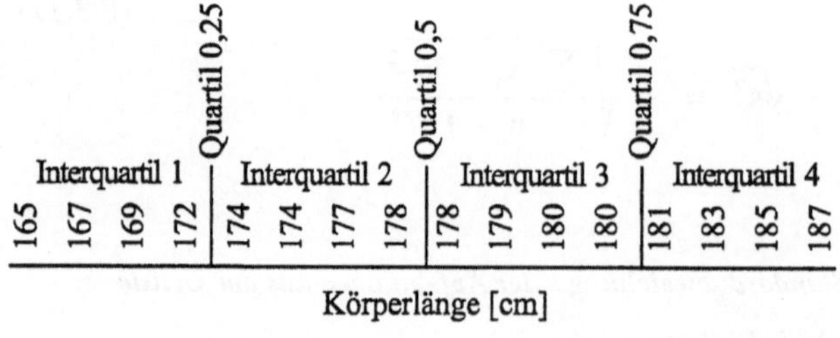

Abb. 3.6: Die Körperlängen von 16 männlichen Studenten wurde gemessen. Die Daten sind in Quartile und Interquartile eingeteilt. In jedem Interquartil befinden sich 4 Meßwerte.

3.1.2.4 Die Spannweite R

Die Spannweite R (F 3.16) ist das einfachste Streuungsmaß. Sie berechnet sich als Differenz zwischen dem größten Meßwert x_{max} und dem kleinsten Meßwert x_{min} der Stichprobe.

(F 3.16)

$$R = x_{max} - x_{min}$$

Die Spannweite ist nicht auf eine Symmetrie der vorliegenden Verteilung angewiesen. Da in ihre Berechnung nur die Extremwerte eingehen, wird sie nur bei Stichproben mit kleinem Meßumfang zur Charakterisierung angewendet. Mit zunehmendem Stichprobenumfang läßt sich die typische Streuung durch andere Kenngrößen besser beschreiben.

3.1.2.5 Der Variationskoeffizient V

Der Variationskoeffizient (F 3.16) ist der Quotient aus der Standardabweichung s und dem Mittelwert $\bar{x}$. Er stellt ein relatives, dimensionsloses Streuungsmaß dar und gibt die Standardabweichung als Vielfaches des Mittelwerts $\bar{x}$ an (Bsp. 3.12).

(F 3.16)

$$V = \frac{s}{\bar{x}} \qquad \text{für } \bar{x} \neq 0$$

Das Verhältnis des Variationskoeffizienten V zur Wurzel des Stichprobenumfangs n ist der relative Variationskoeffizient V_{rel} (F 3.17). Durch ihn ist es möglich, auch Verteilungen mit unterschiedlichen Dimensionen und unterschiedlichen Stichprobenumfängen miteinander zu vergleichen (Bsp. 3.12).

Oft wird der relative Variationskoeffizient V_{rel} in Prozent angegeben, der dann als $V_{rel\%}$ bezeichnet wird.

(F 3.17)

$$V_{rel} = \frac{V}{\sqrt{n}} = \frac{\dfrac{s}{\bar{x}}}{\sqrt{n}}$$

Beispiel 3.12: Berechnung des Variationskoeffizienten für die Apfelmassen-Stichprobe

Eingesetzt in Formel F 3.16 berechnet sich der Variationskoeffizient V aus dem arithmetischen Mittel $\bar{x}$ = 147,3833 g (Bsp. 3.1) und der Standardabweichung s = 10,0980 g (Bsp. 3.11) und dem Stichprobenumfang n = 60 zu:

$$V = \frac{10,0980\ g}{147,3833\ g} = 0,0685$$

Aus Formel F 3.17 ergibt sich der relative Variationskoeffizient V_{rel}:

$$V_{rel} = \frac{\dfrac{10,0980\ g}{147,3833\ g}}{\sqrt{60}} = 0,0088$$

Der Variationskoeffizient beträgt V = 0,069 Einheiten des Mittelwerts. Der relative Variationskoeffizient beträgt V_{rel} = 0,009.

3.2 Fehler der Kenngrößen

Die Kenngrößen einer Stichprobe sind <u>Schätzgrößen</u> für die Parameter der Grundgesamtheit. Für die wichtigsten Kenngrößen, den Mittelwert $\bar{x}$ und die Standardabweichung s sollen deshalb jeweils der mittlere Fehler angegeben werden. Dieser ist abhängig vom Meßumfang n. Je größer der Meßumfang n einer Stichprobe ist, um so exakter beschreiben die berechneten Stichprobenparameter den Mittelwert μ und die Standardabweichung σ der Grundgesamtheit.

Eine andere Möglichkeit, die Zuverlässigkeit der Schätzgrößen zu charakterisieren, ist die Angabe des Vertrauensbereichs. Der Vertrauensbereich ist ein symmetrisches Intervall um den berechneten Schätzwert, in dem mit einer bestimmten Sicherheit die Kenngröße der Grundgesamtheit liegt. Die Berechnung dieses Vertrauensbereichs kann in weiterführenden Statistikbüchern nachgeschlagen werden (s. Literaturliste im Anhang).

3.2.1 Der mittlere Fehler des arithmetischen Mittelwerts $s_{\bar{x}}$

Der mittlere Fehler des arithmetischen Mittels (= Standardfehler) ist ein Maß dafür, wie stark der Mittelwert $\bar{x}$ der Stichprobe vom Mittelwert μ der Grundgesamtheit abweicht. Durch Vergrößerung des Meßumfangs n läßt sich der mittlere Fehler des arithmetischen Mittelwerts verkleinern (Bsp. 3.13). Die Berechnung erfolgt nach Formel F 3.18, wobei die Standardabweichung s durch die Wurzel des Stichprobenumfangs n geteilt wird:

(F 3.18)

$$s_{\bar{x}} = \frac{s}{\sqrt{n}}$$

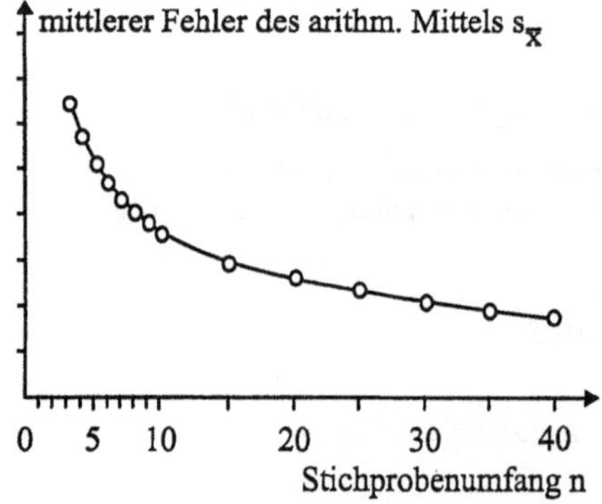

Abb. 3.6: Durch Vergrößerung des Meßumfangs n läßt sich der mittlere Fehler des arithmetischen Mittelwerts verkleinern. Im Bereich zwischen n = 0 und n = 15 erfolgt die Abnahme sehr schnell. Um den Fehler weiter deutlich zu reduzieren, muß der Meßumfang sehr deutlich erhöht werden (nach Bögel 1967).

In Abbildung 3.6 ist erkennbar, daß der mittlere Fehler des Mittelwerts bis zu einem Stichprobenumfang von n = 12 sehr stark abnimmt. Mittelwerte sollten deshalb nach Möglichkeit immer aus nicht zu kleinen Stichproben gebildet werden. Die Graphik verdeutlicht, daß sich die Genauigkeit, mit der der Mittelwert μ der Grundgesamtheit durch das arithmetische Mittel $\bar{x}$ einer Stichprobe geschätzt wird, mit größerem Stichprobenumfang nur noch sehr langsam steigern läßt (Bsp. 3.13). Daher sollte man vor einer Messung prüfen, ob sich der Aufwand lohnt, der mit dem Erheben einer sehr großen Datenmenge verbunden ist.

Beispiel 3.13: Berechnung des mittleren Fehlers des Mittelwerts $s_{\bar{x}}$ bei verschiedenen Meßumfängen

Wie weit verringert sich der mittlere Fehler des Mittelwerts $s_{\bar{x}}$ der Apfelmassen-Stichprobe bei einer Verdopplung des Stichprobenumfangs? (arithmetischer Mittelwert $\bar{x} = 147,3833\ g$ (Bsp. 3.1);Standardabweichung $s = 10,0980\ g$ (Bsp.3.11))

a) Stichprobenumfang $n = 60$; Aus F 3.18 folgt: $s_{\bar{x}} = \dfrac{10,0980\ g}{\sqrt{60}} = 1,3036\ g$

Bei einem Stichprobenumfang von $n = 60$ beträgt der mittlere Fehler des arithmetischen Mittelwerts $s_{\bar{x}} = 1,3\ g$. Demgemäß wird der Mittelwert μ der Grundgesamtheit (gerundet) auf $10,1\ g \pm 1,3\ g$ geschätzt.

b) Stichprobenumfang $n = 120$ (verdoppelt!) $\bar{x}$ und s wie unter a) angegeben. Aus F 3.18 folgt: $s_{\bar{x}} = \dfrac{10,0980\ g}{\sqrt{120}} = 0,9218\ g$

Der Mittelwert μ der Grundgesamtheit (gerundet) wird nun auf $10,1\ g \pm 0,9\ g$ geschätzt. Das Verdoppelt des Meßumfangs bewirkt somit nur eine Verringerung des Schätzbereichs um ca. 35%..

3.2.2 Der mittlere Fehler der Standardabweichung s_s

In Abhängigkeit vom Meßumfang n läßt sich ebenfalls ein mittlerer Fehler s_s (F 3.19) der Standardabweichung s abschätzen (Bsp. 3.14) nach folgender Rechenvorschrift berechnen:

(F 3.19)

$$s_s = \frac{s}{\sqrt{2\,n}}$$

Je größer der Meßumfang n ist, um so kleiner ist der mittlere Fehler der Standardabweichung s_s.

Beispiel 3.14: Berechnung des mittleren Fehlers der Standardabweichung s_s für die Apfelmassen-Stichprobe

Unter Anwendung von F 3.19 berechnet sich der mittlere Fehler der Standardabweichung s_s für die Apfelmassenstichprobe zu ($n = 60$; $s = 10,0980\ g$ (Bsp. 3.11)):

$$s_s = \frac{10,0980\ g}{\sqrt{2 \cdot 60}} = 0,9218\ g$$

Der mittlere Fehler der Standardabweichung beträgt $s_s = 0,9\ g$.

Zusammenfassung

- Aus den empirischen Daten lassen sich die Kenngrößen der Stichprobe berechnen. Diese Parameter sind Schätzgrößen für den Mittelwert μ und die Standardabweichung σ der Grundgesamtheit.

- Mit welchem Mittelwert und welcher Streuung gearbeitet wird, hängt von der Fragestellung und der Art der Stichprobe ab. In der Statistik, die innerhalb der Biowissenschaften angewandt wird, ist der arithmetische Mittelwert $\bar{x}$ der gebräuchlichste. Als Maß für die Streuung einer Stichprobe wird meist die Standardabweichung s verwendet.

Übungsaufgaben zu Kapitel 3

A 3.1

Die Massen von 80 Äpfeln sind in folgender Urliste angegeben:

68 84 75 82 68 90 62 88 76 93 73 79 88 73 60 93 71 59 85 75 61 65 75 87
74 62 95 78 63 72 66 78 82 75 94 77 69 74 68 60 96 78 89 61 75 95 60 79
83 71 79 62 67 97 78 85 76 65 71 75 65 80 73 57 88 78 62 76 53 74 86 67
73 81 72 63 76 75 85 77

a) Bestimmen Sie nach dieser Tabelle die folgenden Kenngrößen: Arithmetisches Mittel, Modus, Median, Spannweite, Varianz, Standardabweichung.

A 3.2

Der gleiche Hornissenflügel wurde von 8 verschiedenen Personen je einmal vermessen. Dabei wurden folgende Meßwerte (in mm) erhalten:

40,09; 39,91; 39,97; 40,02; 40,03; 39,92; 39,98; 40,06

a) Das arithmetische Mittel und der Median sollen bestimmt werden.
b) Warum ist die Bestimmung des Modus nicht möglich?
c) Bestimmen Sie die Varianz und die Standardabweichung der Meßergebnisse.
d) Wie groß ist der mittlere Fehler des Mittelwerts und der Standardabweichung?
e) Berechnen Sie die Spannweite der Meßwerte.

A 3.3

In folgender Tabelle sind die Klassenmitten einer Häufigkeitsverteilung der Längen von Lorbeerblättern und die jeweiligen Häufigkeiten angegeben.

1	2
Klassenmitten Längen von Lorbeerblättern	Auftretenshäufigkeit
m_i	H
mm	-
58	8
61	10
64	16
67	14
70	10
73	5
76	2

Bestimmen Sie

a) die Klassenbreiten

b) die Klassengrenzen

c) Berechnen Sie aus der Verteilung nach Klassen den arithmetischen Mittelwert, den Median, die Standardabweichung sowie die Varianz.

A 3.4

Bei der Ernte von Tomaten ergaben sich folgende Ergebnisse:

Stückzahl pro Tomatenstock Sorte A: 12   6   7   3   15   10   18   5
Stückzahl pro Tomatenstock Sorte B: 9   3   8   8   9   8   9   18

a) Welche Sorte ist im Schnitt ertragreicher?

b) Bei welcher Sorte tritt die größere Standardabweichung auf?

c) Bei welcher Sorte tritt der größere Variationskoeffizient auf?

A 3.5

Gegeben ist die Zahlenreihe: 3, 6, 2, 1, 7, 5

a) Berechnen Sie die Standardabweichung und das arithmetische Mittel.

b) Addiert man zu der obigen Reihe die Zahl 5, so erhält man die Reihe: 8, 11, 7, 6, 12, 10. Es ist zu zeigen, daß die beiden Reihen dieselbe Standardabweichung, aber unterschiedliche arithmetische Mittelwerte haben. In welcher Beziehung stehen die beiden Mittelwerte zueinander?

c) Multipliziert man jede der Zahlen mit zwei, so erhält man die Reihe: 6, 12, 4, 2, 14, 10. Welche Beziehungen bestehen zwischen den Standardabweichungen und den Mittelwerten der drei Zahlenreihen?

A 3.6

Anzahl von Amaryllisblüten bei verschiedenen Pflanzen

Bei unterschiedlich alten Pflanzen variiert die Anzahl der Blüten pro Pflanze pro Jahr:

1	Pflanze	Nr.	-	1	2	3	4	5	6	7	8	9	10
2	Anzahl der Blüten	x_i	-	2	4	4	6	5	4	1	4	3	4

Welcher Mittelwert beantwortet die Frage am besten, wieviele Blüten eine Amaryllis normalerweise hat?

A 3.7

Gemessen wurden die Fluggeschwindigkeit von Tauben in m s^{-1}:

$$
\begin{array}{ccccccccccccc}
10; & 11; & 7,5; & 9; & 7; & 6,5; & 8; & 10,5; & 11; & 8; & 9; & 9; & 10; & 7,5; \\
6; & 7; & 9; & 9; & 8; & 11; & 7,5; & 8; & 9; & 11; & 8; & 10; & 9; & 8; \\
10,5; & 7;9; & 7; & 10; & 8; & 9,5; & 9,5; & 11; & 10,5; & 8; & 9,5
\end{array}
$$

a) Erstellen Sie die Primäre Verteilungsliste und die Verteilungsliste nach Klassen. Beachten Sie: Werte, die auf Klassengrenzen fallen, kommen zur Hälfte in die nächsthöhere und nächstniedere Klasse; ein eventueller Rest (ganzzahlig) kommt in die nächsthöhere Klasse.

b) Berechnung des arithmetischen Mittels und der Standardabweichung aus der Urliste, der Primären Verteilungsliste und der Klassenliste.

A 3.8

Es werden 5 Flüssigkeiten mit unterschiedlichen Dichten gemischt. Die Mengen (in kg) und die Dichten (in kg l^{-1}) der Lösungen sind im folgenden angegeben:

$$
\begin{array}{lll}
1,0\ \text{kg} & \text{mit} & 1,25\ \text{kg l}^{-1} \\
0,7\ \text{kg} & \text{mit} & 0,80\ \text{kg l}^{-1} \\
0,4\ \text{kg} & \text{mit} & 0,93\ \text{kg l}^{-1} \\
0,1\ \text{kg} & \text{mit} & 1,32\ \text{kg l}^{-1} \\
0,1\ \text{kg} & \text{mit} & 0,87\ \text{kg l}^{-1}
\end{array}
$$

Wie groß ist die Dichte des Gemischs?

A 3.9

Welche Aussagen sind richtig?

a) Die Standardabweichung σ der Grundgesamtheit ist eine Zufallsvariable.
b) Das arithmetische Mittel und die Standardabweichung sind Stichproben-Parameter.
c) Der Stichprobenumfang ist eine Schätzgröße der Grundgesamtheit.
d) Die Merkmalsausprägung der Zufallsvariablen sind Kenngrößen der Stichprobe.
e) Man berechnet das harmonische Mittel, wenn die angegebene Häufigkeit die im Zähler stehende Dimension aufweist.
f) Der Median gibt an, wie groß der "normalerweise" auftretende Wert der Zufallsvariablen ist.
g) Mittelwert und Standardabweichung werden nur von stetigen Werten berechnet.
h) Der Variationskoeffizient ist ein Maß für die Streuung.

Kapitel 4:
Verteilungen

Wie in den vorangehenden Kapiteln gezeigt wurde, läßt sich die Verteilung der Auftretenshäufigkeit der Meßwerte in einer Stichprobe graphisch darstellen oder über ihre Kenngrößen angegeben. In diesem Kapitel wird nun die Möglichkeit vorgestellt, die Verteilung der empirischen Stichprobendaten mathematisch zu beschreiben.

Die Verteilung der Auftretenshäufigkeit wird bei diskreten Daten in der **Stichprobe** als Häufigkeitsfunktion $\hat{f}(x)$ und bei stetigen als Häufigkeitsdichtefunktion $\hat{f}(x)$ bezeichnet (s. 4.1). Das Zeichen ^ ("Dach") über dem Funktionssymbol weist immer darauf hin, daß sich die Funktion direkt auf die Stichprobe, also auf empirisch ermittelte Daten bezieht.

Will man allein mit Hilfe der Kenngrößen einer Stichprobe eine Vorstellung von der Art ihrer Verteilung bekommen, müssen diese Stichprobenkenngrößen auf dem Hintergrund der für die **Grundgesamtheit** angenommen Verteilung interpretiert werden (s. 4.3). Dies ist möglich, da die Stichprobe die ihr zugrundeliegende Grundgesamtheit repräsentiert, und somit auch die Art der Verteilung der Stichprobe derjenigen der Grundgesamtheit entspricht. Die Wahl der Verteilung beziehungsweise des Verteilungsmodells, das für eine Grundgesamtheit angenommen wird, beruht auf theoretischen Überlegungen. Verteilungsmodelle sind zum Beispiel die Normalverteilung, die Binomialverteilung und die Poissonverteilung. Die Funktion dieser, aus dem Modell abgeleiteten, theoretischen Häufigkeitsverteilung einer Grundgesamtheit wird mit dem Symbol $f(x)$ abgekürzt. Bei diskreten Werten wird sie als Wahrscheinlichkeitsfunktion $f(x)$ bezeichnet; liegen stetige Werte vor, nennt man sie Wahrscheinlichkeitsdichtefunktion $f(x)$.

Überblick:

	diskret	**stetig**
Empirische Stichprobe		
Funktion	Häufigkeitsfunktion $\hat{f}(x)$	Häufigkeits<u>dichte</u>funktion $\hat{f}(x)$
integrierte Funktion	Summenhäufigkeitsfunktion $\hat{F}(x)$	Summenhäufigkeitsfunktion $\hat{F}(x)$
Grundgesamtheit (Verteilungsmodell)		
Funktion	Wahrscheinlichkeitsfunktion $f(x)$	Wahrscheinlichkeits<u>dichte</u>funktion = Dichtefunktion $F(x)$
integrierte Funktion	Wahrscheinlichkeitsverteilungsfunktion = Verteilungsfunktion $F(x)$	Wahrscheinlichkeitsverteilungsfunktion = Verteilungsfunktion $F(x)$
Beispiel	Poissonverteilung, Binomialverteilung	Normalverteilung

Für das statistische Arbeiten sind insbesondere die Funktionen der aufsummierten Häufigkeit (= Integral der Häufigkeitsfunktionen) von grundlegender Bedeutung. Sowohl für diskrete Werte, als auch für stetige Verteilungen wird die empirisch ermittelte Funktion als Summenhäufigkeitsfunktion $\hat{F}(x)$ und für die theoretische Verteilung der Grundgesamtheit als Wahrscheinlichkeitsverteilungsfunktion oder kurz Verteilungsfunktion F(x) bezeichnet.

Anmerkung zur Bezeichnung der Funktionen: Die Häufigkeitsfunktion und Häufigkeitsdichtefunktion $\hat{f}(x)$ werden auch mit dem Symbol h(x) bezeichnet. Die Häufigkeitsdichtefunktion wird zum Teil ebenfalls Häufigkeitsfunktion genannt; die Unterscheidung, ob es sich um eine stetige oder diskrete Funktion handelt, ist dann nicht mehr möglich. Wahrscheinlichkeitsfunktion und Dichtefunktion werden z.T. auch mit dem Symbol p(x) oder P(x) bezeichnet (s. Binomialverteilung 4.3.2.3).

4.1 Die Funktionen zur Beschreibung der Verteilung einer Stichprobe

4.1.1 Diskrete Häufigkeitsfunktion $\hat{f}(x)$ und stetige Häufigkeitsdichtefunktion $\hat{f}(x)$

Die Häufigkeitsfunktion und Häufigkeitsdichtefunktion beschreiben mathematisch die Auftretenshäufigkeiten einzelner x_i-Werte in einer Stichprobe.

Bei **diskreten** Verteilungen muß man beim Formulieren der Häufigkeitsfunktion $\hat{f}(x)$ darauf achten, daß sie nur für ganzzahlige Werte x_i definiert ist. Für alle anderen Werte x_i der Zufallsvariablen X nimmt die Funktion den Wert 0 an (Abb. 4.1). Vereinfachend kann die Häufigkeitsfunktion $\hat{f}(x)$ diskreter Verteilungen auch als eine Art Kurzauflistung der relativen Häufigkeit h_i der einzelnen Realisationen x_i der Zufallsvariablen X geschrieben werden (Bsp. 4.1). Dabei wird keine Funktion im eigentlichen Sinne erstellt, sondern jedem x_i seine, in der Stichprobe konkret aufgetretene relative Häufigkeit h_i zugeordnet. Die diskrete Häufigkeitsfunktion $\hat{f}(x_i)$ (F 4.1) lautet somit:

(F 4.1)

$$\text{diskrete Häufigkeitsfunktion:} \quad \hat{f}(x_i) = h_i$$

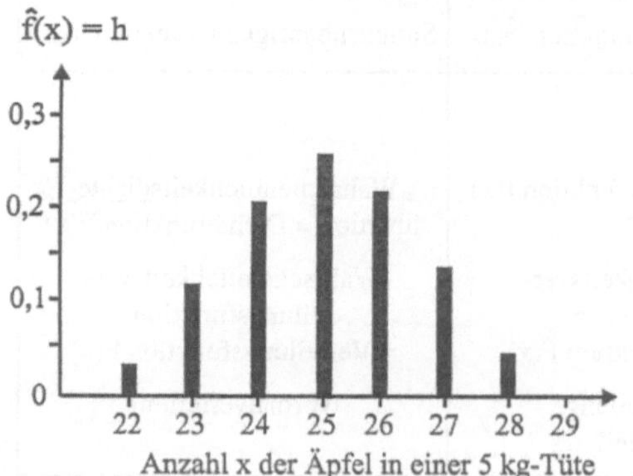

Abb. 4.1: Stabhistogramm der Häufigkeitsfunktion $\hat{f}(x)$ der diskreten Stichprobenverteilung der Anzahl von Äpfeln in 5-kg-Tüten. Die Funktionswerte der Häufigkeitsfunktion $\hat{f}(x)$ sind die im Experiment ermittelten relativen Häufigkeiten h.

Graphisch wird die Häufigkeitsfunktion (Abb. 4.1) meist als Stab- oder Linienhistogramm dargestellt. Die einzelnen Säulen sollten dabei nicht aneinanderstoßen, damit der Eindruck einer diskreten Verteilung vermittelt wird.

Für **stetige** Verteilungen läßt sich die Auftretenshäufigkeit einzelner Realisationen x_i der Zufallsvariablen X nicht ohne weiteres angeben, da für einen exakt bestimmten Wert x_i die Auftretenshäufigkeit theoretisch immer gleich Null ist.

Der Grund dafür ist, daß die Zufallsvariable X diesen bestimmten Wert x_i mit unendlicher Genauigkeit annehmen müßte, und die Wahrscheinlichkeit dafür strebt gegen Null. Um dennoch mit Hilfe einer Funktion jedem Wert x_i einen Funktionswert zuordnen zu können, wird die Häufigkeitsdichtefunktion $\hat{f}(x_i)$ formuliert. Man spricht von einer Häufigkeits<u>dichte</u>funktion, da hierbei angegeben wird, wie groß die Beobachtungsdichte der Zufallsvariablen X an der Stelle x_i ist. Die Beobachtungsdichte kann man sich als Maß vorstellen, mit dem ausgedrückt wird, wie dicht die Werte der Zufallsvariablen X an der Stelle x_i nebeneinander liegen. In der Praxis wird die stetige Häufigkeitsdichtefunktion $\hat{f}(Kl_i)$ (F 4.2) nur für klassierte Stichproben angeben:

(F 4.2)

stetige Häufigkeitsdichtefunktion für klassierte Daten: $\hat{f}(Kl_i) = h(Kl_i)$

Die Häufigkeitsdichtefunktion läßt sich graphisch gut durch ein Blockhistogramm mit aneinanderstoßenden Säulen darstellen (Abb. 4.2). Dabei wird die Kontinuität der Verteilung sichtbar. Solange sich die Darstellung nur auf die Daten der Stichprobe bezieht, sollte man beim Einzeichnen eines Liniendiagramms bedenken, daß dies graphisch eine "perfekte" Verteilung suggeriert, was die Stichprobe aber niemals sein kann.

Abb. 4.2: Histogramm der stetigen Häufigkeitsdichtefunktion $\hat{f}(x)$ der Apfelmassen einer Stichprobe (Werte aus Bsp. 2.7). Der Funktionswert $\hat{f}(x)$ der Häufigkeitsdichtefunktion ist die beobachtete relative Klassenhäufigkeit.

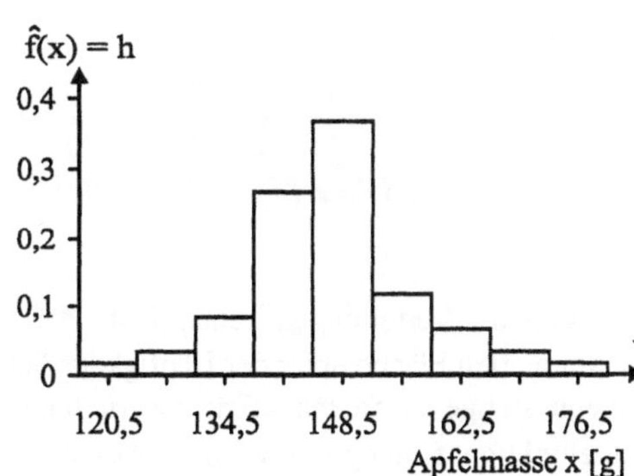

4.1.2 Summenhäufigkeitsfunktion $\hat{F}(x)$

Die Summenhäufigkeitsfunktion $\hat{F}(x)$ ist das Integral von x_{min} bis x_{max} der Häufigkeits-(dichte)funktion $\hat{f}(x)$. Die Summenhäufigkeitsfunktion $\hat{F}(x_i)$ gibt an, wie groß die Auftretenshäufigkeit der Zufallsvariablen X im Bereich von x_{min} bis x_i ist.

Bei **diskreten** Verteilungen läßt sich die Summenhäufigkeitsfunktion $\hat{F}(x)$, durch die Addition der relativen Auftretenshäufigkeiten h für die aufgetretenen x_i-Werte berechnen, da die Zufallsvariable X nur ganzzahlige Werte annehmen kann. Graphisch stellt sich die Summenhäufigkeitsfunktion $\hat{F}(x)$ als ein Histogramm mit immer höher werdenden Säulen dar (Abb. 4.3). Die Formel für die diskrete Summenhäufigkeitsfunktion $\hat{F}(x)$ (F 4.3) lautet:

(F 4.3)

diskrete Summenhäufigkeitsfunktion:

$$\hat{F}(x_i) = \sum_{x_{min}}^{x_i} \hat{f}(x_i) = h(x_1) + h(x_2) + \ldots + h(x_i)$$

Da die Summe der relativen Häufigkeiten h aller Meßwerte immer 1 ist (F 2.5), ist auch der maximale Wert jeder Summenhäufigkeitsfunktion 1 (F 4.4).

(F 4.4)

$$\sum_{x_{min}}^{x_{max}} \hat{f}(x_i) = \hat{F}(x_{max}) = 1$$

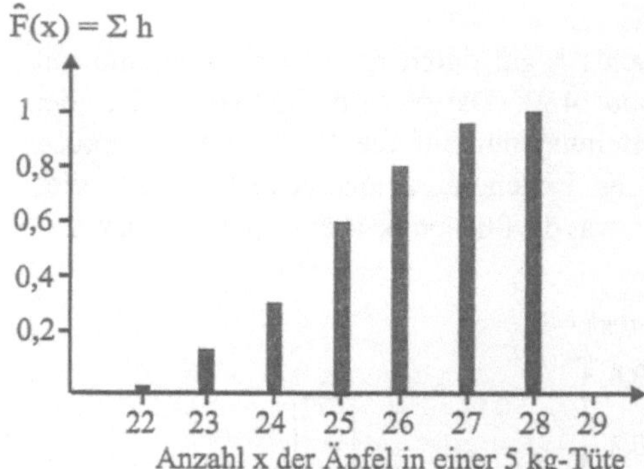

Abb. 4.3: Stabhistogramm der Summenhäufigkeitsfunktion $\hat{F}(x)$ der diskreten Stichprobenverteilung der Anzahl von Äpfeln in 5 kg Tüten. Die Funktionswerte der Summenhäufigkeitsfunktion lassen sich bei diskreten Verteilungen durch Aufsummieren der Werte der Häufigkeitsfunktion berechnen. Der Maximalwert beträgt 1.

In **stetigen** Verteilungen entspricht die Summenhäufigkeitsfunktion $\hat{F}(x)$ der aufsummierten Fläche unter der Häufigkeitsdichtefunktion $\hat{f}(x)$.
Um eine stetige Summenhäufigkeitsverteilung $\hat{F}(x)$ zu berechnen, muß die Häufigkeitsdichtefunktion $\hat{f}$ integriert werden. Aus einer stetigen Häufigkeitsdichtefunktion $\hat{f}(x)$ ergibt sich eine ebenfalls stetige Summenhäufigkeitsfunktion $\hat{F}(x)$ (F 4.5a).

(F 4.5a)

stetige Summenhäufigkeitsfunktion: $\quad \hat{F}(x_i) = \int_{x_{min}}^{x_i} \hat{f}(x)\, dx$

In der Praxis läßt sich diese Funktion für eine Stichrobe mit stetigen Werten nicht formulieren. Man beschränkt sich deshalb auch in diesem Fall auf die klassierten Stichproben. Sind die Werte in Klassen eingeteilt, so besteht nämlich die Möglichkeit, die Funktionswerte der Summenhäufigkeitsfunktion - wie bei diskreten Verteilungen - durch Addieren der einzelnen Klassenhäufigkeiten zu berechnen (F 4.5b). Durch dieses Verfahren erhält man nur jeweils die Funktionswerte der rechten oberen Klassengrenzen.

Graphisch stellt sich die klassierte Summenhäufigkeitsfunktion $\hat{F}(x_{KLi})$ als treppenförmige Kurve dar (Abb. 4.4).

(F 4.5b)

stetige Summenhäufigkeitsfunktion klassierter Werte:

$$\hat{F}(Kl_i) = \sum_{Kl_{min}}^{Kl_i} h(Kl_i) = h(Kl_1) + h(Kl_2) + \ldots + h(Kl_i)$$

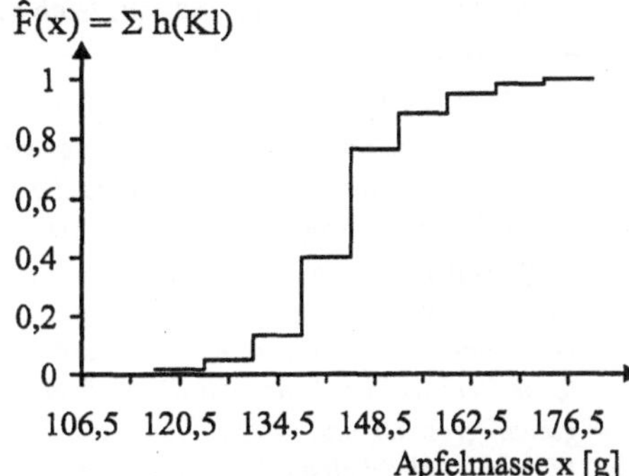

Abb. 4.4: Treppenkurve der Summenhäufigkeitsfunktion $\hat{F}(x)$ der stetigen klassierten Verteilung der Stichprobe der Apfelmassen (Werte aus Bsp. 2.7).

Auch für die stetige Verteilung gilt, daß die Fläche unter der Häufigkeitsfunktion $\hat{f}(x) = 1$ ist (F 4.6). Nachvollziehen läßt sich dies, wenn man nach Formel (F 4.5b) die relativen Häufigkeiten aller Klassen aufaddiert.

(F 4.6)

$$\sum_{x_{min}}^{x_{max}} \hat{f}(x_i) = \hat{F}(x_{max}) = 1$$

Um die Auftretenshäufigkeit beziehungsweise die Beobachtungsdichte zwischen zwei beliebigen Werten x_i und x_j (wobei gilt $x_i < x_j$) zu berechnen, muß die Summenhäufigkeit $\hat{F}(x_i)$ von $\hat{F}(x_j)$ subtrahiert werden (F 4.7). Da die Summenhäufigkeiten $F(x_i)$ und $F(x_j)$ jeweils die Obergrenze einschließen, bezieht sich die Wahrscheinlichkeit, die sich aus der Differenz berechnet, auf den Bereich einschließlich der Obergrenze und ausschließlich der Untergrenze des Intervalls.

(F 4.7)

$$\hat{F}(x_i < x \leq x_j) = \hat{F}(x_j) - \hat{F}(x_i)$$

4.2 Funktionen zur Beschreibung der Verteilung einer Grundgesamtheit

4.2.1 Diskrete Wahrscheinlichkeitsfunktion f(x) und stetige Wahrscheinlichkeitsdichtefunktion f(x)

Die Wahrscheinlichkeitsfunktion f(x) und die Wahrscheinlichkeitsdichtefunktion = Dichtefunktion f(x) beschreiben die theoretische Häufigkeitsverteilung der Werte x_i einer Zufallsvariablen X in der Grundgesamtheit. Sie entsprechen somit der Häufigkeitsfunktion bzw. der Häufigkeitsdichtefunktion $\hat{f}(x)$ einer Stichprobe.

Die Bezeichnung Wahrscheinlichkeitsfunktion f(x) für **diskrete** Verteilungen rührt daher, daß der Funktionswert f(x_i) die Wahrscheinlichkeit angibt, mit der ein bestimmter Wert x_i der Zufallsvariablen X in einer Stichprobe auftritt (Bsp. 4.1).

Beispiel 4.1: Wahrscheinlichkeit für das Auftreten einer Augenzahl im Würfelexperiment (diskretes Ereignis) und Vergleich mit der in einem konkreten Experiment ermittelten Auftretenshäufigkeit

Um die Grundgesamtheit aller Würfe zu erhalten, müßte man mit einem idealen Würfel theoretisch unendlich oft werfen. Die gewürfelten Augenzahlen sind die Realisationen x_1, x_2, ... x_6 der Zufallsvariablen X. Jede der 6 möglichen Augenzahlen x_i würde theoretisch gleich häufig auftreten: für jeden Wert x_i bekäme man die gleiche absolute Auftretenshäufigkeit H_i von ∞. Durchführbar ist dieses Experiment natürlich nicht, und auch eine Häufigkeitsverteilung läßt sich nicht formulieren. Man ist folglich auf theoretische Überlegungen angewiesen, mit deren Hilfe die Wahrscheinlichkeitsverteilung f(x) formuliert werden kann. Da die Auftretenswahrscheinlichkeit f(x) für jede Augenzahl x_i gleich groß ist und 6 Möglichkeiten vorhanden sind, beträgt sie 1/6 (Abb. 4.6). Die Wahrscheinlichkeitsfunktion lautet somit:

$$f(x) = 1/6.$$

Erstellt man nun eine Stichprobe, indem man n-mal würfelt, so werden die Häufigkeiten h_i für die verschiedenen Augenzahlen x_i ungefähr gleich sein und 1/6 des Meßumfangs n betragen ($h_i \approx n/6$). Aber auch bei sehr großen Stichproben werden die Werte für h_i nicht alle gleich sein. Für die Stichprobe mit n = 60 Würfen läßt sich (nach F 4.1) die folgende Häufigkeitsverteilung formulieren (Abb. 4.6):

$$\hat{f}(1) = \frac{11}{60} \qquad \hat{f}(2) = \frac{8}{60} \qquad \hat{f}(3) = \frac{9}{60} \qquad \hat{f}(4) = \frac{8}{60} \qquad \hat{f}(5) = \frac{12}{60}$$

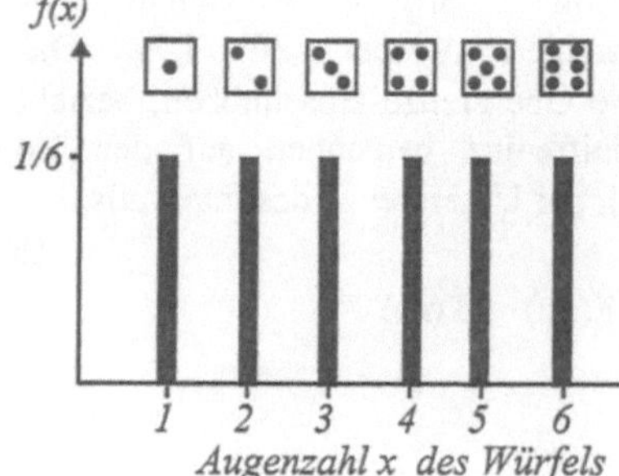

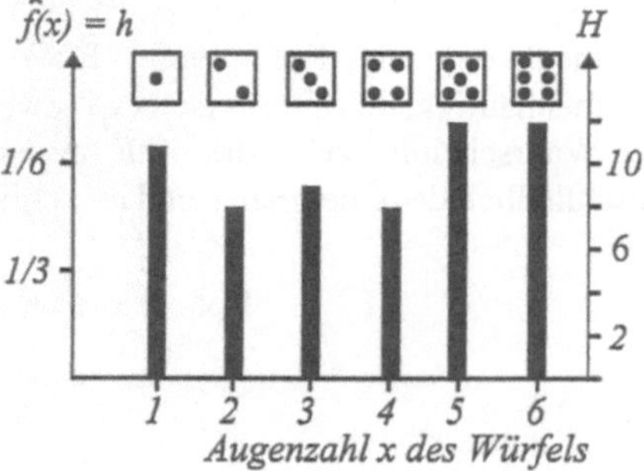

Abb. 4.5: Säulenhistogramm der Wahrscheinlichkeitsfunktion f(x) der diskreten Grundgesamtheit "aller" Würfelwürfe mit einem idealen Würfel. Da bei einem solchen Würfelexperiment die Wahrscheinlichkeit für das Auftreten jeder Augenzahl gleich 1/6 ist, sind alle Histogrammsäulen gleich hoch.

Abb. 4.6: Funktion der Häufigkeitsverteilung $\hat{f}(x)$ für eine Stichprobe mit n = 60 Würfen. Das experimentell gefundene Ergebnis stimmt nicht vollständig mit dem theoretisch erwarteten überein.

Analog gibt der Funktionswert der Wahrscheinlichkeitsdichtefunktion bzw. Dichtefunktion f(x) die Beobachtungsdichte von Meßwerten in einer **stetigen** Grundgesamtheit an. Je höher die Beobachtungsdichte ist, desto größer ist die Wahrscheinlichkeit, daß die Zufallsvariable X diesen Wert (mit bestimmter Genauigkeit) annimmt. In Abb. 4.7 ist eine typische Wahrscheinlichkeitsdichtefunktion einer stetigen Grundgesamtheit dargestellt.

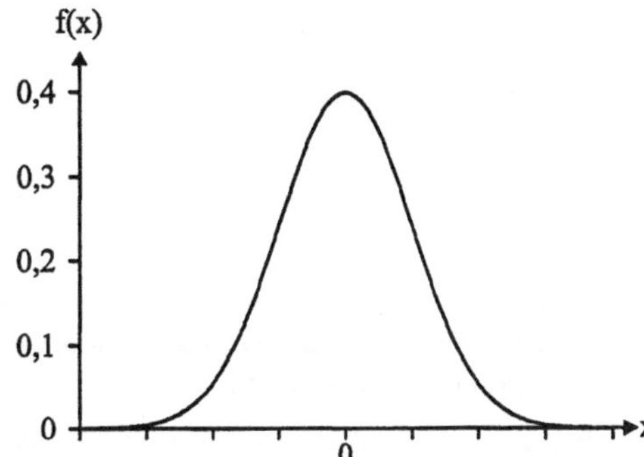

Abb. 4.7: Glockenförmige Kurve der Dichtefunktion f(x) einer stetigen Grundgesamtheit. Als Beispiel ist hier eine Normalverteilung gezeigt.

Die hier beschriebenen Funktionen beziehen sich immer auf die Grundgesamtheit. Erst bei einem Stichprobenumfang von n → ∞ oder bei n → N (bei endlich vielen Elementen N in der Grundgesamtheit) geht die Häufigkeits- bzw. Häufigkeitsdichtefunktion $\hat{f}(x)$ der Stichprobe in die Dichtefunktion f(x) über (Bsp. 4.1).

In Fällen, in denen die Grundgesamtheit vollständig erfaßt wird (z.B.: die Größe aller Rinder eines Züchters, die Bremsleistung aller Autos einer Produktionsserie, etc.) ist die Wahrscheinlichkeits(dichte)funktion f(x) gleich der Häufigkeits(dichte)funktion f(x). Hier darf das Symbol ^ für die Häufigkeits(dichte)funktion nicht mehr verwendet werden, da es Stichproben vorbehalten ist und nicht für die Grundgesamtheit angewendet werden darf.

4.2.2 Wahrscheinlichkeitsverteilungsfunktion bzw. Verteilungsfunktion F(x)

Die Wahrscheinlichkeitsverteilungsfunktion oder kurz Verteilungsfunktion F(x) einer Grundgesamtheit, entspricht der Summenhäufigkeitsfunktion $\hat{F}(x)$ einer Stichprobe. Mit Hilfe der Verteilungsfunktion F(x) wird berechnet, wie groß die Wahrscheinlichkeit $F(x_i)$ ist, daß die Zufallsvariable X im Experiment einen Wert ≤ x_i annimmt.

Bei **diskreten** Werten wird die Verteilungsfunktion F(x) (F 4.8) als Summe der Funktionswerte f(x) von der kleinsten Zufallsvariablen x_{min} bis zur Zufallsvariablen x_i formuliert. Graphisch wird die diskrete Verteilungsfunktion F(x) meist als Stabhistogramm mit höher werdenden Stäben dargestellt (Abb. 4.8).

(F 4.8)

$$\textbf{diskrete Verteilungsfunktion: } F(x_i) = \sum_{x_{min}}^{x_i} f(x) = f(x_1) + f(x_2) + ... + f(x_i)$$

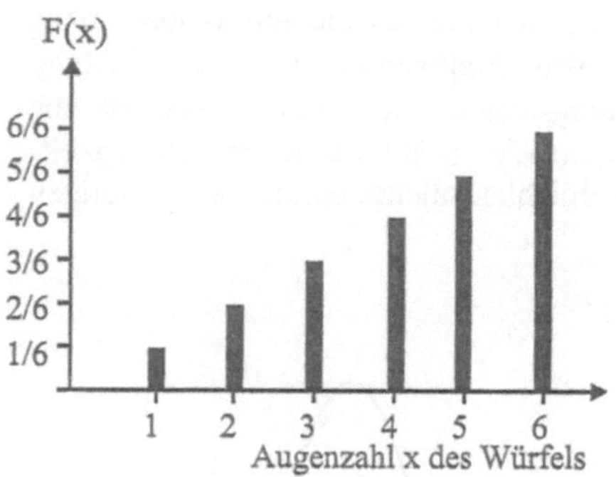

Abb. 4.8: Säulenhistogramm der Verteilungsfunktion F(x) der diskreten Grundgesamtheit der Würfelwürfe. Da die Wahrscheinlichkeitsfunktion f(x) für jede Augenzahl gleich ist, erhöht sich die Säule immer um denselben Betrag. Der Maximalwert beträgt 1: dies ist die Wahrscheinlichkeit dafür, mit einem Würfelwurf eine Augenzahl zwischen 1 (einschließlich) und 6 (einschließlich) zu würfeln.

Beispiel 4.2: Berechnung der Wahrscheinlichkeit für das Auftreten einer Augenzahl, die kleiner oder gleich einer vorgegebenen Augenzahl ist.

Wie groß ist die Wahrscheinlichkeit F(x) für das Auftreten einer Augenzahl x ≤ 2 beim einmaligen Würfeln? Aus F 4.8 ergibt sich:

$$F(x) = f(1) + f(2) = 1/6 + 1/6 = 2/6 = 1/3$$

Das Ergebnis gibt die Wahrscheinlichkeit an, mit der die Zufallsvariable X die Werte 1 oder 2 annimmt (Abb. 4.8).

Bei der **stetigen** Verteilung ist die Verteilungsfunktion F(x) (F 4.9) das Integral der Dichtefunktion f(x) und entspricht somit der Fläche unter der Kurve der Dichtefunktion. Graphisch stellt sich die stetige Wahrscheinlichkeitsverteilungsfunktion bzw. Verteilungsfunktion F(x) als sigmoide Kurve dar (Abb. 4.9).

(F 4.9)

$$\text{stetige Verteilungsfunktion: } F(x_i) = \int_{x_{min}}^{x_i} f(x)\, dx$$

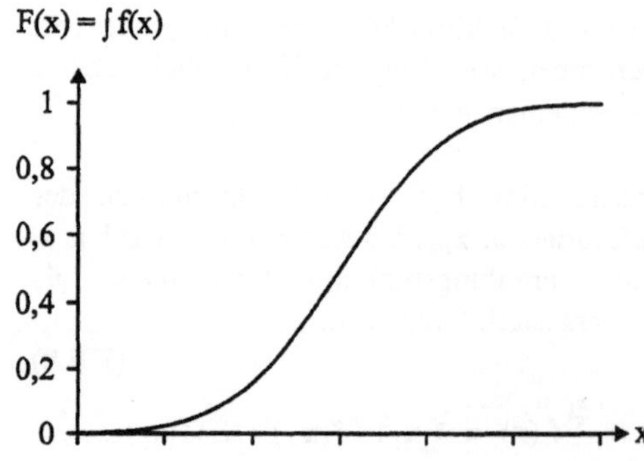

Abb. 4.9: Sigmoide Kurve der Verteilungsfunktion F(x) einer stetigen Grundgesamtheit. Als Beispiel ist hier das Integral der Normalverteilung gezeigt.

Der Maximalwert der Verteilungsfunktion F(x) ist immer 1, da die Fläche unter der Dichte- beziehungsweise der Wahrscheinlichkeitsfunktion gleich 1 ist. Es lassen sich hier analoge Überlegungen wie zur Summenhäufigkeitsfunktion der Stichprobe anstellen.

Mit Hilfe der Verteilungsfunktion F(x) läßt sich auch berechnen, wie groß die Wahrscheinlichkeit dafür ist, daß die Zufallsvariable X im Experiment einen Wert x in dem Intervall zwischen einem unteren Wert x_i und einem oberen Wert x_j annimmt: Man berechnet zunächst die Wahrscheinlichkeit $F(x_j)$ zwischen x_{min} und dem größeren Wert x_j und dann die Wahrscheinlichkeit $F(x_i)$ zwischen x_{min} und dem kleineren Wert x_i. Die Differenz zwischen $F(x_i)$ und $F(x_j)$ ist die gesuchte Wahrscheinlichkeit $F(x_i < x \leq x_j)$ (Bsp. 4.3). Da die Wahrscheinlichkeiten $F(x_i)$ und $F(x_j)$ jeweils die Obergrenze einschließen, ist die Obergrenze bei der berechneten Differenz eingeschlossen und die Untergrenze ausgeschlossen.

(F 4.10)

$$F(x_i < x \leq x_j) = F(x_j) - F(x_i)$$

Beispiel 4.3: Wahrscheinlichkeit für das Auftreten einer Augenzahl in einem vorgegebenen Intervall

Wie groß ist die Wahrscheinlichkeit, daß beim Würfeln ein Wert x auftritt, für den gilt: $2 < x \leq 4$? Die Verteilungsfunktion $F(2 < x \leq 4)$ berechnet sich nach F 4.10 zu:

$F(2)$	$= f(1) + f(2) = 1/6 + 1/6 = 2/6$	$= 1/3$
$F(4)$	$= f(1) + f(2) + f(3) + f(4) = 1/6 + 1/6 + 1/6 + 1/6 = 4/6$	$= 2/3$
$F(2 < x_i \leq 4) = F(4) - F(2) = 4/6 - 2/6 = 2/6$		$= 1/3$

Das Ergebnis 1/3 ist die Wahrscheinlichkeit, mit der die Zufallsvariable X einen Wert x_i im Bereich $2 < x_i \leq 4$ annimmt, d.h. mit welcher Wahrscheinlichkeit man bei einem Wurf die Augenzahl 3 oder 4 erhält.

4.3 Modelle zur Beschreibung der Verteilung der Grundgesamtheit

Das Erfassen der ganzen Grundgesamtheit ist in den meisten Fällen nicht möglich. Deshalb wurden mathematische Modelle entwickelt, mit deren Hilfe man die theoretische Verteilung einer Grundgesamtheit beschreiben kann, auch wenn die Verteilung nicht so einfach abzuleiten ist wie im Würfelbeispiel.

Zu den wichtigsten Modellen innerhalb der biologischen Statistik zählen die Normalverteilung, die Binomialverteilung und die Poissonverteilung. Ob ein Modell - und wenn ja, welches - für eine Grundgesamtheit angenommen werden kann, ist abhängig von der Verteilung der Stichprobe und der Art der betrachteten Merkmale (nominale, ordinale oder metrische; diskrete oder stetige etc.). Wie mit einem solchen Modell gearbeitet wird, sei am folgenden Beispiel der Normalverteilung ausführlich dargestellt.

4.3.1 Die Normalverteilung

Die Normalverteilung oder Gauß-Verteilung ist eine stetige, symmetrische Verteilung. Der Graph der Verteilung ist glockenförmig. Normalverteilung kann für eine Grundgesamtheit angenommen werden, wenn die untersuchte Zufallsvariable X von sehr vielen, voneinander unabhängigen Faktoren beeinflußt ist, von denen jeder einzelne für die Ausprägung x der Zufallsvariablen nur in sehr geringem Maße bedeutsam ist. Diese Forderung läßt sich aus dem Zentralen Grenzwert-Satz herleiten.

Bezogen auf das Apfel-Beispiel (Bsp. 1.1) bedeutet dies: die Zufallsvariable "Masse" eines Apfels ist von sehr vielen Faktoren wie Licht, Wasser, Bodenbeschaffenheit, Wärme, genetischen Voraussetzungen, Schädlingsbefall usw. abhängig. Da jeder dieser Faktoren die "Masse" eines Apfels nur in geringem Maße beeinflußt, kann davon ausgegangen werden, daß die Grundgesamtheit der Apfelmassen normalverteilt ist. Bei immer größer werdendem Stichprobenumfang n läßt sich die Annäherung an die Normalverteilung auch graphisch darstellen (Bsp. 4.4).

Beispiel 4.4: Häufigkeitsverteilung der Apfelmassen-Stichprobe bei zunehmendem Meßumfang n

Die Häufigkeitsdichtefunktionen verschieden großer Stichproben, in denen die Zufallsvariable "Masse" der Äpfel untersucht wurde, sind als Histogramm aufgetragen. Schon bei geringem Meßumfang erkennt man ein zentrales Dichtemaximum.

Je weiter die Meßwerte von diesem mittleren Wert entfernt liegen, desto geringer ist ihre Auftretenshäufigkeit. Erhöht man den Stichprobenumfang immer weiter, indem man immer mehr Individuen vermißt, so werden die Klasseneinteilungen immer feiner.

Das feiner und feiner gestufte Histogramm nähert sich dann immer mehr einer Glockenkurve an. Bei unendlich großem Stichprobenumfang (Grundgesamtheit) geht das Histogramm in die stetige Glockenkurve der Normalverteilung über (Abb. 4.10).

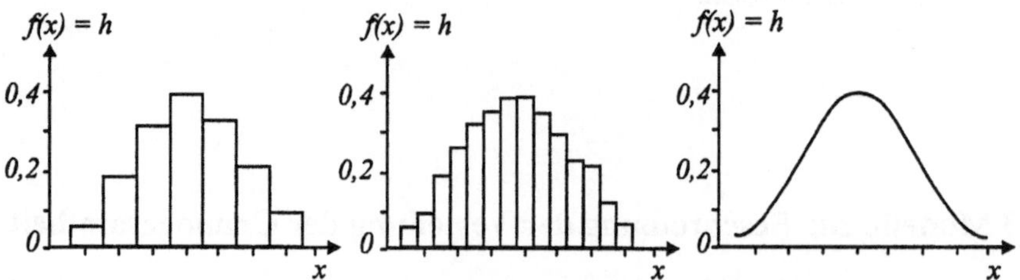

Abb. 4.10: Durch Erhöhen des Meßumfangs n und der Anzahl der Klassen geht das immer feiner gestufte Histogramm der Stichproben aus einer normalverteilten Grundgesamtheit in die glockenförmige symmetrische Kurve der Normalverteilung über.

Ebenso wie durch das Messen von n Elementen in der Stichprobe kann man auch durch wiederholtes Messen desselben Elements eine Stichprobe erhalten, die aus einer normalverteilten Grundgesamtheit stammt. Wird zum Beispiel ein und derselbe Apfel mehrmals gewogen, erhält man bei äußerst genauem Wiegen unterschiedliche Werte für seine Masse. Der Stichprobenumfang n ist in diesem Beispiel gleich der Anzahl der

Meßvorgänge. Voraussetzung dafür, daß die Meßwerte auch in diesem Fall normalverteilt sind, ist, daß jede Messung von vielen, voneinander unabhängigen Faktoren beeinflußt wird. Solche Faktoren sind zum Beispiel interne Fehler des Meßgeräts, unterschiedliche Handhabung, Temperaturschwankungen ... (s 1.4). Die dadurch entstehenden Meßwertschwankungen streuen normalverteilt um einen mittleren Wert. Die Normalverteilung stellt das wichtigste stetige Verteilungsmodell in der biologischen Statistik dar.

A) Die Dichtefunktion f(x) der Normalverteilung

Die Funktion f(x) der Normalverteilung ist von $-\infty$ bis $+\infty$ definiert. Über sie kann man für jeden Wert x_i der Zufallsvariablen X die zugehörige Dichte $f(x_i)$ der Beobachtungen berechnen. Die mathematische Formulierung der Dichtefunktion f(x) (F 4.11) der Normalverteilung lautet:

(F 4.11)

$$f(x_i) = \frac{1}{\sigma \cdot \sqrt{2\pi}} \cdot e^{-\frac{1}{2}\left(\frac{x_i - \mu}{\sigma}\right)^2}$$

Da der Mittelwert μ und die Standardabweichung σ der Grundgesamtheit in der Regel nicht bekannt sind, werden sie durch die Schätzgrößen $\bar{x}$ und s der Stichprobe ersetzt (F 4.12).

(F 4.12)

$$f(x_i) = \frac{1}{s \cdot \sqrt{2\pi}} \cdot e^{-\frac{1}{2}\left(\frac{x_i - \bar{x}}{s}\right)^2}$$

Abb. 4.11: Das Maximum der Normalverteilungskurve liegt beim arithmetischen Mittel $\bar{x}$. Die Wendepunkte der Verteilung sind vom Maximum $\bar{x}$ um den Betrag der Standardabweichung s nach rechts und nach links entfernt.

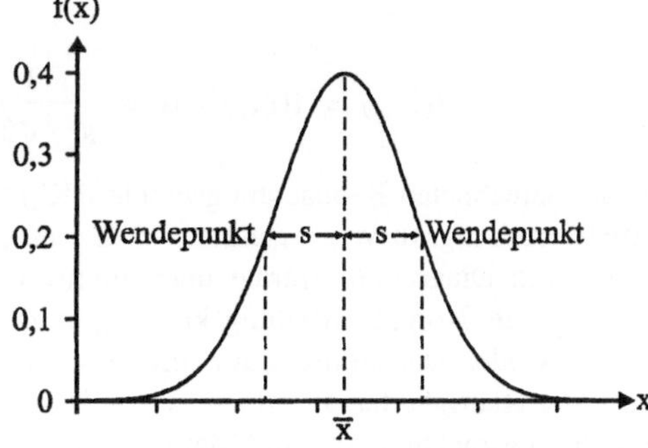

Die eingesetzten Kenngrößen der Stichprobe bestimmen Lage und Form der Normalverteilung. Das arithmetische Mittel $\bar{x}$ liegt unter dem Maximum der Glockenkurve. Das bedeutet, daß in der Nähe des Mittelwerts die Beobachtungsdichte am größten ist. Da der Mittelwert $\bar{x}$ und die Standardabweichung s unendlich viele verschiedene Werte annehmen können, gibt es auch unendlich viele unterschiedliche Formen und Lagen der Normalverteilung. Der Mittelwert $\bar{x}$ kann Werte zwischen $-\infty$

und $+\infty$ annehmen und bestimmt somit die Lage der Normalverteilungskurve auf der x-Achse. Die Steilheit der Flanken der Glocke wird bestimmt durch die Standardabweichung s. Sie gibt den abszissenparallelen Abstand zwischen dem Mittelwert $\bar{x}$ und den Wendepunkten der Kurve an. Ist s sehr groß, erhält man eine sehr breite, flache Glocke, bei kleinem s ist die Glockenkurve schmal und hoch (Abb. 4.12).

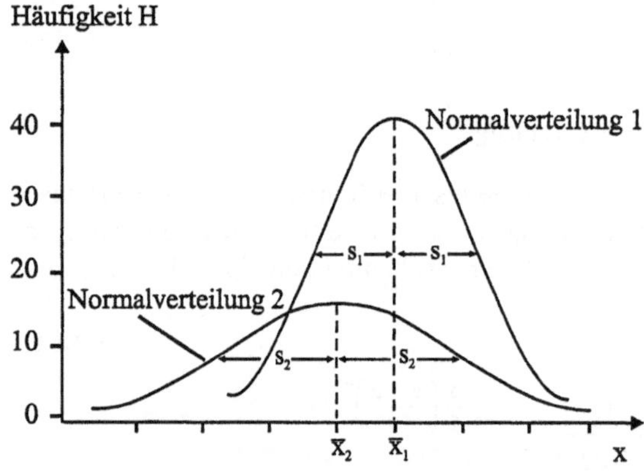

Abb. 4.12: Im gleichen Koordinatensystem sind zwei Normalverteilungen aufgetragen, die aufgrund unterschiedlicher Stichprobenkenngrößen berechnet wurden. Für die erste Stichprobe wurde ein etwas größer Mittelwert berechnet als für die zweite. Die Normalverteilung 1 liegt deshalb weiter rechts auf der x-Achse. Die größere Standardabweichung der Kurve 2 bewirkt einen flacheren Kurvenverlauf.

Mit den Parametern Mittelwert $\bar{x}$ und Standardabweichung s der Stichprobe läßt sich nach Formel (F 4.12) die Beobachtungsdichte an einer beliebigen Stelle x_i berechnen.

Um von der punktweise berechenbaren Beobachtungsdichte f(x) auf die Auftretenshäufigkeit von Meßwerten in der i-ten Klasse schließen zu können, muß die Funktion für die Klassenmitte m_i berechnet und mit der Klassenbreite b multipliziert werden. Dazu werden in die Dichtefunktion f(x) der Normalverteilung anstelle der Werte x_i die Werte der Klassenmitten m_i eingesetzt. Man erhält damit die theoretische Auftretenshäufigkeit = **Beobachtungsdichte f(Kl$_i$)** in dieser Klasse:

(F 4.13)

$$f(Kl_i) = f(m_i) \cdot b = \frac{1}{s \cdot \sqrt{2\pi}} \cdot e^{-\frac{1}{2}\left(\frac{m_i - \bar{x}}{s}\right)^2} \cdot b$$

Aus der berechneten Beobachtungsdichte f(Kl$_i$) kann nach Augenmaß die bestangepaßte Normalverteilungskurve gezeichnet werden, indem man die berechneten Funktionswerte f(Kl$_i$) in ein Diagramm einträgt und durch die Punkte eine Glockenkurve legt. Diese bestangepaßte Normalverteilungskurve gibt die geschätzte Verteilung der Grundgesamtheit wieder, aus der diese Stichprobe stammt (Bsp. 4.5).

Liegen die Häufigkeiten als Absolutwerte H vor, so erhält man durch Multiplikation der Beobachtungsdichte f(Kl$_i$) mit dem Stichprobenumfang n die theoretische **absolute Auftretenshäufigkeit f(Kl$_{i\,H}$)**.

(F 4.14)

$$f(Kl_{i\,H}) = f(m_i) = \frac{1}{s \cdot \sqrt{2\pi}} \cdot e^{-\frac{1}{2}\left(\frac{m_i - \bar{x}}{s}\right)^2} \cdot b \cdot n$$

Auch nach der Anpassung der Normalverteilung darf das Funktionssymbol f(Kl$_i$) nicht mit einem ^ versehen werden, da dieses Zeichen den konkret ermittelten Häufigkeiten vorbehalten ist. Über die Dichtefunktion werden aber theoretische Erwartungswerte berechnet.

Beispiel 4.5: Berechnung der bestangepaßten Normalverteilung aufgrund der Kenngrößen der Apfelmassen-Stichprobe

Die Kenngrößen der Apfelmassen-Stichprobe wurden im vorangehenden Kapitel berechnet: $\bar{x}$ = 147,3833 g (Bsp. 3.1), s = 10,0980 g (Bsp. 3.11), b = 7 g (Bsp. 2.4), n= 60

Tab. 4. 1: Berechnung der theoretischen absoluten Häufigkeiten für die einzelnen Klassen der Apfelmassen-Stichprobe über die Dichtefunktion (F4.14) der bestangepaßten Normalverteilung.

1	2	3	4	5	6	7	8
	Kl.-mitte	Beob. abs. Häufig-keit	Berechnung der Dichtefunktion $f(m_i)$				theoret. abs. Häufigkeit
Kl-Nr.	m_i	H_b	$\dfrac{m_i - \bar{x}}{s}$	$\dfrac{1}{2}\left(\dfrac{m_i - \bar{x}}{s}\right)^2$	$e^{-\frac{1}{2}\left(\frac{m_i-\bar{x}}{s}\right)^2}$	$f(m_i) = \dfrac{1}{s\sqrt{2\pi}}\, e^{-\frac{1}{2}\left(\frac{m_i-\bar{x}}{s}\right)^2}$	$H = f(m_i)\cdot b\cdot n$
-	g	-	-	-	-	-	-
1	120,5	1	-2,6622	3,5438	0,0289	0,0011	0,4795
2	127,5	2	-1,9690	1,9385	0,1439	0,0057	2,3877
3	134,5	5	-1,2758	0,8139	0,4431	0,0175	7,3523
4	141,5	16	-0,5826	0,1697	0,8439	0,0333	14,0028
5	148,5	22	0,1106	0,0061	0,9939	0,0393	16,4917
6	155,5	7	0,8038	0,3230	0,7240	0,0286	12,0133
7	162,5	4	1,4970	1,1205	0,3261	0,0129	5,4110
8	169,5	2	2,1902	2,3985	0,0909	0,0036	1,5083
9	176,5	1	2,8834	4,1570	0,0157	0,0006	0,2605
							Summe: 59,91

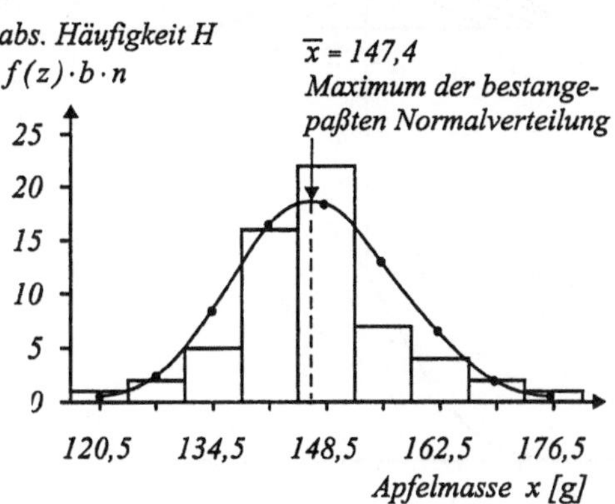

Abb. 4.13: Histogramm der klassierten Apfelmassenstichprobe und berechnete bestangepaßte Normalverteilungskurve. Mit einem Punkt (●) sind die berechneten theoretischen absoluten Häufigkeiten der Klassen gekennzeichnet. (Werte aus Tab. 4.1)

B) Die Verteilungsfunktion F(x) der Normalverteilung

Die Verteilungsfunktion F(x) der Normalverteilung stellt die aufsummierte Auftretenswahrscheinlichkeit der Zufallsvariablen X dar.

Die Verteilungsfunktion ist das Integral der Dichtefunktion f(x) von $-\infty$ bis x_i. Die mathematische Formulierung der Verteilungsfunktion F(x) der Normalverteilung lautet (F 4.15):

(F 4.15)

$$F(x_i) = \frac{1}{\sigma \cdot \sqrt{2\pi}} \cdot \int_{-\infty}^{x_i} e^{-\frac{1}{2}\left(\frac{x_i - \mu}{\sigma}\right)} dx$$

Da der Mittelwert μ und die Standardabweichung σ der Grundgesamtheit in der Regel nicht bekannt sind, werden diese Parameter auch hier – wie auch bei der Dichtefunktion (F 4.12) - durch die aus der Stichprobe ermittelten Schätzgrößen ersetzt (F 4.16).

(F 4.16)

$$F(x_i) = \frac{1}{s \cdot \sqrt{2\pi}} \cdot \int_{-\infty}^{x_i} e^{-\frac{1}{2}\left(\frac{x_i - \bar{x}}{s}\right)^2} dx$$

Der Graph der Verteilungsfunktion F(x) ist sigmoid ansteigend, hat einen Wendepunkt bei $x_i = \bar{x}$ und verläuft um so steiler, je kleiner s ist. Er nähert sich mit steigendem x_i asymptotisch dem Wert 1.

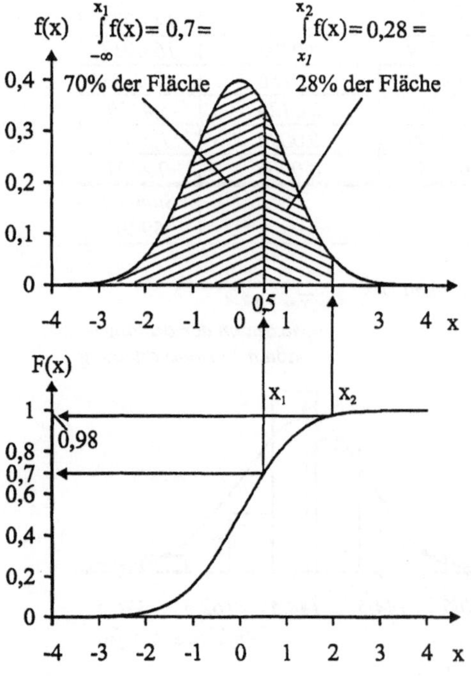

Abb. 4.14: Dichtefunktion f(x) und Verteilungsfunktion F(x) einer normalverteilten Zufallsvariablen X. Die Verteilungsfunktion F(x) gibt an jeder Stelle x_i die Größe der Fläche unter der Kurve der Dichtefunktion von $-\infty$ bis einschließlich x_i an. Diese Fläche entspricht der Wahrscheinlichkeit des Auftretens eines Wertes x zwischen $-\infty$ und dem Wert x_i. Dem Wert $x_1 = 0,5$ ist in der Verteilungsfunktion der Funktionswert $F(x_1) = 0,7$ zugeordnet; d.h. bis zum Wert x_1 befinden sich 70% der Fläche (schraffiert) unter der Dichtefunktion f(x). Dem Wert $x_2 = 2$ ist der Funktionswert $F(x_2) = 0,98$ zugeordnet. Zwischen x_1 und x_2 liegen 28% der Fläche (gepunktet) unter der Dichtefunktion f(x). Aus der Verteilungsfunktion läßt sich das gleiche Ergebnis berechnen: $F(x_2) - F(x_1) = 0,98 - 0,7 = 0,28$.

Die Verteilungsfunktion F(x) gibt die Wahrscheinlichkeit dafür an, daß ein Wert x der Zufallsvariable zwischen $-\infty$ und dem Wert x_i (einschließlich) liegt. Die Wahrscheinlichkeit ist proportional dem links von x_i gelegenen Flächenanteil unter der Dichtefunktion (Abb. 4.14). Analog zur Dichtefunktion f(x) läßt sich der Graph der Verteilungsfunktion F(x) punktweise berechnen und graphisch konstruieren (vgl. Abb.4.13).

Soll berechnet werden, wieviele Meßwerte bei einer bestimmten Anzahl von Messungen oder Versuchen theoretisch in dieses Intervall fallen, so muß die Funktion F(x) mit der Anzahl der Messungen oder Versuche n (d.h. dem Stichprobenumfang n) multipliziert werden (F 4.17).

(F 4.17)

$$F(x,n) = F(x) \cdot n$$

Ist nach der **Auftretenswahrscheinlichkeit F** $(x_1 < x \leq x_2)$ (F 4.18) in einem Bereich von x_1 bis x_2 gefragt, so kann dies analog zu Formel F 4.10 über die Verteilungsfunktion $F(x_1)$ und $F(x_2)$ wie folgt berechnet werden (s. Abb. 4.14):

(F 4.18)

$$F (x_1 < x \leq x_2) = F(x_2) - F(x_1)$$

4.3.1.1 Die standardisierte Normalverteilung

In die Berechnung der Normalverteilung gehen die Schätzgrößen $\bar{x}$ und s ein. Da diese Parameter für jede Stichprobe andere Werte annehmen, muß die Normalverteilung für jeden Fall neu berechnet werden. Um diesem - nicht geringen - Rechenaufwand zu entgehen, werden die Stichprobenparameter über die z-Transformation (s. 4.3.1.2A) so umgeformt, daß sich immer für den Mittelwert $\bar{x} = 0$ und die Standardabweichung $s = 1$ ergeben. Die Werte x_i, für die die Normalverteilung berechnet werden soll, werden ebenfalls durch die z-Transformation standardisiert.

Die Lage der nicht standardisierten Normalverteilung auf der Abszisse und ihre Breite sind durch die Parameter $\bar{x}$ und s bestimmt (s. Abb. 4.12). Durch die z-Transformation der Abszisse läßt sich dann nur noch eine einzige Normalverteilung berechnen, die standardisierte Normalverteilung (Abb. 4.16), die auch tabelliert ist (Tab. I Anhang).

Die einzelnen Schritte von der nicht standardisierten zur standardisierten Normalverteilung sind im folgenden ausführlich dargestellt.

A) Die z-Transformation

Die dimensionsbehafteten Werte x_i der Zufallsvariablen X werden in der z-Transformation in die dimensionslosen z-Werte umgerechnet (F 4.19). Die Formel lautet:

(F 4.19)

$$z = \frac{x_i - \bar{x}}{s}$$

Es ergibt sich für

$$x_i = \overline{x}: \qquad z = \frac{\overline{x} - \overline{x}}{s} = \frac{0}{s} = 0$$

$$x_i = \overline{x} + s: \qquad z = \frac{\overline{x} + s - \overline{x}}{s} = \frac{s}{s} = +1$$

$$x_i = \overline{x} - s: \qquad z = \frac{\overline{x} - s - \overline{x}}{s} = \frac{-s}{s} = -1$$

$$x_i = \overline{x} + 2s: \qquad z = \frac{\overline{x} + 2s - \overline{x}}{s} = \frac{2s}{s} = +2$$

$$x_i = \overline{x} - 2s: \qquad z = \frac{\overline{x} - 2s - \overline{x}}{s} = \frac{-2s}{s} = -2 \qquad \text{usw.}$$

Nach der Transformation der x-Werte in z-Werte kann eine neue Abszisse gezeichnet werden. In Beispiel 4.7 sind die x_i-Werte der Klassengrenzen in der Apfelmassen-Stichprobe in die entsprechenden z-Werte umgerechnet. Die neue z-Achse, die sich dabei ergibt, ist in Abb. 15 dargestellt. Bei normalverteilten Werten sind die Funktionswerte bei z > +4 und z <-4 sehr nahe Null. Die Klassen in diesem Bereich sind normalerweise nicht mehr besetzt.

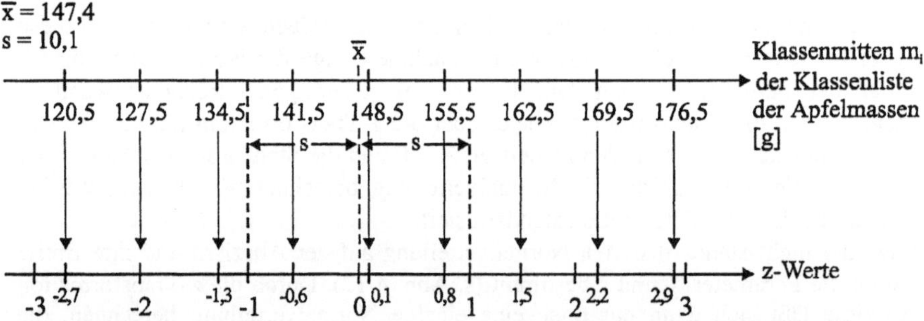

Abb. 4.15: Skalen unterschiedlicher Meßwerte (obere und untere Skala) lassen sich durch das Standardisieren auf z-Werte (mittlere Skala) vereinheitlichen. Der Abstand zwischen den z-Werten auf der x-Achse entspricht immer dem Betrag einer Standardabweichung, der Mittelwert der Verteilungen ist z = 0.

B) Die Dichtefunktion f(z) der standardisierten Normalverteilung

Setzt man in Formel F 4.12 statt des Ausdrucks $(x_i - \overline{x})/s$ im Exponenten z ein, so ergibt sich (F 4.20):

(F 4.20)

$$f(x) = f(z,s) = \frac{1}{s\,\sqrt{2\pi}} \cdot e^{-\frac{z^2}{2}}$$

Der Funktionswert f(z), der für einen bestimmten z-Wert berechnet wird, ist gleich dem Funktionswert f(x), der sich aus der Formel für den entsprechenden x-Wert ergibt.

Da die Standardabweichung durch die z-Transformation s = 1 ist (Abb. 4.16), kann sie im Nenner des Bruches weggelassen werden. Die Dichtefunktion der standardisierten Normalverteilung lautet dann (F 4.21):

(F 4.21)

$$f(z) = \frac{1}{\sqrt{2\,\pi}} \cdot e^{-\frac{z^2}{2}}$$

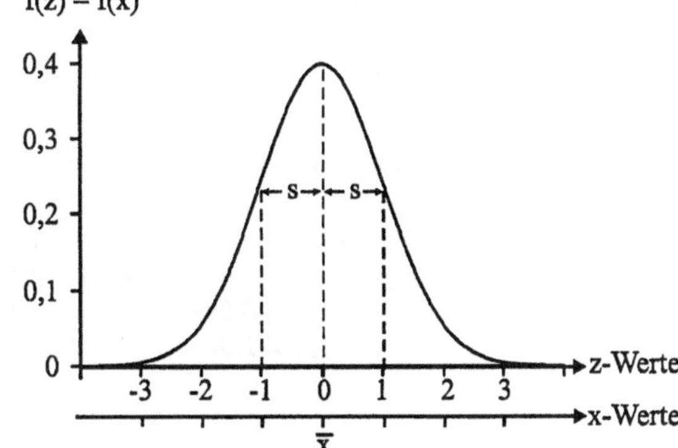

Abb. 4.16: Standardisierte Normalverteilung. Die Werte der Zufallsvariablen X sind in z-Werte transformiert.

C) Die Tabellierung der standardisierten Normalverteilung f(z)

Um die standardisierte Normalverteilung nicht ständig neu berechnen zu müssen, sind ihre Werte in Abhängigkeit von z tabelliert. (Tabelle I im Anhang.) Für jeden z-Wert läßt sich dort der Dichtefunktionswert f(z) ablesen und für jedes f(z) der entsprechende z-Wert.

Da der Wert z = 0 dem arithmetischen Mittel x̄ entspricht, hat der Graph an dieser Stelle sein zentrales Maximum. Entsprechend befindet sich auch der größte tabellierte f(z)-Wert bei z = 0. Setzt man z = 0 in die standardisierte Gleichung der Dichtefunktion (F 4.21) ein, so ergibt sich:

$$f(z=0) = \frac{1}{\sqrt{2\,\pi}} \cdot e^{-\frac{0^2}{2}} = \frac{1}{\sqrt{2\,\pi}} = 0{,}39894 \rightarrow \text{größter Wert in Tab. I im Anhang.}$$

In den Tabellen sind nur der Funktionswert für den Betrag von z angegeben, da die Normalverteilung symmetrisch zum Nullpunkt ist. Mit zunehmendem z werden die Werte für f(z) kleiner und erreichen bereits bei z = 4 einen Wert von 0,00013. Da die Werte für z ±4 schon sehr nahe Null sind, sind keine weiteren z-Werte tabelliert.

Beispiel 4.6: Ablesen von Funktionswerten der Dichtefunktion f(z) aus der Tabelle

Ausschnitt aus Tabelle I im Anhang.

z-Wert mit zwei
Nachkommastellen
↓

3.Nachkomma-
stelle des
z-Werts
←

z	0,000	0,001	0,002	0,003	0,004	0,005	0,006	0,007	0,008	0,009
0,61	,33121	,33101	,33081	,33061	,33040	,33020	,33000	,32980	,32959	,32939
0,62	,32918	,32898	,32878	,32857	,32837	,32816	,32796	,32775	,32754	,32734
0,63	,32713	,32693	,32672	,32651	**,32631**	,32610	,32589	,32569	,32548	,32527
0,64	,32506	,32485	,32465	,32444	,32423	,32402	,32381	,32360	,32339	,32318
0,65	,32297	,32276	,32255	,32234	,32213	,32192	,32171	,32150	,32129	,32108
0,66	,32086	,32065	,32044	,32023	,32002	,31980	,31959	,31938	,31916	,31895
0,67	,31874	,31852	,31831	,31810	,31788	,31767	,31745	,31724	,31702	,31681

Funktionswerte der Dichtefunktion f(z) der Normalverteilung ←

(Ist in der ersten Spalte nur eine Nachkommastelle angegeben, befindet sich in der obersten Tabellenzeile die 2. Nachkommastelle.)

Abgelesene Funktionswerte f(z) der standardisierten Normalverteilung aus Tabelle. I im Anhang:

$$|z| = 0 \qquad\qquad f(z) = 0{,}39894$$
$$|z| = 0{,}634 \ (s.o.) \qquad f(z) = 0{,}32631$$
$$|z| = 0{,}899 \qquad\qquad f(z) = 0{,}26632$$
$$|z| = 2{,}07 \qquad\qquad f(z) = 0{,}04682$$

D) Konstruktion der bestangepaßten standardisierten Normalverteilung

Wenn man den Kurvenverlauf der bestangepaßten Normalverteilung mit Hilfe der standardisierten Normalverteilung konstruieren will, müssen die x-Werte bzw. die m_i-Werte der Klassenmitten zuerst in z-Werte transformiert werden. Um die theoretischen Beobachtungsdichten zu berechnen, die den relativen Häufigkeiten h der Klassen $f(Kl_i)$ entsprechen, muß f(z) durch die Standardabweichung s geteilt und mit der Klassenbreite b multipliziert werden. Das Teilen durch s ist notwendig, da in der Standardnormalverteilung s = 1 herausgekürzt wurde. Die Formel der bestangepaßten, standardisierten Normalverteilung für Klassen $\mathbf{f(KL_i)}$ lautet (F 4.22):

(F 4.22)

$$f(KL_i) = f(z_i) \cdot \frac{1}{s} \cdot b = \frac{1}{\sqrt{2\pi}} \cdot e^{-\frac{z_i^2}{2}} \cdot \frac{1}{s} \cdot b$$

Die theoretische **absolute Beobachtungsdichte** $\mathbf{f(Kl_{i\ H})}$ (F 4.23) ergibt sich durch Multiplikation von $f(Kl_i)$ mit dem Stichprobenumfang n. Dies erlaubt den Vergleich mit den absoluten Häufigkeiten H (Bsp. 4.7).

(F 4.23)

$$f(Kl_{i\,H}) = f(z_i) \cdot \frac{1}{s} \cdot b \cdot n = \frac{1}{\sqrt{2\pi}} \cdot e^{-\frac{z_i^2}{2}} \cdot \frac{1}{s} \cdot b \cdot n$$

Beispiel 4.7: Berechnung der bestangepaßten standardisierten Normalverteilung für die Apfelmassen-Stichprobe mit Hilfe der tabellierten Funktionswerte f(z)

Die Kenngrößen der Apfelmassen-Stichprobe (n= 60) wurden im vorangehenden Kapitel berechnet:

$$\overline{x} = 147{,}3833 \text{ g } (Bsp.\ 3.1),$$
$$s = 10{,}0980 \text{ g } (Bsp.\ 3.11),$$
$$b = 7 \text{ g } (Bsp.\ 2.4).$$

Tab. 4. 2: Berechnung der theoretischen absoluten Häufigkeiten (F 4.24) der klassierten Apfelmassen-Stichprobe über die standardisierte Normalverteilungskurve f(z).

1	2	3	4	5	6	7
	Klassen-mitte	beobacht. absolute Häufigkeit	z-Wert der Klassen-mitten	tabellierter Wert der Dichtefunktion f(z)	theoret. Beobachtungsdichte	theoret. abs. Auftretenshäufigkeit
Kl-Nr.	m_i	H_i	$z_i = \dfrac{m_i - \overline{x}}{s}$	$f(z_i) = \dfrac{1}{\sqrt{2\pi}}\, e^{-\frac{z_i^2}{2}}$	$f(Kl_i) = f(z_i) \cdot \dfrac{1}{s} \cdot b$	$f(Kl_{iH}) = f(Kl_i) \cdot n$
-	g	-	-	-	-	-
1	120,5	1	-2,6622	0,01160	0,0080	0,4800
2	127,5	2	-1,9690	0,05730	0,0397	2,3820
3	134,5	5	-1,2758	0,17585	0,1219	7,3140
4	141,5	16	-0,5826	0,33659	0,2333	13,9980
5	148,5	22	0,1106	0,39649	0,2748	16,4880
6	155,5	7	0,8038	0,28876	0,2002	12,0120
7	162,5	4	1,4970	0,12952	0,0898	5,3880
8	169,5	2	2,1902	0,03626	0,0251	1,506
9	176,5	1	2,8834	0,00631	0,0044	0,2640
	b = 7	Σ = n = 60		(Tab. I im Anhang)		Σ = 59,832

Abb. 4.17: Histogramm der klassierten Apfelmassenstichprobe und Konstruktion der berechneten bestangepaßten der Normalverteilungskurve. Die theoretischen Auftretenshäufigkeiten wurden mit Hilfe der tabellierten Standardnormalverteilung f(z) berechnet (•). Zur Anpassung an das Histogramm der absoluten Häufigkeiten der Stichprobe wurde der Tabellenwert mit 1/s · b · n multipliziert.

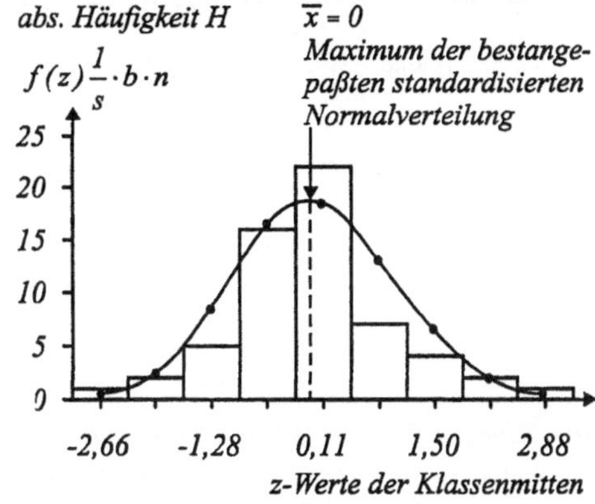

E) Die tabellierte Verteilungsfunktion F(z) der standardisierten Normalverteilung

Analog zur nichtstandardisierten Verteilungsfunktion F(x) erhält man die standardisierte Verteilungsfunktion F(z) (F 4.24) durch Integrieren der standardisierten Dichtefunktion f(z). Der Graph der Verteilungsfunktion ist sigmoid ansteigend, der Wendepunkt liegt bei z = 0 (Abb. 4.18).

(F 4.24)

$$F(z_i) = \frac{1}{\sqrt{2\pi}} \cdot \int_{-\infty}^{z_i} e^{-\frac{z^2}{2}} \, dz$$

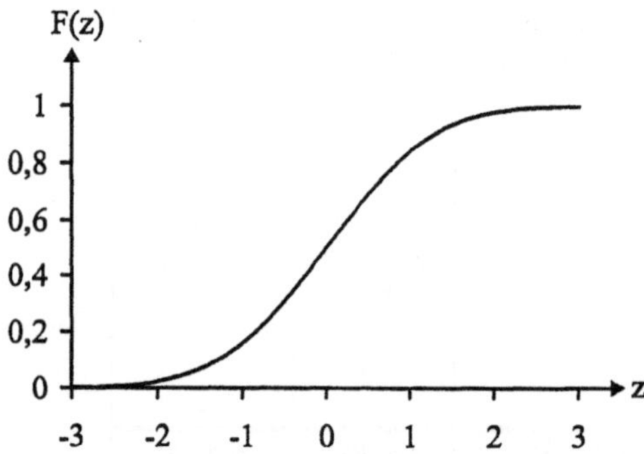

Abb. 4.18: Verteilungsfunktion F(z) der standardisierten Normalverteilung. Den Funktionswerten der Verteilungsfunktion F(z) entspricht die Fläche unter der Dichtefunktion f(z).

Die Werte der standardisierten Verteilungsfunktion F(z) sind den Tabellen II - VII im Anhang zu entnehmen. Das Ablesen der Tabellen (Bsp. 4.8) erfolgt wie in Beispiel 4.6 ausführlich dargestellt.

Beispiel 4.8: Tabellierte Verteilungsfunktionswerte F(z) der standardisierten Normalverteilung

In den Tabellen sind sowohl die Verteilungsfunktionswerte unter den zugehörigen z-Werten tabelliert (Tab. II im Anhang) als auch umgekehrt (Tab. III im Anhang).

$$F(z) = \int_{-\infty}^{z} = 0{,}394 \qquad z = -0{,}26891 \qquad \text{(Tab. III)}$$

$$F(z) = \int_{-\infty}^{z} = 0{,}606 \qquad z = +0{,}26891 \qquad \text{(Tab. III)}$$

$$z = -2{,}61 \qquad F(z) = \int_{-\infty}^{z} = 0{,}00453 \qquad \text{(Tab. II)}$$

$$z = 0{,}195 \qquad F(z) = \int_{-\infty}^{z} = 0{,}57730 \qquad \text{(Tab. II)}$$

In den Tabellen IV, V und VI sind die Verteilungsfunktionswerte F(z) für unterschiedliche Integralgrenzen tabelliert. In Tabelle VII sind die $|z|$-Werte zur Summe der symmetrisch an den beiden Enden der Dichtefunktion liegenden Flächen tabelliert. Die Bedeutung dieser Tabellen wird im Folgenden erläutert.

Soll die theoretische absolute Auftretenshäufigkeit von Meßwerten für eine Stichprobe berechnet werden, so muß analog der Formel F 4.17 die standardisierte Verteilungsfunktion F(z) mit dem Meßumfang n der Stichprobe multipliziert werden (Bsp. 4.9).

Die Berechnung der Auftretenswahrscheinlichkeit in einem Intervall erfolgt analog zu Formel F 4.18 ebenfalls durch Differenzenbildung der beiden Funktionswerte (Bsp. 4.9).

Beispiel 4.9: Berechnung der Wahrscheinlichkeit für das Auftreten einer Realisation der Zufallsvariablen in einem vorgegebenen Bereich

Wieviele Äpfel wiegen mehr als 143 g und weniger als oder genau 157 g ?

Die Kenngrößen der Apfelmassen-Stichprobe (n = 60) wurden im vorangehenden Kapitel berechnet: $\overline{X}$ *= 147,3833 g (Bsp. 3.1),*
s = 10,0980 g (Bsp. 3.11),

Transformation der x- in z-Werte (F 4.19), ablesen des Tabellenwerts F(z) aus Tabelle II im Anhang:

$$z(x = 143g) = \frac{143\ g - 147,3833\ g}{10,098\ g} = -0,4341 \quad \rightarrow \quad F(z = -0,43) = 0,33360$$

$$z(x = 157\ g) = \frac{157\ g - 147,3833\ g}{10,0980\ g} = 0,9523 \quad \rightarrow \quad F(z = 0,95) = 0,82894$$

Aus der Differenz der beiden F(z)-Werte (vgl. F 4.18) ergibt sich für die Wahrscheinlichkeit dafür, daß ein Apfel zwischen 143 g (exklusive) und 157 g (inklusive) wiegt:

$$0,82894 - 0,3336 = 0,49534.$$

Multipliziert man diesen Wert mit n = 60 so erhält man die gesuchte theoretische Auftretenshäufigkeit von Äpfel im angegebenen Intervall (vgl. F 4.17):

$$0,49534 \cdot 60 = 29,72 \approx 30$$

Theoretisch müßten sich in der Stichprobe 30 Äpfel befinden, die mehr als 143 g und weniger als oder genau 157 g wiegen.

Oft wird die Auftretenswahrscheinlichkeit als Fläche unter der Dichtefunktion dargestellt und nicht in Form des sigmoiden Graphen der Verteilungskurve, da sich die Wahrscheinlichkeit, mit der die Variable X einen Wert zwischen x_1 und x_2 annimmt, anschaulicher als Fläche darstellen läßt (Abb. 4.19, vgl. Abb. 4.14).
Durch die Standardisierung der Abszisse werden die Flächenanteile unter der Dichtefunktion und damit auch die Funktionswerte der Verteilungsfunktion nicht verändert. Die folgenden Eigenschaften treffen deshalb für jede Normalverteilung zu:

a) Die Gesamtfläche unter der Dichtefunktion f(x), bzw. f(z) hat stets den Wert 1 (F 4.25), d.h. die Gesamtfläche unter der Kurve beträgt 100%. Folglich beträgt auch der Maximalwert der Verteilungsfunktion $F(x_{+\infty}) = F(z_{+\infty}) = 1 = 100\%$.

(F 4.25)

$$F(-\infty < x \leq +\infty) = \int_{-\infty}^{+\infty} f(x) \ dx = F(-\infty < z \leq +\infty) = \int_{-\infty}^{+\infty} f(z) \ dz = 1 = 100\%$$

b) Die Fläche unter der Dichtefunktion f(x) bzw. f(z) zwischen den beiden Punkten $x_1 = \overline{X} - s = -1z$ und $x_2 = \overline{X} + s = +1z$ beträgt ca. **68%** der Gesamtfläche (F 4.26). Die Funktionswerte der Verteilungsfunktion F(x) betragen bei $F(x_1) = 0{,}15866$ und $F(x_2) = 0{,}84134$. Die Differenz der beiden Funktionswerte ist gleich 0,68268 und damit gleich der Fläche unter der Dichtefunktion im selben Intervall. Bezogen auf die Auftretenswahrscheinlichkeit bedeutet dies, daß 68,268% der zu erwartenden Beobachtungen im Bereich von $x_2 = -1z < x \leq x_2 = +1z$ liegen.

(F 4.26)

$$\int_{x_1 = -1z}^{x_2 = 1z} f(x) \ dx = F(x_2 = 1z) - F(x_1 = -1z) = 0{,}84134 - 0{,}15866 = 0{,}68268 = 68{,}27\%$$

c) Analog gilt für die Punkte $x_1 = \overline{X} - 2s = -2z$ und $x_2 = \overline{X} + 2s = +2z$ (F 4.27):

(F 4.27)

$$\int_{x_1 = -2z}^{x_2 = 2z} f(x) \ dx = F(x_2 = 2z) - F(x_1 = -2z) = 0{,}97725 - 0{,}02275 = 0{,}95450 = 95{,}45\%$$

d) Analog gilt für die Punkte $x_1 = \overline{X} - 3s = -3z$ und $x_2 = \overline{X} + 3 = +3z$ (F 4.28):

(F 4.28)

$$\int_{x_1 = -3z}^{x_2 = 3z} f(x) \ dx = F(x_2 = 3z) - F(x_1 = -3z) = 0{,}99865 - 0{,}00135 = 0{,}99730 = 99{,}73\%$$

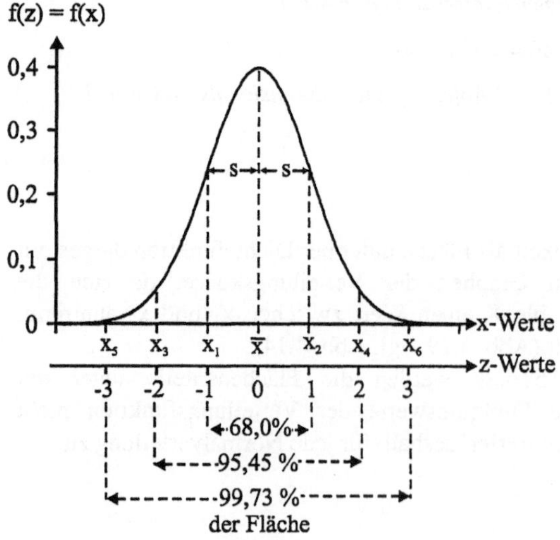

Abb. 4.19: Flächenanteile unter der Dichtefunktion f(z) bzw. f(x) der Normalverteilung. Veranschaulicht sind die in Formel F 4.26 – F 4.28 angegebenen Flächen. Bei ± 3 z ist die Fläche schon sehr nahe 100%.

4.3.2 Die Binomialverteilung

Das Zustandekommen der Binomialverteilung ist am verständlichsten, wenn man von den Grundgesetzen der Wahrscheinlichkeitslehre ausgeht. Sie werden aus diesem Grund hier zunächst kurz erläutert.

4.3.2.1 Die drei Grundgesetze der Wahrscheinlichkeitslehre

1. Wahrscheinlichkeitsgesetz:

Die Summe aller Auftretenswahrscheinlichkeiten p_i ist 1 (F 4.29) (Bsp. 4.10).

(F 4.29)

$$p_1 + p_2 + \dots + p_n = 1$$

Beispiel 4.10: Würfelexperiment zum 1. Wahrscheinlichkeitsgesetz

Bei einem Würfelwurf hat man die Möglichkeit eine 1 oder 2 oder 3 oder 4 oder 5 oder 6 zu würfeln. Die Auftretenswahrscheinlichkeit p_i für jede Augenzahl ist gleich 1/6. Nach Formel F 4.29 gilt:

$$\frac{1}{6} + \frac{1}{6} + \frac{1}{6} + \frac{1}{6} + \frac{1}{6} + \frac{1}{6} = 1$$

Die Summe der einzelnen Auftretenswahrscheinlichkeiten p_i, also die Gesamtwahrscheinlichkeit, bei einem Wurf die Zahl 1 oder 2 oder ... oder 6 zu werfen, ist 1. Das bedeutet: ein anderer Ausgang des Experiments als der hier beschriebene, ist nicht möglich.

Bei einem Alternativmerkmal (Merkmal mit genau zwei möglichen Merkmalsausprägungen) nennt man die Auftretenswahrscheinlichkeit für die Merkmalsausprägung "das Ereignis tritt ein" **p** und die Auftretenswahrscheinlichkeit für die alternative Merkmalsausprägung "das Ereignis tritt nicht ein" **q**. Das erste Wahrscheinlichkeitsgesetz läßt sich somit für ein Alternativmerkmal wie folgt formulieren: Die Summe aus der Wahrscheinlichkeit p "das Ereignis tritt ein" und der Wahrscheinlichkeit q "das Ereignis tritt nicht ein" ist gleich 1 (F 4.30) (Bsp. 4.11).

(F 4.30)

$$p + q = 1$$

Beispiel 4.11: Würfelexperiment zum 1. Wahrscheinlichkeitsgesetz

Das Ereignis p sei das Würfeln der Augenzahl 6 (p = 1/6). Die Wahrscheinlichkeit für das Ereignis q = es wird keine 6 gewürfelt, beträgt nach Formel F 4.30:

$$q = 1 - \frac{1}{6} = \frac{5}{6}$$

2. Wahrscheinlichkeitsgesetz:

Die Wahrscheinlichkeit P für eine bestimmte Kombination, wobei die Reihenfolge der Ereignisse festgelegt ist, ist gleich dem Produkt der einzelnen Auftretenswahrscheinlichkeiten p (F 4.31) (Bsp. 4.12).

(F 4.31)

$$P = p_1 \cdot p_2 \cdot ... \cdot p_n$$

Beispiel 4.12: Würfelexperiment zum 2. Wahrscheinlichkeitsgesetz

Die Wahrscheinlichkeit p, mit einem Würfel eine Vier zu würfeln, ist p = 1/6. Die Wahrscheinlichkeit p, eine Fünf zu würfeln, beträgt ebenfalls p = 1/6. Die Wahrscheinlichkeit P, mit zwei Würfen erst eine Vier und dann eine Fünf zu würfeln, beträgt nach Formel F 4.31:

$$\frac{1}{6} \cdot \frac{1}{6} = \left(\frac{1}{6}\right)^2 = \frac{1}{36}$$

3. Wahrscheinlichkeitsgesetz:

Die Wahrscheinlichkeit f dafür, daß eine Kombination von Ereignissen auftritt, wobei die Reihenfolge der Ereignisse gleichgültig ist, berechnet sich aus der Anordnungszahl a, multipliziert mit der Wahrscheinlichkeit P der möglichen Kombination (F 4.32) (Bsp. 4.13). Die Anordnungszahl a ist die Anzahl der möglichen Kombinationen, die zu dem geforderten Ergebnis führen.

(F 4.32)

$$f = a \cdot P$$

Zur Bezeichnung: Vielfach wird die Wahrscheinlichkeit, die über das 3. Wahrscheinlichkeitsgesetz berechnet wird, auch mit dem Symbol P (wie beim 2. Wahrscheinlichkeitsgesetz) abgekürzt. Hier wurde, um Verwechslungen zu vermeiden der Buchstabe f als Symbol gewählt, analog zur Bezeichnung der Wahrscheinlichkeitsfunktion f der Binomialverteilung.

Beispiel 4.13: Würfelexperiment zum 3. Wahrscheinlichkeitsgesetz

Wie groß ist die Wahrscheinlichkeit f, mit einem Würfel in zwei aufeinanderfolgenden Würfen eine Vier (p = 1/6) und eine Fünf (p = 1/6) zu würfeln, wobei die Reihenfolge der Zahlen gleichgültig ist? Es bestehen die folgenden Anordnungsmöglichkeiten:

4   5
5   4 → Damit ist a = 2

Die Wahrscheinlichkeit P, mit zwei Würfen erst eine Vier und dann eine Fünf zu würfeln, beträgt nach dem 2. Wahrscheinlichkeitsgesetz (F 4.31):

$$P = \frac{1}{6} \cdot \frac{1}{6} = \frac{1}{36}$$

Gleiches gilt für die Wahrscheinlichkeit P, mit zwei Würfen erst eine Fünf und dann eine Vier zu würfeln. Somit beträgt die Gesamtwahrscheinlichkeit f nach Formel F 4.32:

$$f = a \cdot P = 2 \cdot \frac{1}{36} = \frac{1}{18}$$

4.3.2.2 Der Binomialkoeffizient

Bei Alternativmerkmalen kann die Anzahl der möglichen Kombinationen von Ereignis und Nicht-Ereignis auch über den Binomialkoeffizienten berechnet werden (Bsp. 4.14). Der Binomialkoeffizient ist numerisch gleich der Anordnungszahl.

Mit ihm wird die Zahl der möglichen Kombinationen berechnet, in denen N Ereignisse bei k durchgeführten Versuchen auftreten können. Man kann somit auch für große N und k eine Anordnungszahl ermitteln, was empirisch nicht mehr möglich wäre.

Der Binomialkoeffizient $\binom{k}{N}$ berechnet sich zu (F 4.33) (Bsp. 4.14):

$$\begin{pmatrix} k \\ N \end{pmatrix} = \frac{1}{N!} \cdot \frac{k!}{(k - N)!} = \frac{k!}{N!\,(k - N)!}$$

(F 4.33)

Beispiel 4.14: Berechnung des Binomialkoeffizienten

Wieviele Möglichkeiten bestehen bei vier Würfelwürfen (k = 4) dreimal (N = 3) die Augenzahl "6" zu würfeln?

1) Nach Formel F 4.33 über den Binomialkoeffizienten berechnet:

$$\begin{pmatrix} 4 \\ 3 \end{pmatrix} = \frac{1}{3!} \cdot \frac{4!}{(4-3)!} = \frac{4!}{3!\,(4-3)!} = \frac{4 \cdot 3 \cdot 2 \cdot 1}{3 \cdot 2 \cdot 1 \cdot 1} = 4$$

*2) Empirisch ermittelt: folgende Kombinationen sind möglich (6 = Augenzahl "6"; * = nicht Augenzahl "6"): Empirisch findet man ebenfalls 4 verschiedene Kombinationen.*

Wurf Nr.	*1*	*2*	*3*	*4*
Kombination 1:	*6*	*6*	*6*	***
Kombination 2:	*6*	*6*	***	*6*
Kombination 3:	*6*	***	*6*	*6*
Kombination 4:	***	*6*	*6*	*6*

4.3.2.3 Die Binomialverteilung

Die Binomialverteilung ist ein Verteilungsmodell zur Berechnung der Auftretenswahrscheinlichkeit für eine bestimmte Merkmalskombination in einem Zufallsexperiment. Das betrachtete Merkmal ist ein Alternativmerkmal. Bei einem

Alternativmerkmal kann die Zufallsvariable X in genau zwei Ausprägungen = Realisationen x vorkommen. Eine Ausprägung ist das Ereignis x_E, die andere das Nicht-Ereignis x_{NE}. Das Nicht-Ereignis x_{NE} ist jede Merkmalsausprägung, die nicht der als Ereignis x_E definierten Ausprägung entspricht. Hat man zum Beispiel eine Urne mit bunten Kugeln, und das Ziehen einer roten Kugel sei als Ereignis x_E definiert, so wird das Ziehen jeder andersfarbigen Kugel als Nicht-Ereignis x_{NE} gewertet.

Ein Experiment besteht immer aus einer Anzahl von k Versuchen. Ein Versuch ist z.B. das Ziehen einer Kugel aus der Urne. Werden fünf Kugeln gezogen, so besteht das Experiment aus k = 5 Versuchen. Experimente mit gleich vielen Versuchen können eine Stichprobe bilden, die Anzahl der Experimente ist der Stichprobenumfang n.

Jede mögliche Kombination des Auftretens der Merkmalsausprägungen Ereignis x_E und Nicht-Ereignis x_{NE} stellt eine eigene Klasse dar. Die Reihenfolge des Auftretens von x_E und x_{NE} während eines Experiments mit k Versuchen ist dabei gleichgültig. Maßgeblich ist nur die Anzahl N der aufgetretenen Merkmalsausprägung des Ereignisses x_E.

Die Binomialverteilung ist eine diskrete Verteilung, da die Anzahl N der aufgetretenen Ereignisse x_E immer ganzzahlig ist. Im Gegensatz zur Normalverteilung ist die Binomialverteilung diskret, da die Anzahl N der beobachteten Ereignisse x_E immer ganzzahlige Werte (N = 0, 1, 2...) annimmt. Für das Urnenbeispiel bedeutet das: N = 1, wenn genau eine rote Kugel gezogen wird.

Das folgende Beispiel (Bsp. 4.15) erläutert die hier verwendeten Begriffe und Parameter an einem biologischen Beispiel.

Beispiel 4.15: Zuordnung der Begriffe und Parameter der Binomialverteilung anhand eines biologischen Beispiels

Auf einer Pelztierfarm werden Nerze gezüchtet. Zur Zuchtkontrolle wird bei einem Teil der Würfe protokolliert, wieviele weibliche und männliche Nachkommen der Wurf hat. Die Wahrscheinlichkeit, daß ein weibliches Tier geboren wird, ist gleich der Wahrscheinlichkeit, daß ein Männchen zur Welt kommt. Betrachtet werden nur Würfe mit vier Jungtieren. Man findet eine charakteristische Verteilung der Häufigkeiten mit der Würfe vorkommen mit keinem, einem, zwei, drei oder vier weiblichen Tieren. Würfe mit ausschließlich männlichen oder ausschließlich weiblichen Nachkommen treten selten auf. Würfe mit zwei männlichen und zwei weiblichen Tieren findet man dagegen am häufigsten.

*Die beobachtete Verteilung der Auftretenshäufigkeiten von keinem, einem, zwei, drei oder vier weiblichen Tieren in einem Wurf entspricht einer **Binomialverteilung**.*

- *Zufallsvariable X (untersuchtes Merkmal): Geschlecht der Tiere im Wurf.*
- *Realisationen x der Zufallsvariablen (Merkmalsausprägungen) können sein:*
- *Ereignis x_E: Vorkommen eines Weibchens.*
- *Nicht-Ereignis x_{NE}: Vorkommen eines Tieres, das kein Weibchen ist, also Vorkommen eines Männchens.*
- *Wahrscheinlichkeit p für das Auftreten des Ereignisses x_E und **Wahrscheinlichkeit q** für das Auftreten des Nicht-Ereignisses x_{NE}: 0,5, da p und q gleich sind.*
- *Experiment (Beobachtungseinheit): Wurf mit vier Tieren.*
- *Versuch: Jedes der vier Tiere im Wurf ist ein Versuch der Realisation der Merkmalsausprägung Ereignis x_E = Weibchen.*

- *Anzahl k der Versuche: Es werden nur Würfe mit vier Tieren beobachtet. Die Anzahl k der Versuche beträgt somit 4.*
- *Anzahl N der Merkmalsausprägungen x_E: 0 oder 1 oder 2 oder 3 oder 4; da in einem Wurf mit vier Tieren 0 oder 1 oder 2 oder 3 oder 4 Weibchen vorkommen.*
- *Stichprobe: Alle untersuchten Würfe.*
- *Stichprobenumfang n: Anzahl der untersuchten Würfe.*
- *Auftretenshäufigkeit H: Auftretenshäufigkeit der Würfe in der Stichprobe mit einer bestimmten Anzahl N, z.B. N = 2. (Relative Auftretenshäufigkeit h = H / n).*

Aufeinanderfolgende Versuche sind unabhängig voneinander. Deutlich wird dies am Beispiel der Nerze. Das Geschlecht des erstgeborenen Tieres eines Wurfes hat keinen Einfluß auf das Geschlecht der Geschwister. Anders formuliert bedeutet das, daß die Wahrscheinlichkeit p, mit der das Ereignis x_E eintritt, konstant ist.

Die Wahrscheinlichkeit q für das Nicht-Ereignis x_{NE} läßt sich aus der Wahrscheinlichkeit p des Ereignisses x_E nach dem 1. Wahrscheinlichkeitsgesetz ($q = 1 - p$) berechnen. Für das Ziehen von Kugeln aus einer Urne bedeutet das, daß während eines Experiments für jeden Versuch die gleiche Ausgangssituation herrschen muß. Um dies zu erreichen, muß die Kugel nach dem Ziehen in die Urne zurückgelegt werden. Geschieht dies nicht, so verändert sich die Wahrscheinlichkeit und die Formel der Binomialverteilung kann nicht angewandt werden.

A) Die Wahrscheinlichkeitsfunktion f(N) der Binomialverteilung

Die Wahrscheinlichkeitsfunktion f(N) (F 4.34) der Binomialverteilung ermöglicht die Berechnung der theoretischen Auftretenswahrscheinlichkeit einer Klasse (Bsp. 4.16). In dieser Klasse tritt eine bestimmte Anzahl N von Ereignissen x_E in beliebiger Reihenfolge auf.

(F 4.34)

$$f(N) = \binom{k}{N} \, p^N \cdot q^{k-N}$$

Die Wahrscheinlichkeitsfunktion f(N) der Binomialverteilung läßt sich auf die Wahrscheinlichkeitsgesetze zurückführen:
Der Ausdruck $p^N \cdot q^{k-N}$ wird aus dem 2. Wahrscheinlichkeitsgesetz hergeleitet: Die Wahrscheinlichkeit für eine bestimmte Kombination ist gleich dem Produkt der Einzelwahrscheinlichkeiten. Auch der Ausdruck für die Einzelwahrscheinlichkeiten p^N und q^{k-N} erklärt sich aus dem 2. Wahrscheinlichkeitsgesetz (vgl. Bsp. 4.10). Über den Binomialkoeffizienten wird die Anordnungszahl (Zahl der möglichen Kombinationen) für eine vorgegebene Zahl N von Ereignissen berechnet. Er berechnet sich, wie in Formel F 4.33 gezeigt. Die vollständige Binomialfunktion (F 4.34) ergibt sich schließlich aus dem 3. Wahrscheinlichkeitsgesetz.

Die Wahrscheinlichkeitsfunktion f(N) entspricht in ihrer Aussage der Dichtefunktion f(x) bzw. f(z) der Normalverteilung. Der für die Auftretenswahrscheinlichkeit berechnete Wert ist gleich der relativen Häufigkeit h der Grundgesamtheit, aus der die Stichprobe stammt. Um die theoretische erwartete Auftretenshäufigkeit für eine Stichprobe zu berechnen, wird der Funktionswert f(N) mit dem Stichprobenumfang n multipliziert.
Im Gegensatz zur Normalverteilung, in deren Formel Schätzungen für den Mittelwert und die Standardabweichung eingehen, enthält die Binomialverteilung keine geschätzten Parameter. Die Größe der Wahrscheinlichkeit p - und folglich auch q - ist ein berechenbarer bzw. vorgegebener Wert.

Beispiel 4.16: Berechnung der Wahrscheinlichkeit für das Auftreten eines bestimmten Verhältnisses von Weibchen und Männchen in einem Wurf mit vier Tieren (Bsp. 4.15)

Wie groß ist die Wahrscheinlichkeit f(N), daß in einem Wurf mit 4 Tieren (k = 4) zwei weibliche Nerze vorkommen (N = 2), wenn p = q = 0,5? Eingesetzt in Formel F 4.34 ergibt sich:

$$f(2) = \binom{4}{2} \cdot 0,5^2 \cdot 0,5^{4-2}$$

Berechnung der Anordnungszahl über den Binomialkoeffizienten nach Formel F 4.33:

$$\binom{4}{2} = \frac{1}{2!} \cdot \frac{4!}{(4-2)!} = \frac{4!}{2!\,(4-2)!} = \frac{4 \cdot 3 \cdot 2 \cdot 1}{2 \cdot 1 \cdot 2 \cdot 1} = 6$$

Die Anordnungszahl für einen Wurf mit 2 Weibchen (w) und 2 Männchen (m) läßt sich auch durch Abzählen der verschiedenen Kombinationen ermitteln (Bsp. 4.15).
In Formel F 4.34 eingesetzt berechnet sich die Wahrscheinlichkeit f_{Kl} für einen Wurf aus 2 weiblichen und 2 männlichen Nerzen zu:

$$P_{Kl}(2) = \binom{4}{2} \cdot 0,5^2 \cdot 0,5^{4-2} = 6 \cdot 0,25 \cdot 0,25 = 0,375$$

Theoretisch kommen in 37,5% der Würfe mit 4 Tieren 2 weibliche und 2 männliche Nerze vor.

Die Binomialverteilung ist eine eingipfelige Verteilung. Wird sie graphisch dargestellt, sollten die berechneten Werte für die Auftretenswahrscheinlichkeiten nicht - wie bei der Normalverteilung üblich - durch eine Linie verbunden werden, da es sich um **diskrete** Werte handelt, zwischen denen keine Zwischenwerte existieren.
Die Verteilung ist genau dann exakt symmetrisch, wenn p = q = 0,5 ist (Bsp. 4.17). Sind p und q nicht gleich, verschiebt sich das Maximum für p > q nach links und für p < q nach rechts. Strebt p gegen q, das bedeutet, p und q sind nahezu gleich groß, und strebt k gegen ∞, so geht die Binomialverteilung theoretisch in die Normalverteilung über. Je größer die Anzahl k der Versuche ist, desto unwichtiger wird dabei die genaue Übereinstimmung von p und q. In der Praxis nimmt man unter den genannten Voraussetzungen (p → q, k → ∞) ab einem Stichprobenumfang von n ≥ 200 Beobachtungseinheiten eine Normalverteilung (4.3.1) an. Für p → 0 und k → ∞ geht die Binomialverteilung in die Poissonverteilung (4.3.3) über.

Beispiel 4.17: Berechnung der Auftretenswahrscheinlichkeit von Weibchen und Männchen in einem Wurf mit vier Tieren

$k = 4$; $p = q = 0,5$ (Werte aus Bsp. 4.15)

Für $N = 0$ (kein Weibchen im Wurf); $f(0) = \binom{4}{0} \, 0,5^0 \cdot 0,5^4 = 1 \cdot 1 \cdot 0,0625 = 0,0625$

Für $N = 1$ (ein Weibchen im Wurf); $f(1) = \binom{4}{1} \, 0,5^1 \cdot 0,5^3 = 4 \cdot 0,5 \cdot 0,125 = 0,250$

Für $N = 2$ (zwei Weibchen im Wurf); $f(2) = \binom{4}{2} \, 0,5^2 \cdot 0,5^2 = 6 \cdot 0,25 \cdot 0,25 = 0,375$

Für $N = 3$ (drei Weibchen im Wurf); $f(3) = \binom{4}{3} \, 0,5^3 \cdot 0,5^1 = 4 \cdot 0,125 \cdot 0,5 = 0,250$

Für $N = 4$ (vier Weibchen im Wurf); $f(4) = \binom{4}{4} \, 0,5^4 \cdot 0,5^0 = 1 \cdot 0,0625 \cdot 1 = 0,0625$

Die Verteilung der Klassen ist symmetrisch (Abb. 4.20): Die Wahrscheinlichkeit, daß ein Männchen und drei Weibchen in einem Wurf auftreten, ist genau so groß wie die Wahrscheinlichkeit, daß ein Weibchen und drei Männchen vorkommen.

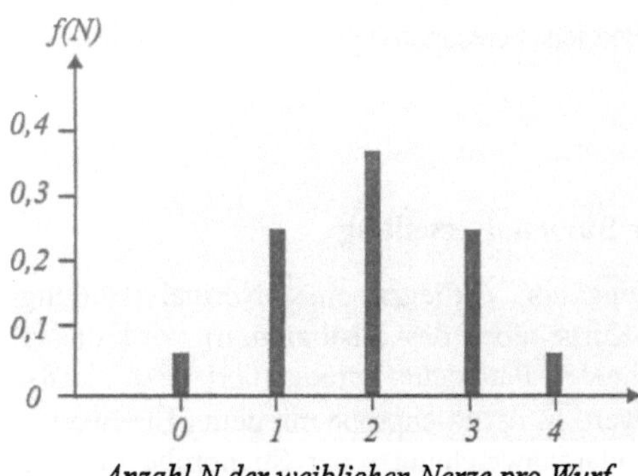

Abb. 4.20: Wahrscheinlichkeitsfunktion $f(N)$ für das Auftreten von $N = 0, 1, 2, 3$ oder 4 weiblichen Nerzen in einem Wurf mit 4 Tieren. Die Wahrscheinlichkeit $f(N_i)$ entspricht der theoretischen relativen Häufigkeit h in der Stichprobe. Die Verteilung ist exakt symmetrisch, da $p = q = 0,5$.

B) Die Verteilungsfunktion F(N) der Binomialverteilung

Summiert man die Auftretenswahrscheinlichkeiten f(N) von N = 0 bis N = N$_i$ auf, so erhält man die Verteilungsfunktion F(N) der Binomialverteilung (F 4.35) (Abb. 4.21).

(F 4.35)

$$F(N) = \sum_{N=0}^{N=N_i} \binom{k}{N} p^N (1-p)^{k-N}$$

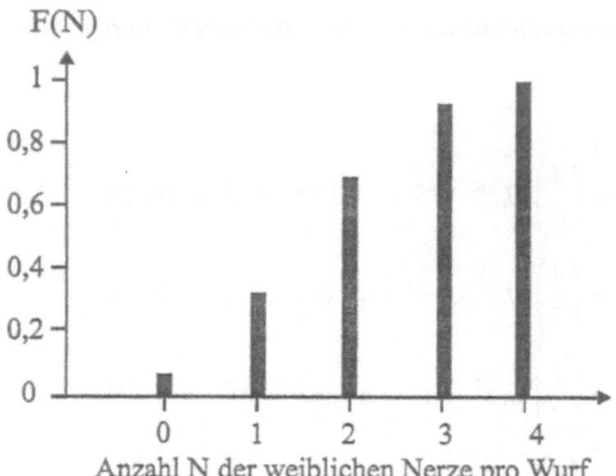

Abb. 4.21: Verteilungsfunktion F(N) für die Auftretenswahrscheinlichkeit von weiblichen Nerzen in einem Wurf mit 4 Tieren. Der Maximalwert der Funktion ist 1. Er wird erreicht, wenn nach der Wahrscheinlichkeit gefragt ist, daß in einem Wurf kein, ein, zwei, drei oder vier weibliche Nerze vorkommen.

Die Verteilungsfunktion $F(N_i)$ gibt an, wie groß die Auftretenswahrscheinlichkeit für einen Wert zwischen N_{min} und N_i ist. Die Summe aller Auftretenswahrscheinlichkeiten, der Maximalwert für f(N) von N_{min} bis N = k ist gleich 1 (1. Grundgesetz der Wahrscheinlichkeitslehre). Auch hier berechnet sich die theoretische absolute Auftretenshäufigkeit in einer Stichprobe durch Multiplikation mit dem Stichprobenumfang (vgl. F 4.17). Über die Verteilungsfunktion lassen sich Auftretenswahrscheinlichkeiten für bestimmte Bereiche berechnen (vgl. F 4.18) (Bsp. 4.18).

4.3.2.4 Der Schnelltest auf Vorliegen einer Binomialverteilung

Anders als bei der graphischen Überprüfung auf Vorliegen einer Normalverteilung (durch das Einzeichnen der berechneten Kurve über das Histogramm) wird dieser Schnelltest durch den Vergleich der berechneten Parameter durchgeführt (Bsp. 4.18). Verglichen werden der arithmetische Mittelwert $\overline{N}$ der Stichprobe mit dem Mittelwert μ der Grundgesamtheit (F 4.36) und die Standardabweichung s der Stichprobe mit der Standardabweichung σ der Grundgesamtheit (F 4.36). Dabei soll gelten:

$$\overline{N} \approx \mu \qquad \text{(F 4.36)}$$

$$s \approx \sigma \qquad \text{(F 4.37)}$$

In die Formeln (F 4.38-39) zur Berechnung der Parameter μ und σ der Grundgesamtheit gehen die Anzahl k der Versuche, die Wahrscheinlichkeit p des Eintretens des Ereignisses x_E und die Wahrscheinlichkeit q des Eintretens des Nicht-Ereignisses x_{NE} ein.

$$\mu = p \cdot k \qquad \text{(F 4.38)}$$

$$\sigma = \sqrt{p \cdot q \cdot k} \qquad \text{(F 4.39)}$$

Der arithmetische Mittelwert $\overline{N}$ (F 4.40) und die Standardabweichung s (F 4.41) der Stichprobe berechnen sich analog zu den Formeln F 3.1 und F 3.11:

(F 4.40)

$$\overline{N} = \frac{\sum (N_i \cdot H_i)}{n}$$

(F 4.41)

$$s = \sqrt{\frac{\sum \left[H_i (N_i - \overline{N})^2 \right]}{n - 1}}$$

Beispiel 4.18: Schnelltest, ob eine empirische Verteilung binomialverteilt ist.

Bei der Untersuchung von n = 381 Würfen mit k = 4 Tieren ist die Auftretenshäufigkeit H_b des Ereignisses x_E "weiblicher Nerz" protokolliert worden. Die Wahrscheinlichkeit für das Ereignis x_E beträgt p = 0,5. Berechnet wurden die theoretisch erwarteten Auftretenshäufigkeiten H_e. Läßt sich nach dem Schnelltest sagen, daß die empirische Verteilung eine Binomialverteilung ist?

Tab. 4. 3.: Auftretenshäufigkeit der weiblichen Nerze in einen Wurf bei insgesamt n = 381 Würfen mit je vier Tieren (Werte aus Bsp. 4.15 und Bsp. 4.17).

1	*2*	*3*	*4*
Auftretenshäufigkeit der weiblichen Nerze in einem Wurf	*empirisch ermittelte Auftretenshäufigkeit*	*theoretische Auftretenshäufigkeit*	*Theoretische absolute Auftretenshäufigkeit*
N	H_b	$H_e = f(N)$	$f(N) \cdot$ n
-	-	-	-
0	*21*	*0,0625*	*24*
1	*97*	*0,25*	*95*
2	*159*	*0,375*	*143*
3	*87*	*0,25*	*95*
4	*17*	*0,0625*	*24*
	N = 381		*Σ = 381*

$\mu = 0,5 \cdot 4 = 2$ *(F 4.38)* $\overline{N} = 1,9528$ *(F 4.40)* $\overline{N} \approx \mu$: *da 1,9528 $\approx$ 2 (F 4.36)*

$\sigma = \sqrt{0,5 \cdot 0,5 \cdot 4} = 1$ *(F 4.39)* *s = 0,9391 (F 4.41)*   *s $\approx$ σ: da 0,939 $\approx$1 (F 4.37)*

Sowohl die Mittelwerte, als auch die Standardabweichungen sind ungefähr gleich. Der Schnelltest deutet darauf hin, daß man davon ausgehen kann, daß eine Binomialverteilung vorliegt.

4.3.3 Die Poissonverteilung

Die Poissonverteilung ist ein Verteilungsmodell zur Berechnung der Auftretenswahrscheinlichkeit für eine bestimmte Anzahl N von seltenen Ereignissen in einer Beobachtungseinheit.

Ein seltenes Ereignis x_E ist eine Merkmalsausprägung der Zufallsvariablen X, deren Wahrscheinlichkeit p für das Auftreten in einer Beobachtungseinheit gegen Null strebt (p $\rightarrow$ 0). Eine Beobachtungseinheit ist eine Flächen-, Raum- oder Zeiteinheit oder eine Gruppe von Individuen. Das Auftreten der seltenen Ereignisse x_E ist zufällig und unabhängig voneinander. Die pro Beobachtungseinheit aufgetretene Anzahl wird als Anzahl N bezeichnet. Da die Anzahl N nur kleine, ganzzahlige Werte annehmen kann, ist die Poissonverteilung eine diskrete Verteilung. Die Anzahl der untersuchten Beobachtungseinheiten ist der Stichprobenumfang n.

In Beispiel 4.19 werden die Kennzeichen der Poissonverteilung an einem biologischen Beispiel erläutert und die Parameter zugeordnet.

> **Beispiel 4.19: Zuordnung der Begriffe und Parameter einer Poissonverteilung an einem biologischen Beispiel**
>
> *Untersucht wird die Auftretenshäufigkeit der Orchidee "Kleines Knabenkraut" (Orchis morio) in einer Trockenrasengesellschaft. Betrachtet werden Flächeneinheiten von jeweils 100 m^2. Auf vielen dieser Beobachtungseinheiten kommt kein Kleines Knabenkraut vor und auf den übrigen meist nur eine oder zwei Pflanzen, sehr selten mehr.*
>
> *Die beobachtete Verteilung der Auftretenshäufigkeiten von keinem, einem, zwei oder mehr Pflanzen des Kleinen Knabenkrauts in einer Beobachtungseinheit entspricht einer **Poissonverteilung**.*
>
> - *Zufallsvariable X (untersuchtes Merkmal): Art der Pflanze*
> - *Realisationen x der Zufallsvariablen (Merkmalsausprägungen) können sein:*
> - *Ereignis x_E: Vorkommen des Kleinen Knabenkrauts*
> - *Nicht-Ereignis x_{NE}: Kein Vorkommen des Kleinen Knabenkrauts*
> - *Wahrscheinlichkeit p für das Auftreten des Ereignisses x_E: p $\rightarrow$ 0; das Ereignis x_E wird wegen der geringen Wahrscheinlichkeit als "seltenes Ereignis" bezeichnet.*
> - *Beobachtungseinheit (Experiment): 100 Quadratmeter Trockenrasen*
> - *Anzahl N der Merkmalsausprägungen x_E: 0 oder 1 oder 2 oder mehr Pflanzen des Kleinen Knabenkrauts in einer Beobachtungseinheit.*
> - *Stichprobe: alle untersuchten 100 Quadratmeterflächen*
> - *Stichprobenumfang n: Anzahl der untersuchten 100 Quadratmeterflächen*
> - *Auftretenshäufigkeit H: Anzahl der in der Stichprobe aufgetretenen Beobachtungseinheiten mit einer bestimmten Anzahl N des Ereignisses x_E (Relative Auftretenshäufigkeit h = H / n).*

Die Poissonverteilung ist ein Spezialfall der Binomialverteilung, bei dem die Wahrscheinlichkeit p für das Auftreten der betrachteten Merkmalsausprägung x_E gegen Null strebt. Die Auftretenshäufigkeit ist dabei stark von der Wahl und Größe der

Beobachtungseinheit abhängig: Würde man das Ereignis x_E "Vorkommen des *Kleinen Knabenkrauts*" (Bsp. 4.19) auf sehr großen Trockenrasenflächen betrachten, wäre dies kein seltenes Ereignis mehr dar, da in diesen Fällen N große Werte annähme. Nur in Beobachtungseinheiten, die klein genug sind, geht die Wahrscheinlichkeit p des Auftretens des *Kleinen Knabenkrauts* gegen Null ($p \rightarrow 0$), und nur dann kann eine Poissonverteilung angenommen werden.

Weitere poissonverteilte Ereignisse sind zum Beispiel radioaktive Zerfälle pro 5 Sekunden, Tote durch Hufschlag pro Jahr in einem preußischen Kavallerieregiment (an diesem Beispiel (s. Bsp. 7.3) wurde die Verteilung entwickelt), die Anzahl der Hurrikans, die pro Jahr im Golf von Mexiko beobachtet werden, die Anzahl der Chromosomenbrüche, die nach zweiminütiger Röntgenbestrahlung in Sporenzellen festgestellt werden etc.

4.3.3.1 Die Funktion der Poissonverteilung

A) Die Wahrscheinlichkeitsfunktion f(N) der Poissonverteilung

Durch die Wahrscheinlichkeitsfunktion f(N) der Poissonverteilung lassen sich die theoretischen Auftretenshäufigkeiten (F 4.42) der einzelnen Klassen berechnen. In die Formel gehen der theoretische Mittelwert λ der Stichprobe und die Anzahl N der seltenen Ereignisse x_E der Zufallsvariablen X ein.

(F 4.42)

$$f(N) = \frac{\lambda^{N_i} \cdot e^{-\lambda}}{N_i!}$$

Der **Mittelwert** λ der Poissonverteilung gibt an, wie oft im Mittel die Merkmalsausprägung x_E, auftritt (F 4.43). Der Mittelwert λ ist das Produkt aus der Auftretenswahrscheinlichkeit p von x_E und der Anzahl k von Individuen in einer Beobachtungseinheit:

(F 4.43)

$$\lambda = p \cdot k$$

Der Mittelwert λ kann nur für ganz spezielle Fälle berechnet werden, da die beiden Größen in der Regel nicht bekannt sind und auch nicht berechnet werden können. Ein Fall, in dem die Berechnung möglich ist, wird in Beispiel 4.20 dargestellt.

Bei sehr großem Stichprobenumfang n ($n \rightarrow \infty$) und einer sehr kleinen Auftretenswahrscheinlichkeit p ($p \rightarrow 0$) ist der Mittelwert λ definitionsgemäß gleich eins.

Beispiel 4.20: Berechnung des Mittelwerts λ der Poissonverteilung

Eine Firma hat 1000 Mitarbeiter. Wieviele Mitarbeiter haben in Mittel am gleichen Tag Geburtstag?
Zunächst werden die Parameter zugeordnet:

- *Ereignis x_E: Person hat Geburtstag*
- *Nicht-Ereignis x_{NE}: Person hat keinen Geburtstag*
- *Beobachtungseinheit: ein Tag in der Firma*
- *Wahrscheinlichkeit p für das Auftreten des Ereignisses x_E: Da jeder nur einmal im Jahr, d.h. nur alle 365 Tage einmal Geburtstag hat, beträgt die Wahrscheinlichkeit p für das Auftreten des Ereignisses "Geburtstag einer Person" p = 1/365.*
- *Anzahl N von x_E: 0 oder 1 oder 2 oder mehr Personen haben am gleichen Tag Geburtstag.*
- *Anzahl k von Individuen in einer Beobachtungseinheit: 1000 Personen*

Der Mittelwert λ berechnet sich nach Formel F 4.43 zu:

$$\lambda = \frac{1}{365} \cdot 1000 = 2{,}7397$$

Bei 1000 Personen beträgt der Mittelwert λ = 2,7397 Geburtstage pro Tag.

In den meisten Fällen ist die Wahrscheinlichkeit p eines seltenen Ereignisses und die Gesamtzahl der Individuen k in einer Beobachtungseinheit nicht bestimmbar. Bezogen auf die Untersuchung des Trockenrasens (Bsp. 4.19) wäre k die Anzahl aller Pflanzen in einer Beobachtungseinheit. Diese Anzahl ist nicht bekannt und schwankt auch von Beobachtungseinheit zu Beobachtungseinheit. Die Wahrscheinlichkeit p strebt in dem Beispiel gegen 0, eine exakter Zahlenwert läßt sich in diesem Fall nicht ermitteln. Ist der Mittelwert λ nicht berechenbar, kann er durch das **arithmetische Mittel $\overline{N}$** (F 4.44) geschätzt werden.

(F 4.44)

$$\overline{N} = \frac{\sum (N_i \cdot H_i)}{n}$$

Für die Berechnung der Poissonverteilung f(N) (F 4.45) ergibt sich dann:

(F 4.45)

$$f(N) = \frac{\overline{N}^{N_i} \cdot e^{-\overline{N}}}{N_i!}$$

Der Funktionswert f(N) der Poissonverteilung ist die Wahrscheinlichkeit, mit der in einer beliebig herausgegriffenen Beobachtungseinheit genau N Ereignisse auftreten. Bezogen auf das oben genannte Beispiel bedeutet dies, daß die Poissonverteilung angibt, wie groß die Wahrscheinlichkeit ist, daß auf einer beliebig gewählten 100 Quadratmeterfläche genau N Pflanzen des *Kleinen Knabenkrauts* wachsen.
Man muß dabei beachten, daß die Wahrscheinlichkeit f(N) (sie wird auch manchmal mit dem Symbol P abgekürzt) die Wahrscheinlichkeit des Auftretens einer bestimmten Anzahl N von Ereignissen x_E ist; die Wahrscheinlichkeit p hingegen gibt die Wahrscheinlichkeit an, mit der in einer Beobachtungseinheit das Ereignis x_E auftritt.
Die Funktionswerte der Wahrscheinlichkeitsfunktion f(N) sind numerisch gleich den theoretischen relativen Häufigkeiten h der Grundgesamtheit. Um die berechneten theoretischen Häufigkeiten mit den, in einer Stichprobe aufgetretenen absoluten Häufigkeiten vergleichen zu können, muß man den Funktionswert f(N) mit dem Stichprobenumfang n multiplizieren (Bsp. 4.21).

Beispiel 4.21: Berechnung der Wahrscheinlichkeit des Auftretens des seltenen Ereignisses Wachsen des Kleinen Knabenkrauts (Orchis morio) in einer Trockenrasengesellschaft

Wie groß ist die Wahrscheinlichkeit f(N), daß in 100 Quadratmetern Trockenrasen genau 0, 1, 2 ... 6 Pflanzen des Kleinen Knabenkrauts (Orchis morio) vorkommen, wenn das Auftreten dieser Orchideenart poissonverteilt ist?

Tab. 4. 4: Berechnung der theoretischen absoluten Häufigkeit des Vorkommens des Kleinen Knabenkrauts auf 100 Quadratmetern Wiese über die Wahrscheinlichkeitsfunktion f(N) der Poissonverteilung. Aus der Wahrscheinlichkeit f(N) wird durch die Multiplikation mit dem Meßumfang n (Anzahl der untersuchten 100-Quadratmeter-Stücke) die theoretische absolute Häufigkeit H_e berechnet.

1	2	3	4	5	6	7	8
Klasse	Anzahl Kleines Knabenkraut pro 100 m^2	Beobacht. abs. Häufig-keit	Relative Häufig-keit			Funktionswert der Poissonverteilung f(N) = theoretische relative Häufigkeit	Theoret. abs. Häufig-keit
Nr.	N_i	H	h	$\overline{N}^{N_i}$	$N_i!$	$f(N) = \dfrac{\overline{N}^{N_i} \cdot e^{-\overline{N}}}{N_i!}$	$H_e = f(N) \cdot n$
.	.	.	.	.	.	.	.
1	0	16	0,4	1	1	0,3965	15,8600
2	1	15	0,375	0,9250	1	0,3668	14,6720
3	2	6	0,15	0,8556	2	0,1696	6,7840
4	3	2	0,05	0,7914	6	0,0523	2,0920
5	4	1	0,025	0,7321	24	0,0121	0,4840
6	5	0	0	0,6772	120	0,0022	0,0880
7	6	0	0	0,6264	720	0,0003	0,0120
	$\overline{N} = 0,9250$ $s = 0,9971$	$n = 40$					Summe 39,992

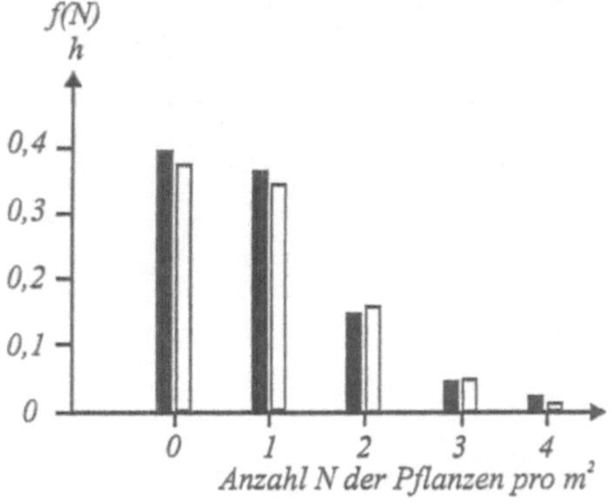

Abb. 4.22: Empirisch ermittelte relative Häufigkeiten h (schwarz) und die theoretisch erwartete Häufigkeit f(N) (Weiß) des Blühens keiner, einer, zweier... Pflanzen des Kleinen Knabenkrauts in einer Beobachtungseinheit.

Da es sich um seltene Ereignisse handelt, liegt das Maximum der Verteilung meist zwischen 0 und 1, so daß der Graph der Verteilung stark linkslastig ist. Mit größer werdendem Mittelwert wandert das Maximum der Wahrscheinlichkeitsfunktion f(x) immer weiter nach rechts (Abb. 4.23). Je größer der Mittelwert, desto symmetrischer wird die Funktion. Für sehr große Mittelwerte $\overline{N}$ und nähert sich die Poissonverteilung der Dichtefunktion der Normalverteilung an.

A)

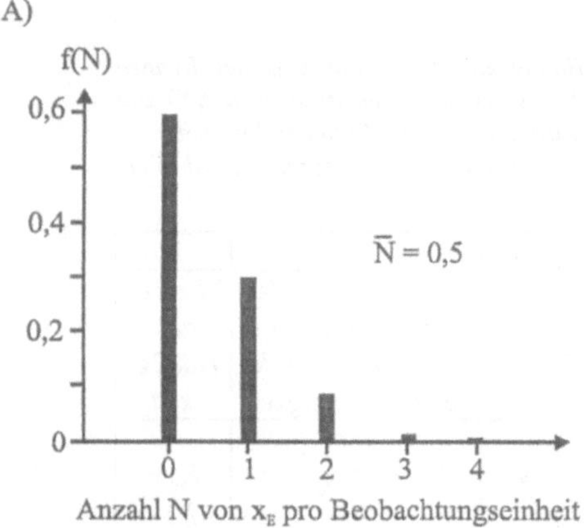

B)

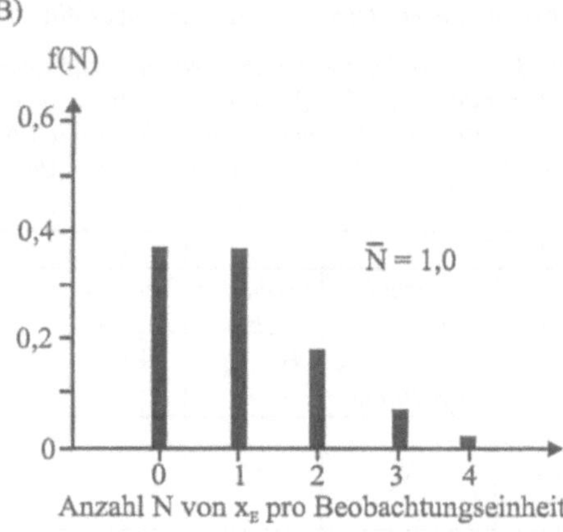

C)

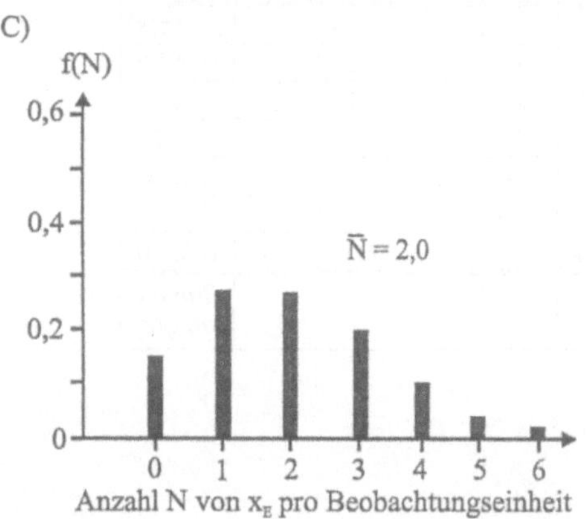

Abb. 4.23 A - D: Wahrscheinlichkeitsfunktionen von Poissonverteilungen mit größer werdenden Mittelwerten $\overline{N}$. Je größer der Mittelwert ist, desto stärker wird die Funktion symmetrisch.

D)

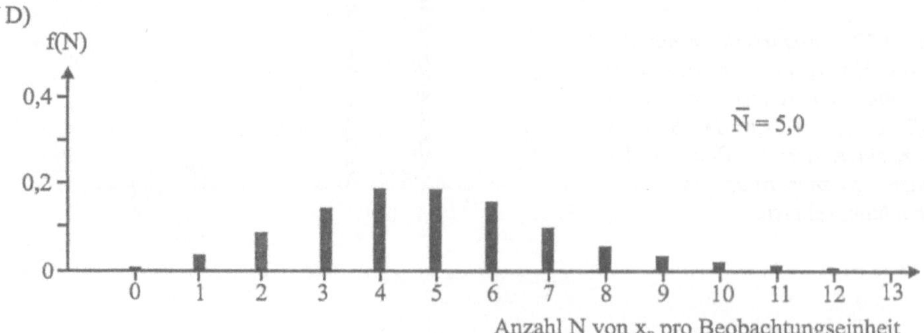

B) Die Verteilungsfunktion F(N) der Poissonverteilung

Die aufsummierten Wahrscheinlichkeiten der Poissonverteilung f(N) von N = 0 bis N = N_i ergeben die (Wahrscheinlichkeits-) Verteilungsfunktion F(N) (Bsp. 4.22). Auch in dieser Formel kann λ durch das arithmetische Mittel $\overline{N}$ ersetzt werden.

(F 4.46)

$$F(N) = e^{-\overline{N}} \cdot \sum_{N=0}^{N=N_i} \frac{\overline{N}^{N_i}}{N_i!}$$

Der Maximalwert von F(N) ist gleich eins. Die Aussagen, die durch diese Verteilungsfunktion möglich sind, lassen sich analog zur Binomialverteilung (s. 4.3.2.3 B) formulieren (Bsp. 4.22)

Beispiel 4.22: Wahrscheinlichkeit für das Auftreten von 0, 1 oder 2 seltenen Ereignissen

Wie groß ist die Wahrscheinlichkeit dafür, daß in einer Beobachtungseinheit 0, 1 oder 2 Pflanzen des Kleinen Knabenkrauts vorkommen? ($\overline{N}$ = 0,925 s. Bsp. 4.21). Eingesetzt in die Formel 4.46 ergibt sich für die Wahrscheinlichkeit F(0, 1, 2) die Summe der Einzelwahrscheinlichkeiten:

$$F(0,1,2) = e^{-0,925} \cdot \left(\frac{0,925^0}{0!} + \frac{0,925^1}{1!} + \frac{0,925^2}{2!} \right) = 0,9330$$

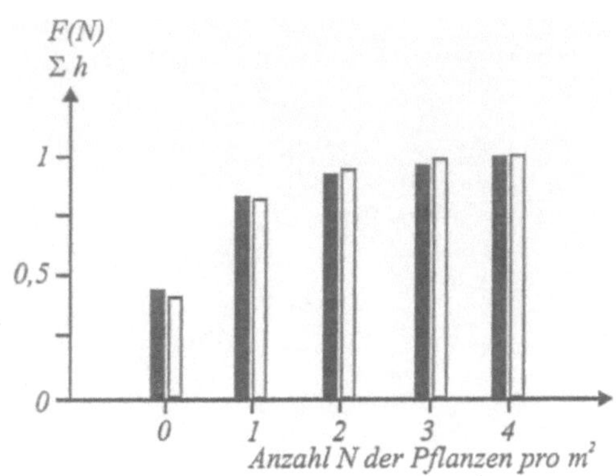

Abb. 4.24: Durch die Stichprobe ermittelte Summenhäufigkeiten des Vorkommens des Kleinen Knabenkrauts (schwarz). Der berechnete Wert der Verteilungsfunktion F(N) für das Vorkommen von 0, 1 oder 2 ... Pflanzen des Kleinen Knabenkrauts pro Beobachtungseinheit ist zum Vergleich ebenfalls in der Graphik eingetragen (weiß).

4.3.3.2 Der Schnelltest auf Vorliegen einer Poissonverteilung

In einer poissonverteilten Grundgesamtheit stimmen der Mittelwert λ und die Varianz σ^2 numerisch überein (F 4.47).

(F 4.47)

$$\lambda = \sigma^2$$

Man kann deshalb davon ausgehen, daß eine Stichprobe aus einer poissonverteilten Grundgesamtheit stammt, wenn der Mittelwert λ und die Varianz s^2 der Stichprobe näherungsweise übereinstimmen. Da in vielen Fällen der Mittelwert λ der Stichproben aber nicht berechnet werden kann, wird er durch den arithmetischen Mittelwert $\overline{N}$ (F 4.42) ersetzt. Die Parameter $\overline{N}$ und s^2 sind somit Schätzgrößen von λ und σ^2. Für den Schnelltest gilt dann:

(F 4.48)

$$\overline{N} \approx s^2$$

Ist diese Bedingung erfüllt, so kann davon ausgegangen werden, daß eine Poissonverteilung vorliegt (Bsp. 4.23). Allerdings entbindet dieser Schnelltest nicht von der Durchführung eines adäquaten Tests auf Vorliegen einer Poissonverteilung (Kap. 7).

Beispiel 4.23: Schnelltest, ob eine empirisch ermittelte Verteilung poissonverteilt ist

Handelt es sich bei der empirisch ermittelten Verteilung des Kleinen Knabenkrauts (Bsp. 4.20) auf den n = 40 Beobachtungseinheiten um eine Poissonverteilung ?

$$\overline{N} = 0{,}925,\ s = 0{,}9971 \text{(Werte aus Bsp. 4.21)} \rightarrow s^2 = 0{,}9942$$

$$\text{Damit gilt (F 4.48): } \overline{N} = 0{,}93 \approx s^2 = 0{,}99$$

Der Schnelltest deutet darauf hin, daß es sich bei der vorliegenden Verteilung um eine Poissonverteilung handelt.

Zusammenfassung

Die Normalverteilung:

- Stichproben stetiger Merkmale auf die der Zentrale Grenzwertsatz zutrifft, sind normalverteilt. Die Normalverteilung ist eine der wichtigsten Verteilungen in der biologischen Statistik.

- Die Funktion der Normalverteilung wird als Dichtefunktion $f(x)$ bezeichnet. Sie wird durch den Mittelwert $\bar{x}$ und die Standardabweichung s charakterisiert. Es gibt unendlich viele verschiedene Normalverteilungen $f(x)$.

- Es gibt nur eine standardisierte Normalverteilung, deren Funktionswerte $f(z)$ tabelliert sind.

- Das Integral der Dichtefunktion $f(x)$ beziehungsweise $f(z)$ ist die Verteilungsfunktion $F(x)$ beziehungsweise $F(z)$. Durch sie kann die Wahrscheinlichkeit dafür, daß ein Wert x_i in einem bestimmten Bereich liegt, angegeben werden.

Die Binomialverteilung:

- Die Binomialverteilung ist eine diskrete Wahrscheinlichkeitsverteilung für ein Zufallsexperiment mit einem Alternativmerkmal. Das Auftreten des Ereignisses x_E und des Nicht-Ereignisses x_{NE} sind unabhängig voneinander, die Wahrscheinlichkeit p für das Auftreten des Ereignisses x_E ist konstant.

- Mit der Formel der Binomialverteilung kann die Auftretenswahrscheinlichkeit $f(N)$ einer Klasse mit einer bestimmten Kombination von Ereignissen x_E und Nicht-Ereignissen x_{NE} berechnet werden.

- Durch Aufsummieren der Auftretenswahrscheinlichkeiten $f(N)$ von $N = 0$ bis $N = N_i$ erhält man die Verteilungsfunktion $F(N)$.

- Durch den Vergleich der berechneten Kenngrößen $\bar{N}$ und s mit den Kenngrößen der Grundgesamtheit μ und σ kann ein Schnelltest auf Vorliegen einer Binomialverteilung durchgeführt werden.

- Wenn die Auftretenswahrscheinlichkeiten p und q für Ereignis und Nicht-Ereignis nahezu gleich groß sind und die Anzahl der Versuche gegen unendlich geht, nähert sich die Binomialverteilung einer Normalverteilung.

Die Poissonverteilung:

- Bei der Poissonverteilung geht die Wahrscheinlichkeit p für das Eintreten des Ereignisses x_E gegen Null. Sie beschreibt als Wahrscheinlichkeitsmodell die Verteilung selten auftretender diskreter Ereignisse. Die Ereignisse müssen zufällig und unabhängig voneinander auftreten.

- Die Wahrscheinlichkeitsfunktion f(N) gibt die Wahrscheinlichkeit an, mit der eine bestimmte Anzahl von Ereignissen x_E in einer Beobachtungseinheit auftritt.

- Das Integral der Poissonverteilung ist die Verteilungsfunktion F(N). Sie kann durch das Aufsummieren der Werte der Wahrscheinlichkeitsfunktion f(N) berechnet werden. Sie gibt die Wahrscheinlichkeit an, mit der eine Zufallsvariable in einem Bereich zwischen 0 und N_i auftritt.

- Die Poissonverteilung kann als Spezialfall der Binomialverteilung ($p \rightarrow 0$) betrachtet werden.

- Durch den Vergleich der Kenngrößen $\overline{N}$ und s^2 der Stichprobe mit den Kenngrößen μ und σ^2 der Grundgesamtheit, kann ein Schnelltest auf Vorliegen einer Poissonverteilung durchgeführt werden.

Übungsaufgaben zu Kapitel 4

A 4.1
Definieren Sie in einem kurzen Schriftsatz mit Ihren Worten die folgenden vier Begriffe und geben Sie die entsprechenden Symbole an:
- Wahrscheinlichkeitsfunktion,
- Dichtefunktion,
- Summenhäufigkeitsfunktion,
- Wahrscheinlichkeitsverteilungsfunktion.

A 4.2
Welches ist die Zufallsvariable beim Würfel und welche Größe kann sie annehmen ?

A 4.3
Wie sind die Begriffe Häufigkeit, Häufigkeitsverteilung, Wahrscheinlichkeit, Wahrscheinlichkeitsverteilung zu definieren ?

A 4.4
Der Wert $x_i = 6$ trat bei 180 Würfelwürfen 50 mal auf.

a) Wie groß ist absolute und relative Häufigkeit in diesem Fall für die Augenzahl 6?

b) Wie groß ist die theoretische Wahrscheinlichkeit, mit einem beliebigen Wurf eine 6 zu erhalten ?

c) Stimmt die in a) berechnete relative Häufigkeit mit der nach der Würfeltheorie erwarteten theoretischen Häufigkeit überein? Wenn nein, warum nicht und wie häufig müßte der wert theoretisch auftreten ?

A 4.5
Ein Münzwurf kann "Kopf" oder "Zahl" bringen.

a) Mit welcher theoretischen Häufigkeit erscheint bei k = 400 Würfen "Kopf"?

b) Welche Wahrscheinlichkeit "Zahl" zu werfen, besteht beim Wurf Nr. 1, Nr. 200 und schließlich Nr. 400 ?

c) Bezeichnen Sie die Zufallsvariable "Zahl" mit 0, die Zufallsvariable "Kopf" mit 1, formulieren Sie die Wahrscheinlichkeitsfunktion für den Münzwurf.

A 4.6
Formulieren Sie in kürzest möglicher Darstellungsweise die Wahrscheinlichkeiten dafür, daß man die folgenden Augenzahlen würfelt:

a) 1 mit einem Würfelwurf;

b) 6 mit einem Würfelwurf;

c) 1 oder 6 mit einem Würfelwurf;

d) 1 oder 2 oder 5 oder 6 mit einem Würfelwurf;

e) eine Augenzahl zwischen 1 und (einschließlich) 3 mit einem Würfelwurf;

f) eine Augenzahl zwischen 4 und (einschließlich) 6 mit einem Würfelwurf;

g) eine Augenzahl zwischen 1 und (einschließlich) 6 mit einem Würfelwurf;

h) die Augenzahl 3 beim gleichzeitigen Wurf mit 2 Würfeln bei einem Würfelwurf;

i) bei drei Würfelwürfen erst eine 4, dann eine 5, dann eine 6.

A 4.7
Die Zufallsvariable X nehme beim Würfelwurf mit einem Würfel einen Wert im Bereich $1 < x \leq 6$. Wie groß ist die Wahrscheinlichkeit dafür ?

A 4.8
Welcher Zusammenhang besteht zwischen Verteilungs- und Dichtefunktionen bei stetigen Verteilungen ?

A 4.9
Eine Verteilung der Geburtsgewichte von Säuglingen wurde klassiert. Die Klassenbreite beträgt b =250g, die Klasse Nummer 1 beginnt bei 1700g.

Klassennummer	1	2	3	4	5	6	7	8	9	10	11	12	13
abs. Häufigkeit H	1	2	9	24	52	70	83	75	45	26	7	4	1

a) Berechnen Sie n, $\bar{x}$ und s.

b) Berechnen Sie die z-Werte für alle Klassenmitten, schauen sie in der Tabelle die f(z) Werte nach und berechnen Sie daraus die bestangepaßte Normalverteilungskurve.

c) Zeichnen Sie die empirisch ermittelten Daten und die berechnete Kurve in ein Koordinatensystem ein.

A 4.10

In einer industriellen Muschelzuchtanstalt werden die Muschelbestände regelmäßig auf ihre Größe hin untersucht. Die Miesmuscheln (*Mytilus edulis*) einer bestimmten Altersstufe haben eine mittlere Länge von $\bar{x}$ = 7 mm bei einer Standardabweichung s = 1 mm. Es wird Normalverteilung angenommen.

a) Wenn alle Muscheln, die 6 mm oder kleiner sind aussortiert werden, wieviel Prozent der Muschelpopulation werden dann verworfen ?

b) Wo liegt die Untergrenze in mm zwischen aufgezogenen und aussortierten Muscheln, wenn die 15% kleinsten Muscheln nicht aufgezogen werden sollen? Welchem z-Wert entspricht diese Grenze?

c) Wieviel Prozent der Muscheln liegen im Größenbereich 5 mm < x ≤ 10 mm?

d) Wieviel Prozent der Muscheln sind genau 7 mm lang ?

e) Wie groß ist die Wahrscheinlichkeit, daß eine zufällig herausgegriffene Muschel kleiner oder gleich 7 mm ist ?

f) Um wieviele Einheiten der Standardabweichung liegt der Wert x = 8,25 mm vom Mittel entfernt und in welche Richtung ?

g) zu welcher Länge x_i gehört z = 1,5 ?

h) Wieviele Millimeter liegt z = +2 vom Mittel entfernt ?

i) Um wieviele Einheiten der Standardabweichung liegt x = 5 mm vom Mittel entfernt und in welcher Richtung davon liegt es ?

j) Wie groß ist z für den Mittelwert ?

k) Wo liegt die Grenze in mm unterhalb von der 75% der Stichprobe liegen? Welcher z-Wert liegt an dieser Stelle?

l) Wie groß ist die Wahrscheinlichkeit, daß eine willkürlich herausgegriffene Muschel > 5 mm und ≤ 5,5 mm ist ?

m) Welcher Länge in mm entspricht + 2,34 z ?

A 4.11

Wie groß sind s und $\bar{x}$ bei der standardisierten Normalverteilung? Wie groß ist die Fläche unter der Kurve?

A 4.12

Beschreiben Sie kurz den Zusammenhang zwischen der Dichtefunktion, der standardisierten und der nicht standardisierten Normalverteilung.

A 4.13

Man bestimme den Ordinatenwert der Dichtefunktion f(z) der standardisierten Normalverteilung bei

a) z = 0,84

b) z = -1,27

c) z = -0,05

A 4.14

Wie groß ist die Fläche unter der standardisierten Normalverteilungskurve. Man verwende die entsprechende Tabelle. (Die rechte Grenze ist immer im Integral eingeschlossen, die linke nicht.)

a) Zwischen $z = 0$ und $z = 1,2$
b) Zwischen $z = -0,68$ und $z = 0$
c) Zwischen $z = 0,46$ und $z = 2,21$
d) Zwischen $z = 0,81$ und $z = 1,94$
e) Links von $z = -0,6$
f) Rechts von $z = -1,28$
g) Rechts von $z = 2,05$ und links von $z = -1,44$

A 4.15

Wieviele % der Gesamtfläche liegen unter der standardisierten Normalverteilungskurve **(Zahlen auswendig merken!)** zwischen:

a) $z = +1$ und $z = -1$,
b) $z = +2$ und $z = -2$,
c) $z = +3$ und $z = -3$?

A 4.16

Wie werden die Abszisse und wie die Ordinate einer Normalverteilung standardisiert? Kurze Beschreibung der Verfahren.

A 4.17

Schlupfwespen (*Ichneumonidae*) parasitieren überwiegend in Obstschädlingen wie zum Beispiel der Gespinstmottenraupe. Normalerweise legen sie in jede Raupe nur ein Ei, welches sich in dieser entwickelt. Es werden 200 Gespinstmottenraupen auf Schlupfwespenbefall untersucht.

kein Schlupfwespenei in der Raupe	113
ein Schlupfwespenei pro Raupe	72
zwei Schlupfwespeneier pro Raupe	11
drei Schlupfwespeneier pro Raupe	3
vier Schlupfwespeneier pro Raupe	1

a) Um welche Verteilung könnte es sich handeln?
b) Berechnen Sie für alle N_i die beobachtete relative Häufigkeit, die theoretische Wahrscheinlichkeit und die theoretische absolute Häufigkeit.
c) Wie lautet der Schnelltest für die angenommene Verteilung.

A 4. 18

Man beobachtet, daß eine Rosenblüte in einem Zeitraum von 5 min im Durchschnitt von einem Insekt angeflogen wird.
a) Um welche Verteilung könnte es sich hier handeln?
b) Berechnen Sie, wie groß die Wahrscheinlichkeit ist, daß während 5 Minuten 0 Insekten, 2 Insekten, 3 Insekten, 6 oder mehr Insekten die Blüte besuchen.

A 4.19

Was versteht man unter dem Binomialkoeffizienten?

A 4.20

Neben der Vermessung der Möweneier wurde auch deren Anzahl pro Gelege registriert. Pro Gelege fanden sich 3 - 4 Eier. Es kamen lediglich 4-er Gelege zur Auswertung, welche auf die Anzahl geschlüpfter, weiblicher Tiere hin untersucht wurden. (Angenommen sei, daß das Schlüpfen von weiblichen und männlichen Vögeln gleich wahrscheinlich ist, desweiteren sei Unabhängigkeit vorausgesetzt.)

Zahl der weiblichen Küken pro Gelege	0	1	2	3	4
Anzahl der Gelege	21	97	159	87	17

a) Welche Art von Verteilung erwarten Sie ?

b) Ordnen Sie die Variablen k, N, n, x_E, x_{NE}, p und q im Beispiel zu.

c) Für welche Grenzfälle nähert sich diese Verteilung einer Normalverteilung bzw. einer Poissonverteilung an ?

d) Konstruieren Sie eine prozentuale Summenhäufigkeitskurve der empirisch ermittelten Daten und die Verteilungsfunktion der berechneten Daten.

e) Wie groß ist die Wahrscheinlichkeit für das Auftreten von 2 oder 3 männlichen Küken in einem Gelege?

A 4.21

In einer Urne mit n Kugeln sind 1/4 der Kugeln schwarz und 3/4 der Kugeln weiß. Das Ziehen einer schwarzen Kugel gelte als das Ereignis x_E.

a) Wie groß ist die Wahrscheinlichkeit p für x_E und q für x_{NE}?

b) Wie groß ist die Wahrscheinlichkeit f(N) dafür, daß man beim Ziehen von drei Kugeln (gleichzeitig) nur eine schwarze Kugel erwischt?

A 4.22

Man bestimme die Wahrscheinlichkeit f(N) dafür, daß in einer Familie mit 4 Kindern:

a) wenigstens einen Jungen,

b) wenigstens einen Jungen und ein Mädchen gibt.

Man geht davon aus, daß die Geburt eines Jungen bzw. eines Mädchens gleich wahrscheinlich ist.

A 4.23

Die Wahrscheinlichkeiten f(N) für folgende Ereignisse sind zu bestimmen:

a) Beim Werfen eines Würfels erscheint eine ungerade Augenzahl.

b) Bei zwei Würfen mit einer echten Münze erscheint wenigstens einmal "Kopf".

c) Beim Ziehen einer einzigen Karte aus einem gut gemischten Kartenspiel von 52 Karten zeigt sich ein As, die Karo-Zehn oder die Pik-Zwei.

d) Die Augensumme 7 ergibt sich bei einem einzigen Wurf von zwei Würfeln.

e) Bei dreimaligem Werfen mit einer echten Münze erscheint dreimal "Kopf".

f) Bei dreimaligem Werfen mit einer echten Münze erscheint zweimal "Kopf"

A 4.24

In einem Experiment mit n = 100 Individuen bei dem eine Binomialverteilung mit der Aufspaltung

1 : 3 : 3: 1 erwartet wird tritt folgende Verteilung auf: 10 : 44 : 33 : 13 .

a) Wie groß ist die theoretische Auftretenswahrscheinlichkeit p des Ereignisses x_E?
b) Wie groß ist die Beobachtungseinheit k?
c) Führen Sie einen Schnelltest auf Binomialverteilung durch.

A 4.25

Welche Aussagen sind richtig?

a) Die Normalverteilung wird mit einem geschätzten Parameter berechnet.
b) Bei der standardisierten Normalverteilung sind Mittelwert und Standardabweichung
   gleich groß.
c) Die Binomialverteilung ist nicht stetig.
d) Die Poissonverteilung ist eine diskrete Verteilung mit zwei geschätzten Parametern.
e) In die Berechnung der Binomialverteilung gehen die geschätzten Parameter n und k
   ein.
f) Der Schnelltest für die Poissonverteilung lautet N = s.
g) Die Normalverteilung ist stetig und wird mit 2 geschätzten Parametern berechnet.
h) Eine Zufallsvariable ist normalverteilt, wenn ihr Mittelwert Null und die
   Standardabweichung 1 ist.
i) Zur Standardisierung einer Normalverteilung müssen die Standardabweichung und der
   Mittelwert bekannt sein.
j) Die Binomialverteilung ist immer eine symmetrische Verteilung.
k) Die Normalverteilung ist symmetrisch und ihre Wendepunkte liegen bei +1s und -1s.
l) Die Fläche von -∞ bis k unter der Normalverteilung ist gleich der Wahrscheinlichkeit
   für das Auftreten eines Wertes von -∞ bis k in der Stichprobe.
m) Die gesamte Fläche unter der standardisierten Normalverteilung beträgt 100% = 0,39.
n) Aus der Dichtefunktion der Normalverteilung läßt sich die Auftretenshäufigkeit an der
   Stelle z berechnen.
o) Aus der Dichtefunktion der Normalverteilung läßt sich die Auftretenshäufigkeit in
   einer Klasse berechnen.
p) Die Binomialverteilung ist definiert von +∞ bis -∞.
q) Das Auftreten der einzelnen Augenzahlen auf einem Würfel ist normalverteilt.
r) Die Funktion der Normalverteilung kann negative Werte annehmen.

Teil III:

Induktive Statistik für den univariaten Fall

Die vorangegangenen Kapitel zeigen unterschiedliche Methoden auf, empirisch ermittelte Daten einer Stichprobe darzustellen und mit Hilfe von Kenngrößen und statistischen Modellen zu charakterisieren. Die statistischen Modelle erlauben das Aufstellen von Hypothesen und Theorien über die Grundgesamtheit, deren Untersuchung selbst oft nicht möglich oder sinnvoll ist.

Normalerweise ist das Ziel eines wissenschaftlichen Experiments aber nicht nur die deskriptive Darstellung der gewonnenen Daten der Stichprobe, sondern auch das Überprüfen der Hypothesen über die Grundgesamtheit. Die objektive Bewertung einer aufgestellten Hypothese - auf einem gewählten Fehlerniveau - ist durch die Prüfverfahren der induktiven (schließenden) Statistik möglich.

Alle - in Kapitel 7 vorgestellten- statistischen Prüfverfahren (= statistische Tests) können nach dem gleichen Prinzip, welches hier kurz skizziert ist, durchgeführt werden.

1. Zunächst wird eine **Hypothese** über den zu untersuchenden Aspekt formuliert. In Kapitel 6.1 wird näher darauf eingegangen, wie eine Hypothese für einen statistischen Test formuliert werden muß.

2. Unter Berücksichtigung der gegebenen Voraussetzungen wird ein **adäquater Test** (s. 6.4) gewählt und

3. das **Irrtumsrisiko** α (s. 6.3) festgelegt.

4. Man berechnet dann aus den Daten der Stichproben die für den gewählten Test erforderliche **Prüfgröße PG** (s. 5.1)und

5. die Anzahl der **Freiheitsgrade** ν (s. 5.3).

6. Aus der tabellierten Prüfverteilung wird die **Signifikanzschranke SSchr** (s. 5.2.2.1) ermittelt.

7. Die **Bewertung** der Hypothese erfolgt durch den Vergleich der Prüfgröße PG mit der Signifikanzschranke SSchr.

8. Das statistische Ergebnis wird auf dem Hintergrund der aufgestellten Hypothese formuliert.

Die Auflistung der einzelnen Arbeitsschritte soll an dieser Stelle zunächst nur dazu dienen, die in den Kapiteln 5 und 6 angesprochenen Punkte in den Ablauf eines statistischen Tests einordnen zu können.

Kapitel 5:
Die Prüfverteilung

Im obigen Ablaufschema eines statistischen Tests ist dargestellt, daß die Beurteilung der Hypothese auf dem Vergleich einer Prüfgröße PG mit einer Signifikanzschranke SSchr beruht. Um zu erklären, welcher Zusammenhang zwischen der Prüfgröße PG und der Signifikanzschranke SSchr besteht und warum eine Aussage über die aufgestellte Hypothese auf Grund des Vergleichs dieser beiden Parameter möglich ist, wird in diesem Kapitel zunächst der prinzipielle Aufbau der Prüfverteilungen betrachtet.

5.1 Die Prüfgröße PG

Aus einer Grundgesamtheit können in Zufallsexperimenten sehr viele, gleich große Stichproben ermittelt werden. Infolge der zufallsbedingten Variabilität der Merkmalsausprägungen haben die Kenngrößen dieser Stichproben unterschiedliche Werte (z.B. unterschiedliche Mittelwerte $\bar{x}$, Standardabweichungen s etc.). Aus diesen Kenngrößen wird für jede Stichprobe die entsprechende Prüfgröße PG berechnet. Die Formel zur Berechnung dieser Prüfgröße PG ist je nach Test unterschiedlich und wird in Kapitel 7 bei der Darstellung der einzelnen Tests angegeben. (Die theoretischen Hintergründe und Herleitungen der jeweiligen Formeln werden hier nicht behandelt. Sie sind Gegenstand der weiterführenden Literatur). Die berechnete Prüfgröße ist ebenfalls eine Kenngröße der Stichprobe. Sie wird als abgeleitete Kenngröße bezeichnet, da sie aus den Kenngrößen (z.B. Mittelwert, Standardabweichung) ermittelt wird, die direkt aus den Werten der Zufallsvariablen X der Stichprobe berechnet werden. Auch diese abgeleiteten Kenngrößen, die Prüfgrößen, zeigen eine zufällige Variabilität.

5.2 Die Prüfverteilung

5.2.1 Die Dichtefunktion der Prüfverteilungen

Die berechneten Werte einer Prüfgröße PG für gleich große, aus einer Grundgesamtheit stammende Stichproben, lassen sich in Form einer **Häufigkeitsverteilung** darstellen.
Da eine Grundgesamtheit theoretisch sehr viele Stichproben mit gleichem Meßumfang n hat, liegen auch die berechenbaren Prüfgrößen PG unendlich dicht nebeneinander und ergeben eine **stetige** Häufigkeitsdichteverteilung (Abb. 5.1). Aus dieser stetigen Verteilung wird die Dichtefunktion der Prüfverteilung f(PG) hergeleitet. Die Auftretenswahrscheinlichkeiten f(PG) der Prüfgrößen werden als relative Werte angegeben. Die Formel

zur Berechnung der Prüfgröße PG ist so konzipiert, daß man standardisierte Werte und somit auch eine standardisierte Abszisse erhält.

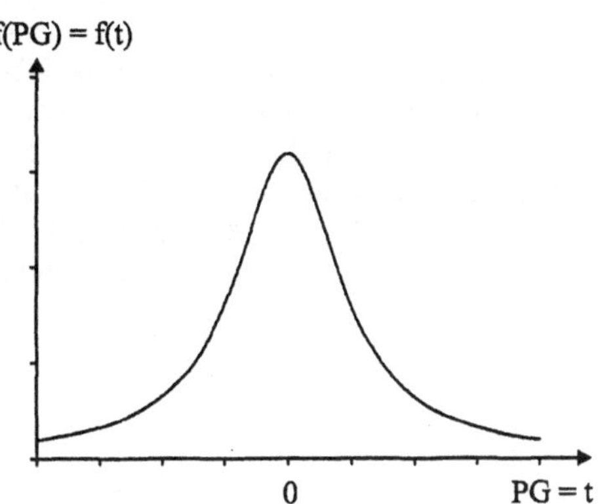

Abb. 5.1: Häufigkeitsdichteverteilung der Prüfgrößen PG, die aus Stichproben mit gleichem Stichprobenumfang n berechnet sind und aus derselben Grundgesamtheit stammen. Bei der hier gezeigten Prüfgrö-ßen-Dichteverteilung (t-Verteilung 5.5.3) streuen die Prüfgrößen symmetrisch um einen mittleren Wert.

Bis jetzt wurden immer nur Stichproben mit gleichem Meßumfang n betrachtet. Diese Einschränkung ist nötig, da die Dichtefunktion der Prüfverteilung vom Meßumfang n (bzw. der Anzahl der Freiheitsgrade v, s. 5.3) der Stichprobe abhängig ist. Das bedeutet folglich, daß es für jeden Test nicht nur <u>eine</u> Dichtefunktion der Prüfverteilung f(PG) gibt, sondern daß die Dichtefunktion bei unterschiedlichen Stichprobenumfängen jeweils etwas anders aussieht (Abb. 5.2). Der Stichprobenumfang n geht über die Anzahl der Freiheitsgrade v als Parameter in die Formel der **Dichtefunktion der Prüfverteilung f(PG,v)** ein. Der Zusammenhang zwischen n und v ist in Abschnitt 5.3 dargestellt (v = n - Konstante).

Die Form der Prüfverteilungen f(PG, v) verändert sich besonders bei kleinem Stichprobenumfang n deutlich (Abb.5.4A, Abb.5.5A, Abb.5.6A). Mit steigendem n gehen viele Prüfverteilungen der in Kapitel 7 vorgestellten Tests in die Normalverteilung über. Plausibel ist dies, wenn man sich vorstellt, daß die Kenngrößen der Stichproben - sie sind die Parameter der Prüfgrößen - Schätzgrößen der meist unbekannten Kenngrößen der Grundgesamtheit sind und um diese normalverteilt streuen. Die Prüfgrößen PG, die für Stichproben mit großem Meßumfang n berechnet werden, streuen analog ebenfalls normalverteilt.

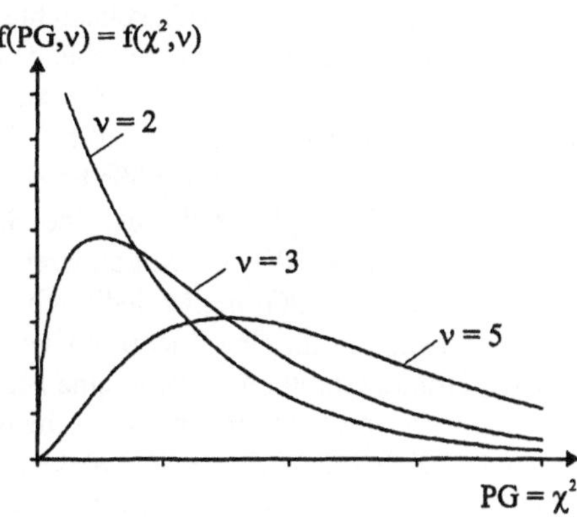

Abb. 5.2: Prüfverteilungen derselben Prüf-größe (hier am Beispiel von χ^2 dargestellt; vgl.5.4.1) bei unterschiedlichen Stichprobenumfängen n beziehungsweise unter-schiedlicher Anzahl der Freiheitsgrade v (s. 5.3). Die Form der Verteilung ist abhängig vom Umfang n (bzw. v) der Stichproben, aus denen die Verteilung erstellt wurde.

5.2.2 Die Verteilungsfunktion der Prüfverteilungen

Das Integral der Dichtefunktion ist ihre Verteilungsfunktion. Für den PG-Wert einer
Stichprobe aus der betrachteten Grundgesamtheit kann über die Verteilungsfunktion die
theoretischen Auftretenswahrscheinlichkeit berechnet werden.
Meist wird die Verteilungsfunktion graphisch als Fläche unter der Kurve der Dichtefunktion dargestellt (Abb. 5.3). Da, wie bei der Dichtefunktion der Prüfverteilungen,
sowohl die Abszisse als auch die Ordinate standardisiert sind, läßt sich, in Abhängigkeit
von n, zu jeder Prüfgröße PG genau ein Funktionswert berechnen, beziehungsweise ein
Flächenanteil unter der Dichtefunktion zuordnen.

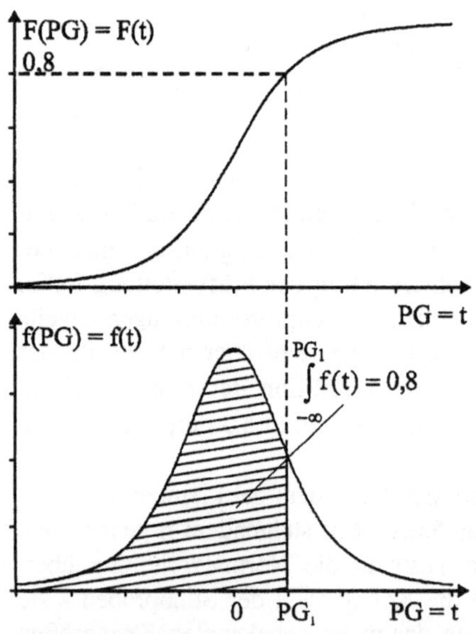

Abb. 5.3: Dichtefunktion $f(PG,\nu)$ einer
Prüfverteilung. Die Fläche unter der Kurve
entspricht den Funktionswerten der Verteilungsfunktion $F(PG,\nu)$ und ist ein Maß für die
Wahrscheinlichkeit mit der ein Wert der
Zufallsvariablen im entsprechenden Abszissen-
bereich auftritt. Die markierte Fläche von -∞ bis
PG_1 beträgt 80% der Gesamtfläche. Das
bedeutet, daß 80% der berechneten Parameter
im Bereich zwischen -∞ und PG_1 liegen. Die
Gesamtfläche unter der Kurve von + ∞ bis - ∞
beträgt immer 1 (vgl. Abb. 4.19). Die PG-Werte
sind durch ihre Berechnung schon standardisiert
und somit können die Funktionswerte F(PG)
tabelliert werden (Tab. VIII, XI und XII im
Anhang).

Wie schon für die Normalverteilung gezeigt (s. 4.3.1.2E), nähert sich die Fläche unter
der standardisierten Kurve asymptotisch dem Wert 1. In Prozent ausgedrückt beträgt die
gesamte Fläche unter der Kurve 100%.
In Abbildung 5.3 ist die Häufigkeitsdichte der berechneten Prüfgrößen PG von gleich
großen Stichproben aus einer bestehenden Grundgesamtheit aufgetragen. Die Fläche
unter der Kurve, die der Prüfgröße PG_1 zugeordnet wird, ist schraffiert. Sie beträgt 80%
der Gesamtfläche. Das bedeutet, daß bei 80% der Stichproben aus der zugrundeliegenden Grundgesamtheit eine Prüfgröße berechnet wird, die kleiner oder gleich PG_1 ist. Nur
in 20% der Fälle ergibt sich für eine Stichprobe aus dieser Grundgesamtheit eine
Prüfgröße, die größer PG_1 ist. Mit anderen Worten: die Auftretenswahrscheinlichkeit für
eine Prüfgröße PG > PG_1 beträgt lediglich 20%.
Berechnet man nun für eine Stichprobe von der man nicht weiß, ob sie aus der zugrunde
gelegten Grundgesamtheit stammt, eine Prüfgröße PG, für die gilt PG > PG_1, so stammt
die Stichprobe mit einer Irrtumswahrscheinlichkeit von 20% nicht aus dieser Grundgesamtheit. Die Irrtumswahrscheinlichkeit gibt nur an, in wieviel Prozent der Fälle die
Annahme falsch ist, daß die Stichprobe mit PG > PG_1 nicht aus der Grundgesamtheit
stammt (vgl. 6.1.2).

Achtung: Der umgekehrte Schluß, daß eine Stichprobe mit 80%iger Sicherheit aus der Grundgesamtheit stammt, wenn ihre berechnete Prüfgröße kleiner als PG_1 ist, ist nicht zulässig, da sich der Wert auch zufällig ergeben haben kann.

Die Prüfverteilung ermöglicht demnach nur eine Aussage darüber, mit welcher Irrtumswahrscheinlichkeit eine Stichprobe <u>nicht</u> aus einer bestimmten Grundgesamtheit stammt. Die schließende Statistik liefert somit kein Verfahren, mit dem es möglich wäre, der aufgestellten Hypothese und somit dem Schluß von einer Stichprobe auf die Grundgesamtheit eine bestimmbare Sicherheit zu verleihen. Ihre Methoden erlauben es aber, die Wahrscheinlichkeit zu bestimmen, mit der dieser Schluß <u>nicht</u> möglich ist.

5.2.2.1 Tabellierte Verteilungsfunktionen der Prüfverteilungen: Signifikanzschranken SSchr

Die Berechnung der Verteilungsfunktion einer Prüfverteilung ist mit sehr großem Aufwand verbunden. Es liegen daher für die meisten Prüfverteilungen Tabellen vor (Tab. VIII - XVI im Anhang). Im Tabellenkopf sind verschiedene Flächenanteile unter der Dichtefunktion f(PG) (= Funktionswerte der Verteilungsfunktion F(PG)) angegeben. Sie werden als Irrtumswahrscheinlichkeiten α bezeichnet. Die Prüfgröße PG an der Integralgrenze ist tabelliert. Für unterschiedliche Meßumfänge n müssen unterschiedliche Integralgrenzen angegeben werden, da sich durch die abweichende Form der Verteilung in Abhängigkeit vom Meßumfang andere Flächenverhältnisse ergeben (Abb. 5.2). In den Tabellen ist jeweils anstelle des Stichprobenumfangs n die Anzahl der Freiheitsgrade ν angegeben (s. 5.3). Die tabellierten Werte der Prüfgrößen werden bei der Anwendung im statistischen Test als **Signifikanzschranken SSchr** bezeichnet.

5.3 Die Anzahl der Freiheitsgrade ν

Die meisten Parameter (= Kenn- oder Prüfgrößen) einer Verteilung sind abhängig vom Stichprobenumfang n der Stichprobe, da in die Berechnung der Stichprobenumfang n über die Anzahl der Freiheitsgrade ν eingeht. Die Anzahl der Freiheitsgrade ν ist definiert, als die Anzahl n minus der Anzahl a der Parameter der Verteilung, die in die Formel (F 5.1) der zu berechnenden Prüfgröße bzw. Kenngröße eingehen (Bsp. 5.1).

$$\textbf{(F 5.1)}$$

$$\nu = \mathbf{n - a}$$

Warum sich die Anzahl ν der Freiheitsgrade aus dem Stichprobenumfang n minus der die Anzahl a der Kenngrößen, die in die Formel eingehen berechnen läßt, soll durch die folgende Überlegung veranschaulicht werden: Man kennt die Summe von n = 3 Meßwerten. Zwei der Meßwerte sind dann frei wählbar, der dritte nicht, da er durch die Summe gegeben ist. Geht die Summe als Parameter der Verteilung in die Berechnung einer weiteren Kenngröße ein, so beträgt die Anzahl der Freiheitsgrade in dieser Berechnung $\nu = 3-1$.

Beispiel 5.1: Anzahl der Freiheitsgrade ν bei der Berechnung der Varianz

Die Anzahl der Freiheitsgrade ν beträgt bei der Berechnung der Varianz s^2: $\nu = n - 1$, da die Anzahl der geschätzten Parameter, die in die Formel der Varianz eingeht, $a = 1$ beträgt.

$$s^2 = \frac{\sum(x_i - \bar{x})^2}{n - 1} = \frac{\sum(x_i - \bar{x})^2}{\nu}$$

5.4 Die wichtigsten Prüfverteilungen

5.4.1 Die χ^2-Verteilung und die Prüfgröße χ^2

Die deskriptiven Analyse einer Stichprobe oder auch Plausibilitätsbetrachtungen liefern oft Hinweise über die Art der Verteilung der Grundgesamtheit, aus der eine Stichprobe stammt. Wie in Kapitel 4 dargestellt, kann der beobachteten Häufigkeitsverteilung einer Stichprobe eine theoretische Verteilung (z.B. die Normalverteilung) angepaßt werden.

Das Darüberzeichnen der berechneten theoretischen Verteilung ermöglicht einen optischen Vergleich mit der empirischen Verteilung (Abb. 4.13). Diese subjektive Bewertung der Übereinstimmung ist jedoch nur in sehr eindeutigen Fällen verläßlich. Ein objektives Bewertungskriterium für die Qualität der Anpassung ("goodness of fit") der empirisch gewonnenen Häufigkeitsverteilung an die theoretische Verteilung ist der χ^2-Test. Er basiert auf der χ^2-Prüfverteilung.

Die Prüfgröße der χ^2-Verteilung wird mit dem Symbol χ^2 gekennzeichnet. Zur Berechnung der **Prüfgröße** χ^2 werden die Differenzen aus den empirisch ermittelten Auftretenshäufigkeiten H_b (beobachtete Häufigkeit) und den theoretisch erwarteten Auftretenshäufigkeiten H_e (erwartete Häufigkeit) jedes Wertes x_i der Zufallsvariablen X quadriert und durch die erwartete Häufigkeit H_e dividiert. Die Summe dieser Quotienten ist die Prüfgröße χ^2. Bei nicht klassierten Werten ist die Anzahl der Summanden für χ^2 gleich dem Stichprobenumfang n.

Liegen die empirisch ermittelten Werte schon in Klassen eingeteilt vor, so wird die empirisch ermittelte Auftretenshäufigkeit einer Klasse ihrer theoretischen Auftretenshäufigkeit gegenübergestellt (Berechnung der theoretischen Auftretenshäufigkeit s. 4.3). In diesem Fall, entspricht die Anzahl m der Klassen der Anzahl der Summanden.

Die Formel zur Berechnung der Prüfgröße χ^2 für nicht klassierte Werte (F 5.2):

$$\text{(F 5.2)}$$

$$\chi^2 = \frac{(H_{b_1} - H_{e_1})^2}{H_{e_1}} + \frac{(H_{b_2} - H_{e_2})^2}{H_{e_2}} + \ldots + \frac{(H_{b_n} - H_{e_n})^2}{H_{e_n}} = \sum_{i=1}^{i=n} \frac{\left(H_{b_i} - H_{e_i}\right)^2}{H_{e_i}} = \sum_{i=1}^{i=n} \chi^2$$

Bei der Berechnung von χ^2 für klassierte Werte wird n gegen m ausgetauscht. H_b und H_e bezeichnen dann die Auftretenshäufigkeiten in den einzelnen Klassen.

5.4.1.1 Die Dichtefunktion $f(\chi^2,\nu)$ und die Verteilungsfunktion $F(\chi^2,\nu)$

Analog zu dem in 5.3 erläuterten Aufbau einer Prüfverteilung wird die χ^2-Verteilung konstruiert. Für Stichproben aus einer normalverteilten Grundgesamtheit, ergibt sich aus den berechneten Prüfgrößen χ^2 eine charakteristische Dichtefunktion $f(\chi^2,\nu)$, kurz die χ^2-Verteilung. Die χ^2-Verteilung ist vom Stichprobenumfang n bzw. ν abhängig. Dieser geht über die Anzahl der Freiheitsgrade ν in die Formel ein. Die Formel der Dichtefunktion $f(\chi^2,\nu)$ (F 5.3) lautet (Γ-Funktion s. 5.5):

(F 5.3)

$$f(\chi^2, \nu) = \frac{1}{2^{(\nu/2)}\ \Gamma\left(\dfrac{\nu}{2}\right)} \cdot \chi^{2((\nu-2)/2)} \cdot e^{-(\chi^2/2)}$$

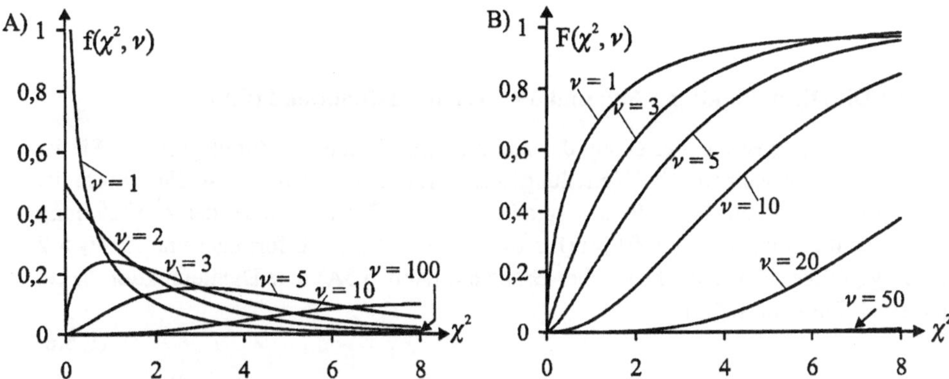

Abb. 5.4: A) Dichtefunktion $f(\chi^2,\nu)$ der χ^2-Verteilung. Sie geht von einer Hyperbel für $\nu = 1$ und $\nu = 2$ in eine glockenförmige Kurve über, die sich bei sehr großem ν mehr und mehr der Normalverteilung annähert. B) Verteilungsfunktion $F(\chi^2)$ der χ^2-Verteilung.

Die χ^2-Verteilung ist eine stetige und asymmetrische Verteilung, deren Graph für $\nu \leq 2$ L-förmig und für $\nu > 2$ asymmetrisch eingipfelig ist (Abb. 5.4A). Mit zunehmendem Stichprobenumfang n beziehungsweise mit zunehmender Anzahl der Freiheitsgrade ν geht sie allmählich in die Normalverteilung über. Da die Prüfgröße χ^2 Werte zwischen $\chi^2 = 0$ und $\chi^2 = +\infty$ annehmen kann, erstreckt sich auch die Funktion der Verteilung über diesen Bereich.

Das Integral der Dichtefunktion ist die aufsummierte Häufigkeitsverteilungsfunktion, oder kurz die Verteilungsfunktion $F(\chi^2,\nu)$ (F 5.4) (Abb. 5.4B). Die Werte der aufsummierten χ^2-Verteilung liegen in Tabellen vor (Tab. VIII im Anhang).

Die Formel der Verteilungsfunktion der χ^2-Verteilung lautet:

(F 5.4)

$$F(\chi^2,\nu) = \frac{1}{2^{(\nu/2)}\ \Gamma\left(\dfrac{\nu}{2}\right)} \cdot \int_{0}^{\chi^2} \chi^{2((\nu-2)/2)} \cdot e^{-(\chi^2/2)}\ d\chi^2$$

5.4.2 Die F-Verteilung und die Prüfgröße F

Bei biologischen Untersuchungen stellt sich häufig die Frage, ob ein betrachtetes Merkmal in zwei Stichproben die gleiche Variabilität besitzt. Die Merkmalsvariabilität wird durch seine Varianz s^2 beschrieben. Zwei Varianzen lassen sich mittels F-Test miteinander vergleichen. (Komplexere Methoden stellen Verfahren der Varianzanalyse dar. Diese ist jedoch nicht Gegenstand der vorliegenden Ausführungen.) Die F-Verteilung ist die Prüfverteilung des F-Tests. Voraussetzung für die Anwendung des Tests sind normalverteilte Stichproben. Die **Prüfgröße F** (F 5.5) ist der Quotient aus der größeren Varianz s_1^2 und der kleineren Varianz s_2^2 der beiden Stichproben:

(F 5.5)

$$F = \frac{s_1^2}{s_2^2}$$

5.4.2.1 Die Dichtefunktion f(F,ν) und die Verteilungsfunktion F(F,ν)

Die F-Verteilung ist die Verteilung der Auftretenshäufigkeit der Zufallsgröße F. Sie ist eine stetige, unsymmetrische Verteilung und verläuft von 0 bis $+\infty$. Ihre Form ist abhängig von der Anzahl der Freiheitsgrade ν_1 und ν_2. Ebenso wie bei der χ^2-Verteilung stellt sich die Dichtefunktion f(F,ν) (F 5.6) für die $\nu_1 \leq 2$ als L-förmiger und für $\nu_1 > 2$ als eingipfeliger und unsymmetrischer Graph dar (Abb. 5.5A). Die Dichtefunktion f(F,ν) lautet: (Γ-Funktion s. 5.5):

(F 5.6)

$$f(F,\nu) = \frac{\Gamma\left(\dfrac{\nu_1 + \nu_2}{2}\right) \cdot \nu_1^{(\nu_1/2)} \cdot \nu_2^{(\nu_2/2)} \cdot F^{((\nu_1 - 2)/2)}}{\Gamma\left(\dfrac{\nu_1}{2}\right) \cdot \Gamma\left(\dfrac{\nu_2}{2}\right) \cdot (\nu_1 \cdot F + \nu_2)^{((\nu_1 + \nu_2)/2)}}$$

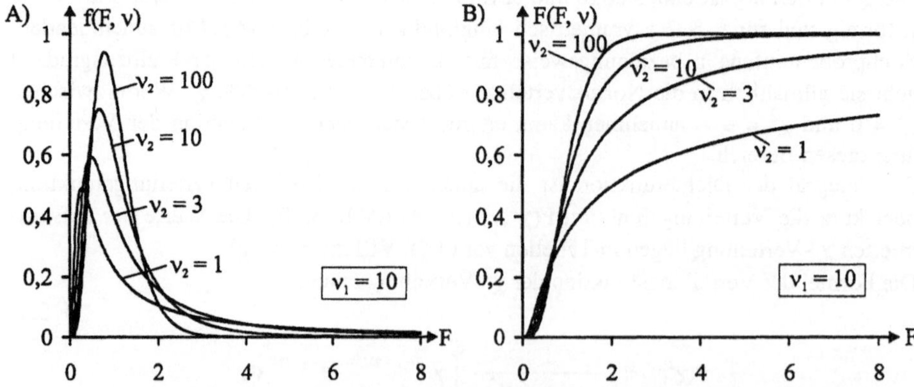

Abb. 5.5: A) Dichtefunktion f(F,ν) der F-Verteilung. B) Verteilungsfunktion F(F,ν) der F-Verteilung bei jeweils verschiedener Anzahl der Freiheitsgrade ν_1 und ν_2.

Das Integral der Dichtefunktion $f(F,\nu)$ ist die **Verteilungsfunktion $F(F,\nu)$** (F 5.7) (Abb. 5.5B):

$$(\text{F } 5.7)$$

$$F(F,\nu) = \frac{\Gamma\!\left(\dfrac{\nu_1 + \nu_2}{2}\right)}{\Gamma\!\left(\dfrac{\nu_1}{2}\right) \cdot \Gamma\!\left(\dfrac{\nu_2}{2}\right)} \cdot \nu_1^{\frac{\nu_1}{2}} \cdot \nu_2^{\frac{\nu_2}{2}} \cdot \int_0^F \frac{F^{((\nu_2-2)/2)}}{\nu_1 \cdot F + \nu_2}\, dF$$

Bei der Tabellierung der Werte der Zufallsvariablen F ist immer für s_1^2 die größere und für s_2^2 die kleinere Varianz angenommen. Ohne diese Festlegung wären für den Vergleich zweier Stichproben immer zwei Werte möglich. Man würde eine Prüfgröße $F \geq 1$ für $s_1^2 \geq s_2^2$ und eine Prüfgröße $F < 1$ für $s_1^2 < s_2^2$ erhalten. Um Fehlinterpretationen des Testergebnisses zu vermeiden, ist es deshalb unbedingt notwendig, bei der Berechnung der Prüfgröße im Test die oben genannte Vereinbarung beizubehalten. Die Prüfgröße F ist dann immer $F \geq 1$.

5.4.3 Die t-Verteilung und die Prüfgröße t

Die t-Verteilung ist die Grundlage für den t-Test. Mit ihm kann z.B. überprüft werden, ob die Mittelwerte $\bar{x}_1$ und $\bar{x}_2$ zweier empirisch gewonnener Verteilungen die Schätzgrößen numerisch gleicher Mittelwerte μ_1 und μ_2 ihrer Grundgesamtheiten sind. Wenn sich die Mittelwerte μ_1 und μ_2 nicht signifikant unterscheiden, kann weiter gefolgert werden, daß die Stichproben aus der gleichen Grundgesamtheit stammen. Anders formuliert bedeutet dies: die Mittelwerte $\bar{x}_1$ und $\bar{x}_2$ sind unterschiedliche Schätzungen des Mittelwerts $\mu = \mu_1 = \mu_2$ der gleichen Grundgesamtheit. Der Mittelwert μ der Grundgesamtheit muß dabei nicht bekannt sein.

Bei dieser weitergehenden Interpretation des Ergebnisses ist es wichtig zu überlegen, ob die zu vergleichenden Stichproben aus der gleichen Grundgesamtheit stammen können. Dazu müssen dann auch die Verteilungen und Varianzen (ungefähr) übereinstimmen. Wurden Individuen unterschiedlicher "Gruppen" untersucht, zum Beispiel die Massen von Äpfeln und Birnen, so ist es durchaus möglich, daß man keinen signifikanten Unterschied der Mittelwerte feststellt. Auch hier ist der weitere Schluß, daß die Stichproben aus der gleichen Grundgesamtheit stammen zulässig. Die Grundgesamtheit bezieht sich dann aber nur auf das Merkmal Masse, nicht auf die Art des Obstes.

Kann der Unterschied der Mittelwerte mit einer bestimmten Irrtumswahrscheinlichkeit als gesichert angenommen werden, können die beiden Stichproben nicht aus der gleichen Grundgesamtheit stammen.

Mit dem t-Test läßt sich auch überprüfen, ob sich ein berechneter Mittelwert $\bar{x}$ signifikant vom Mittelwert μ der Grundgesamtheit unterscheidet. Läßt sich ein Unterschied statistisch nicht absichern, stammt die Stichprobe aus der Grundgesamtheit. Dieser Test läßt sich nur dann durchführen, wenn der Mittelwert μ der Grundgesamtheit bekannt ist.

Die Berechnung der **Prüfgröße t** ist abhängig vom Stichprobenumfang n und davon, ob zwei Stichproben miteinander oder eine Stichprobe mit dem Mittelwert der Grundgesamtheit verglichen werden. Die ausführliche Darstellung der unterschiedlichen Formeln für die verschiedenen Fälle befindet sich in Kapitel 7.

5.4.3.1 Die Dichtefunktion f(t,ν) und die Verteilungsfunktion F(t,ν)

Die Auftretenshäufigkeiten der Prüfgröße t, die sich jeweils aus den Kenngrößen $\bar{x}_1$ und
$\bar{x}_2$ zweier Stichproben der gleichen Grundgesamtheit berechnet, bildet die t-Verteilung.
Dieselbe Verteilung ergibt sich auch bei der Berechnung von t aus dem Mittelwert μ der
Grundgesamtheit und einem Mittelwert $\bar{x}$ einer Stichprobe aus dieser Grundgesamtheit.
Die Dichtefunktion f(t) ist eine stetige, symmetrische, glockenförmige Verteilung (Abb.
5.6A). Sie erstreckt sich von -∞ bis +∞. Auch die Form der t-Verteilung ist abhängig
vom Stichprobenumfang n beziehungsweise von der Anzahl der Freiheitsgrade ν. Für
große n beziehungsweise ν geht sie in die Normalverteilung über. In die Berechnung der
Dichtefunktion (F 5.8) geht der Parameter ν und die Prüfgröße t ein (Γ-Funktion s. 5.5).

(F 5.8)

$$f(t, \nu) = \frac{\Gamma\left(\dfrac{\nu + 1}{2}\right)}{\Gamma\left(\dfrac{\nu}{2}\right)\sqrt{\nu\pi}} \cdot \left(1 + \frac{t^2}{\nu}\right)^{-((\nu + 1)/2)}$$

Das Integral der Dichtefunktion f(t) ist die aufsummierte Wahrscheinlichkeitsverteilungsfunktion bzw. kurz die **Verteilungsfunktion F(t)** (F 5.9).

(F 5.9)

$$F(t, \nu) = \frac{\Gamma\left(\dfrac{\nu + 1}{2}\right)}{\Gamma\left(\dfrac{\nu}{2}\right)\sqrt{\nu\pi}} \cdot \int_{-\infty}^{t}\left(1 + \frac{t^2}{\nu}\right)^{-((\nu + 1)/2)} dt$$

Ähnlich wie die Wahrscheinlichkeitsverteilungsfunktion der Normalverteilung stellt sich
auch die Verteilungsfunktion F(t) der t-Verteilung als sigmoide Kurve dar (Abb. 5.6B).

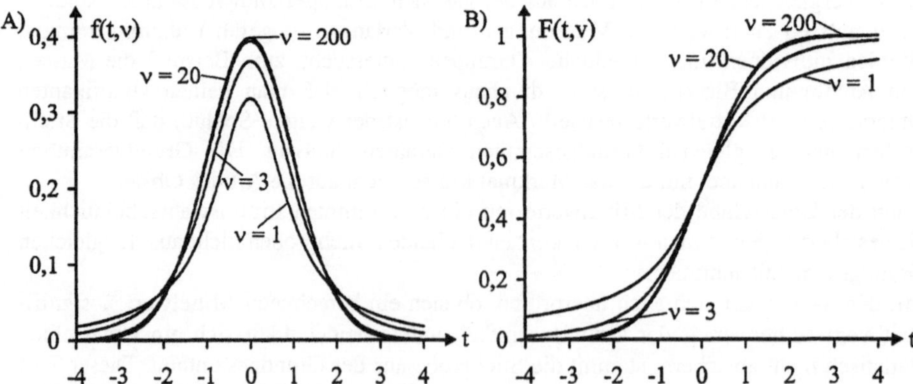

Abb. 5.6A): Dichtefunktion der t-Verteilung f(t,ν) mit verschiedenen Werten für die Anzahl der
Freiheitsgrade ν. Mit steigendem ν geht der Graph der t-Verteilung sehr rasch in die Normalverteilung über. B) Sigmoide Verteilungsfunktion der t-Verteilung.

5.5 Die Γ- Funktion (Gamma-Funktion)

Die Γ-Funktion (F 5.10) ist eine Verallgemeinerung der elementaren Fakultät und kann gemäß folgender Rechenvorschrift ermittelt werden:

(F 5.10)

$$\Gamma\,(n+1) = n \cdot \Gamma(n)$$

Durch Definition ist festgelegt: $\Gamma(1) = 1$. Mit dieser Angabe läßt sich die Funktion Γ für alle anderen natürlichen Zahlen berechnen (Bsp. 5.2, Abb. 5.7).
An Beispiel 5.2 wird deutlich, daß sich die Rechenvorschrift für die natürlichen Zahlen vereinfachen läßt (F 5.11) (Berechnung der Γ-Funktion mit rationalen Zahlen s. weiterführende Literatur).

(F 5.11)

$$\Gamma\,(n) = (n - 1)!$$

Im folgenden sind einige Werte der Γ-Funktion, die zur Berechnung der Übungsaufgaben benötigt werden, angegeben:

$\Gamma(1) = 1$ $\Gamma(1,5) = 0,8862$

$\Gamma(100) = 9{,}332621572 \cdot 10^{155}$ $\Gamma(100,5) = 9{,}320963128 \cdot 10^{156}$

Beispiel 5.2: Berechnung der Γ-Funktion für ganzzahlige, positive Werte

$\Gamma(4) = \Gamma(3 + 1) = 3 \cdot \Gamma(3)$
$\qquad\qquad \Gamma(3) = \Gamma(2 + 1) = 2 \cdot \Gamma(2)$
$\qquad\qquad\qquad\qquad \Gamma(2) = \Gamma(1 + 1) = 1 \cdot \Gamma(1) = 1$
Es folgt: $\Gamma(4) = 3 \cdot 2 \cdot 1 = 6$

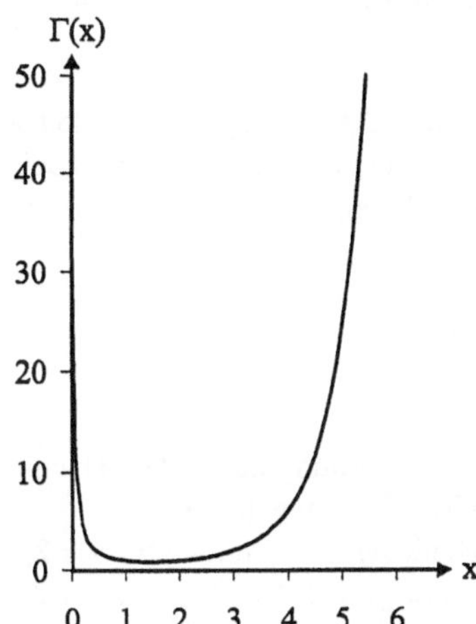

Abb. 5.7: Γ-Funktion.

Zusammenfassung

- Prüfverteilungen sind Verteilungen von Zufallsgrößen, die nach vorgegebenen Formeln aus den Kenngrößen einer Stichprobe berechnet werden. Sie werden verwendet, damit Rückschlüsse von Stichproben auf die Grundgesamtheit bewertet werden können.

- Die Anzahl der Freiheitsgrade ν ist der Stichprobenumfang n minus der Anzahl a der Parameter der Verteilung , die in die Berechnung der Kenngröße eingehen.

- Die χ^2-Verteilung ist eine stetige, unsymmetrische Verteilung, die bei großen Stichprobenumfängen in die Normalverteilung übergeht. Diese Verteilung ist Grundlage für den Test auf Gleichheit zweier Verteilungen (χ^2-Test).

- Die F-Verteilung ist eine stetige, unsymmetrische Verteilung. Diese Verteilung ist Grundlage für den Test auf Gleichheit zweier Varianzen (F-Test). Der Test kann nur bei normalverteilten Stichproben angewandt werden.

- Die t-Verteilung ist eine stetige, symmetrische Verteilung, die mit steigenden Stichprobenumfängen rasch in die Normalverteilung übergeht. Diese Verteilung ist Grundlage für den Test auf Gleichheit zweier arithmetischer Mittelwerte (t-Test).

Übungsaufgaben zu Kapitel 5

A 5.1
Wie groß ist die Fläche unter der Dichtefunktion f(z) der standardisierten Normalverteilung und wie groß ist die Fläche unter einer Prüfverteilung?

A 5.2
a) Was geben die Zahlen <u>im Tabellenkopf</u> der Tabellen VIII, XI und XII an?
b) Welchen Werten entsprechen die Zahlen <u>in den Tabellen</u>?
c) Was bedeutet ν ? Weshalb kann man sagen, daß es nicht nur eine, sondern ν Prüfverteilungen gibt?
d) Sind die Tabellen über die Dichtefunktion f oder über die Verteilungsfunktion F der Prüfverteilungen berechnet?

A 5.3
Die Veränderung der t-Prüfverteilung durch die verschiedenen Parameter soll durch das Ausfüllen der folgenden Tabellen eingeübt werden.
a) Schauen Sie in der Tabelle der t-Verteilung für $\nu = 2$, $\nu = 20$ und $\nu = 200$ die Flächenanteile nach, die den Prüfgrößen $t = 0$, $t = 1$, $t = 2$ und $t = 3$ zugeordnet sind, und tragen Sie diese in die unten dargestellte Tabelle ein. Nehmen Sie jeweils den Wert

bei $2 \cdot 1/2\alpha$. Schauen Sie in der entsprechenden Tabelle der z-Verteilung die Flächen-
anteile nach, die den Werten $z = 0$, $z = 1$, $z = 2$ und $z = 3$ zugeordnet sind, und tragen
Sie diese ebenfalls in die Tabelle ein. (Die Anzahl der Freiheitsgrade v wird für die
Normalverteilung als ∞ angenommen.)

b) Skizzieren Sie die Kurven mit den unterschiedlichen Parametern. Beachten sie dabei,
   daß die Verteilungen symmetrisch zum Nullpunkt sind!

c) Warum kann man F(z) ebenfalls als Prüfverteilung bezeichnen?

t = z		0	1	2	3
	$v = 200$				
$2 \cdot 1/2\alpha(t)$	$v = 20$				
	$v = 2$				
$2 \cdot 1/2\alpha(z)$	$v = \infty$				

A 5.4

Die Annäherung der t-Prüfverteilung an die Normalverteilung wird in den Tabellen a)
und b) zusätzlich betrachtet. Die Werte für die Irrtumswahrscheinlichkeit werden bei
$2 \cdot 1/2 \alpha$ nachgesehen. Skizzieren Sie die Kurven der Verteilungen in den Kästchen
neben den Tabellen.

a) $2 \cdot 1/2 \alpha = 5\%$ ist konstant; v bei t-Verteilung variabel, v bei z-Verteilung immer ∞.

v	∞	200	100	50	25	5
t						
z						

b) t und $z = 1$ sind konstant; v ist variabel bei der t-Verteilung, bei der z-Verteilung wird
   v immer als ∞ angenommen.

v	∞	200	100	50	25	5
$2 \cdot 1/2 \alpha(t)$						
$2 \cdot 1/2 \alpha(z)$						

A 5.5

a) Ermitteln Sie die Funktionswerte für f(z) (Tabelle) bzw. f(t) (Formel) sowohl für $v = 3$ als auch für $v = 200$ für die gegebenen z- bzw. t-Werte.

Zur Berechnung der f(t)-Werte:

für $v = 3$: $\quad \sqrt{v \cdot \pi} =$ $\qquad\qquad \Gamma\left(\dfrac{v}{2}\right) =$ $\qquad\qquad \Gamma\left(\dfrac{v + 1}{2}\right) =$

für $v = 200$: $\sqrt{v \cdot \pi} =$ $\qquad\qquad \Gamma\left(\dfrac{v}{2}\right) =$ $\qquad\qquad \Gamma\left(\dfrac{v + 1}{2}\right) =$

1	2	4		5		6		7	
z bzw. t	$f(z)$ (Tabelle)	$1+\dfrac{t^2}{v}$		$\left(1+\dfrac{t^2}{v}\right)^{-\frac{v+1}{2}}$		$\dfrac{\Gamma\left(\frac{v+1}{2}\right)}{\Gamma\left(\frac{v}{2}\right)\sqrt{v\cdot\pi}}$		$f(t,v)$	
		$v=3$	$v=200$	$v=3$	$v=200$	$v=3$	$v=200$	$v=3$	$v=200$
0									
0,5									
1									
1,5									
2									
2,5									
3									
3,5									

A 5.6

Inwiefern unterscheidet sich $f(\chi^2)$ für $1 < v \leq 2$ prinzipiell von $f(\chi^2)$ für $v > 2$?

A 5.7

Erläutern Sie die Formulierung "F(F)".

A 5.8

Welche Aussagen sind richtig?

a) Die t-Verteilung geht bei größer werdendem α in die Normalverteilung über.

b) Die χ^2 - Verteilung ist für alle v symmetrisch.

c) Mit Hilfe der Dichtefunktion der Prüfverteilung läßt sich die Beobachtungsdichte der Prüfgröße berechnen.

d) In den Tabellen der Prüfverteilungen (im Anhang VIII, XI und XII) sind die Funktionswerte der Dichtefunktionen tabelliert.

e) In den Tabellen der Prüfverteilungen (im Anhang VIII, XI und XII) sind die Flächen α unter der Verteilungsfunktion tabelliert.

f) In den Tabellen sind die Prüfgrößen tabelliert, aus denen sich die im Tabellenkopf stehenden Funktionswerte der Verteilungsfunktion der Prüfverteilung berechnen.

g) Die Fläche unter der Dichtefunktion der Prüfverteilung ist 1.

h) Der Maximalwert der Verteilungsfunktion der Prüfverteilungen ist 1.

i) Die Anzahl der Freiheitsgrade v ist allein abhängig vom Stichprobenumfang.

Kapitel 6:
Voraussetzungen zur Durchführung statistischer Tests

Bevor man Prüfverteilungen in statistischen Tests anwenden kann, müssen die Randbedingungen, die zur Durchführung eines solchen Tests notwendig sind, geklärt werden. Die Regeln, die dabei zu beachten sind, werden in diesem Kapitel genauer vorgestellt. Sie werden durch die Prüfverteilungen bedingt. Da der Aufbau aller hier vorgestellten Prüfverteilungen prinzipiell gleich ist, gelten die dargestellten Randbedingungen für auf diesen Verteilungen beruhenden statistischen Tests.

6.1 Die statistische Hypothese

Hypothesen über Charakteristika einer Grundgesamtheit werden aufgrund einer oder mehrerer empirisch ermittelter Stichproben aufgestellt. Oft basieren Hypothesen auch auf theoretischen Überlegungen, subjektiven Eindrücken oder "Erfahrungswerten". Man bezeichnet eine Hypothese aber nur dann als statistische Hypothese, wenn sie so formuliert ist, daß sie mittels der Testmethoden der induktiven Statistik überprüfbar ist.

6.1.1 Die Nullhypothese H_0 und die Alternativhypothese H_A

Bedingt durch die Konstruktion der Prüfverteilungen können durch Tests, die auf diesen Prüfverteilungen beruhen, nur Unterschiede auf einem bestimmten Fehlerniveau abgesichert werden (s. 5.2.2). Die Hypothese für den statistischen Test wird daher immer als Übereinstimmungshypothese formuliert und man hofft, durch den Test, einen signifikanten Unterschied feststellen zu können und damit diese Übereinstimmungshypothese verwerfen zu dürfen.

Die Übereinstimmungshypothese wird als **Nullhypothese H_0** bezeichnet (Bsp. 6.1). Sie wird mit dem Ziel aufgestellt, verworfen zu werden!

Als Gegensatz zur Nullhypothese läßt sich die Nichtübereinstimmungshypothese oder **Alternativhypothese H_A** (Bsp. 6.2) formulieren. Sie ist die Negation von H_0. Läßt sich die Nullhypothese verwerfen, trifft diese Alternativhypothese zu. Das bedeutet, daß die Alternativhypothese indirekt bestätigt werden kann. Zur Durchführung eines Tests muß aber immer die Nullhypothese H_0 aufgestellt werden.

Beispiel 6.1: Nullhypothese und Alternativhypothese für die Verteilung der Apfelmassen-Stichprobe

Nullhypothese H_0:   *Die Apfelmassen der Stichprobe sind normalverteilt.*
Alternativhypothesen H_A: *Die Apfelmassen der Stichprobe sind nicht normalverteilt.*

Theoretisch muß nach dem Aufstellen einer Hypothese eine neue Stichprobe erstellt werden, mit der der Test durchgeführt wird. Dies soll ausschließen, daß eine nur in einer Stichprobe aufgetretene Tendenz verallgemeinert wird. In der Praxis ist dieses korrekte Verfahren aber meist zu aufwendig und man "benutzt" dieselbe Stichprobe sowohl für die Hypothese als auch für den Test.

6.1.2 Fehler 1. und 2. Art

Wird die Nullhypothese nach der Durchführung des Tests abgelehnt, obwohl sie wahr ist, so wird ein **Fehler 1. Art** begangen (Bsp.6.2).
Wird die Nullhypothese nicht abgelehnt, obwohl sie falsch ist, so spricht man von einem **Fehler 2. Art** (Bsp. 6.2).
In der folgenden Übersicht ist dieser Zusammenhang nochmals dargestellt:

Übersicht:

Ergebnis des Tests	**Wirklichkeit**	
	H_0 **ist wahr**	H_0 **ist falsch**
H_0 **wird verworfen**	Fehler 1. Art	kein Fehler
H_0 **kann nicht verworfen werden**	kein Fehler	Fehler 2. Art

__Beispiel 6.3: Das Auftreten eines Fehlers 1. Art und eines Fehlers 2. Art__

Getestet werden soll die Wirksamkeit zweier Medikamente. Die Nullhypothese H_0 für die Experimente lautet:

$$H_0\text{: Medikament A wirkt wie Medikament B}$$

Unterscheidet sich bei Experimenten die Wirksamkeit von Medikament A und B signifikant, obwohl beide Medikamente in Wirklichkeit gleichwertig sind, so verwirft man die Nullhypothese unberechtigt. Es wird ein __Fehler 1. Art__ begangen.
Man bezeichnet den Fehler 1. Art auch als "falschen Alarm". Bezogen auf einen Wirtschafts- oder Produktionsprozeß stellt dieser Fehler das Produzentenrisiko dar: Die Produktion des Medikaments A wird nicht aufgenommen, obwohl seine Wirksamkeit gleich der des Medikaments B ist.

Unterscheidet sich bei Experimenten die Wirksamkeit des Medikaments A und B nicht signifikant, obwohl in Wirklichkeit die Medikamente nicht gleichwertig sind, läßt sich die Nullhypothese nicht verwerfen. Es wird ein __Fehler 2. Art__ begangen.
Bezogen auf einen Wirtschafts- oder Produktionsprozeß stellt dieser Fehler das Konsumentenrisiko dar: Das Medikament A hat nicht die gleiche Wirksamkeit wie Medikament B.

6.1.3 Anmerkungen zum Umgang mit statistischen Hypothesen in der Praxis

In der Praxis wird das "Ziel" die Nullhypothese zu verwerfen, nicht in allen Fällen strikt verfolgt. Bei der Interpretation des Ergebnisses muß diese "Zielsetzung" aber immer berücksichtigt werden, da sich durch den statistischen Test lediglich absichern läßt, daß zwei zu vergleichende Prüfgrößen <u>nicht</u> übereinstimmen.

Gelingt es nicht, mit einer bestimmten Irrtumswahrscheinlichkeit einen signifikanten Unterschied festzustellen, bedeutet dies nicht implizit, daß die Nullhypothese akzeptiert werden muß. In diesem Fall kann die Nullhypothese lediglich nicht verworfen werden (Bsp. 6.3).

Die naheliegende Folgerung, daß Prüfgrößen, bei denen sich kein signifikanter Unterschied feststellen läßt, übereinstimmen, scheint zwar auf den ersten Blick logisch (und wird auch in vielen Fällen dahingehend interpretiert), ist aber statistisch nicht absicherbar. Man läuft in diesem Falle Gefahr, einen Fehler 2. Art zu begehen.

Die Statistik ermöglicht es somit, eine Hypothese zu verwerfen, stellt aber keine Handhabe zur Verfügung, die Hypothese mit einer bestimmten Irrtumswahrscheinlichkeit zu beweisen. Warum das so ist, läßt sich auf Grund der Konstruktion der Prüfverteilung erklären (s. 5.2.2).

Beispiel 6.3: Aufstellen einer Nullhypothese für einen Mittelwert-Test

Getestet werden soll, ob die Mittelwerte $\overline{X}_1$ und $\overline{X}_2$ der Massen zweier Apfelstichproben gleich sind und damit die beiden Stichproben aus der gleichen Grundgesamtheit stammen.

Nullhypothese H_0:   Die Mittelwerte $\overline{X}_1$ und $\overline{X}_2$ sind Schätzungen der gleichen Grundgesamtheit mit dem Mittelwert μ.

Kurzschreibweise H_0: $\mu_1 = \mu_2 = \mu$

Läßt sich ein signifikanter Unterschied feststellen, so stammen die beiden Stichproben mit einer bestimmten Irrtumswahrscheinlichkeit nicht aus der selben Grundgesamtheit. Stammen sie trotz des gefundenen Unterschieds aus der selben Grundgesamtheit, handelt es sich um einen Fehler 1. Art.

Läßt sich die Nullhypothese nicht verwerfen (und die beiden Stichproben stammen potentiell aus der gleichen Grundgesamtheit) dann wird das Ergebnis oft dahingehend interpretiert, daß die beiden Stichproben tatsächlich aus dieser einen Grundgesamtheit stammen. Für diesen Schluß kann <u>keine</u> Irrtumswahrscheinlichkeit angegeben werden. Man kann nur feststellen, daß das statistische Ergebnis nicht gegen diese Aussage spricht. Nimmt man die Übereinstimmung an und die Nullhypothese ist falsch, so wird ein Fehler 2. Art begangen.

6.2 Die Prüfgrößen PG und Signifikanzschranken SSchr

Die Abszissenwerte der Prüfverteilungen nennt man bei statistischen Tests **Signifikanzschranken SSchr**. Die Signifikanzschranken SSchr haben - bedingt durch die unterschiedlichen Formeln zur Berechnung der Prüfverteilungen - unterschiedliche Werte, die in Tabellen aufgelistet sind. Wie diese Tabellen zustande kommen und ihr genauer Aufbau ist in 5.3.2.1 erläutert.

Die **Prüfgröße PG** eines statistischen Tests wird nach der für den jeweiligen Test spezifischen Rechenvorschrift aus den Kenngrößen einer oder mehrerer Stichproben errechnet. Sie entspricht den berechneten, standardisierten Abszissenwerten der Prüfverteilungen. Die Prüfgröße wird oft mit dem Kürzel des Tests abgekürzt, zum Beispiel PG = t für die Prüfgröße beim t-Test.

Anhand eines Vergleichs der Prüfgröße PG mit der Signifikanzschranke SSchr wird entschieden, ob eine aufgestellte Nullhypothese verworfen werden kann. Dabei gilt für fast alle Tests die Regel:

Ist die Prüfgröße PG größer oder gleich der Signifikanzschranke SSchr
(PG $\geq$ SSchr), darf die Nullhypothese H_0 verworfen werden.

Die Gefahr dabei einen Fehler 1. Art zu begehen wird durch die Irrtumswahrscheinlichkeit α angegeben. Ist die Prüfgröße kleiner als die Signifikanzschranke (PG < SSchr), so kann die Nullhypothese nicht verworfen werden.

Für Tests mit Prüfverteilungen, die symmetrischen zum Nullpunkt liegen (z.B. t-Test), darf die Nullhypothese H_0 verworfen werden, wenn der Betrag der Prüfgröße PG größer oder gleich dem Betrag der Signifikanzschranke SSchr ist ($|PG| \geq |SSchr|$). In den betreffenden Tabellen ist der Betrag der Signifikanzschranke SSchr angegeben. Die Rechenvorschrift für die Prüfgröße PG ist so formuliert, daß immer ein positiver Wert berechnet wird.

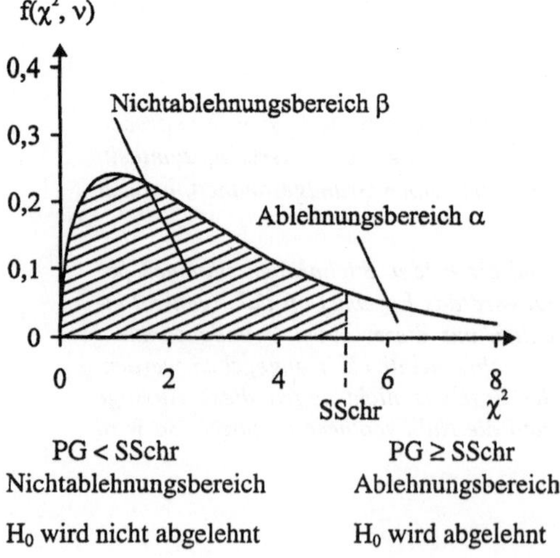

Abb. 6.1: Aufteilung der Fläche unter der Prüfverteilung in Ablehnungsbereich und Nicht-Ablehnungsbereich. Der Ablehnungsbereich ist die Fläche der Irrtumswahrscheinlichkeit α (schraffiert). Der Nicht-Ablehnungsbereich ist die Fläche der Eintretenswahrscheinlichkeit β. Es gilt: β = 1 - α. Liegt der Wert der berechneten Prüfgröße im Nichtablehnungsbereich so kann die Nullhypothese H_0 nicht verworfen werden.

Die Form der Prüfverteilung ist abhängig von der Anzahl der Freiheitsgrade ν (s. Abb. 5.2). Deshalb ändert sich auch die Lage der Signifikanzschranke SSch, die die Fläche unter der Dichtefunktion der Prüfverteilung in die Flächen α und β teilt. Der Flächenanteil α ist ein Maß für die Irrtumswahrscheinlichkeit, mit der die Nullhypothese verworfen werden kann. Er wird als Ablehnungsbereich bezeichnet. Der zweite, meist größere Teil β der Fläche ist der Nicht-Ablehnungsbereich. Liegt die berechnete Prüfgröße PG in diesem Bereich und ist somit kleiner als die Signifikanzschranke SSchr (PG < SSchr) darf die Nullhypothese nicht verworfen werden (Abb. 6.1).

Die Signifikanzschranke SSchr wird in manchen Statistikbüchern auch als "tabellierter Sicherheitspunkt" und die Prüfgröße PG analog dazu als "berechneter Sicherheitspunkt" bezeichnet. Die Signifikanzschranke SSchr kann nicht für alle Stichprobenumfänge beziehungsweise für alle Anzahlen der Freiheitsgrade ν exakt abgelesen werden. Dies gilt besonders bei großem ν (z.B. F-Verteilung Tab. XI im Anhang). Ist die Signifikanzschranke für ein bestimmtes ν nicht mehr genau angegeben, so wird die nächstliegende Signifikanzschranke SSchr gewählt, wobei die Tendenz beachtet werden muß.

6.3 Die Irrtumswahrscheinlichkeit α

Um die Irrtumswahrscheinlichkeit α zu erklären, muß noch einmal kurz auf das Zustandekommen der Prüfverteilungen, die den Tests zugrunde liegen, eingegangen werden. Die Prüfverteilungen sind aus den Prüfgrößen von Stichproben abgeleitet, für die die Nullhypothese zutrifft (s. 5.2). Die t-Verteilung wurde zum Beispiel aus Stichproben ermittelt, die alle aus der gleichen Grundgesamtheit stammen. Die χ^2-Verteilung basiert auf Stichproben aus normalverteilten Grundgesamtheiten. Die Irrtumswahrscheinlichkeit α entspricht der Fläche unter der Dichtefunktion der Prüfverteilung zwischen der Signifikanzschranke SSchr und ∞. Diese Fläche ist ein Maß für die Auftretenswahrscheinlichkeit eines Abszissenwertes in diesem Bereich.

Wird die Signifikanzschranke SSchr zum Beispiel so gewählt, daß die Fläche der Irrtumswahrscheinlichkeit α = 2,5% der Gesamtfläche beträgt, so ist die Wahrscheinlichkeit, daß für eine Stichprobe eine Prüfgröße berechnet wird, die größer als die Signifikanzschranke ist, ebenfalls 2,5%. Voraussetzung ist, daß die Nullhypothese H_0 für diese Stichprobe zutrifft. Ist die berechnete Prüfgröße größer als die Signifikanzschranke bei 2,5 %, so bedeutet dies, daß man nur in 2,5% der Fälle einen Fehler begeht, wenn man die Nullhypothese verwirft. Man begeht dann einen Fehler 1. Art, indem man die Nullhypothese verwirft, obwohl sie richtig ist.

Die Irrtumswahrscheinlichkeit α ist die beim Testen von Hypothesen in Kauf genommene Wahrscheinlichkeit, einen Fehler 1. Art zu begehen.

Die Irrtumswahrscheinlichkeit bezieht sich dabei immer auf den Schluß von der Stichprobe auf die Grundgesamtheit. Die Entscheidung für die Stichprobe selbst ist ein einfacher Sachverhalt, der sich durch den Vergleich der Parameter direkt und zweifelsfrei beurteilen läßt.

Die Irrtumswahrscheinlichkeit α sollte stets vor der Wahl und der Durchführung des Tests festgelegt werden. Um eine Fehlentscheidung auf Grund eines statistischen Tests zu vermeiden, sollte die Irrtumswahrscheinlichkeit α möglichst klein gewählt werden, wenn man damit rechnet die Nullhypothese verwerfen zu können. Die Wahrscheinlichkeit einen Fehler 1. Art zu begehen wird so möglichst gering gehalten. Für die Zulassung

neuer Medikamente werden vom Gesetzgeber zum Beispiel Tests mit Irrtumswahrscheinlichkeiten im Promillebereich verlangt ($\alpha = 0,001 = 1‰$). Umgekehrt sollte man
die Irrtumswahrscheinlichkeit nicht zu klein wählen, wenn die Nullhypothese nicht
verworfen werden sollte (Bsp. 6.4).

**Beispiel 6.4: Abhängigkeit des Testergebnisses von der Wahl der Irrtumswahrschein-
lichkeit α**

*H_0: Verteilung der Stichprobe = Normalverteilung, d.h. die Stichprobe stammt aus einer
normalverteilten Grundgesamtheit.*

*Die aus der Stichprobe berechnete Prüfgröße PG beträgt $\chi^2 = 17,521$
Aus der χ^2-Tabelle (Tab. VIII im Anhang) lassen sich für $v = 10$ folgende Signifikanzschranken ablesen:*
a) bei einer Irrtumswahrscheinlichkeit $\alpha = 10\%$: SSchr = 15,987
b) bei einer Irrtumswahrscheinlichkeit $\alpha = 5\%$:   SSchr = 18,307

*zu a) PG $\geq$ SSchr, daraus folgt: Die Nullhypothese H_0 kann bei einer Fehlerwahrschein-
lichkeit von 10% verworfen werden. Die Stichprobe ist mit einer Irrtumswahrscheinlichkeit von 10% **nicht normalverteilt.***

*zu b) PG $<$ SSchr, daraus folgt: Die Nullhypothese H_0 kann mit einer Irrtumswahr-
scheinlichkeit von 5% nicht verworfen werden. Mit einer Fehlerwahrscheinlichkeit von
5% läßt sich somit **nicht feststellen, daß die Stichprobe nicht normalverteilt ist.***

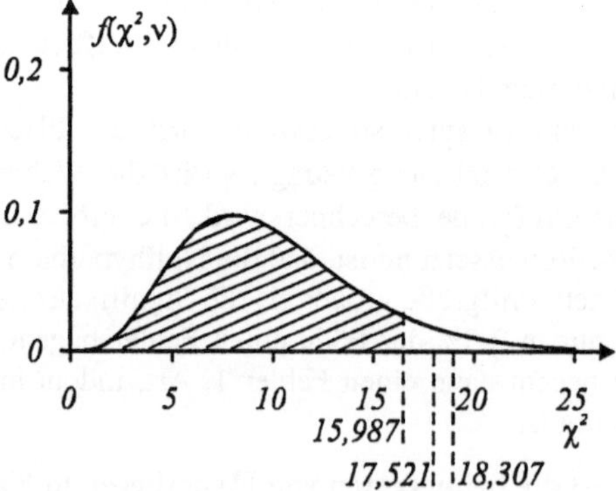

*Abb. 6.2: Die berechnete Prüfgrö-
ße χ^2 (für $v = 10$) liegt bei 17,521.
Bei einer Irrtumswahrscheinlich-
keit von 10% liegt die Signifikanzschranke bei 15,987 und ist somit
kleiner als die berechnete Prüfgröße. Bei einer Irrtumswahrscheinlichkeit von 5% liegt die
Signifikanzschranke hingegen bei
18,307. Sie ist damit größer als die
berechnete Prüfgröße.*

Die im Beispiel 6.4b angewandte Formulierung, daß sich nicht feststellen läßt, daß die
Stichprobe nicht normalverteilt ist, klingt sehr umständlich, ist aber korrekt. Aus der
Tatsache, daß die Nullhypothese H_0 nicht verworfen werden kann, darf nicht ohne
weiteres gefolgert werden, daß H_0 zutrifft. Dies würde bedeuten, daß man die Irrtumswahrscheinlichkeit α nur klein genug wählen muß, um zu zeigen, daß eine Stichprobe
normalverteilt ist.
In der statistischen Praxis geht man meist davon aus, daß die Nullhypothese zutrifft,
wenn sie bei einer "vernünftigen" Irrtumswahrscheinlichkeit nicht verworfen werden

kann. Man muß bei einer solchen Interpretation eines Testergebnisses allerdings immer den oben (Bsp.6.4) aufgezeigten Zusammenhang berücksichtigen.

Bei den meisten Tests arbeitet man mit einer Irrtumswahrscheinlichkeit von $\alpha = 1\%$ oder $\alpha = 5\%$. Die Wahl der Irrtumswahrscheinlichkeit orientiert sich an der Anzahl der Daten, an der Meßgenauigkeit, dem Risiko, mit dem eine Fehlentscheidung behaftet ist. Sie erfordert etwas Übung im Umgang mit statistischen Tests.

6.3.1 Die Angabe der Irrtumswahrscheinlichkeit α

Die Angabe der Irrtumswahrscheinlichkeit oder des Signifikanzniveaus erfolgt in der Literatur recht unterschiedlich. Oft ist die Wahl der Darstellung auch davon abhängig, ob der Autor die Nullhypothese verwerfen möchte oder nicht. In Beispiel 6.5 sind die gebräuchlichsten Kurzschreibweisen vorgestellt.

Beispiel 6.5: Möglichkeiten der Angabe der Signifikanz oder Irrtumswahrscheinlichkeit

H_0: Die Mittelwerte $\overline{X}_1$ und $\overline{X}_2$ stammen aus der gleichen Grundgesamtheit.
Testergebnis: Die Nullhypothese wird verworfen, das heißt die Mittelwerte $\overline{X}_1$ und $\overline{X}_2$ stammen <u>nicht</u> aus der gleichen Grundgesamtheit.

1. $\alpha \leq 0{,}1$: Die Wahrscheinlichkeit, daß die aufgrund des Testergebnisses getroffene Aussage nicht zutrifft, ist kleiner oder gleich 10%. Erfolgt die Angabe in dieser Form, so bedeutet dies, daß die geforderte Irrtumswahrscheinlichkeit von 10% nicht überschritten wird und die Prüfgröße PG größer oder gleich der Signifikanzschranke bei 10% ist. Wie groß die Irrtumswahrscheinlichkeit in diesem speziellen Fall exakt ist, kann dieser Angabe nicht entnommen werden.

2. $\alpha = 0{,}0653$: Die berechnete Prüfgröße PG wird mit der Signifikanzschranke SSchr gleichgesetzt. Angegeben wird die sich daraus ergebende Irrtumswahrscheinlichkeit α. In diesem Beispiel ist $\alpha = 6{,}53\%$. Der Leser wird dadurch genau informiert, wie groß die Irrtumswahrscheinlichkeit der aufgestellten Hypothese ist.
Testergebnis: Die Mittelwerte $\overline{X}_1$ und $\overline{X}_2$ stammen aus der gleichen Grundgesamtheit.

3. $1 - \alpha = 0{,}95$: Diese Art der Darstellung wird oft gewählt, wenn man die Nullhypothese nicht verwerfen möchte. Angegeben wird die Größe des Nicht-Ablehnungsbereichs $\beta = 1 - \alpha$ (hier 95%). Man folgert dann, daß die getroffene Aussage mit 95%iger Sicherheit zutrifft, wenn die berechnete Prüfgröße PG größer als die Signifikanzschranke SSchr bei $\alpha = 5\%$ ist.

6.3.2 Einseitiger und zweiseitiger Test

Basiert ein Test auf einer Prüfverteilung, die symmetrisch zum Nullpunkt ist (z.B. t-Verteilung, s. 5.4.3), kann er als ein- oder zweiseitiger Test durchgeführt werden. Die Bezeichnung ein- oder zweiseitig bezieht sich dabei auf die Lage der Irrtumswahrscheinlichkeit α.

Laut Definition ist die Irrtumswahrscheinlichkeit α die Fläche unter der Kurve zwischen der Signifikanzschranke SSchr und ∞. Bei symmetrischen Verteilungen kann α aufgeteilt werden in die Fläche unter der Kurve von -SSchr bis $-\infty$ (= $\frac{1}{2}\alpha$) und von +SSchr bis $+\infty$ (= $\frac{1}{2}\alpha$). Diese beiden Flächen ergeben dann zusammen die Irrtumswahrscheinlichkeit $2 \cdot \frac{1}{2}\alpha = \alpha$. Bei einem zweiseitigen Test ist die Irtumswarscheinlichkeit in dieser Weise auf beide Seiten der Prüfverteilung aufgeteilt. Liegt die Irrtumswahrscheinlichkeit α vollständig auf einer Seite (Abb. 6.3), wird ein einseitiger Test durchgeführt.

Daß ein Teil der Fläche der Irrtumswahrscheinlichkeit im negativen Bereich liegt, erscheint auf den ersten Blick nicht einsichtig, da man in der Praxis auch bei der Berechnung der Prüfgrößen von zum Nullpunkt symmetrischen Prüfverteilungen immer positive Werte erhält. Dies kommt dadurch zustande, daß mit dem Betrag der Prüfgrößen gearbeitet wird. Beim Verzicht auf die Beträge ergeben sich positive und negative Werte. Die Verteilung der Prüfgrößen ist dann symmetrisch zum Nullpunkt.

Einen **zweiseitigen Test** führt man durch, wenn die Alternativhypothese z.B. H_A: $\mu_1 \neq \mu_2$ in zwei Teilhypothesen zerlegt werden kann: H_{A1}: $\mu_1 < \mu_2$ <u>und</u> H_{A2}: $\mu_1 > \mu_2$. Das heißt, es ist nicht bekannt, ob μ_1 größer oder kleiner als μ_2 ist. Bei der Berechnung der Prüfgröße ohne Beträge könnte sich somit ein Wert größer oder kleiner Null ergeben. Die Irrtumswahrscheinlichkeit muß auf beide Seiten aufgeteilt werden. Beispiel: Werden die mittleren

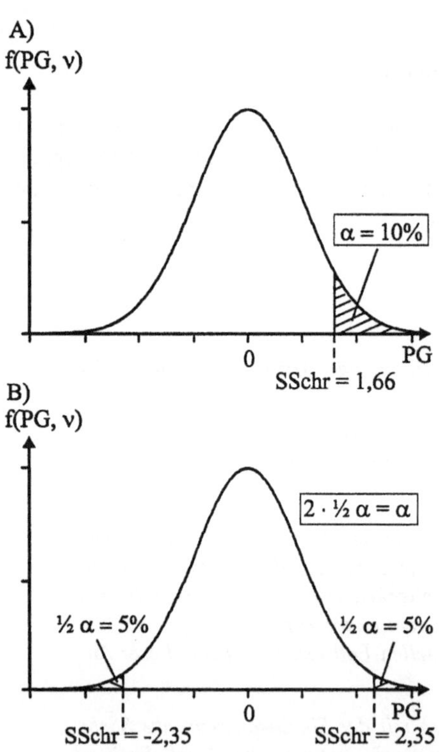

Abb. 6.3: Darstellung zur Trennschärfe: Bei Prüfverteilung A liegt die Fläche der Irrtumswahrscheinlichkeit α = 10% vollständig auf einer Seite. Bei Prüfverteilung B ist die Fläche der Irrtumswahrscheinlichkeit auf beide Seiten der Verteilung aufgeteilt $\alpha = 2 \cdot \frac{1}{2}\alpha$. Auf jeder Seite liegen dann $\frac{1}{2}\alpha$ = 5%. Beide Seiten zusammen sind $2 \cdot \frac{1}{2}\alpha = \alpha$ = 10%. Es wird deutlich, daß der einseitige Test eine größere Trennschärfe aufweist. Die gleiche Signifikanzschranke SSchr, die der zweiseitige Test erst bei einer Irrtumswahrscheinlichkeit von $2 \cdot \frac{1}{2}\alpha$ = 20% aufzeigt, wird beim einseitigen Test schon bei einer Irrtumswahrscheinlichkeit α = 10% erreicht.

Apfelmassen $\bar{x}_1$ und $\bar{x}_2$ zweier Stichproben verglichen die aus <u>gleich</u> behandelten Grundgesamtheiten stammen, so ist zunächst nicht bekannt, in welcher Stichprobe die Äpfel schwerer sind.

Ein **einseitiger Test** wird durchgeführt, wenn durch den Versuch eine Abweichung der Werte nur in eine Richtung vorkommen kann. Die Alternativhypothese H_A: $\mu_1 \neq \mu_2$ kann in diesem Fall auf Grund theoretische Überlegungen nur H_A: $\mu_1 < \mu_2$ <u>oder</u> H_A: $\mu_1 > \mu_2$ bedeuten. Die Irrtumswahrscheinlichkeit α liegt in diesem Fall vollständig auf einer Seite. Ein einseitiger Test wird zum Beispiel durchgeführt, wenn eine Apfelstichprobe 1 aus einer Grundgesamtheit stammt, in der die Apfelbäume gedüngt wurden, und die Apfelstichprobe 2 aus einer Grundgesamtheit, in der die Bäume nicht gedüngt wurden. Wenn sich die Apfelmassen der Stichproben in diesem Versuch unterscheiden sollten, ist Stichprobe 1 schwerer, da eine signifikante Verminderung des Gewichts auf Grund des Düngers ausgeschlossen werden kann.

Bei einem zweiseitigen Test wird die Signifikanzschranke SSchr für die Irrtumswahrscheinlichkeit α (z. B.: $\alpha = 0,1$, d.h. auf beiden Seiten der Kurve liegt jeweils $\frac{1}{2}\alpha = 0,05$) bei gleichem ν größer als bei einem einseitigen Test mit derselben Irrtumswahrscheinlichkeit (Abb.6.3). Da die berechnete Prüfgröße aber gleich ist, egal, ob ein- oder zweiseitig getestet wird, wird die Nullhypothese beim einseitigen Test eher verworfen, weil die Signifikanzschranke kleiner ist (Bsp. 6.6). Bestehende Unterschiede werden somit beim einseitigen Test eher aufgedeckt als beim zweiseitigen. Der einseitige Test weist somit eine größere Trennschärfe auf.

Beispiel 6.6: Signifikanzschranken für einen ein- bzw. zweiseitigen Test bei einer Irrtumswahrscheinlichkeit von 10%

Im Tabellenkopf der t-Tabelle (Tab. XII im Anhang) sind die Irrtumswahrscheinlichkeiten für den zweiseitigen Test mit $\alpha = 2 \cdot \frac{1}{2}\alpha$ und für den einseitigen Test mit α angegeben. Da die Signifikanzschranke SSchr für den einseitigen Test kleiner ist, weist er bei gleicher Irrtumswahrscheinlichkeit α eine höhere Trennschärfe auf, d.h. H_0 wird eher verworfen.

<u>*für den einseitigen Test*</u>*: Die Irrtumswahrscheinlichkeit $\alpha = 10\%$ liegt vollständig auf einer Seite der Verteilung. Die Signifikanzschranke beträgt*
SSchr ($\alpha = 10\%$ für $\nu = 60$): 1,2959

<u>*für den zweiseitigen Test*</u>*: $(2 \cdot \frac{1}{2}\alpha) = 10\%$ wird auf die beiden Seiten der Verteilung aufgeteilt. Auf jeder Seite befindet sich dann $\frac{1}{2}\alpha$. Die Signifikanzschranke beträgt*
SSchr ($2 \cdot \frac{1}{2}\alpha = 10\%$ für $\nu = 60$): 1,6707

Bei Tests, die nicht auf einer zum Nullpunkt symmetrischen Verteilung beruhen, wird keine Unterscheidung zwischen ein- und zweiseitig vorgenommen. Sie werden wie einseitige Tests durchgeführt.

6.4 Auswahlkriterien für statistische Tests

Die Durchführung eines statistischen Tests ermöglicht auf Grund der berechneten Prüfgrößen und tabellierten Signifikanzschranken die objektive Beurteilung der untersuchten Stichproben. Für die gleiche Fragestellung existieren unterschiedliche Tests, die jeweils nur unter bestimmten Voraussetzungen angewandt werden dürfen. Geht man von falschen Voraussetzungen aus, beziehungsweise führt man einen, für das Problem oder das Datenmaterial ungeeigneten Test durch, so sind Fehler in der statistischen Aussage unvermeidbar. Es ist daher von größter Bedeutung, für die gegebene Fragestellung und die gewonnenen Daten den richtigen Test auszuwählen und durchzuführen. Wichtige Voraussetzungen für die Auswahl eines Tests sind unter anderem die Fragestellung, die Art der Verteilung einer Stichprobe, ihr Umfang und die Tatsache, ob es sich um eine verbundene oder unverbundene Stichprobe handelt.

6.4.1 Verbundene und unverbundene Stichproben

Unter **verbundenen** Stichproben versteht man Stichproben, die durch Anwendung unterschiedlicher Meßmethoden an gleichen Versuchsobjekten zustande kommen (Bsp. 6.7). Auch wenn dieselben Objekte unter unterschiedlichen Versuchsbedingungen oder zu verschiedenen Zeiten mit der gleichen Methode vermessen werden, bezeichnet man diese als verbundene Stichproben.

Unter **unverbundenen** Stichproben versteht man Stichproben, bei denen die Werte der Zufallsvariablen X unter den gleichen Versuchsbedingungen und durch die gleiche Meßmethode an unterschiedlichen Versuchsobjekten ermittelt wurden (Bsp. 6.7).

> *Beispiel 6.7: Verbundene und unverbundene Stichproben*
>
> *Verbundene Stichproben:*
> *Stichprobe 1:   Massenbestimmung der Äpfel durch Wiegen auf einer Küchenwaage*
> *Stichprobe 2:   Bestimmung der Masse derselben Äpfel durch Wiegen auf einer Analysenwaage*
> *Unverbundene Stichproben:*
> *Stichprobe 1:   Massenbestimmung von 60 Äpfeln der Sorte A durch* Wiegen auf einer Küchenwaage
> *Stichprobe 2:   Massenbestimmung von 60 Äpfeln der Sorte B* durch Wiegen auf derselben Küchenwaage

6.4.2 Parametrische und nichtparametrische Tests

Die Gleichheit der Kenngrößen ($\bar{x}$, s^2) zweier Stichproben kann mit Hilfe von parametrischen und nichtparametrischen Tests überprüft werden. Die Voraussetzung für die

Anwendung eines parametrischen beziehungsweise parameterbehafteten Tests ist das Vorliegen einer Normalverteilung. Diese Tests werden deshalb auch als verteilungsabhängige Tests bezeichnet. Bevor ein solcher Test durchgeführt werden darf, müssen die Stichproben auf Normalverteilung getestet werden. Die bisher erwähnten Kenngrößentests (F-Test s. 5.4.2, t-Test s. 5.4.3) sind solche verteilungsabhängigen Tests.

Um Stichproben zu testen, die nicht normalverteilt sind, wurden verteilungsunabhängige beziehungsweise parameterfreie Tests entwickelt. Bei ihnen ist die Form der Verteilung der Stichprobe nicht relevant, vorausgesetzt wird aber, daß den zu vergleichenden Zufallsstichproben dieselbe Verteilung zugrunde liegt. Im allgemeinen verwendet man verteilungsunabhängige Testverfahren zum Beispiel bei Daten, die einer Rangskala entstammen, aber auch zur Kontrolle eines parametrischen Tests. Da sie meist einfacher durchzuführen sind als die parameterbehafteten Tests, werden sie auch als Schnelltests verwandt.

Da die parametrischen Tests eine höhere Trennschärfe aufweisen, sollte man diese nach Möglichkeit anwenden, auch wenn dieses Verfahren durch den vorher notwendigen zusätzlichen Test auf Normalverteilung etwas aufwendiger ist.

Ist der Test auf Normalverteilung nicht eindeutig entscheidbar, so sollte man besonders bei kleinen Stichprobenumfängen auf parameterbehaftete Tests verzichten, da viele Verteilungen sich erst mit zunehmendem Stichprobenumfang der Normalverteilung annähern (Kap. 5.5).

Die einzelnen Tests werden in Kapitel 7 vorgestellt.

Zusammenfassung

- Zur Durchführung eines statistischen Tests wird eine Nullhypothese H_0 (Übereinstimmungshypothese) aufgestellt. Ziel des Tests ist es, diese Nullhypothese zu verwerfen.

- Ist die Prüfgröße PG größer oder gleich der Signifikanzschranke SSchr (PG $\geq$ SSchr), wird die Nullhypothese H_0 bei den meisten Tests verworfen. (Ausnahmen sind in Kap.7 beschrieben.)

- Die Irrtumswahrscheinlichkeit α ist die beim Testen von Hypothesen in Kauf genommene Wahrscheinlichkeit, einen Fehler 1. Art zu begehen.

- Einen zweiseitigen Mittelwerttest führt man durch, wenn man die Richtung des vermuteten Unterschieds der Mittelwerte nicht kennt. Entsprechend wird ein einseitiger Mittelwerttest durchgeführt, wenn die Richtung des vermuteten Unterschieds bekannt ist.

- Die Voraussetzung für die Anwendung eines parametrischen beziehungsweise parameterbehafteten Tests ist das Vorliegen einer Normalverteilung.

- Um Stichproben zu testen, die nicht normalverteilt sind, wurden verteilungsunabhängige, parameterfreie Tests entwickelt.

Übungsaufgaben zu Kapitel 6

A 6.1
Definieren Sie den Begriff Nullhypothese.

A 6.2
Definieren Sie die Begriffe Prüfgröße. Welcher Unterschied besteht zwischen der Signifikanzschranke und der Prüfgröße?

A 6.3
a) Was bedeutet ein- oder zweiseitiger Test?
b) Nennen Sie für jede Art ein typisches Beispiel.
c) Wie muß die Prüfverteilung beschaffen sein, damit eine solche Unterscheidung möglich ist?
d) Weist der ein- oder zweiseitige Test eine höhere Trennschärfe auf? Weshalb?

A 6.4
Definieren Sie allgemein "Fehler erster Art".

A 6.5
Nennen Sie je 3 Beispiele für verbundene und unverbundene Stichproben.

A 6.6
Der Eissturmvogel (*Fulmarus glacialis L.*) lebte am Anfang dieses Jahrhunderts an den Küsten Irlands und Schottlands. Seit einigen Jahrzehnten dehnt sich sein Verbreitungsgebiet immer weiter nach Süden aus. 1960 wurden die ersten Vögel an der bretonischen Küste gesichtet. Um die Bestände dort zu kartieren, suchte eine Gruppe von Biologen 50 Steilküstenabschnitte gleicher Größe nach Nestern des Eisturmvogels ab, und erhielt folgende Verteilung:

Anzahl der Gelege:	0	1	2	3	4
Zahl der Küstenabschnitte:	13	21	10	5	1

a) Formulieren Sie die Nullhypothese und die entsprechende Alternativhypothese.
b) Läßt sich nachweisen, daß es sich an den genannten Küsten um einen seltenen Vogel handelt, wenn die Nullhypothese nicht verworfen werden muß? Begründung!

A 6.7
Welche Aussage ist richtig?
Ein Fehler 2.Art wir begangen, wenn man

a) die Nullhypothese verwirft, obwohl sie richtig ist.
b) die Nullhypothese nicht verwirft, obwohl sie nicht richtig ist.
c) die Nullhypothese nicht verwirft, obwohl sie richtig ist.
d) die Nullhypothese verwirft, obwohl sie nicht richtig ist.

LA 6.8
Welche Aussagen sind richtig?

a) Die Irrtumswahrscheinlichkeit α gibt an, wie groß die Wahrscheinlichkeit ist, einen Fehler 1. Art zu begehen.
b) Durch einen statistischen Test läßt sich die Nullhypothese mit einer bestimmten Fehlerwahrscheinlichkeit verwerfen.
c) Ist die berechnete Prüfgröße kleiner als die Signifikanzschranke, kann die Nullhypothese immer abgelehnt werden.
d) Die Irrtumswahrscheinlichkeit α ist der Funktionswert der Verteilungsfunktion der Prüfverteilung.
e) Können sich die zu testenden Verteilungen nur in eine Richtung unterscheiden, wird ein 2-seitiger Test durchgeführt.
f) Bei verbundenen Stichproben wurde die gleiche Meßmethode bei den zu testenden Stichproben angewandt.

Kapitel 7:
Statistische Tests

Einige der Tendenzen, die während der deskriptiven statistischen Bearbeitung der Stichproben erkennbar werden, können durch statistische Tests mit einer bestimmbaren Irrtumswahrscheinlichkeit abgesichert werden. Die hier vorgestellten Prüfverteilungen und Testverfahren berücksichtigen ausschließlich univariate Merkmalsverteilungen.

7.1 Schema zur praktischen Durchführung eines statistischen Tests

1) Aufstellen der Nullhypothese H_0

Aufgrund erkennbarer Tendenzen in einer Stichprobe oder durch theoretische Überlegungen zu Eigenschaften der Grundgesamtheit ergibt sich eine Fragestellung. Aus dieser Fragestellung wird die Nullhypothese (s. 6.1.1) abgeleitet. Daraufhin wird diese Nullhypothese, an einer anderen Stichprobe, die unter gleichen Bedingungen aus der Grundgesamtheit gezogen wurde, getestet.

2) Wahl eines geeigneten Tests

Die Wahl des Tests ist abhängig von der Stichprobe selbst und der aufgestellten Nullhypothese. Das Flußdiagramm in Abbildung 7.1 zeigt die notwendigen Voraussetzungen für die Kenngrößentests auf.

3) Wahl der Irrtumswahrscheinlichkeit α

Oft ist die Größe der Irrtumswahrscheinlichkeit α vorgegeben. In den meisten Fällen erhält man bei einer Irrtumswahrscheinlichkeit von 5% ein brauchbares Ergebnis. Auf die Schwierigkeiten, die sich durch die Wahl der Irrtumswahrscheinlichkeit ergeben können, ist in 6.4 hingewiesen.

4) Errechnen der Prüfgröße PG

Die Berechnung erfolgt nach der für den gewählten Test relevanten Formel. Diese ist jeweils bei der Beschreibung des Tests angegeben.

5) Errechnen der Anzahl der Freiheitsgrade ν

Die Berechnung ist bei der Beschreibung des Tests angegeben. Die Anzahl der Freiheitsgrade (s. 5.3) ist abhängig von der Anzahl der geschätzten Parameter.

6) Ablesen der Signifikanzschranke SSchr

Die Signifikanzschranken SSchr der Tests können in Abhängigkeit von der Anzahl der Freiheitsgrade ν und der Irrtumswahrscheinlichkeit α aus den Tabellen III, VII – XV (im Anhang) abgelesen werden. Bei Mittelwert-Tests läßt sich an der Fragestellung erkennen, ob ein ein- oder zweiseitiger Test (s. 6.3.2) durchgeführt werden soll.

7) Vergleich von berechneter Prüfgröße PG und tabellierter Signifikanzschranke SSchr

Die Nullhypothese wird verworfen, wenn die berechnete Prüfgröße PG größer oder gleich der Signifikanzschranke SSchr ist. (Ausnahme: U-Test und Wilcoxon-Test bei kleinen Stichprobenumfängen)

8) Schlußfolgerung bezüglich der Grundgesamtheit und Interpretation

Das Testergebnis wird auf die Grundgesamtheit bezogen und die konkrete Fragestellung wird diskutiert ("biologischer Schluß"). Es empfiehlt sich, ein Testergebnis und die damit verbundene Interpretation immer sehr kritisch zu betrachten.

7.2 Wahl der durchzuführenden Tests

Im Schema der Abbildung 7.1 sind alle in diesem Kapitel vorgestellten Tests im Überblick dargestellt. Mit dieser Übersicht soll die Wahl des für eine Fragestellung geeigneten Tests erleichtert werden.

Soll zum Beispiel ein Kenngrößentest (s. 7.4) durchgeführt werden, muß man zunächst feststellen, ob die zu testenden Stichproben verbunden oder unverbunden sind. Durch einen Test auf Normalverteilung läßt sich dann entscheiden, ob im weiteren ein parametrischer Test durchgeführt werden kann, oder ob man einen nichtparametrischen Tests anwenden muß. Die parametrischen Tests sind zu bevorzugen, da sie eine höhere Trennschärfe aufweisen. Liegt Normalverteilung vor, muß auf Varianzhomogenität getestet werden. Anhand dieses Ergebnisses und unter Beachtung der Größe der Stichprobe wird dann ein Mittelwerttest gewählt.

7.3 Verteilungs- oder Anpassungstests

Ein Anpassungstest wird durchgeführt, wenn man feststellen will, ob eine empirisch ermittelte (beobachtete) Verteilung mit einer theoretischen oder einer anderen empirischen Verteilung auf einem bestimmten Fehlerniveau übereinstimmt. Läßt sich eine Stichprobe durch eine theoretische Verteilung beschreiben, so bedeutet dies, daß die Grundgesamtheit aus der die Stichprobe stammt, die theoretisch angenommene Verteilung aufweist. Mit dem χ^2-Test und dem Kolmogoroff-Smirnow-Test (KS-Test) kann auf jede beliebige Verteilung getestet werden. Der David-et al. Schnelltest ermöglicht nur den Test auf Normalverteilung. Welcher Test angewendet wird, ist maßgeblich von der Struktur und Größe der Stichprobe abhängig. Die Kriterien sind bei der Beschreibung der Tests angegeben.

Wenn hier von "Test auf Normalverteilung" oder einer anderen Verteilung gesprochen wird, so ist dies strenggenommen falsch, da durch einen statistischen Test nur signifikant abgesichert werden kann, daß eine bestimmte Verteilung nicht vorliegt. Die Nullhypothese wird in der Praxis dennoch akzepiert, wenn sie sich auf einem "vernünftigen" Fehlerniveau nicht verwerfen läßt.

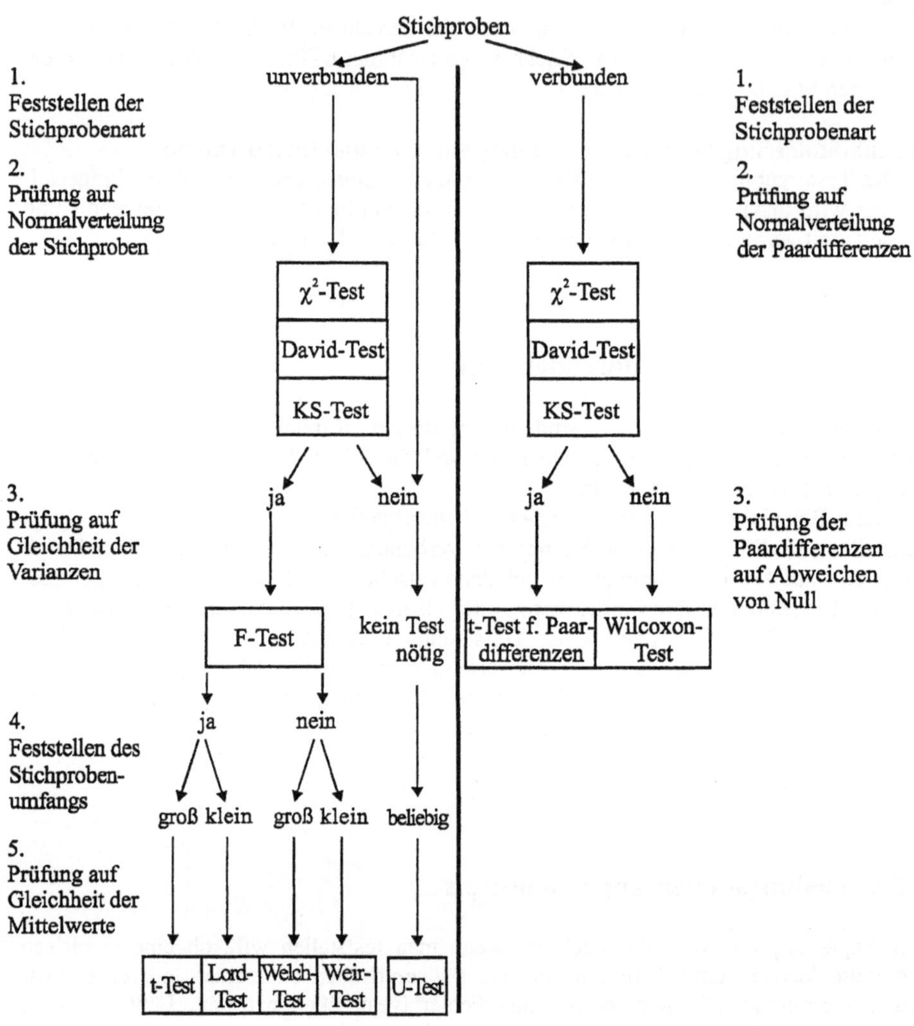

Abb. 7.1: Übersicht der in diesem Kapitel vorgestellten Tests. Aus dem Flußdiagramm kann entnommen werden, welche Voraussetzungen für die Durchführung der einzelnen Tests zu erfüllen sind. Bei den Paardifferenzentests werden nicht die Verteilungen der Stichproben selbst, sondern die Verteilung der Paardifferenzen auf Normalverteilung getestet (nach Lozan 1992).

7.3.1 Der χ^2-Test (Bsp. 7.1 - 7.3)

Nullhypothese

H_0: Verteilung der Stichprobe = theoretische Verteilung (z.B. Normalverteilung, Binomialverteilung, Poissonverteilung, Gleichverteilung ...)

H_0: Verteilung der Stichprobe 1 = Verteilung der Stichprobe 2

Art der Stichproben

Umfang: beliebig

Variablen: diskret oder stetig

Stetige Werte müssen bei den zu vergleichenden Verteilungen in identischer Weise klassiert sein: Die absoluten Häufigkeiten müssen über gleichartigen Klassen vorliegen, sie müssen die gleichen Klassennummern und die gleichen Klassengrenzen besitzen.

Berechnung der Prüfgröße PG $= \chi^2$

Die Prüfgröße PG $= \chi^2$ (F 7.1) ist die Summe der Abweichungsquadrate der beobachteten Häufigkeiten H_b von H_e dividiert durch die erwarteten Häufigkeiten H_e:

(F 7.1)

$$\chi^2 = \sum_{i=1}^{i = n \text{ bzw. } m} \frac{\left(H_{b_i} - H_{e_i}\right)^2}{H_{e_i}}$$

$n =$ Stichprobenumfang bei diskreten, nicht klassierten Werten

$m =$ Anzahl der Klassen bei klassierten Werten

$H_b =$ beobachtete absolute Häufigkeit der Werte x_i oder der Besetzungszahlen der Klassen in der zu testenden Verteilung

$H_e =$ erwartete absolute Häufigkeit: Häufigkeit, die für die theoretische Verteilung errechnet wird bzw. Häufigkeit, die bei der empirischen Verteilung beobachtet wurde, mit der die Stichprobe verglichen wird. (Zur Berechnung der erwarteten Häufigkeit H_e s. 4.3).

Der Wert für die erwarteten absoluten Häufigkeiten H_e muß in allen Klassen stets **größer oder gleich 3% des Meßumfangs** sein, **mindestens sollte H_e aber 3** betragen.

Gegebenenfalls müssen die Randklassen sowohl der beobachteten Häufigkeit H_b als auch der erwarteten Häufigkeit H_e **zusammengefaßt** werden, bis die erwartete Häufigkeit H_e in allen Klassen größer oder gleich 3% bzw. 3 ist.

Berechnung der Anzahl der Freiheitsgrade v

Die Anzahl der geschätzten Parameter a, die in die Berechnung der Anzahl der Freiheitsgrade v der χ^2-Verteilung eingeht, ist abhängig davon, auf welche Verteilung eine empirisch ermittelte Verteilung getestet wird. Auch der Umstand, ob mit einzelnen Werten x_i der Zufallsvariablen (Stichprobenumfang n) oder mit klassierten Werten (Klassenanzahl K) gearbeitet wird, schlägt sich in der Formel nieder (F 7.2).

Wird die Anzahl der Klassen durch das Zusammenfassen schwach besetzter Randklassen reduziert, so muß in die Formel zur Berechnung der Anzahl der Freiheitsgrade auch die reduzierte Klassenanzahl eingesetzt werden.

(F 7.2)

$$v = n - 1 - a \qquad \text{bzw.} \qquad v = K - 1 - a$$

Die Anzahl a der geschätzten Parameter beträgt beim Test auf:

Normalverteilung: $\quad$ $a = 2$,

> da in die Berechnung der Normalverteilung der Mittelwert $\bar{x}$ und die Standardabweichung s eingehen.

Poissonverteilung: $\quad$ $a = 1$,

> da in die Berechnung der Poissonverteilung der Mittelwert $\bar{N}$ eingeht.

Binomialverteilung: $\quad$ $a = 0$,

> da in. die Berechnung der Binomialverteilung keine geschätzten Parameter eingehen.

eine empirische Verteilung: $a = 0$,

> da in die Berechnung der empirischen Verteilung keine geschätzten Parameter eingehen.

Beurteilung

Die Signifikanzschranke SSchr wird aus der χ^2-Tabelle abgelesen (Tab. VIII, Anhang). H_0 wird bei PG $\geq$ SSchr verworfen.

Beispiel 7.1: χ^2-Test auf Vorliegen einer Normalverteilung der Apfelmassen

1) H_0: Verteilung der Apfelmassen (Bsp. 2.1) ist normalverteilt bzw. die Apfelmassenstichprobe stammt aus einer normalverteilten Grundgesamtheit.

2) Durchgeführt wird der χ^2-Test.

3) Festlegen des Irrtumsrisikos α: Üblicherweise legt man $\alpha = 0,05$ fest.

4) Aus der Klassenliste für die Apfelmassen lassen sich die Werte der benötigten Kenngrößen entnehmen (Die Werte in Tab 7.1 stammen aus Bsp. 2.7):

$$\bar{x} = 147,3833 \ g; \ s = 10,0980 \ g; \ n = 60.$$

Die Berechnung der Prüfgröße wird in Tabelle 7.1 durchgeführt:
Zur Berechnung der absoluten erwarteten Häufigkeit H_e müssen die z-Werte der Klassengrenzen berechnet werden. Aus der Tabelle III im Anhang werden die zugehörigen Flächenanteile F(z) abgelesen. Aus den Differenzen werden durch Multiplikation mit dem Stichprobenumfang n = 60 die erwarteten Häufigkeiten H_e berechnet. Sowohl die Klassen 1 und 2 als auch die Klassen 7, 8 und 9 müssen zusammengefaßt werden, da die Besetzungsstärke jeder Klasse bei den beobachteten Häufigkeiten H_b mindestens 3 betragen muß, um den Test durchführen zu können

$$\chi^2 = 6,2773$$

5) Anzahl der Freiheitsgrade: $v = m - 1 - 2 = 6 - 3 = 3$

6) Ablesen der Signifikanzschranke: SSchr ($v = 3$; $\alpha = 0,05$) = 7,815 (Tab. VIII im Anhang)

7) Vergleich der berechneten Prüfgröße χ^2 mit der tabellierten Signifikanzschranke SSchr: Da $\chi^2 < SSchr$ (6,2773 < 7,815), kann die Nullhypothese H_0 nicht verworfen werden.

8) Mit einer Irrtumswahrscheinlichkeit von 5% konnte nicht gezeigt werden, daß keine Normalverteilung vorliegt. Es spricht also nichts gegen die Annahme, daß die Apfelmassen der betrachteten Stichprobe aus einer normalverteilten Grundgesamtheit stammen.

Tab. 7. 1: Berechnung der Prüfgröße χ^2 (Erläuterung s. 4))

1	2		3		4		5	6	7
	Klassen-grenzen		z-Wert der Klassengrenzen untere obere		Tab. Wert der Wahrscheinlich-keitsfunktion F(z)		erwartete abs. Häufigkeit	Beob. abs. Häu-figkeit	
Kl-Nr.	K_u	K_o	z_u	z_o	$F(z_u)$	$F(z_o)$	$H_e =$ $(F(z_o) -$ $F(z_u)) \, n$	H_b	$\dfrac{\left(H_b - H_e\right)^2}{H_e}$
-	g	g	-	-	-	-	-	-	-
1	117	124	-3,0088	-2,3156	0,0013	0,0102	(0,5316)	(1)	
							3,0786	3	0,0020
2	124	131	-2,3156	-1,6224	0,0102	0,0526	(2,5470)	(2)	
3	131	138	-1,6224	-0,9292	0,0526	0,1762	7,4142	5	0,7861
4	138	145	-0,9292	-0,2360	0,1762	0,4052	13,7388	16	1,0175
5	145	152	-0,2360	0,4572	0,4052	0,6772	16,3242	22	2,4501
6	152	159	0,4572	1,1504	0,6772	0,8749	11,8614	7	1,9924
7	159	166	1,1504	1,8436	0,8749	0,9671	(5,5314)	(4)	
8	166	173	1,8436	2,5368	0,9671	0,9945	(1,6404)	(2)	
							7,4670	7	0,0292
9	173	180	2,5368	3,2300	0,9945	0,9994	(0,2952)	(1)	
									$\chi^2 =$ 6,2773

Beispiel 7.2: χ^2-Test auf Vorliegen einer theoretischen Verteilung bei Kreuzungsexperimenten mit diploiden Pflanzen

72 diploide Pflanzen eines Kreuzungsexperiments ergaben 3 Phänotypen, die in Bezug auf eine bestimmte Eigenschaft im Verhältnis 20 : 38 : 14 verteilt waren (beobachtete Häufigkeiten H_b). Entsprechen die Zahlen dem zu erwartenden genotypischen Verhältnis 1 : 2 : 1 ?

1) H_0: Die experimentell gewonnene Verteilung (20 : 38 : 14) = zu erwartende Verteilung (1 : 2 : 1).

2) Durchgeführt wird der χ^2-Test.

3) Festlegen des Irrtumsrisikos: $\alpha = 0,05$

4) Errechnen der Prüfgröße

He: 1 : 2 : 1 bei einer Anzahl n = 20 + 38 + 14 = 72 liegen die erwarteten Werte bei:

$$\frac{72}{4} \cdot 1 = 18 \qquad \frac{72}{4} \cdot 2 = 36 \qquad \frac{72}{4} \cdot 1 = 18$$

$$PG = \chi^2 = \sum \frac{\left(H_b - H_e\right)^2}{H_e} = \left[\frac{(20-18)^2}{18} + \frac{(38-36)^2}{36} + \frac{(14-18)^2}{18}\right] = 1,22$$

5) Anzahl der Freiheitsgrade: $\nu = 3 - 0 - 1 = 2$

6) SSchr ($\nu = 2$; $\alpha = 0,05$) = 5,991 (Tab. VIII im Anhang)

7) Da χ^2 < SSchr (1,22 < 5,991) kann die Nullhypothese mit einer 5%igen Irrtumswahrscheinlichkeit nicht verworfen werden.

8) Mit einer Fehlerwahrscheinlichkeit von 5 % spricht nichts gegen die Annahme, daß die Phänotypen in Bezug auf das Merkmal im Verhältnis 1 : 2 : 1 aufgespalten ist.

Beispiel 7.3: χ^2-Test auf Vorliegen einer Poissonverteilung: "Tote durch Hufschlag"

In 10 preußischen Regimentern wurde zwanzig Jahre lang (1875-1894) die Anzahl der durch Pferdehufschlag getöteten Kavalleristen registriert.
(Dies ist <u>das</u> klassische Beispiel einer Poissonverteilung nach L. Brotkiewick (Sachs 1992)).

In diesen 200 Beobachtungsjahren (10 Regimenter mal 20 Jahre) traten:

> in 110 Beobachtungsjahren 0 Tote pro Regiment und Jahr auf,
> in 63 Beobachtungsjahren 1 Toter pro Regiment und Jahr auf,
> in 23 Beobachtungsjahren 2 Tote pro Regiment und Jahr auf,
> in 3 Beobachtungsjahren 3 Tote pro Regiment und Jahr auf,
> in 1 Beobachtungsjahr 4 Tote pro Regiment und Jahr auf und
> in 0 Beobachtungsjahren 5 oder mehr Tote pro Regiment und Jahr.

1) H_0: Verteilung der Toten durch Hufschlag in einem Jahr = Poissonverteilung.
2) Durchgeführt wird der χ^2-Test.
3) Festlegen des Irrtumsrisikos: $\alpha = 0,05$
4) Berechnung der Prüfgröße χ^2 (Tab. 7.2)

Tab. 7.2: Berechnung der Prüfgröße χ^2. Die Klassen 4, 5 und 6 müssen zusammengefaßt werden. Die Besetzungsstärke jeder Klasse muß bei den beobachteten Häufigkeiten mindestens 3% des Meßumfangs n betragen, um den Test durchführen zu können (mindestens 3% von n = 200 sind mindestens 6 Werte pro Klasse)

1	2	3	4	5	6	7	8
	Anzahl Tote pro Jahr			Funktionswert der Poissonverteilung $f(x)$	erwartete absolute Häufigkeit	beobachtete abs. Häufigkeit	
Kl-Nr.	N_i	$\overline{N}^{x_i}$	$N_i!$	$f(N) = \dfrac{\overline{N}^{N_i} \cdot e^{-\overline{N}}}{N_i!}$	$H_e = f(N) \cdot n$	H_b	$\dfrac{(H_b - H_e)^2}{H_e}$
-	-	-	-		-	-	-
1	0	1,0000	1	0,5434	108,6800	110	0,0661
2	1	0,6020	1	0,3314	66,2800	63	0,1623
3	2	0,3624	2	0,1011	(20,2200)	(23)	
4	3	0,2182	6	0,0206	(4,1200)	(3)	
5	4	0,1313	24	0,0031	25,036	27	0,1656
					(0,6200)	(1)	
6	5	0,0791	120	0,00038	(0,0760)	(0)	
							$\chi^2 = 0,3940$

5) Anzahl der Freiheitsgrade: $v = 3 - 1 - 1 = 1$
6) SSchr ($v = 1$; $\alpha = 0,05$) = 3,841 (Tab. VIII im Anhang)

7) Da χ^2 < SSchr (0,3898 < 3,841), kann die Nullhypothese mit 5%iger Irrtumswahrscheinlichkeit nicht verworfen werden.

8) Mit einer Fehlerwahrscheinlichkeit von 5% kann davon ausgegangen werden, daß die Todesfälle poissonverteilt, somit selten auftreten und rein zufällig sind.

7.3.2 Der Test nach Kolmogoroff-Smirnow (KS-Test, Bsp. 7.4)

Nullhypothese
H_0: Verteilung der Stichprobe = theoretische Verteilung
H_0: Verteilung der Stichprobe 1 = Verteilung der Stichprobe 2 (nur bei diskreten Verteilungen)

Art der Stichproben
Umfang: schon ab n = 3 anwendbar
Für kleine Stichproben ist dieser Test gut geeignet, da die Trennschärfe in diesem Bereich deutlich besser ist, als beim χ^2-Test.
Variablen: diskret oder stetig
Stetige Werte müssen nicht klassiert sein.

Berechnung der Prüfgröße PG = Dk
Verglichen werden die aufsummierten beobachteten relativen Häufigkeiten $\hat{F}(x)$ der Stichprobe mit den entspechenden Funktionswerten $F(z)$ der theoretisch erwarteten Verteilungsfunktion (F 7.3a) bzw. mit den entsprechenden aufsummierten relativen Häufigkeiten $\hat{F}(x)$ (F 7.3b). Bei klassierten Daten wird mit den Klassenmitten gearbeitet. Die Prüfgröße PG = Dk ist die Summe aus dem Betrag der kleinsten und der größten Abweichung beider Verteilungen.

(F 7.3a)

$$Dk = \max |\hat{F}(x_i) - F(z_i)| + \min |\hat{F}(x_i) - F(z_i)|$$

(F 7.3b)

$$Dk = \max |\hat{F}(x_{1i}) - \hat{F}(x_{2i})| + \min |\hat{F}(x_{1i}) - \hat{F}(x_{2i})|$$

$\hat{F}(x_i)$ bzw. $\hat{F}(x_{1i})$ = Werte der Summenhäufigkeitsfunktion der zu testenden empirischen Verteilung bis zum Wert x_i.

$F(z_i)$ bzw. $\hat{F}(x_{2i})$ = Werte der Verteilungsfunktion der theoretisch erwarteten Verteilung bis zum Wert z_i bzw. beim Vergleich mit einer empirischen Verteilung bis zum Wert x_i.

Berechnung der Anzahl der Freiheitsgrade ν: ν = n
(hier immer Stichprobenumfang n, nicht Anzahl der Klassen wie beim χ^2-Test)

Beurteilung
Die Signifikanzschranke SSchr wird für den KS-Test in Tabelle IX im Anhang abgelesen.
H_0 wird bei Dk $\geq$ SSchr verworfen.

Beispiel 7.4: KS-Test auf Normalverteilung der Schlagfrequenzen gleich schnell schwimmender Forellen

Im Experiment wurde die Schlagfrequenz der Schwanzflosse von 20 mit gleicher Geschwindigkeit schwimmenden Forellen gemessen. Ein statistischer Test soll nun zeigen, ob die Meßwerte normalverteilt sind. (Die Meßwerte befinden sich in Tab. 7.3.)

1) H_0: Die gemessenen Schlagfrequenzen sind normalverteilt.
2) Durchgeführt wird der KS-Test.
3) Festlegen der Irrtumswahrscheinlichkeit $\alpha = 0,1$
4) Berechnung der Prüfgröße Dk (Werte in Tabelle 7.3)

$$Dk = max \mid \hat{F}(x_i) - F(z_i) \mid + min \mid \hat{F}(x_i) - F(z_i) \mid = 0,0006 + 0,1278 = 0,1284$$

Tab. 7. 3: Zur Berechnung der Prüfgröße Dk werden die Meßwerte geordnet und die Differenzen berechnet.

1	2	3	4	5
Schlagfrequenz (geordnet)	aufsummierte relative Häufigkeit	standardisierter Abszissenwert	tabellierter Funktionswert	Differenz
x	$\Sigma h = \hat{F}(x_i)$	z	$F(z_i)$	$\mid F(z_i) - \hat{F}(x_i) \mid$
Hz	-	-	-	-
0,477	0,05	-1,6392	0,0506	**0,0006**
0,487	0,10	-1,3914	0,0821	0,0179
0,492	0,15	-1,2675	0,1025	0,0475
0,5	0,20	-1,0693	0,1425	0,0575
0,503	0,25	-0,9949	0,1599	0,0901
0,505	0,30	-0,9454	0,1722	**0,1278**
0,523	0,35	-0,4993	0,3088	0,0412
0,537	0,40	-0,1524	0,4394	0,0394
0,538	0,45	-0,1276	0,4492	0,0008
0,543	0,50	-0,0037	0,4985	0,0015
0,547	0,55	0,0954	0,5380	0,0120
0,555	0,60	0,2936	0,6155	0,0155
0,56	0,65	0,4175	0,6619	0,0119
0,562	0,70	0,4671	0,6798	0,0202
0,57	0,75	0,6653	0,7471	0,0029
0,575	0,80	0,7892	0,7850	0,0150
0,577	0,85	0,8388	0,7992	0,0508
0,587	0,90	1,0866	0,8614	0,0386
0,603	0,95	1,4831	0,9310	0,0190
0,622	1,00	1,9539	0,9746	0,0254
$\bar{x} = 0,543$ $s = 0,040$				min: 0,0006 max: 0,1278

5) Anzahl der Freiheitsgrade: $v = n = 20$
6) SSchr ($\alpha = 0,1$ und $v = n = 20$) = 0,29 (Tab. IX im Anhang)
7) Da Dk < SSchr (0,13 < 0,29) kann die Nullhypothese auf einem Fehlerniveau von 10% nicht verworfen werden.
8) Da nicht gezeigt werden konnte, daß keine Normalverteilung vorliegt, wird davon ausgegangen, daß die Schlagfrequenzen von langsam schwimmenden Forellen normalverteilt sind.

7.3.3 Schnelltest nach David und Mitarbeitern (Bsp. 7.5)

Nullhypothese
H_0: Verteilung der Stichprobe = Normalverteilung (Vergleich mit anderen Verteilungen
<u>nicht</u> möglich!)

Art der Stichproben

Umfang: Der Test ist bei kleinen Stichproben n < 30 recht zuverlässig, bei großen
Stichproben sollte er nur als Überschlagsbetrachtung angewandt werden.

Variablen: diskret oder stetig
Für den Test werden als Angaben über die Stichprobe nur die Spannweite
R und die Standardabweichung s benötigt.

Berechnung der Prüfgröße PG
Die Prüfgröße PG (F 7.4) ist der Quotient aus der Spannweite R und der Standardabweichung s. Die Spannweite R ist die Differenz aus dem größten und kleinsten Meßwert der Stichprobe. Liegen klassierte Daten vor, so berechnet sich die Spannweite R als Differenz zwischen der Klassenmitte m_i der ersten und letzten Klasse. Sind lediglich die Klassennummern (sie sind dann den Zufallsvariablen x gleichzusetzen) angegeben, wird die Spannweite R aus den Klassennummern der ersten und letzten Klasse berechnet. Auch die Berechnung der Standardabweichung s bezieht sich dann auf diese Werte.

(F 7.4)

$$PG = \frac{\text{Spannweite}}{\text{Streuung}} = \frac{R}{s} = \frac{x_{max} - x_{min}}{s}$$

Berechnung der Anzahl der Freiheitsgrade ν: n = ν

Beurteilung
In Tabelle X im Anhang wird für den David-Schnelltest eine obere und eine untere Signifikanzschranke angegeben. Die Prüfgröße PG muß größer als die obere Signifikanzschranke $SSchr_{oben}$ oder kleiner als die untere Signifikanzschranke $SSchr_{unten}$ sein, damit die Nullhypothese verworfen werden darf. Ist PG größer als die obere Signifikanzschranke, so bedeutet dies, daß die Spannweite der Verteilung durch Ausreißer stark vergrößert ist.

Beispiel 7.5: David-Test auf Vorliegen einer Normalverteilung bei geernteten Tomaten

In einer Tomatenplantage soll getestet werden, ob die Verteilung der Massen der geernteten Tomaten normalverteilt ist (Werte in Tab. 7.4).

Tab. 7. 4: In Gewichtsklassen 1-5 klassierte Stichprobe aus einer Tomatenernte (n = 100).

Gewichtsklasse	x	1	2	3	4	5
Häufigkeit	H	8	42	32	14	4

1) H_0: Die Tomatenmassen sind normalverteilt.
2) Durchgeführt wird der David-Schnelltest auf Vorliegen einer Normalverteilung.
3) Irrtumsrisiko $\alpha = 0,01$
4) Berechnung der Prüfgröße PG für   n = 100; $\bar{x}$ = 2,64,   s = 0,9590

$$Spannweite = R = x_{max} - x_{min} = 5 - 1 = 4$$

$$PG = \frac{R}{s} = \frac{4}{0,9590} = 4,17$$

5) *Anzahl der Freiheitsgrade: $v = n = 100$*
6) *untere Signifikanzschranke $SSchr_{unten}$ ($v = 100$; $\alpha = 0,01$) = 4,10;*
   obere Signifikanzschranke $SSchr_{oben}$ ($v = 100$; $\alpha = 0,01$) = 6,36; (Tab. X im Anhang)
7) *Da $PG > 4,10$ und $PG < 6,36$ kann H_0 mit einer Irrtumswahrscheinlichkeit von 1%*
   nicht verworfen werden.
8) *Auf einem Fehlerniveau von 1% konnte nicht gezeigt werden, daß es sich bei der*
   Verteilung der Tomatenmassen nicht um eine Normalverteilung handelt. Es kann so-
   mit davon ausgegangen werden, daß die Massen der Tomaten normalverteilt sind.

7.4 Kenngrößentests zum Vergleich zweier unabhängiger Stichproben

Da nicht immer eine Normalverteilung vorliegt, wurden neben den **parameterbehafte-ten** Kenngrößentests verteilungsunabhängige, **parameterfreie** Testverfahren entwickelt (s. 6.4.2). Zu den parameterbehafteten Tests gehören: F-Test, t-Test, Welch-Test, Lord-Test und Weir-Test. Als parameterfreie Testverfahren bezeichnet man den U-Test und den Wilcoxon-Test.

Die Kenngrößen ($\bar{x}$ und s^2) der Stichproben sind - wie in Kapitel 3 dargestellt - Schätzungen der Kenngrößen ihrer Grundgesamtheit (μ und σ). Die Nullhypothese der Kenngrößentests wird deshalb auch als Übereinstimmungshypothese der Parameter der Grundgesamtheiten, aus denen die zu vergleichenden Stichproben stammen, formuliert. Durch die Kenngrößentests ist es möglich, mit einer definierten Fehlerwahrscheinlich-keit festzustellen, ob sich die getesteten Parameter signifikant unterscheiden. Ist dies der Fall, so stammen die Stichproben mit einer Fehlerwahrscheinlichkeit α nicht aus der selben Grundgesamtheit. Läßt sich kein Unterschied nachweisen, so spricht mit einer Fehlerwahrscheinlichkeit α nichts dagegen, daß die beiden Stichproben aus derselben Grundgesamtheit stammen.

7.4.1 Varianz-Tests

Nachdem man mit Hilfe eines Verteilungstests (s. 7.3) festgestellt hat, ob die empirisch gewonnene Verteilung normalverteilt ist, kann die nächste Ebene im Flußdiagramm (Abb. 7.1) bearbeitet werden. Bei nicht verbundenen Stichproben wird nun die Homoge-nität der Varianzen geprüft. Für einige Mittelwert-Tests ist die Homogenität der Varianzen Voraussetzung zur Durchführung.

Die Untersuchung der Varianzhomogenität ist aber nicht nur für die Wahl eines Tests zum Vergleich der Mittelwerte von Bedeutung, sondern auch für die Beurteilung und Planung eines Experiments. Es ist zum Beispiel bei vielen Untersuchungen von großem Interesse Ausgangsmaterial zu benutzen, das eine möglichst kleine Streuung aufweist, damit der beobachtete Effekt nicht durch Störfaktoren (Bsp. 7.6) beeinflußt wird.

7.4.1.1 F-Test (Bsp. 7.6)

Der F-Test ist ein paramerterbehafteter Test.

Nullhypothese
$H_0: \sigma_1^2 = \sigma_2^2$

Art der Stichproben
unverbundene Stichproben
Umfänge: beliebig
                Der Stichprobenumfang der größeren Stichprobe sollte aber nicht mehr
                als doppelt so groß sein als der der kleineren.
Variablen: diskret oder stetig.
                Für die Berechnung der Prüfgröße werden nur die Varianzen s^2 benötigt.
Verteilungen: Sie sollten nicht signifikant von der Normalverteilung abweichen. Schon
                auf kleine Abweichungen reagiert der Test sehr empfindlich (Nachteil des
                F-Tests!).

Berechnung der Prüfgröße PG = F_{ber}
Die Prüfgröße PG = F_{ber} ist der Quotient aus den Varianzen der beiden Stichproben.
**Die größere Varianz $s^2_{größer} = s^2_1$ steht im Zähler; die kleinere Varianz $s^2_{kleiner} = s^2_2$
im Nenner.** Diese Zuordnung muß unbedingt eingehalten werden, da sonst ein falscher
F-Wert berechnet wird.

(F 7.5)

$$F_{ber} = \frac{s^2_{größer}}{s^2_{kleiner}} = \frac{s_1^2}{s_2^2}$$

Berechnung der Anzahl der Freiheitsgrade ν
$\nu_1 = n_1 - 1$ (n_1 = Umfang der Stichprobe mit der größeren Varianz)
$\nu_2 = n_2 - 1$ (n_2 = Umfang der Stichprobe mit der kleineren Varianz)

Beurteilung
Die Signifikanzschranke SSchr für den F-Test wird aus der F-Tabelle (Tab. XI A-D im
Anhang) abgelesen. In der Tabelle ist die Anzahl der Freiheitsgrade ν_2 auf der Senk-
rechten und die Anzahl der Freiheitsgrade ν_1 auf der Waagerechten dargestellt; im
Schnittpunkt liegt die gesuchte SSchr. Für verschiedene Irrtumswahrscheinlichkeiten α
existieren unterschiedliche Tabellen. Es ist wichtig die Indizes korrekt der Anzahl der
Freiheitsgrade ν zuzuordnen (s.o.), da sonst die falsche SSchr abgelesen wird.
H_0 wird bei $F_{ber} \geq$ SSchr verworfen.

*Beispiel 7.6: F-Test auf Vorliegen homogener Varianzen der Körpermassen in zwei
Gruppen von Labormäusen*

*Zwei Gruppen von Labormäusen werden auf die Wirkung eines Medikaments hin unter-
sucht. Um potentielle Störfaktoren (z.B. schwerere Maus verträgt größere Dosis) möglichst gering zu halten, sollten die Varianzen der aufgetretenen Massenverteilungen bei*

den Mäusen möglichst homogen sein. Die beiden Gruppen weisen bezüglich ihrer Massen Normalverteilung auf. Folgende Varianzen wurden berechnet:

Gruppe 1: $s_1^2 = 25{,}75\ g^2,$ $n_1 = 101$
Gruppe 2: $s_2^2 = 19{,}87\ g^2,$ $n_2 = 71$

1) H_0: $\sigma_1^2 = \sigma_2^2$: Die Varianz der Körpermassen ist homogen.
2) Durchgeführt wird der F-Test. Die Stichprobenverteilungen sind unverbunden und weichen nicht signifikant von der Normalverteilung ab.
3) Wahl des Irrtumsrisikos $\alpha = 0{,}05$
4) Berechnung der Prüfgröße F_{ber}:

$$F_{ber} = \frac{s^2\ \text{größer}}{s^2\ \text{kleiner}} = \frac{s_1^2}{s_2^2} = \frac{25{,}75}{19{,}87} = 1{,}2959$$

5) Anzahl der Freiheitsgrade: $v_1 = n_1 - 1 = 100$; $v_2 = n_2 - 1 = 70$
6) SSchr ($\alpha = 0{,}05$; $v_1 = 100$; $v_2 = 70$) = 1,45 (Tab. XI C im Anhang)
7) Da F_{ber} < SSchr (1,296 < 1,45) kann auf dem 5%igen Signifikanzniveau die Nullhypothese nicht verworfen werden.
8) Mit einer Fehlerwahrscheinlichkeit von 5% läßt sich nicht zeigen, daß die beiden Varianzen heterogen sind. Man geht somit davon aus, daß die Varianzen homogen sind und als Störgröße die Reaktion der Mäuse auf das Medikament nicht beeinflussen.

7.4.2 Mittelwert-Tests (Signifikanztests)

Die Wahl eines geeigneten Mittelwert-Tests ist, wie das Flußdiagramm (Abb. 7.1) zeigt, abhängig von den Ergebnissen der vorangegangenen Tests und von der Struktur der Stichprobe. Mit Hilfe der Mittelwert-Tests läßt sich feststellen, ob zwei Stichproben nicht aus der gleichen Grundgesamtheit stammen beziehungsweise ob die Grundgesamtheiten aus denen die beiden Stichproben stammen, sich signifikant unterscheiden. Man bezeichnet diese Tests deshalb auch oft als Signifikanztests.

7.4.2.1 Der t-Test (Bsp. 7.7)

Der t-Test ist ein parameterbehafteter Test. Er kann als ein- und zweiseitiger Test durchgeführt werden.

Nullhypothese
H_0: $\mu_1 = \mu_2$

Art der Stichproben
unverbundene Stichproben
Umfänge: $n \geq 20$
              Die Stichprobenumfänge der beiden Verteilungen können gleich oder unterschiedlich sein, sie sollten sich aber nicht zu stark unterscheiden.
Variablen: stetig
              Für die Berechnung der Prüfgröße werden nur die Kenngrößen benötigt.

Verteilung: darf nicht signifikant von der Normalverteilung abweichen
Varianzen: homogen

Berechnung der Prüfgröße PG = t

Bei der Berechnung der Prüfgröße muß unterschieden werden, ob der Mittelwert μ bekannt ist (Fall 1, F 7.6), oder ob er durch den Mittelwert $\bar{x}$ der zweiten Stichprobe geschätzt wird (Fall 2 und 3, F 7.7 und F 7.8).

Fall 1: Der Mittelwert $\bar{x}_1$ der Stichprobe und der Mittelwert μ der Grundgesamtheit liegen vor:

(F 7.6)

$$PG = t_{ber} = \frac{|\bar{x} - \mu|}{s} \cdot \sqrt{n} = \frac{|\bar{x} - \mu|}{\dfrac{s}{\sqrt{n}}} = \frac{|\bar{x} - \mu|}{s_{\bar{x}}}$$

Fall 2: Es liegen zwei Mittelwerte $\bar{x}_1$ und $\bar{x}_2$ von zwei Stichproben vor. Die Stichprobenumfänge n_1 und n_2 sind gleich: $n_1 = n_2 = n$.

(F 7.7)

$$PG = t_{ber} = \frac{|\bar{x}_1 - \bar{x}_2|}{\sqrt{s_1^2 + s_2^2}} \cdot \sqrt{n}$$

Fall 3: Es liegen zwei Mittelwerte $\bar{x}_1$ und $\bar{x}_2$ von zwei Stichproben vor. Die Stichprobenumfänge n_1 und n_2 sind ungleich.

(F 7.8)

$$PG = t_{ber} = \frac{|\bar{x}_1 - \bar{x}_2|}{s_t} \cdot \sqrt{\frac{n_1 \cdot n_2}{n_1 + n_2}}$$

$$\text{mit} \quad s_t = \sqrt{\frac{s_1^2 \cdot (n_1 - 1) + s_2^2 \cdot (n_2 - 1)}{n_1 + n_2 - 2}}$$

Berechnung der Anzahl der Freiheitsgrade ν

Fall 1: $\nu = n - 1$
Fall 2: $\nu = n_1 + n_2 - 2 = 2n - 2$
Fall 3: $\nu = n_1 + n_2 - 2$

Beurteilung

Die Signifikanzschranke SSchr für den t-Test wird aus der t-Tabelle (Tab. XII im Anhang) abgelesen.

Ist die Richtung des vermuteten Unterschiedes bekannt, so wird ein **einseitiger Test** durchgeführt und in der t-Tabelle bei α nachgesehen. Die Irrtumswahrscheinlichkeit α liegt dann vollständig auf einer Seite. Ist die Richtung des vermuteten Unterschiedes unbekannt, muß ein **zweiseitiger Test** durchgeführt werden. Es wird bei **2·1/2α** nachgesehen (vgl. 6.3.2 und Bsp. 6.7). Bei einem zweiseitigen Test verteilt sich die Fläche der Irrtumswahrscheinlichkeit α auf beide Seiten der Verteilung.

Für Stichprobenumfänge größer gleich 200 wird die Signifikanzschranke SSchr der z-Tabelle der Normalverteilung entnommen (z = SSchr). Man benutzt für den einseitigen Test Tabelle III (im Anhang) beziehungsweise Tabelle VII (im Anhang) für den zweiseitigen Test. In diesen Tabellen sind die Flächen unter der Normalverteilungskurve gegen die z-Werte aufgetragen.

H_0 wird bei $t_{ber} \geq$ SSchr verworfen.

Beispiel 7.7: t-Test auf Gleichheit der Mittelwerte der Zellatmung bei Leberzellen im Arzneimittel-Test

Es soll getestet werden, ob ein Pharmakon die Atmung von Leberzellen steigert.
Experiment: Es werden $n_u = 30$ unbehandelte Tiere mit $n_b = 35$ behandelten Tieren verglichen. Die betrachteten Werte sind der Sauerstoffverbrauch pro Zeit- und Masseneinheit. (Die Einheit des Meßwerts spielt beim Test keine Rolle und ist deshalb nicht angegeben.)

Urliste der Sauerstoffverbrauchswerte x_u der unbehandelten Tiere :

339, 405, 342, 362, 351, 378, 335, 405, 343, 298, 359, 367, 349, 360, 350, 347, 326, 327, 376, 350, 338, 349, 340, 333, 363, 370, 356, 349, 359, 355.

Urliste der Sauerstoffverbrauchswerte x_b der behandelten Tiere:

401, 340, 401, 442, 361, 410, 415, 399, 402, 408, 392, 401, 411, 399, 389, 404, 403, 409, 408, 400, 396, 385, 401, 420, 416, 397, 406, 412, 403, 401, 399, 406, 408, 415, 400.

1) H_0: Der durchschnittliche Sauerstoffverbrauch der behandelten und unbehandelten Tiere ist gleich: $\mu_b = \mu_u$
2) Durchgeführt wird der t-Test.
   Die Stichproben sind unverbunden, stetig und normalverteilt (David-Schnelltest: PG_u = 4,97; $SSchr_{unten} = 3,47$ und $SSchr_{oben} = 7,62$ bei $\alpha = 5\%$; $PG_b = 6,24$; $SSchr_{unten} = 3,58$ und $SSchr_{oben} = 8,25$ bei $\alpha = 5\%$). Der Stichprobenumfang ist $n > 20$ und unterscheidet sich in den Stichproben nicht zu stark. Die Varianzen sind homogen (F-Test: $F_{ber} = 1,73$; SSchr = 1,80 bei $\alpha = 5\%$).
3) Das zulässige Irrtumsrisiko α wird auf $\alpha = 0,01$ festgelegt. Es wird einseitig getestet, da durch das Medikament ein Herabsetzten der Atmung der Leberzellen theoretisch nicht möglich ist. Es ist also eine Richtung des Unterschieds vorgegeben.
4) Es handelt sich um ungleich große Stichproben (Fall 3).

$$\overline{X}_u = 352,7; \qquad s_u = 21,5; \qquad s_u^2 = 462,3; \qquad n_u = 30;$$

$$\overline{X}_b = 401,7; \qquad s_b = 16,3; \qquad s_b^2 = 265,7; \qquad n_b = 35;$$

$$s_t = \sqrt{\frac{s_u^2 \cdot (n_u - 1) + s_b^2 \cdot (n_b - 1)}{n_u + n_b - 2}} = \sqrt{\frac{462,3 \cdot 29 + 265,7 \cdot 34}{30 + 35 - 2}} = 18,87$$

$$t_{ber} = \frac{|\overline{x}_1 - \overline{x}_2|}{s_t} \cdot \sqrt{\frac{n_1 \cdot n_2}{n_1 + n_2}} = \frac{|352,7 - 401,7|}{18,87} \cdot \sqrt{\frac{30 \cdot 35}{30 + 35}} = 10,43$$

5) Anzahl der Freiheitsgrade: $v = n_b + n_u - 2 = 35 + 30 - 2 = 63$
6) SSchr ($\alpha = 0,01$ (einseitig), $v = 63$) = 2,387 (Tab. XII im Anhang)

*7) Da t_{ber} > SSchr (10,43 > 2,387) kann die Nullhypothese mit einer Irrtumswahrschein-
lichkeit von 1% verworfen werden.*

*8) Schlußfolgerung: Unter den gegebenen Bedingungen kann man auf einem Fehlerni-
veau von 1% annehmen, daß das Pharmakon tatsächlich die Atmung von Leberzellen
steigert.*

7.4.2.2 Der Lord-Test (Bsp. 7.8)

Der Lord-Test ist ein parameterbehafteter Test. Er kann als ein- und zweiseitiger Test
durchgeführt werden.

Nullhypothese
H_0: $\mu_1 = \mu_2$

Art der Stichproben
unverbundene Stichproben
Umfänge: $n \leq 20$
 Die Stichprobenumfänge der beiden Verteilungen müssen gleich sein: $n_1 = n_2$
Variablen: diskret oder stetig
 Für die Berechnung der Prüfgröße werden nur Kenngrößen benötigt.
Verteilung: dürfen nicht signifikant von der Normalverteilung abweichen
Varianzen: müssen homogen sein

Berechnung der Prüfgröße PG = u
Der Betrag der Differenzen der Mittelwerte $\bar{x}_1$ und $\bar{x}_2$ der beiden Verteilungen wird in
Relation zur halben Summe der beiden Spannweiten R_1 und R_2 gesetzt (F 7.9).

$$\text{(F 7.9)}$$

$$u = \frac{\left| \bar{x}_1 - \bar{x}_2 \right|}{\dfrac{R_1 + R_2}{2}}$$

Berechnung der Anzahl der Freiheitsgrade ν: n = ν_1 = ν_2

Beurteilung
Die Signifikanzschranke SSchr für den Lord-Test wird aus Tabelle XIII im Anhang
abgelesen.
H_0 wird bei $t_{ber} \geq$ SSchr verworfen.

Beispiel 7.8: Lord-Test auf Gleichheit der Mittelwerte bei der Milchproduktion

*Auf einem Bauernhof wird untersucht, ob Kühe, die im Stall Musik hören, im Durch-
schnitt mehr Milch geben als Kühe, denen die musikalische Unterhaltung verwehrt bleibt
(Werte in Tabelle 7.5)*

1) H_0: Kühe, die Musik hören, geben im Durchschnitt genau soviel Milch wie Kühe, die keine Musik hören: $\mu_m = \mu_{om}$ (m = Kühe mit Musik, om = Kühe ohne Musik)

2) Durchgeführt wird der Lord-Test.
Die Stichproben sind unverbunden und es liegt Normalverteilung vor (David-Schnelltest: $PG_m = 2{,}70$; $PG_{om} = 2{,}59$; $SSchr_{unten} = 2{,}15$ und $SSchr_{oben} = 2{,}83$ bei $\alpha = 5\%$). Die Varianzen sind homogen (F-Test: $F_{ber} = 1{,}53$; $SSchr = 6{,}39$) und die Stichprobenumfänge sind gleich und n < 20.

3) Das Irrtumsrisiko $\alpha = 0{,}01$. Es wird ein einseitiger Test durchgeführt, da vorausgesetzt ist, daß die musikhörenden Kühe nicht weniger Milch geben als andere Kühe.

Tab. 7.5: Mittlerer Milchertrag von 5 Kühen pro Tag

1	*2*
Milchproduktion pro Tag Kühe mit Musik	*Milchproduktion pro Tag der Kühe ohne Musik*
x_m	x_{om}
l/d	*l/d*
35,1	*33,2*
36,7	*36,5*
33,0	*35,4*
34,5	*36,1*
35,6	*35,2*

4) $\bar{x}_m = 34{,}98\ l$; $n_m = 5$; $R_m = 36{,}7\ l/d - 33{,}0\ l/d = 3{,}7\ l/d$

     $\bar{x}_{om} = 35{,}28\ l$; $n_{om} = 5$; $R_{om} = 36{,}5\ l/d - 33{,}2\ l/d = 3{,}3\ l/d$

$$u = \frac{\left| \bar{x}_m - \bar{x}_{om} \right|}{\dfrac{R_m + R_{om}}{2}} = \frac{\left| 34{,}98 - 35{,}28 \right|}{\dfrac{3{,}7 + 3{,}3}{2}} = 0{,}086$$

5) Anzahl der Freiheitsgrade: $\nu = n = 5$

6) $SSchr (\nu = n = 5;\ \alpha = 0{,}01) = 0{,}77$ (Tab. XIII im Anhang)

7) Da u < SSchr (0,09 < 0,77) kann auf einem Signifikanzniveau von 1% die Nullhypothese nicht verworfen werden, d.h. es konnte nicht gezeigt werden, daß sich die beiden Mittelwerte unterscheiden.

8) Es gelingt mit 1% Irrtumswahrscheinlichkeit nicht nachzuweisen, daß Kühe mit Musik im Stall mehr Milch geben als Kühe ohne Musik.

7.4.2.3 Der Welch-Test (Bsp. 7.9)

Der Welch-Test ist ein parameterbehafteter Test. Er kann als ein- und zweiseitiger Test durchgeführt werden.

Nullhypothese
H_0: $\mu_1 = \mu_2$

Art der Stichproben
unverbundene Stichproben
Umfang: bei großem Stichprobenumfang: n > 20

Variablen: diskret oder stetig
               Für die Berechnung der Prüfgröße werden nur die Kenngrößen benötigt.
Verteilung: muß normalverteilt sein
Varianzen: beliebig

Berechnung der Prüfgröße PG = t
Bei diesem Test besteht - wie beim t-Test - die Möglichkeit, die Prüfgröße t (F 7.10 und F 7.11) sowohl bei gleich großen Stichprobenumfängen als auch bei ungleichen Stichprobenumfängen zu berechnen.

<u>Fall 1</u>: Es liegen zwei Mittelwerte $\bar{x}_1$ und $\bar{x}_2$ von zwei Stichproben vor. Die Stichprobenumfänge n_1 und n_2 sind gleich.

(F 7.10)

$$t = \frac{\left|\bar{x}_1 - \bar{x}_2\right|}{\sqrt{\dfrac{s_1^2 + s_2^2}{n}}}$$

<u>Fall 2</u>: Es liegen zwei Mittelwerte $\bar{x}_1$ und $\bar{x}_2$ von zwei Stichproben vor. Die Stichprobenumfänge n_1 und n_2 sind ungleich.

(F 7.11)

$$t = \frac{\left|\bar{x}_1 - \bar{x}_2\right|}{\sqrt{\dfrac{s_1^2}{n_1} + \dfrac{s_2^2}{n_2}}}$$

Berechnung der Anzahl der Freiheitsgrade v (F 7.12):
<u>Fall 1</u>:

(F 7.12)

$$v = (n - 1) + \frac{2n - 2}{\dfrac{s_1^2}{s_2^2} + \dfrac{s_2^2}{s_1^2}}$$

<u>Fall 2</u>:

(F 7.13)

$$v = \frac{\left(\dfrac{s_1^2}{n_1} + \dfrac{s_2^2}{n_2}\right)^2}{\dfrac{\left(\dfrac{s_1^2}{n_1}\right)^2}{n_1 - 1} + \dfrac{\left(\dfrac{s_2^2}{n_2}\right)^2}{n_2 - 1}}$$

Beurteilung
Die Signifikanzschranke SSchr für den Welch-Test wird für Stichproben mit $n \leq 200$ aus der t-Tabelle (Tab. XII im Anhang) abgelesen. Sind die Stichprobenumfänge größer 200 wird die Signifikanzschranke, wie beim t-Test auch, der z-Tabelle der Normalverteilung

entnommen (Tab. III und VII im Anhang). Das Vorgehen beim ein- und zweiseitigen Test entspricht dem beim t-Test beschriebenen (s. 7.4.2.1).

H_0 wird bei $t_{ber} \geq SSchr$ verworfen.

Beispiel 7.9: Welch-Test auf Gleichheit der mittleren Wachstumsrate unterschiedlich gedüngter Amaryllispflanzen

Eine Gärtnerei möchte wissen, welche der beiden angebotenen Düngersorten bei Amaryllispflanzen das Wachstum am stärksten fördern. Sie düngen deshalb 23 Pflanzen mit Dünger 1 und 23 Pflanzen mit Dünger 2 und beobachten das Blattwachstum in den darauffolgenden Wochen (Werte in Tab. 7.6).

Tab. 7. 6: Meßwerte der Längenzunahmen nach der ersten Woche nach der Düngung bei Pflanzen, die mit Dünger 1 oder Dünger 2 behandelt wurden.

1	2	1	2
Mittlere Längenzunahme nach der 1. Woche bei Pflanzen mit Dünger 1	*Mittlere Längenzunahme nach der 1. Woche bei Pflanzen mit Dünger 2*	*Mittlere Längenzunahme nach der 1. Woche bei Pflanzen mit Dünger 1*	*Mittlere Längenzunahme nach der 1. Woche bei Pflanzen mit Dünger 2*
x_1	x_2	x_1	x_2
cm	*cm*	*cm*	*cm*
0,5	0,8	2,6	3,2
2,9	2,4	0,8	1,4
1,7	3,3	2,1	2,9
1,5	2,0	1,7	2,2
1,7	2,7	1,7	1,9
1,8	3,0	1,9	1,4
2,4	1,5	1,4	1,6
0,6	1,8	1,3	1,6
1,1	1,0	1,1	2,3
2,3	2,0	1,2	2,9
2,7	2,4	0,9	2,3
2,5	2,9		

1) *H_0: Dünger 1 bewirkt die gleiche mittleren Längenzunahme der Blätter wie Dünger 2.*
   H_0: $\mu_1 = \mu_2$
2) *Durchgeführt wird der Welch-Test.*
   Die Stichproben sind unverbunden und normalverteilt (David-Schnelltest: $\alpha = 5\%$: $PG_1 = 3,51$; $PG_2 = 3,56$; $SSchr_u$ $(n = 23) = 3,34$; $SSchr_o$ $(n = 23) = 6,16$). Der Stichprobenumfang ist $n > 20$. Ein Test der Varianzhomogenität ist nicht erforderlich.
3) *Es wird ein zweiseitiger Test durchgeführt, da die Richtung des Unterschieds nicht bekannt ist. Irrtumswahrscheinlichkeit $\alpha = 0,05$*
4) *Die Prüfgröße t berechnet sich zu:* $\bar{x}_1 = 1,67\,cm$; $\quad s_1^2 = 0,47\,cm^2$; $\quad n_1 = 23$

$$\bar{x}_2 = 2,15\,cm; \quad s_2^2 = 0,49\,cm^2; \quad n_2 = 23$$

$$n = n_1 = n_2 = 23$$

$$t = \frac{|\bar{x}_1 - \bar{x}_2|}{\sqrt{\dfrac{s_1^2 + s_2^2}{n}}} = \frac{|1,67 - 2,15|}{\sqrt{\dfrac{0,47 + 0,49}{23}}} = 2,35$$

5) v berechnet sich für $n_1 = n_2$ zu:

$$v = (n-1) + \frac{2n - 2}{\dfrac{s_1^2}{s_2^2} + \dfrac{s_2^2}{s_1^2}} = (23-1) + \frac{2 \cdot 23 - 2}{\dfrac{0,47}{0,49} + \dfrac{0,49}{0,47}} = 22 + 21,9704 = 43,98 \approx 44$$

6) SSchr (v = 44; $\alpha = 2 \cdot 1/2\alpha = 0,05$ (zweiseitig) = 2,0154 (Tab. XII im Anhang).

7) Da PG > SSchr (2,35 > 2,0154) muß somit die Nullhypothese bei einer Irrtumswahrscheinlichkeit von 5% verworfen werden.

8) Damit wurde bei einer Fehlerwahrscheinlichkeit von 5% gezeigt, daß die beiden Dünger das Längenwachstum der Blätter unterschiedlich beeinflussen.

7.4.2.4 Der Weir-Test (Bsp. 7.10)

Der Weir-Test ist ein parameterbehafteter Test.
Bei diesem Test besteht nicht die Möglichkeit zwischen ein- und zweiseitigem Test zu unterscheiden. Die Irrtumswahrscheinlichkeit ist auf 5% festgelegt. Die Signifikanzschranke ist von der Anzahl der Freiheitsgrade v unabhängig und beträgt immer 2.

Nullhypothese
$H_0: \mu_1 = \mu_2$

Art der Stichproben
unverbundene Stichproben

Umfang:	klein: $3 \leq n \leq 20$
	Die beiden Verteilungen müssen denselben Umfang haben: $n_1 = n_2$.
Variablen:	diskret oder stetig
	Für die Berechnung der Prüfgröße werden nur die Kenngrößen benötigt
Verteilung:	müssen nur annähernd normalverteilt sein
Varianzen:	beliebig: homogen oder heterogen

Berechnung der Prüfgröße PG = t (F 7.14)

(F 7.14)

$$t = \frac{\left| \overline{x}_1 - \overline{x}_2 \right|}{\sqrt{\dfrac{(n_1 - 1) \cdot s_1^2 + (n_2 - 1) \cdot s_2^2}{n_1 + n_2 - 4} \cdot \left(\dfrac{1}{n_1} + \dfrac{1}{n_2} \right)}}$$

Berechnung der Anzahl der Freiheitsgrade v
Die Berechnung der Anzahl der Freiheitsgrade v ist nicht relevant, da keine tabellierte Prüfverteilung vorliegt, sondern die Signifikanzschranke bei einer Irrtumswahrscheinlichkeit von 5% auf den Wert 2 festgelegt ist.

Beurteilung
H_0 wird bei $t_{ber} \geq 2$ verworfen.

Beispiel 7.11: Weir-Test auf Gleichheit der Fertilität von Mäusen bei der Fütterung mit und ohne Vitamin D

In diesem Experiment soll geprüft werden, ob Vitamin D Auswirkungen auf die Fertilität weiblicher Labormäuse hat. Es wurden jeweils 6 Weibchen getestet. Die Anzahl der lebenden Jungen pro Jahr wurde gezählt (Werte in Tab.7.7).

Tab. 7.7: Anzahl der lebend geborenen Jungen in der mit Vitamin D behandelten Gruppe und einer Kontrollgruppe

1	*2*
Mäuse ohne Vitamin D	*Mäuse mit Vitamin D*
x_{oD}	x_{mD}
Junge/Jahr = a^{-1}	*Junge/Jahr = a^{-1}*
14	*15*
17	*17*
16	*17*
16	*16*
17	*19*
17	*16*
$\Sigma = 97;\ \bar{x} = 16,2;\ s = 1,2$	*$\Sigma = 100;\ \bar{x} = 16,7;\ s = 1,4$*

1) H_0: *Die weiblichen Labormäuse, die Vitamin D bekommen, bringen im Mittel genauso viele lebende Jungen pro Jahr zur Welt wie diejenigen, die kein Vitamin D bekommen haben.*

   $H_0: \mu_1 = \mu_{oD} = \mu_{mD}$
2) *Durchgeführt wird der Weir-Test, da die unverbundenen Stichproben normalverteilt sind und der Stichprobenumfang zwischen n = 3 und n = 20 liegt (David-Schnelltest: $PG_{oD} = 2,57;\ PG_{mD} = 2,93;\ SSchr_u = 2,28;\ SSchr_o = 3,16$).*
3) *Die Fehlerwahrscheinlichkeit $\alpha = 5\%$. Der Test wird zweiseitig durchgeführt, da die Richtung der Beeinflussung nicht bekannt ist.*
4) *Die PG berechnet sich zu:* $\bar{x}_{oD} = 16,1667\ a^{-1};\ s_{oD}^2 = 1,3667\ a^{-2},\quad n_{oD} = n_{mD} = 6$

   $\bar{x}_{mD} = 16,6667\ a^{-1};\ s_{mD}^2 = 1,8667\ a^{-2},\quad n_{oD} = n_{mD} = 6$

$$t = \frac{\left| \bar{x}_{oD} - \bar{x}_{mD} \right|}{\sqrt{\dfrac{(n_{oD} - 1) \cdot s_{oD}^2 + (n_{mD} - 1) \cdot s_{mD}^2}{n_{oD} + n_{mD} - 4} \cdot \left(\dfrac{1}{n_{oD}} + \dfrac{1}{n_{mD}} \right)}} =$$

$$= \frac{|16,2 - 16,7|}{\sqrt{\dfrac{(6 - 1)\cdot 1,44 + (6 - 1)\cdot 1,96}{6 + 6 - 4} \cdot \left(\dfrac{1}{6} + \dfrac{1}{6} \right)}} = \frac{|0,5|}{\sqrt{\dfrac{7,2 + 9,8}{8}} \cdot 0,333} = 1,03$$

5) *Die Anzahl der Freiheitsgrade ν wird für den Test nicht benötigt*
6) *SSchr = 2 (festgelegt für alle ν bei einer Fehlerwahrscheinlichkeit $\alpha = 5\%$)*
7) *Da PG < SSchr (1,03 < 2), kann die Nullhypothese bei einer Fehlerwahrscheinlichkeit von 5% nicht verworfen werden.*
8) *Auf dem angegebenen Fehlerniveau von 5% konnte kein Einfluß von Vitamin D auf die Fertilität weiblicher Labormäuse nachgewiesen werden.*

7.4.2.5 Der U-Test (Mann and Whitney-Test) (Bsp. 7.12 und 7.13)

Der U-Test ist ein parameterfreier Test. Er kann als ein- und zweiseitiger Test durchgeführt werden. Bei starken Verteilungsunterschieden sollte der U-Test nicht angewandt werden. In solchen Fälle ist z.B. der Median-Test geeignet (s. weiterführende Literatur).

Nullhypothese
$H_0: \mu_1 = \mu_2$

Art der Stichproben
unverbundene Stichproben
Umfang: beliebig
            Die Umfänge dürfen nicht zu stark voneinander abweichen. Ist n_1 und n_2
            > 20, wird eine Näherungsformel verwendet.
Variablen: nur stetige
Verteilung: beliebig
            Die Stichproben müssen annähernd die gleiche Verteilung aufweisen.
Varianzen: beliebig: homogen oder heterogen

Berechnung der Prüfgröße PG = U
Die Meßwerte der beiden zu vergleichenden Stichproben werden gemeinsam in aufsteigender Reihenfolge sortiert und durchnumeriert. Diese Nummern werden als Rangzahlen rz bezeichnet. Die Anzahl n der Rangzahlen rz entspricht der Summe der beiden Stichprobenumfänge $n_1 + n_2$. Die Summe der auf eine Stichprobe entfallenden Rangzahlen rz bezeichnet man mit RZ. Sie dient als Grundlage zur Berechnung der Prüfgröße U. Der U-Test wird deshalb auch als Rangsummen-Test bezeichnet.
Für die Stichprobe 1 und die Stichprobe 2 berechnet sich U (F 7.15) zu:

(F 7.15)

$$U_1 = n_1 \cdot n_2 + \frac{n_1 \cdot (n_1 + 1)}{2} - RZ_1 \quad \text{und} \quad U_2 = n_1 \cdot n_2 + \frac{n_2 \cdot (n_2 + 1)}{2} - RZ_2$$

Die benötigte Prüfgröße U ist der kleinere der beiden berechneten U-Werte.

Eine Kontrolle (F 7.16) der Rechnung erfolgt mit:

(F 7.16)

$$U_1 + U_2 = n_1 \cdot n_2$$

Da es sich um stetige Werte handelt, tritt theoretisch jeder Wert nur einmal auf. Folglich hat auch jeder Wert eine eigene Rangzahl rz. Durch grobe Meßmethoden treten aber auch bei der Messung stetiger Merkmale gleiche Werte auf, sogenannte Bindungen. Die zugeordnete Rangzahl wird dann gemittelt (Bsp. 7.11).

Beispiel 7.11: Festlegung der Rangzahlen beim U-Test

Die Ränge 10, 11 und 12 sind mit dem gleichen Wert belegt. Für alle drei Werte wird in diesem Fall die gemittelte Rangzahl $\overline{rz}$ festgelegt:

$$\overline{rz} = \frac{10 + 11 + 12}{3} = 11$$

Die Reihenfolge der Rangzahlen lautet dann: ... 8 9 11 11 11 13 14 ....

Berechnung der Anzahl der Freiheitsgrade: $v_1 = n_1$ und $v_2 = n_2$

Beurteilung

1. Die Prüfgröße PG = U bei kleinen Stichprobenumfängen (n_1 und $n_2 \leq 20$)
Die Signifikanzschranke SSchr für den U-Test wird aus der U-Tabelle (Tab. XIV im Anhang) abgelesen. Der Aufbau dieser Tabelle ist ähnlich dem der F-Tabelle (s.7.4.1.1).
H_0 wird bei U $\leq$ SSchr verworfen. $\leftarrow$ACHTUNG !! (umgekehrt als die anderen Tests)

2. Die Prüfgröße PG = U´ bei großen Stichprobenumfängen (n_1 und $n_2 \geq 20$)
Bei Stichproben mit großem Meßumfang existiert eine Approximation, die es ermöglicht, die benötigte Signifikanzschranke aus der z-Tabelle der Normalverteilung zu entnehmen (Tab. III und VII im Anhang, vgl. 7.4.2.1). Die berechnete Prüfgröße U muß dazu in U´ (F 7.17) umgewandelt werden:

(F 7.17)

$$U' = \frac{\left| U - \dfrac{n_1 \cdot n_2}{2} \right|}{\sqrt{\dfrac{n_1 \cdot n_2 \, (n_1 + n_2 + 1)}{12}}}$$

Die Anzahl der Freiheitsgrade ist für das Ablesen der Signifikanzschranke aus der z-Tabelle nicht relevant.
H_0 wird bei U´ $\geq$ SSchr verworfen. (Hier ist das Beurteilungskriterium wieder wie bei allen anderen Tests.)

Beispiel 7.12: U-Test auf Gleichheit der Mittelwerte der Körpermassen von Männern und Frauen (kleine Stichprobe)

Verglichen werden die Körpermassen (kg) von 11 Männern und 11 Frauen im Alter von 20 bis 25 Jahren. Der Test soll zeigen, ob die Annahme, daß Frauen im Durchschnitt leichter sind als Männer, nachgewiesen werden kann (Werte in Tab. 7.8)

1) H_0: $\mu_1 = \mu_2$
2) Durchgeführt wird der U-Test, da die Massen der zufällig ausgewählten Personen nicht normalverteilt sind. Die Stichproben sind unverbunden und stetig.
3) Irrtumswahrscheinlichkeit von $\alpha = 5\%$ (einseitiger Test, da vorausgesetzt wird, daß Frauen leichter sind).
4) Berechnung der Prüfgröße U (Berechnung der RZ-Werte s. Tabelle 7.8):

$$U_w = n_w \cdot n_m + \frac{n_w \cdot (n_w + 1)}{2} - R_w - RZ_w = 11 \cdot 11 + \frac{11 \cdot 12}{2} - 103{,}5 = 83{,}5$$

$$U_m = n_w \cdot n_m + \frac{n_m \cdot (n_m + 1)}{2} - R_m - RZ_m = 11 \cdot 11 + \frac{11 \cdot 12}{2} - 149{,}5 = 37{,}5$$

Die Prüfgröße ist der kleinere der beiden U-Werte, also gilt: U = 37,5.
Kontrolle: $U_w + U_m = n_w \cdot n_m$: $83{,}5 + 37{,}5 = 11 \cdot 11 = 121$

Tab. 7.8: Massen der 11 Männer und Frauen, Angabe der Ränge und Berechnung der Rangsummen. Die Masse 68,2 kg kommt in der Tabelle zweimal vor. Das bedeutet, daß diesen beiden Werten derselbe gemittelte Rang zugeteilt werden muß: rz(gemittelt) = (8 + 9) / 2 = 8,5. Der Rang 8,5 wird in der Tabelle zweimal vergeben und die Ränge 8 und 9 dürfen nicht zugeteilt werden.

1	2	3	4
Rangzahl	Körpermassen der Frauen	Körpermassen der Männer	Rangzahl
rz_w	M_w	M_m	rz_m
-	kg	kg	-
1	47,1	60,8	5
2	47,4	64,6	7
3	51,6	68,2	8,5
4	58,8	72,1	10
6	63,5	74,6	12
8,5	68,2	77,1	13
11	72,5	78,3	14
15	78,7	82,2	17
16	81,4	88,5	20
18	83,4	96,4	21
19	84,8	103,5	22
$\Sigma(rz_w) = RZ = 103,5$			$\Sigma(rz_m) = RZ = 149,5$

5) Die Anzahl der Freiheitsgrade: $v_w = n_w = 11$ und $v_m = n_m = 11$

6) Es handelt sich hier um eine kleine Stichprobe. Die Signifikanzschranke kann somit direkt in Tabelle XIV (im Anhang) abgelesen werden: $SSchr(v_w = 11, v_m = 11, \alpha = 5\%$ (einseitig)) = 100.

*7) Da **PG** < **SSchr** (37,5 < 100) kann die Nullhypothese mit einer Irrtumswahrscheinlichkeit von 5% **verworfen** werden (**Ausnahme!**).*

8) Auf einem Fehlerniveau von 5% kann gezeigt werden, daß Frauen im Durchschnitt eine geringere Körpermasse aufweisen als Männer.

Beispiel 7.13: U-Test bei großen nicht normalverteilten Stichproben

1 – 4) Für eine Stichprobe mit großen Stichprobenumfängen ($n_1 = 30$; $n_2 = 40$) wird eine Prüfgröße U = 520 berechnet. Um die SSchr der z-Tabelle entnehmen zu können, muß U´ berechnet werden ($H_0 = \mu_1 = \mu_2$; $\alpha = 5\%$):

$$U' = \frac{\left| U - \dfrac{n_1 \cdot n_2}{2} \right|}{\sqrt{\dfrac{n_1 \cdot n_2 (n_1 + n_2 + 1)}{12}}} = \frac{\left| 520 - \dfrac{30 \cdot 40}{2} \right|}{\sqrt{\dfrac{30 \cdot 40 (30 + 40 + 1)}{12}}} = 0,9494$$

5) v ist für alle SSchr bei großen Stichproben gleich.

6) Ablesen der Signifikanzschranke in der z-Tabelle:

  SSchr($\alpha = 5\%$, einseitig) = 1,6449 (Tab. III im Anhang)

  SSchr($\alpha = 5\%$, zweiseitig) = 1,96 (Tab. VII im Anhang)

7) Da U´ < SSchr, kann H_0 nicht verworfen werden.

8) Auf einem Fehlerniveau von 5% kann davon ausgegangen werden, daß die Mittelwerte gleich sind.

7.5 Kenngrößentests zum Vergleich zweier abhängiger Stichproben

7.5.1 Paardifferenzentests

Sind die zu vergleichenden Stichproben verbunden, so läßt sich durch einen **Test für Paardifferenzen** feststellen, ob beide Stichproben dieselbe Grundgesamtheit repräsentieren. (Man befindet sich nun in der rechten Hälfte des Flußdiagramms Abb. 7.1)

An dieser Stelle muß der Begriff der Grundgesamtheit nochmals näher erläutert werden. Nach der Definition wurde festgelegt, daß Individuen einer Gruppe, an denen unter gleichen Bedingungen dasselbe Merkmal erfaßt werden kann, eine Grundgesamtheit bezüglich dieses Merkmals bilden. Der Test auf Paardifferenzen prüft nun, ob beim Erfassen des Merkmals mit unterschiedlichen Methoden kongruente Bedingungen herrschen und folglich das erhaltene Datenmaterial aus einer Grundgesamtheit stammt, obwohl mit verschiedenen Methoden gearbeitet wurde.

Im Experiment werden Messungen mit zwei verschiedenen Meßmethoden durchgeführt. Die Realisationen der Zufallsvariablen bei der Anwendung von Methode A werden mit $x_{A1}, x_{A2}, \ldots, x_{An}$ bezeichnet. Die Ergebnisse von Methode B sind analog $x_{B1}, x_{B2}, \ldots, x_{Bn}$. Die Meßwerte mit gleichem Zahlenindex sind am selben Objekt gemessen und bilden ein "Paar".

Die berechneten Paare müssen zur Durchführung eines t-Tests für Paardifferenzen normalverteilt sein; die Verteilung der Stichprobenwerte selbst spielt keine Rolle. Beim Wilcoxon-Test müssen weder die Paardifferenzen noch die Stichprobenwerte normalverteilt sein.

Die Nullhypothese lautet für den Paardifferenzentest: Die mittlere Paardifferenz ist Null. Dies trifft zu, wenn die beiden Stichproben die gleiche Grundgesamtheit beschreiben.

Das Symbol für alle Paardifferenzen der Grundgesamtheit ist $\bar{\delta}$, für die Stichprobe werden die mittleren Paardifferenzen mit $\bar{d}$ abgekürzt.

Die Kurzform der Nullhypothese lautet folglich: H_0: $\bar{\delta} = 0$

Kann die Nullhypothese nicht verworfen werden, so werden durch beide Meßmethoden Daten generiert, die in Verteilung, Varianz und Mittelwert übereinstimmen und somit zu einer Grundgesamtheit gehören.

7.5.1.1 Der t-Test für Paardifferenzen (Bsp. 7.14)

Der t-Test für Paardifferenzen ist ein parameterbehafteter Test, das bedeutet, daß die Paardifferenzen der vorliegenden Stichprobendaten normalverteilt sein müssen. Die Stichproben selbst müssen nicht normalverteilt sein.

Der t-Test für Paardifferenzen kann als ein- und zweiseitiger Test durchgeführt werden.

Nullhypothese

H_0: mittlere Paardifferenz $\bar{\delta} = 0$

Art der Stichproben

verbundene Stichproben

Umfang: $n \geq 20$

Die Stichprobenumfänge der zu vergleichenden Verteilungen müssen gleich sein: $n_A = n_B = n$.

Variablen: stetig

Verteilung: Stichproben können beliebige Verteilungen haben; die Paardifferenzen müssen normalverteilt sein. Bei der Prüfung auf Normalverteilung der Paardifferenzen werden die Vorzeichen berücksichtigt.

Berechnung der Prüfgröße PG = t_{PD}

Zunächst werden die einzelnen Paardifferenzen d (F 7.18) aus den Ergebnissen von Methode A (x_A-Werte) und Methode B (x_B-Werte) berechnet.

(F 7.18)

$$d_i = x_{A\,i} - x_{B\,i}$$

In die Berechnung der Prüfgröße PG = t_{PD} (F 7.19) gehen der Mittelwert der Paardifferenzen $\overline{d}$ (F 7.20) und deren Standardabweichung s_d (F 7.21) ein.

(F 7.19)

$$\overline{d} = \frac{\sum d_i}{n}$$

(F 7.20)

$$s_d = \sqrt{\frac{\sum (d_i - \overline{d})^2}{n - 1}}$$

(F 7.21)

$$t_{PD} = \frac{\overline{d}}{s_d} \sqrt{n}$$

Berechnung des Freiheitsgrades ν: $\nu = n - 1$

Beurteilung

Die Signifikanzschranke SSchr für den t-Test für Paardifferenzen wird auch aus der t-Tabelle abgelesen (Tab. XII im Anhang).

H_0 wird bei $t_{PD} \geq$ SSchr verworfen.

Beispiel 7.14: t-Test auf Gleichheit einer Standard- und einer Schnellmethode

Die Ergebnisse eines Versuchs, in dem nach einer Standardmethode (Methode A) und einer Schnellmethode (Methode B) die Konzentrationen von Glukoselösungen bestimmt wurden, sollen auf Gleichheit getestet werden. Es wurden 24 Lösungen verschiedener Konzentrationen getestet.

1) H_0 : Die mittlere Paardifferenz $\overline{\delta}$ ist gleich Null: $\overline{\delta} = 0$
   Standardmethode A = Schnellmethode B

2) *Durchgeführt wird der t-Test für Paardifferenzen*
   Die Paardifferenzen der verbundenen Stichproben sind normalverteilt (David-Schnelltest: PG = 3,9756, SSchr$_u$ = 3,34, SSchr$_o$ = 6,16 bei α = 5%). Die Stichprobenumfänge sind gleich und das betrachtete Merkmal ist stetig.

3) *Irrtumswahrscheinlichkeit $\alpha = 2 \cdot 1/2\alpha = 0,05$; zweiseitig, da die Richtung des möglichen Unterschiedes nicht bekannt ist.*

4) *Berechnung der Prüfgröße t_{PD}*

Tab. 7. 9: Meßwerte der 24 Proben für Methode A und Methode B. Errechnet sind auch die Differenzen zwischen den Meßwerten und deren Quadrate und das Quadrat des Abstands zum Mittelwert.

1	2	3	4	5
Proben-nummer	Standardmethode A	Schnellmethode B	Differenz	
Nr.	$x_{A\,i}$	$x_{B\,i}$	d_i	$(d_i - \overline{d})^2$
	$mg\ l^{-1}$	$mg\ l^{-1}$	$mg\ l^{-1}$	$mg^2\ l^{-2}$
1	259	258	1	0,81
2	255	257	-2	3,61
3	261	262	-1	0,81
4	252	255	-3	8,41
5	252	257	-5	24,01
6	268	279	-11	118,81
7	222	230	-8	62,41
8	230	239	-9	79,21
9	268	267	1	0,81
10	270	270	0	0
11	268	267	1	0,81
12	264	261	3	8,41
13	269	261	8	62,41
14	264	263	1	0,81
15	233	235	-2	3,61
16	244	247	-3	8,41
17	231	228	3	8,41
18	251	241	10	98,01
19	250	247	3	8,41
20	275	266	9	79,21
21	237	235	2	3,61
22	244	240	4	15,21
23	285	285	0	0
$n = 23$			$\Sigma = 2$	$\Sigma = 596,21$

Aus den $n = 23$ Differenzen aus Tabelle 7.9 werden der Mittelwert $\overline{d}$ und die Standardabweichung s_d der Paardifferenzen und die Prüfgröße t_{PD} berechnet.

$$\overline{d} = \frac{\Sigma d_i}{n} = \frac{2\ mg\ l^{-1}}{23} = 0,1\ mg\ l^{-1}$$

$$s_d = \sqrt{\frac{\Sigma (d_i - \overline{d})^2}{n - 1}} = \sqrt{\frac{596,21\ mg^2\ l^{-1}}{22}}\ 5,21\ mg\ l^{-1}$$

$$t_{PD} = \frac{\overline{d}}{s_d} \cdot \sqrt{n} = \frac{0,1 \; mg \; l^{-1}}{5,21 \; mg \; l^{-1}} \sqrt{23} = 0,092$$

5) *Die Anzahl der Freiheitsgrade berechnet sich zu: $v = 23 - 1 = 22$.*
6) *SSchr ($v = 22$; $2 \cdot \frac{1}{2}\alpha = 0,05$) = 2,0739 (Tab. XII im Anhang); zweiseitiger Test, da keine Richtung des Unterschieds bekannt ist.*
7) *Da PG < SSchr (0,092 < 2,0739), kann mit einer Fehlerwahrscheinlichkeit von 5% die Nullhypothese nicht verworfen werden.*
8) *Es spricht bei einem Irrtumsrisiko von 5% nichts gegen die Annahme, daß die Schnellmethode die gleiche Genauigkeit wie die Standardmethode zeigt.*

7.5.1.2 Der Wilcoxon-Test (Bsp. 7.15)

Der Wilcoxon-Test ist ein paramerterfreier Test. Weder die Paardifferenzen noch die Stichprobenwerte müssen normalverteilt sein. Er kann als ein- und zweiseitiger Test durchgeführt werden.

Nullhypothese

H_0: mittlere Paardifferenzen $\overline{\delta} = 0$

Art der Stichproben
verbundene Stichproben
Umfang: $n \geq 10$
                 Die Stichprobenumfänge der zu vergleichenden Verteilungen müssen gleich sein: $n_A = n_B = n$.
Variablen: stetig oder diskret
Verteilung: beliebig

Berechnung der Prüfgröße PG = z
Über die Prüfgröße wird untersucht, ob die Paardifferenzen d_i aus den Meßwerten x_{Ai} und x_{Bi} symmetrisch um den Median $\tilde{x}$ streuen. Der Median wird dazu gleich Null gesetzt.
Bevor aber die eigentliche Prüfgröße PG = z berechnet werden kann, müssen wie beim t-Test (s.7.5.1.1) die Paardifferenzen d_i (F 7.22) gebildet werden.

(F 7.22)

$$d_i = x_{A\,i} - x_{B\,i}$$

Anschließend werden die Differenzen hinsichtlich ihres Absolutwertes (Betrags) in aufsteigender Reihenfolge geordnet und mit Rangzahlen rz versehen. Den Paardifferenzen d = 0 darf keine Rangzahl zugeordnet werden. Bei Differenzen mit gleichem Wert wird das gleiche Verfahren wie im U-Test beschrieben, angewendet (s. 7.4.2.5 und Bsp. 7.11). Die Ränge werden gemittelt, und diese gemittelte Rangzahl wird dann allen betroffenen Paardifferenzen zugeordnet.
Den Rangzahlen rz wird dann das Vorzeichen der entsprechenden Paardifferenz zugeordnet. Man bildet die Summe der positiven und der negativen Rangzahlen RZ_p und

RZ_n (F 7.23). Die Rangsumme mit dem kleineren Absolutwert ist die Prüfgröße z (F 7.24).

$$(F\ 7.23)$$

$$RZ_p = \sum_{i=1}^{i=n} rz_i \text{ (positiv)} \qquad \text{und} \qquad RZ_n = \sum_{i=1}^{i=n} rz_i \text{ (negativ)}$$

$$(F\ 7.24)$$

$$PG = z = \left| RZ \right|_{kleiner}$$

Zur Kontrolle der Zuordnung der Rangzahlen (F 7.25) dient folgende Formel:

$$(F\ 7.25)$$

$$\left| RZ_p \right| + \left| RZ_n \right| = \frac{n_{rz} \cdot (n_{rz} + 1)}{2}$$

(n_{rz} = Anzahl der vergebenen Rangzahlen, s.u. Berechnung des Freiheitsgrads v)

Berechnung des Freiheitsgrades v
Die Anzahl der Freiheitsgrade v ist die Anzahl aller Paardifferenzen (der Stichprobenumfang n) minus die Anzahl a der Paardifferenzen mit dem Wert Null. Anders ausgedrückt bedeutet das, die Anzahl der Freiheitsgrade v ist gleich der Anzahl der vergebenen Rangzahlen n_{rz} (F 7.26). Es gilt somit:

$$(F\ 7.26)$$

$$v = n - a = n_{rz}$$

a = Anzahl der Paardifferenzen bei denen $d_i = 0$

Beurteilung
a) Beurteilung der Prüfgröße PG = z bei kleinen Stichprobenumfängen (n $\leq$ 25)
Die Signifikanzschranke entnimmt man der Tabelle für den Wilcoxon-Test (Tab. XI im Anhang).

H_0 wird bei z $\leq$ SSchr verworfen. ←ACHTUNG (umgekehrt als bei anderen Tests)

b) Beurteilung der Prüfgröße PG = z bei großen Stichprobenumfängen (n > 25)
Bei Stichproben mit großem Meßumfang existiert eine Approximation, die es ermöglicht die benötigte Signifikanzschranke aus der z-Tabelle der Normalverteilung zu entnehmen (Tab. III und VII im Anhang). Die berechnete Prüfgröße z muß dazu in z´ (F 7.26) umgewandelt werden:

$$(F\ 7.27)$$

$$z' = \frac{\left| z - \dfrac{n \cdot (n + 1)}{4} \right|}{\sqrt{\dfrac{n\ (n + 1) \cdot (2n + 1)}{24}}}$$

Die Anzahl der Freiheitsgrade v ist für das Ablesen der Signifikanzschranke aus der z-Tabelle nicht relevant, da hier von $v = \infty$ ausgegangen wird.
H_0 wird bei z´ $\geq$ SSchr verworfen (Hier ist das Beurteilungskriterium wieder wie bei allen anderen Tests.)

Beispiel 7.15: Wilcoxon-Test auf Gleichheit der Meßmethoden A und B

Es soll untersucht werden, ob Meßmethode A und Meßmethode B die gleichen Ergebnisse liefern (Werte in Tabelle 7.10).

1) H_0 *:Werte aus Meßmethode A =Werte aus Meßmethode B: H_0 : $\overline{\delta} = 0$*
2) *Durchgeführt wird der Wilcoxon-Test, da die Paardifferenzen der verbundenen Stichproben nicht normalverteilt sind (David-Schnelltest PG =3,17; SSchr = 334; SSchr = 6,16 bei α = 5%).*
   Der Stichprobenumfang n der beiden Stichproben ist größer 10.
3) *Irrtumswahrscheinlichkeit α = 2 · 1/2α = 0,05; zweiseitiger Test, da die Richtung des Unterschiedes nicht bekannt ist.*
4) *Berechnen der Prüfgröße z*

Tab. 7.10: Rangzahlen der Paardifferenzen. Treten Bindungen auf (gleiche Differenzen) wird die Rangzahl aufgeteilt (vgl. Bsp. 7.11)

1	2	3	4	5	6
Versuch	Methode 1	Methode 2	Differenz	positive Rangzahl	negative Rangzahl
Nr.	x_i	y_i	d_i	rz_p	rz_n
-	mg l^{-1}	mg l^{-1}	mg l^{-1}	-	-
1	120	138	-18		-21
2	261	244	17	18,5	
3	187	175	12	15,5	
4	86	79	7	8	
5	320	339	-19		-23
6	29	31	-2		-2
7	285	276	9	12	
8	398	415	-17		-18,5
9	27	13	14	17	
10	153	146	7	8	
11	142	160	-18		-21
12	259	250	9	12	
13	65	61	4	4	
14	16	8	8	10	
15	320	331	-11		-14
16	120	123	-3		-3
17	264	263	1	1	
18	77	72	5	5	
19	89	82	7	8	
20	109	118	-9		-12
21	56	50	6	6	
22	524	512	12	15,5	
23	88	70	18	21	
				RZ_p = 161,5	RZ_n = -114,5

Der kleinere Betrag ist die Prüfgröße

$$z = |RZ_n| = |-114,5| = 114,5$$

Kontrolle der Rangzahlen:

$$Rz_p + Rz_n = \frac{n \cdot (n + 1)}{2} = 161,5 + |-114,5| = \frac{23 \cdot 24}{2} = 276$$

5) *Anzahl der Freiheitsgrade:* $v = n - 1 = 22$

6) *SSchr $(2 \cdot \frac{1}{2}\alpha = 0,05;\ v = 22) = 66$ (aus Tab. XV im Anhang)*

7) *Da $z >$ **SSchr** $(114,5 > 66)$ kann die Nullhypothese mit einer Fehlerwahrscheinlichkeit von 5% **nicht verworfen** werden. (**Ausnahme !**)*

8) *Mit einer Sicherheit von 95% darf angenommen werden, daß Meßmethode 1 und Meßmethode 2 gleiche Ergebnisse liefern.*

Zusammenfassung

Verteilungs- und Anpassungstests

- Vorgestellt wurden der χ^2-Test, der G-Test, der David et al. Schnelltest und der Kolmogoroff-Smirnow (KS-) Test. Mit dem David et al. Schnelltest kann nur auf Vorliegen einer Normalverteilung getestet werden. Welcher Test durchgeführt wird, ist abhängig von der Art der Stichprobe und ihrem Umfang.

Kenngrößentests sind die Varianz- und Mittelwert-Tests

- **Parametrische** Kenngrößentests können nur bei Vorliegen einer Normalverteilung angewandt werden, während bei **parameterfreien** Testverfahren die Art der Verteilung der Daten irrelevant ist. Parametrische Tests sind stets zu bevorzugen, da sie eine höhere Effizienz haben.
- Für die Auswahl eines geeigneten Mittelwert-Tests ist die Art der Varianz (homogen, heterogen) ein Kriterium.

Varianztests

- Liegt eine Normalverteilung vor, verwendet man zur Überprüfung der Varianz bei unverbundenen normalverteilten Stichproben den F-Test.
- Nicht normalverteilte und verbundene Stichproben müssen vor der Wahl des Mittelwert- bzw. Paardifferenzentests nicht auf Homogenität der Varianzen getestet werden.

Mittelwert-Tests (Signifikanztests)

- Unverbundene Stichproben, die normalverteilt sind, können bei homogenen Varianzen mit dem t-Test und dem Lord-Test geprüft werden. Liegen große Stichprobenumfänge vor, verwendet man den t-Test, liegen kleine Stichprobenumfänge ($n \leq 20$) vor, den Lord-Test.
- Unter denselben Bedingungen, aber bei heterogenen Varianzen bedient man sich des Welch- oder des Weir-Tests. Den Welch-Test verwendet man bei großen Stichprobenumfängen, den Weir-Test bei kleinen Stichprobenumfängen.
- Sind die Daten nicht normalverteilt, aber voneinander unabhängig, so verwendet man den U-Test. In diesem Fall muß vor dem Mittelwert-Test kein Varianztest durchgeführt werden.

Tests auf Paardifferenzen

- Bei normalverteilten Differenzen verbundener Stichproben können die Daten durch den t-Test für Paardifferenzen verglichen werden. Der t-Test für Paardifferenzen ist ein parametrischer Test.
- Sind die Differenzen nicht normalverteilt, wird zur Überprüfung der Paardifferenzen der Wilcoxon-Test angewendet. Der Wilcoxon-Test ist ein parameterfreier Test.

Übungsaufgaben zu Kapitel 7

A 7.1
Welche Tests bzw. Prüfverteilungen werden zur Sicherung von Unterschieden zweier Verteilungen, zweier Varianzen und zweier Mittelwerte benutzt ?

A 7.2
a) Wie werden statistische Hypothesen im allgemeinen aufgestellt bzw. formuliert und wie ist der prinzipielle Verlauf eines statistischen Tests?
b) Wann wird die Nullhypothese verworfen?

A 7.3
In einer Reihenuntersuchung wurde der Hämoglobingehalt des Blutes von 33 männlichen und 32 weiblichen Teilnehmern bestimmt:

Urliste der <u>männlichen</u> Teilnehmer (Einheit: Gewichtsprozent Hämoglobin):
15,8 13,9 13,7 14,1 14,1 15,9 17,4 18,0 13,3 16,7 11,8 12,8 13,4 14,5
16,0 14,0 15,5 14,7 15,0 15,3 11,8 15,3 15,4 13,1 16,4 13,9 14,5 15,1
14,0 14,0 14,5 16,0 14,4

Urliste der <u>weiblichen</u> Teilnehmerinnen (Einheit: Gewichtsprozent Hämoglobin):
11,9 10,6 11,3 11,4 12,4 12,2 11,8 11,5 14,2 11,8 12,2 11,4 13,0 13,6
12,0 12,6 13,0 11,3 13,7 12,4 11,2 10,9 12,4 12,6 11,7 11,5 12,7 12,8
13,4 13,2 11,5 11,2

Man liest in den Lehrbüchern, daß der Hämoglobingehalt des Blutes bei Männern im Durchschnitt höher ist als bei Frauen.

a) Testen Sie erst auf Homogenität der Varianzen (Normalverteilung liegt vor).
b) Bestätigt der vorliegende Versuch die Angabe in den Lehrbüchern?

A 7.4
Bei 120 Probanden wurden in einem Versuch folgende absolute Häufigkeiten für die Blutgruppen A, B, 0 und AB gefunden: 54, 11, 54, 1. Nach ausführlichen Untersuchungen wurden für Deutsche folgende prozentuale Häufigkeiten ermittelt: 43%, 12%, 42%, 3%. (Die prozentuale Verteilung der Blutgruppen unterscheidet sich in den verschiedenen Ländern signifikant.) Stimmen die Werte mit den zu erwartenden Werten überein?

A 7.5
Eine Zuchtanstalt für Labormäuse hat den Eindruck, daß der Zuchterfolg bei gleichbleibenden Zuchtbedingungen im Laufe eines Jahres schwankt. In den 12 Monaten Januar bis Dezember ergab die Zucht folgende Werte:

Jan.	Feb.	Mär.	Apr.	Mai	Jun.
80	78	86	82	83	78

Jul.	Aug.	Sep.	Okt.	Nov.	Dez.
79	76	78	76	72	76

Sind die Schwankungen der Zucht während eines Jahres signifikant, oder sind die Unterschiede im Meßjahr nur rein zufallsbedingt ?

A 7.6

Pater Gregor Mendel erhielt in einem seiner Vererbungsexperimente die folgende Verteilung:

     315   runde gelbe Erbsen,
     108   runde grüne Erbsen,
     101   kantige gelbe Erbsen,
      32   kantige grüne Erbsen.

Spricht das Ergebnis für oder gegen eine Aufteilung im Verhältnis $9 : 3 : 3 : 1$?

A 7.7

Folgende Stichproben geben die Bewegungsaktivität von 2 Flußkrebsarten an:

Orconentes limosus (Minuten Aktivität / Tag):
467 512 447 476 480 503 379 540 472 682 522 373 529 480 517

Astacus spec. (Minuten Aktivität / Tag)
523 555 399 466 495 508 488 402 425 417 387 459 481 444 460

Die Aktivitätsrate scheint artspezifisch zu sein. Wählen Sie ein geeignetes Testverfahren zur Überprüfung dieser Vermutung. Welche Voraussetzungen müssen für den Test gegeben sein?

A 7.8

Muränen (*Muraena helena*) sind im Mittelmeer lebende, nachtaktive Raubfische. Sie sind hervorragende Speisefische. Um die dadurch bedingt abnehmenden Bestände zu kartieren, wurden felsige Uferregionen in 1 Kilometer lange Abschnitte unterteilt und von erfahrenen Tauchern auf Muränen hin abgesucht. Es ergab sich folgende Verteilung:

1	Anzahl der Muränen	x	-	0	1	2	3
2	Zahl der Uferabschnitte	H	-	17	11	6	1

a) Testen Sie auf adäquate Weise, ob Muränen als eher seltene Speisefische zu bezeichnen sind.

b) Geben Sie den Schnelltest für die vorliegende Verteilung an.

A 7.9

Lachse sind dafür bekannt, daß sie bei ihren Laichwanderungen weite Strecken zurücklegen, um die Quellbäche ihrer Geburt zu erreichen. Unterschieden werden hierbei der pazifische Lachs (*Oncorhynchus nerca*) und der atlantische Lachs (*Salmo salar*). Bei beiden Arten werden kurz vor Erreichen der Laichplätze Stichproben abgefischt und diese auf Körpermassen hin untersucht. Dabei scheinen die atlantischen Tiere im Durchschnitt schwerer zu sein als die aus dem Pazifik stammenden. (Normalverteilung sei vorausgesetzt.)

Salmo salar (Masse in kg)
3,24 2,96 4,57 3,50 4,36 5,34 6,10 4,35 5,21 3,66 4,35 4,99
3,50 5,69 3,85 4,15 4,75 5,04 3,75 4,20 3,95 4,45

Oncorhynchus nerca (Masse in kg)
2,88 3,60 4,10 3,55 4,89 5,33 3,50 4,13 3,33 4,52 3,66 3,90
4,58 2,99 4,20 3,45 5,90 5,33 4,79 4,55 4,39 5,01

a) Läßt sich der Eindruck bestätigen, daß die Massenverteilungen innerhalb der beiden Populationen unterschiedlich stark streuen? Testen Sie auf adäquate Art und Weise.

b) Testen Sie auf geeignete Art und Weise anhand der oben stehenden Massenangaben, ob sich der Eindruck bestätigen läßt, daß die atlantischen Lachse schwerer sind. Handelt es sich um einen einseitigen oder um einen zweiseitigen Test?

A 7.10

Welchen Mittelwert-Test wenden Sie an, vorausgesetzt, die zu überprüfenden Stichproben

a) sind normalverteilt und haben homogene Varianzen

b) sind nicht normalverteilt und unabhängig voneinander

c) sind normalverteilt und abhängig

d) haben einen kleinen Stichprobenumfang?

A 7.11

Der Eissturmvogel (*Fulmarus glacialis L.*) lebte am Anfang dieses Jahrhunderts nur an den Küsten Irlands und Schottlands. Seit einigen Jahrzehnten dehnt sich sein Verbreitungsgebiet immer weiter nach Süden aus. 1960 wurden die ersten Vögel an der bretonischen Küste gesichtet. Um die Bestände dort zu kartieren, suchte eine Gruppe von Biologen 50 Steilküstenabschnitte gleicher Größe nach Nestern des Eissturmvogels ab, und erhielt folgende Verteilung:

1	Anzahl der Gelege	x	-	0	1	2	3	4
2	Zahl der Küstenabschnitte	H	-	13	21	10	5	1

a) Testen Sie auf adäquate Art und Weise, ob der Eissturmvogel in diesem Verbreitungsareal immer noch als "seltener Gast" angesehen werden muß.

b) Geben Sie den Schnelltest für die vorliegende Verteilung an.

c) Wodurch ist diese Verteilung charakterisiert? (Erläutern Sie anhand einer Skizze!)

A 7.12

Über Jahre hinweg wurde an der bretonischen Küste eine Kormoran-Population (*Phalacocorax carbo L.*) beobachtet, und deren Gelege untersucht. In den Gelegen befanden sich 4-5 Eier. Es kamen lediglich 4-er Gelege zur Auswertung, welche auf die Anzahl geschlüpfter, weiblicher Tiere hin untersucht wurden. (Angenommen sei, daß die Geburt von weiblichen und männlichen Vögeln gleich wahrscheinlich ist, desweiteren sei Unabhängigkeit vorausgesetzt.)

1	Zahl der weiblichen Küken pro Gelege	x	-	0	1	2	3	4
2	Anzahl der Gelege	H	-	21	97	159	87	17

a) Welche Art von Verteilung erwarten Sie?

b) Testen Sie auf geeignete Art und Weise auf Vorliegen dieser Verteilung.

c) Geben Sie den Schnelltest für diese Verteilung an.

d) Welche Voraussetzungen müssen für den von Ihnen gewählten Test unter b) gegeben sein?

A 7.13

Eine Fabrik hat eine Gesamtproduktion von 10.000 Waagengewichten abgeschlossen, die alle geeicht worden sind.

Die Kenngrößen der normalverteilten Grundgesamtheit sind deshalb bekannt:
$$\mu = 1{,}035 \text{ g}, \ \sigma^2 = 0{,}02 \text{ g}^2.$$

Eine Stichprobe von n = 50 wahllos herausgegriffenen Gewichten hat folgendes ergeben:
$$\overline{x} = 0{,}987 \text{ g und } s^2 = 0{,}02 \text{ g}^2.$$

Repräsentiert die Stichprobe auf einem Signifikanzniveau von 95% (Fehlerniveau von 5%) die Grundgesamtheit, obwohl dem Augenschein nach die Gewichte der Stichprobe im Mittel kleiner sind?

A 7.14

Ein Umweltschutz-Meßwagen hat in einer Großstadt an zwei verschiedenen Stellen die folgenden Staubbelastungen festgestellt. Die Werte sind dimensionslos; Normalverteilung wird vorausgesetzt:

Aufstellungsort A: 75   20   70   70   85   90   100   40   35   65   90   35
Aufstellungsort B: 20   35   55   50   65   40

Ein Untersucher äußert nun die Vermutung, daß man den Wagen an Ort A, bevorzugt stationieren müsse, da dort die Streuung größer und damit die Chance, Grenzwerte zu erfassen, höher wäre. Hat er recht ?

A7.15

Mit einer Blutkörperchenzählkammer wird der Erythrocytendurchmesser aus dem Blut eines Menschen bestimmt. Die mit dem Okularmikrometer bei starker Vergrößerung vermessenen roten Blutkörperchen werden in 17 Durchmesserklassen mit jeweils einer Klassenbreite von 0,3 µm eingeteilt. Das Mittel der ersten Klasse ist 5 µm, der zweiten Klasse 5,3 µm, ..., der siebzehnten Klasse 9,8 µm. Die Klassenbesetzungszahlen in der genannten Reihenfolge wurden wie folgt bestimmt:

1	Klassenmitten	µm	5	5,3	5,6	5,9	6,2	6,5	6,8	7,1
2	Kl.besetzungszahlen	-	4	23	45	71	130	177	289	300

(Fortsetzung der Tabelle)

7,4	7,7	8	8,3	8,6	8,9	9,2	9,5	9,8
329	272	158	77	51	34	23	11	6

a) Tragen Sie das Histogramm auf, zeichnen Sie nach Augenmaß die bestangepaßte Normalverteilungskurve darüber. Weist die Graphik auf Vorliegen einer Normalverteilung hin?
b) Prüfen Sie, ob Sie aus den klassierten Werten auf Anhieb Mittelwert und Standardabweichung berechnen können.
c) Prüfen Sie dann mit Hilfe des χ^2-Tests auf Übereinstimmung mit einer Normalverteilung.

A 7.16

Die Gewerkschaft fordert für die Nachmittags- und Nachtschicht eines stahlverarbeitenden Betriebs je eine halbe Stunde zusätzliche Pause mit der Begründung, daß bei der Nachmittags- und Nachtschicht die Konzentration geringer wäre als bei der Frühschicht, was zu einer vermehrten Zahl von Arbeitsunfällen führe.
Sie begründet ihre Forderung mit den folgenden Vergleichszahlen für ein Jahr:

5 Arbeitsunfälle in der Frühschicht,

13 Arbeitsunfälle in der Nachmittagsschicht,

12 Arbeitsunfälle in der Nachtschicht.

Prüfen sie mit Hilfe des χ^2-Tests auf 5% Fehlerniveau, ob die Schlußfolgerung der Gewerkschaft, daß sich die Arbeitsunfälle auf die späteren Schichten konzentrieren, Unterstützung findet.

A 7.17

Unter Annahme der Hypothese, daß die Größenverteilung der Eier einer Fischspecies normalverteilt sei, wurden Stichproben über ein Okularmikrometer vermessen. Es ergab sich folgende Verteilung:

1	Klassenmitten der Eidurchmesser	m_i	µm	38	40	42	44	46	48	50	52	54	56	58	60	62
2	Anzahl der Fischeier	H	-	2	5	12	12	34	70	70	40	24	10	9	2	1

a) Testen Sie mit dem Schnelltest nach David und Mitarbeitern und dem χ^2-Test auf Vorliegen einer Normalverteilung.

b) Führen Sie den Kolmogoroff-Smirnow-Test mit Hilfe der oben berechneten $F(z)$-Werte durch.

A 7.18

Bedingt durch seine Qualitäten als Speisefisch ist die Verbreitung des Seeteufels in bestimmten Küstenregionen stark zurückgegangen, insbesondere an der nordfranzösischen Atlantikküste wird der Fang des "Lotte" als eher seltenes Ereignis angesehen. Bei 57 ausgewerteten Ausfahrten ortsansässiger Fischer wurden folgende Fangereignisse registriert:

1	Anzahl der gefangenen Fische	-	0	1	2	3	4
2	Zahl der Ausfahrten	-	17	25	9	5	1

a) Testen Sie auf adäquate Art und Weise, ob der Seeteufel in diesem Verbreitungsareal als seltener Speisefisch angesehen werden muß.

b) Geben Sie den Schnelltest für die vorliegende Verteilung an und führen Sie ihn durch.

c) Welcher Verteilung nähert sich die von Ihnen angepaßte Verteilung für große n an ?

A 7.19

Eine Apparatur, mit der Gewebeschnitte der Dicke 0,05 mm hergestellt werden, soll auf die Genauigkeit der Schnittdicke untersucht werden.

Es wurden 25 Stichproben (n_{ges}) von je 10 Schnitten herausgegriffen und die Kenngrößen der normalverteilten gleich stark streuenden Stichproben berechnet. Der Mittelwert $\overline{x}_{ges}$ der Mittelwerte der Stichproben beträgt 0,052 mm bei einer Standardabweichung s_{ges} von 0,004 mm. Die Hypothese, daß die Maschine richtig arbeitet, wird mit einer Irrtumswahrscheinlichkeit von

a) 0,05

b) 0,01 überprüft.

c) Diskutieren Sie das Ergebnis.

A 7.20

Anhand einer Stichprobe (n = 20) wurden zwei unterschiedliche Meßmethoden auf Übereinstimmung der Ergebnisse hin überprüft. Es ergaben sich folgende Daten:

1	2	3	1	2	3
Nr.	Methode I	Methode II	Nr.	Methode I	Methode II
	ms	ms		ms	ms
1	1147	1387	11	1387	1200
2	1195	1578	12	1459	1600
3	1339	1470	13	1267	1574
4	1435	1732	14	1531	1392
5	1171	1210	15	1219	1236
6	1140	1522	16	1315	1578
7	1243	1366	17	1507	1548
8	1555	1418	18	1291	1340
9	1483	1174	19	1411	1245
10	1560	1444	20	1363	1288

a) Die Werte der Methode II scheinen im statistischen Mittel über den Werten der Methode I zu liegen. Die Differenzen der Meßwerte von I und II seien nicht normalverteilt. Prüfen Sie mit einem geeigneten Testverfahren.

b) Begründen Sie Ihre Wahl eines ein- bzw. zweiseitigen Tests.

A 7.21

Gegeben sind die beiden folgenden Stichproben I und II:

1	Stichprobe I:	123	234	287	178	195
2	Stichprobe II:	201	168	197	221	291

a) Überprüfen Sie mit einem geeigneten Testverfahren bei einer Irrtumswahrscheinlichkeit α von 5%, ob sich die beiden Stichproben im statistischen Mittel unterscheiden (Stichprobe I: nicht normalverteilt, Stichprobe II: normalverteilt). Die angegebenen Meßwerte wurden unter gleichen Versuchsbedingungen und durch die gleiche Meßmethode an unterschiedlichen Versuchsobjekten ermittelt.

b) Begründen Sie Ihre Wahl eines ein- bzw. zweiseitigen Tests.

A 7.22

In zwei benachbarten Brutkolonien A und B wurden jeweils einige Eier der Gelege auf ihre Masse hin untersucht. Die beiden Stichproben ergaben die folgenden Werte.

Kolonie A: Eimassen [g]:   17,3   16,4   14,1   16,2   11,2   16,7   15,3   16,2   14,3
Kolonie B: Eimassen [g]:   11,5   16,2   15,4   12,2   17,2   16,1   13,3   12,2   13,3

Überprüfen Sie, ob sich die Massen der Eier in den untersuchten Brutkolonien unterscheiden. Normalverteilung und Homogenität der Varianzen liegt vor (bei $\alpha = 5\%$).

A 7.23

Ermittelt wurden folgende Werte für die Längen (mm) von Bohnen derselben Sorte.
Die Stichprobe A wurde auf Feld A erhoben, die Stichprobe B auf Feld B. Die Stichproben sind unverbunden und normalverteilt.

Stichprobe A: $\bar{x}_A = 17{,}354$ $s^2_A = 2{,}131$ $n_A = 30$
Stichprobe B: $\bar{x}_B = 24{,}755$ $s^2_B = 4{,}236$ $n_B = 81$

a) Welche weitere Voraussetzung ist zur Wahl eines geeigneten Mittelwert-Tests zu prüfen? Untersuchen Sie diese Voraussetzung.

b) Überprüfen Sie die Hypothese, daß sich die mittlere Bohnenlänge auf den beiden Feldern nicht unterscheidet.

A 7.24

In einer Forellenzuchtanstalt wurden Fische benachbarter Zuchtteiche auf ihre Körpermasse (g) hin untersucht. Läßt sich der Eindruck bestätigen, daß die Tiere aus Zuchtteich A im Mittel leichter sind?

Körpermassen (g) der Tiere aus Zuchtteich A:
273   364   243   266   317   261   353   262   349   277   341   299   307

Körpermassen (g) der Tiere aus Zuchtteich B:
364   259   333   289   345   367   311   365   287   288   258   373   233

Überprüfen Sie auf geeignete Art und Weise ob in den beiden Zuchtteichen die Körpermassen der Tiere signifikant unterschiedlich sind. Handelt es sich um einen ein- oder zweiseitigen Test?

A 7.25

Gegeben sind die Werte der beiden normalverteilten unverbundenen Stichproben:
Stichprobe A: $\bar{x}_A = 4{,}35$ $s^2_A = 0{,}11$ $n_A = 10$
Stichprobe B: $\bar{x}_B = 7{,}55$ $s^2_B = 0{,}36$ $n_B = 10$

Überprüfen Sie, ob sich die Mittelwerte signifikant unterscheiden.

A 7.26

1	2	3		1	2	3
Nr.	Methode I	Methode II		Nr.	Methode I	Methode II
	ms	ms			ms	ms
1	128	132		14	177	182
2	191	182		15	129	129
3	174	181		16	158	159
4	193	190		17	174	178
5	152	148		18	168	160
6	162	159		19	187	181
7	171	173		20	142	151
8	144	148		21	155	156
9	152	150		22	138	137
10	138	138		23	147	146
11	172	174		24	188	181
12	161	157		25	136	144
13	147	140				

Überprüfen Sie, ob zwei unterschiedliche Meßmethoden, die zu den untenstehenden Stichproben führten, übereinstimmende Ergebnisse liefern. Testen Sie zunächst, ob die Differenzen der Meßergebnisse annähernd normalverteilt sind. Die Irrtumswahrscheinlichkeit α bzw. $2 \cdot 1/2\alpha$ betrage jeweils 5%.

A 7.27
Welche Aussagen sind richtig?

a) Durch einen Signifikanztest wird eine Hypothese überprüft, die sich auf die Grundgesamtheit bezieht.

b) Ein U-Test darf nur durchgeführt werden, wenn die Stichprobe nicht normalverteilt ist.

c) Der t-Test für Paardifferenzen kann nur angewandt werden, wenn die zu vergleichenden Stichproben normalverteilt sind.

d) Der F-Test prüft auf Vorliegen normalverteilter Standardabweichungen.

e) Der Weir-Test kann bei großen Stichproben nicht angewandt werden.

f) Der Wilcoxon-Test setzt voraus, daß die Paardifferenzen normalverteilt sind.

g) Der t-Test setzt Normalverteilung, Homogenität der Varianzen und große Stichproben voraus.

h) Für die Durchführung des Lord-Tests ist die Kenntnis der Varianzen der Stichproben nicht nötig.

Teil IV:

Deskriptive und induktive Statistik für den bivariaten Fall

In den vorangehenden Kapiteln wurden ausschließlich univariate Analysen, also die Betrachtung nur eines Merkmals pro Beobachtungseinheit beziehungsweise pro Individuum berücksichtigt. Oftmals soll innerhalb eines Experimentes oder einer Untersuchung jedoch mehr als ein Merkmal am selben Untersuchungsobjekt analysiert werden. Die im Folgenden dargestellten Verfahren erlauben nun die gleichzeitige Berücksichtigung von mehr als einem Merkmal und ermöglichen eine Beschreibung der Zusammenhänge zwischen diesen Merkmalen. (Die vorgestellten Verfahren sind auf die Beschreibung und Analyse des bivariaten Falls beschränkt. Statistische Methoden zu multivariaten Problemstellungen sind der weiterführenden Literatur zu entnehmen.)

Kapitel 8:
Regression und Korrelation

Häufig ist bei Untersuchungen von Interesse, inwieweit ein Merkmal Y von einem Merkmal X abhängig ist oder ob die betrachteten Merkmale voneinander völlig unabhängig sind. So kann etwa gefragt sein, ob das Merkmal "Blattlänge" das Merkmal "Blattbreite" beeinflußt und/oder umgekehrt.
Bei der Suche nach Abhängigkeiten beziehungsweise Zusammenhängen wird unterschieden, ob ein "eindeutiger" bzw. "funktionaler" Zusammenhang besteht (etwa die Abhängigkeit zwischen Kreisradius und Kreisumfang) oder ob ein stochastischer Zusammenhang gegeben ist. Nur der letztere ist Gegenstand der Statistik. Auch hier wird in Methoden der deskriptiven und der induktiven Statistik differenziert. Erscheint es auf Grund theoretischer Überlegungen sicher, daß ein Zusammenhang zwischen zwei Größen existiert, besteht die Aufgabe der Statistik dann zum Beispiel darin, **Art** und **Stärke** dieses Zusammenhangs zu ermitteln. Dazu dienen, neben einer Reihe weiterer statistischer Verfahren, die Regressions- und Korrelationsanalysen. Bei beiden Verfahren ist zwischen der rein beschreibenden (Deskription) und der interpretierenden Statistik (Induktion) zu unterscheiden.

8.1 Die Regression

Gegenstand der Regression ist die **Art** des Zusammenhangs zwischen zwei Merkmalen. Die beschreibenden Parameter sind die **Regressionskoeffizienten a** und **b**. Sie sind Schätzgrößen der Regressionskoeffizienten α und β der bivariaten Grundgesamtheit. Bei einem linearen Zusammenhang beider Merkmale repräsentiert a den Achsenabschnitt und b die Steigung der Regressionsgeraden.

Der Berechnung der Regression liegt eine Modellbildung (Regressionsmodell) zugrunde, die z.B. die Prognose (Vorhersage) unbekannter Daten ermöglicht.

Innerhalb der Regression ist zwischen der **Regressionsberechnung (Modellbildung)** und der eigentlichen **Analyse (Modellprüfung)** zu differenzieren. Erstere ist Bestandteil der deskriptiven Statistik und führt lediglich zu einer Beschreibung der potentiellen Zusammenhänge. Die schließende Beurteilung, analog zu den univariaten Problemstellungen der vorangehenden Kapitel, erfolgt nach Methoden der induktiven Statistik.

Vor der eigentlichen Regressionsberechnung bzw. der Regressionsanalyse empfiehlt es sich, die ermittelten **Merkmalspaare (x_i | y_i)** der Stichprobe zur Übersicht zunächst in ein Koordinatennetz einzutragen. Auf diese Art erhält man eine Vorstellung über die Streuung und die Form der Datenverteilung (Abb. 8.1).

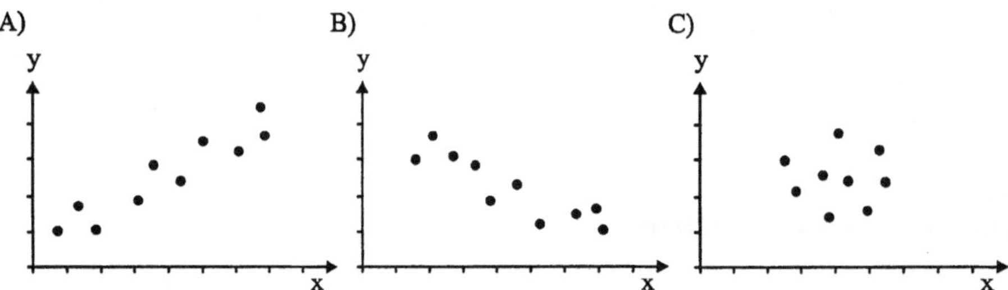

Abb. 8.1: Aufgetragen sind die Merkmalspaare (x_i | y_i). Die Datenverteilungen stellen sich als sog. Punktewolken dar. Diese deuten mögliche Zusammenhänge an: A) mit steigendem x steigt auch y; B) mit steigendem x fällt y; C) kein Zusammenhang zwischen x- und y-Werten.

8.1.1 Die Regressionsberechnung (Modellbildung)

Innerhalb der Regressionsberechnung wird die Beziehung zwischen zwei (oder mehreren) Merkmalen durch die Bildung eines Modells, dem Regressionsmodell, geschätzt. Gegenstand dieses Verfahrens ist die **Art** des Zusammenhangs zwischen der unabhängigen Variablen (auch: erklärende Variable, exogene Variable, Einflußgröße, Regressor) und der abhängigen Variablen (auch: zu erklärende Variable, endogene Variable, Zielgröße, Regressand) zu ermitteln. Ziel kann das Erklären des Zusammenhangs zwischen dem Merkmal X und dem Merkmal Y, oder die Prognose von Daten (Vorhersage unbekannter Werte) sein.

Die sich hierbei ergebenden Probleme bestehen in der Auswahl der einzubeziehenden Merkmale (so etwa die Entscheidung, ob ein bivariates oder ein multivariates Modell anzupassen ist), der korrekten Wahl der Regressionsfunktion als lineare oder nichtlineare Funktion, sowie deren Schätzung (Formulierung der Parameter a und b).

Abb. 8.2: Durch die Punktewolke wurde (hier nach Augenmaß) eine bestangepaßte Ausgleichsgerade gezeichnet. An der Geraden abgetragen ist sowohl der Achsenabschnitt a, als auch die Steigung b. Diese Parameter entsprechen den Regressionskoeffizienten, die das Regressionsmodell (Funktionsgleichung) eindeutig charakterisieren.

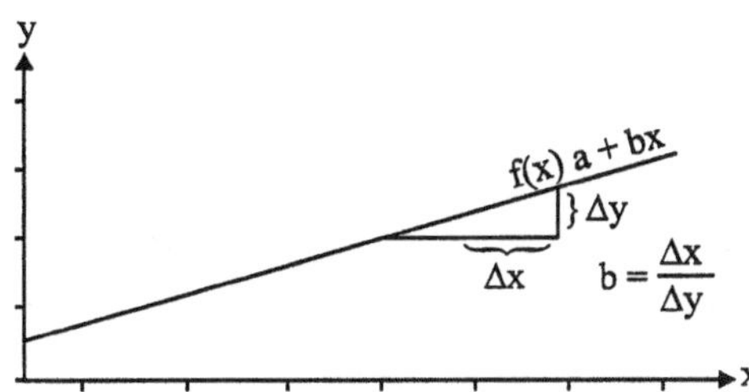

Sind die Merkmalspaare $(x_i \mid y_i)$ in ein Koordinatensystem eingetragen, so läßt sich mit etwas Übung durch die aufgetragene Punktewolke eine sogenannte **bestangepaßte Ausgleichsgerade** (Regressionsgerade) per Augenmaß zeichnen (vgl. Abb. 8.2). Dabei wird vorausgesetzt, daß die Annahme eines linearen Zusammenhangs gerechtfertigt ist. Diese frei geschätzte Modellanpassung ist für Überschlagsbetrachtungen durchaus legitim. Die Formulierung der Funktionsgleichung dieser Geraden liefert die Funktionsparameter Steigung b und Achsenabschnitt a. Sie charakterisieren das Regressionsmodell eindeutig. Beide Parameter werden als **Regressionskoeffizienten** bezeichnet (vgl. Kap. 8.1.1.3).

8.1.1.1 Die Störgröße U

Ist das Merkmal Y **eindeutig** von dem Merkmal X abhängig, d.h. y = f(x), so ist jedem Wert x_i genau ein Wert y_i zugeordnet (vergleiche die Zuordnung von Kreisradius zu Kreisumfang). Bei einer **stochastischen** Funktion ist diese Beziehung jedoch von Abweichungen (Abstände der Meßwerte von der Regressionsgeraden, vgl. Abb. 8.6) überlagert. Diese Abweichungen werden als **Störgröße U** (auch: Restgröße oder Residuum) bezeichnet. Für die einzelnen Beobachtungen gilt dabei:

(F 8.1)

$$y_i = f(x_i) + U_i$$

Die Störgröße U kennzeichnet Zusammenhänge, die nicht exakt einer Funktion folgen. Dies ist praktisch bei jedem biologischen Datenmaterial der Fall, bedingt dadurch, daß das Merkmal Y auch noch von anderen Größen als nur von X beeinflußt wird. Somit ist das Residuum U Ausdruck für alle unbekannten und unberücksichtigten Einflüsse auf das Merkmal Y. Die Variabilität des Merkmals Y läßt sich also in einen systematischen Anteil $f(x_i)$ und einen zufälligen Anteil U_i zerlegen (vgl. F 8.1). Gefordert wird, daß die Richtung der aufeinanderfolgenden Residuen zufallsverteilt ist (Abb. 8.3). Demnach ergibt die Summe aller Residuen U sowie deren Mittelwert $\overline{U}$ null.
Vorausgesetzt wird zudem, daß die Störgröße U keinen wesentlichen Einfluß auf das Merkmal Y ausübt. Ist dies dennoch der Fall, so ist unter Umständen das zugrunde liegende Regressionsmodell nicht korrekt. (Als Regressionsmodell wird die Regressions-

funktion und ihre geschätzte Störgröße U bezeichnet.) So ist etwa die Anpassung eines linearen Regressionsmodells an einen nichtlinearen Zusammenhang oder die Anpassung eines bivariaten anstelle eines multivariaten Modells nicht sinnvoll. Die Betrachtung der Störgröße U kann hierbei Aufschluß über das Vorliegen eines linearen Zusammenhangs geben (vgl. Abb. 8.3).

A)

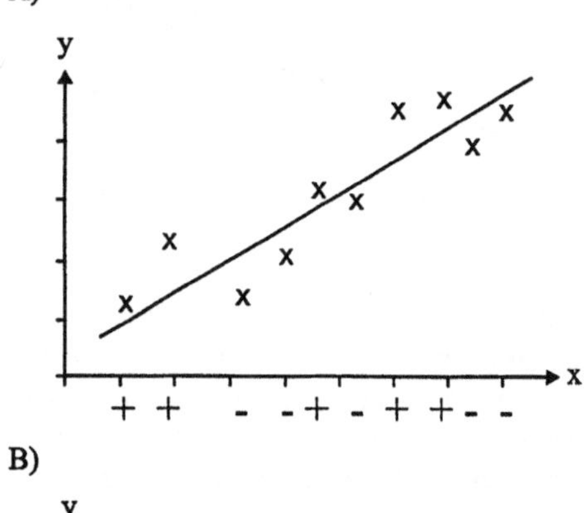

B)

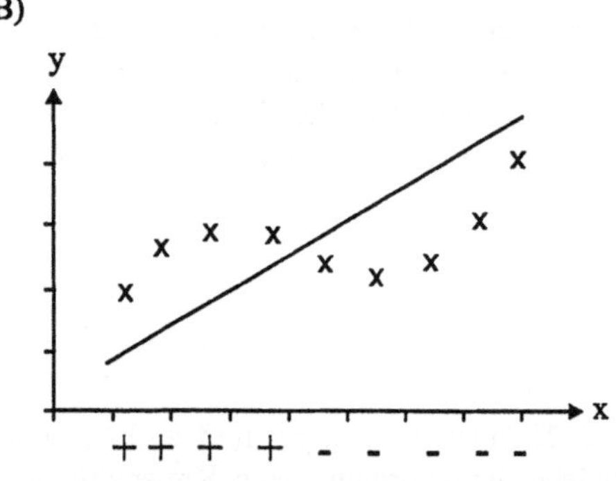

Abb. 8.3: Ermittlung der Richtung der Störgröße U. Liegt ein Meßwert über der Ausgleichsgeraden, wird die Störgröße U als positiv (+) bewertet, liegt er darunter als negativ (-). Die zugezeichneten Vorzeichen unter der Abszisse geben diese jeweilige Bewertung an. Teilabbildung A gibt die Residuenverteilung für einen linearen Zusammenhang wieder. Die Residuen streuen zufällig um die Regressionsgerade, die Reihenfolge der Vorzeichen ist somit ebenfalls zufällig. Die Verteilung in Teilabbildung B zeigt dagegen deutlich einen Trend auf, der Zusammenhang erscheint nicht linear. (nach Köhler et al. 1996)

8.1.1.2 Das bivariate lineare Regressionsmodell

Die hier dargestellten Ausführungen beschränken sich auf die Analyse **bivariater linearer Zusammenhänge**. Es sei jedoch explizit darauf hingewiesen, daß es neben linearen Regressionen eine Vielzahl nichtlinearer Zusammenhänge gibt, und daß neben den betrachteten bivariaten Modellen multivariate mindestens ebenso häufig vorliegen. (Die Vorgehensweise bei komplexen nichtlinearen und / oder multivariaten Regressionsmodellen ist nicht Gegenstand dieser Zusammenstellung; vgl. weiterführende Literatur.)

Achtung: Bei der Anwendung linearer Regressionsmodelle ist darauf zu achten, daß das vorliegende Datenmaterial - etwa die in ein Koordinatensystem eingetragenen Meßwerte - tatsächlich einer linearen Verteilung entspricht. Ist dies nicht der Fall und kann über geeignet Datentransformation keine Linearisierung erreicht werden (vgl. Kap. 8.1.3), so müssen statistische Verfahren der nichtlinearen Regression herangezogen werden (vgl. weiterführende Literatur).

Das Formulieren der Regressionsgeraden (Regressionsmodell) dient zunächst dazu, den Zusammenhang zwischen zwei Kenngrößen zu charakterisieren. Zudem soll es die Möglichkeit eröffnen, gegebenenfalls vom X-Merkmal auf das Y-Merkmal oder von Y-Merkmalen auf X-Merkmale (was nicht identisch ist, vgl. Abb. 8.4) schließen zu können. Unbekannte Werte sollen also prognostiziert werden können. Dabei ist darauf zu achten, daß die zu schätzenden Werte möglichst innerhalb des Meßwertbereichs liegen.

Als Beispiel für ein bivariates, lineares Modell sei die bereits ausführlich dargestellte Messung der Studierenden-Population eines Jahrgangs genannt (Bsp. 8.1). Hier variieren sowohl die ermittelten Körpergrößen (X-Merkmal) als auch die jeweiligen Körpermassen (Y-Merkmal).

Die nach der Methode der kleinsten Quadrate (vgl. Kap. 8.1.1.3) errechnete bestangepaßte Ausgleichsgerade formuliert sich nun folgendermaßen:

(F 8.2)

$$f(x) = a_{yx} + b_{yx}\, x$$

Hierbei handelt es sich um eine **Schätzung des Y-Merkmals aus dem X-Merkmal**, was sich in der Kennzeichnung "$_{yx}$" der Regressionskoeffizienten ausdrückt. Demnach handelt es sich bei a_{yx} und b_{yx} um die Koeffizienten der Schätzung des Regressionsmodells von y_i-Werten aus x_i-Werten. Über diese Regressionsgerade kann nun, ausgehend von gegebenen x_i-Werten, eine Prognose zu unbekannten y_i-Werten erstellt werden. Durch rechnerisches Vertauschen der x_i- und y_i-Werte formuliert sich die zweite Regressionsgerade zu

(F 8.3)

$$f(y) = a_{xy} + b_{xy}\, y$$

Bei der **Schätzung der X-Merkmale aus den Y-Merkmalen** werden nun analog x_i-Werte aus y_i-Werten ermittelt, erkennbar an der Koeffizientenbezeichnung a_{xy} und b_{xy}. Über diese Regressionsgerade ist es möglich, Prognosen über unbekannte x_i-Werte zu erstellen.

Beispiel 8.1: Graphische Darstellung der Körpergröße-Körpermasse-Meßreihe von Studentinnen

Abb. 8.4: Graphische Darstellung der Meßergebnisse der Körpermassen [kg] und Körpergrößen [m] von Studentinnen des Jahrgangs 1994 (Auszug). Der Schnittpunkt der beiden Regressionsgeraden (Schätzung von Y aus X und Schätzung von X aus Y) hat die Koordinaten ($\overline{x}|\overline{y}$). An der Ordinate sind die jeweiligen Achsenabschnitte der Geraden abgetragen.

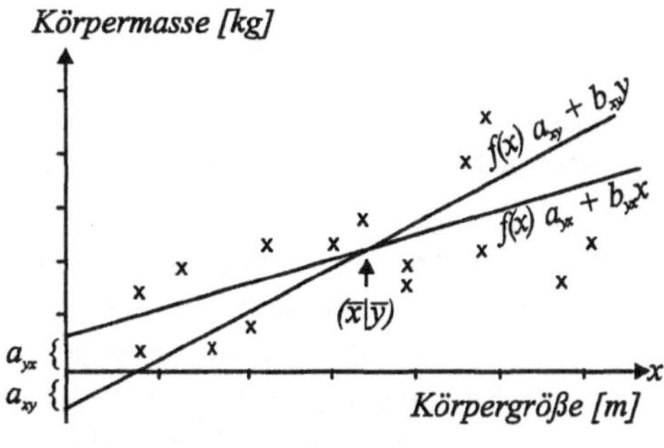

Üblicherweise wird lediglich die erste der beiden Regressionsgeraden (Schätzung des Y-Merkmals aus dem X-Merkmal) zu den aufgetragenen Meßwerten zugezeichnet. Soll nun aus Gründen weiterführender Interpretationen auch die zweite Gerade in das gleiche Koordinatensystem eingezeichnet werden, so empfiehlt es sich zur Vereinfachung des Einzeichnens nach f(x) umzuformen:

(F 8.4)

$$f(x) = y = \frac{(f(y) - a_{xy})}{b_{xy}}$$

Die aufgetragenen Geraden werden sich unter einem bestimmten Winkel schneiden. Je spitzer dieser Winkel oder je enger die "Schere" ist, desto sicherer ist der Zusammenhang zwischen den betrachteten Merkmalen. Es existiert ein eindeutiger (funktionaler) Zusammenhang, wenn beide Geraden genau zusammenfallen ($b_{yx} = b_{xy}$ und $a_{yx} = a_{xy}$ und somit $f(x) = f(y)$). Stehen sie senkrecht aufeinander, so ist kein Zusammenhang gegeben (Abb. 8.5).

Achtung: Ein nicht aufzeigbarer Zusammenhang bezieht sich auf das jeweils zugrunde gelegte Regressions**modell**! Läßt sich kein linearer Zusammenhang zeigen, so heißt dies nicht, daß nicht eventuell ein nichtlinearer Zusammenhang gegeben ist!

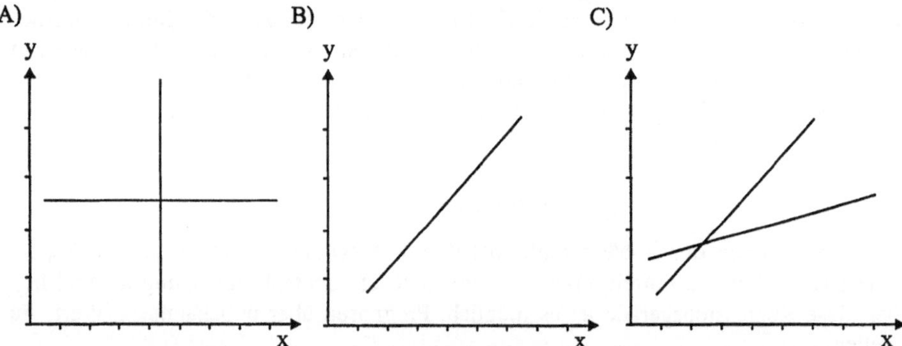

Abb. 8.5: Graphische Darstellung des Zusammenhanges zwischen den Merkmalspaaren. Während Teilabbildung A keinen Zusammenhang (Geraden stehen senkrecht aufeinander) und Teilabbildung B einen eindeutigen (funktionalen) Zusammenhang (Geraden fallen zusammen) repräsentiert, zeigt Teilabbildung C einen stochastischen Zusammenhang auf. Der Schnittpunkt dieser beiden Geraden ist gleichermaßen der Schwerpunkt der Punktewolke. Dieser Punkt ist beiden Geraden gemeinsam, er hat die Koordinaten ($\bar{x} | \bar{y}$). (Bemerkung: Die Aussage "Es existiert kein Zusammenhang zwischen den beiden betrachteten Merkmalen in Teilabbildung A" ist nicht korrekt! Es läßt sich lediglich sagen, daß unter Zugrundelegen eines linearen Regressionsmodells kein **linearer** Zusammenhang zwischen den beiden Merkmalen besteht - dies schließt einen nichtlinearen Zusammenhang nicht aus!)

Der Schnittpunkt der beiden ermittelten Geraden wird auch als Schwerpunkt der Punktewolke bezeichnet. Er besitzt die Koordinaten ($\bar{x} | \bar{y}$), repräsentiert also das arithmetische Mittel sowohl der x_i-Werte als auch der y_i-Werte (vgl. Abb. 8.4).

Achtung: Das Berechnen von zwei Regressionsgeraden (f(x) und f(y)) ist nur zulässig, wenn sowohl die x_i- als auch die y_i-Werte zufallsverteilt streuen (Modell II: X und Y

sind bivariat normalverteilte Zufallsvariablen). Sind dagegen x_i-Werte fest vorgegeben (Modell I: X ist fest vorgegeben, Y ist eine normalverteilte Zufallsvariable), ist nur noch die Berechnung der Regressiongeraden f(x) zulässig! (Diese Anmerkung ist notwendig, da einige Statistikprogramme hier keine Unterscheidung treffen!)
Zudem ist die Vertauschbarkeit der X- und Y-Merkmale nur bei der Regressions**berechnung** möglich. Bei der Regressions**analyse** (Prüfung des Modells) ist die Wahl nicht mehr beliebig, da hier potentielle Abhängigkeiten erklärt und interpretiert werden sollen. Damit wird die Richtung der Abhängigkeit festgelegt.

8.1.1.3 Die Regressionskoeffizienten

Die aus den ermittelten Daten der Stichproben errechenbaren Funktionsparameter a und b stellen Schätzungen der Regressionskoeffizienten α und β der bivariat normalverteilten Grundgesamtheit dar und charakterisieren das Regressionsmodell eindeutig.
Zur rechnerischen Ermittlung der Regressionsgeraden dient meist die **Gauß'sche Methode der kleinsten Abweichungsquadrate**. Gefordert ist hierbei, daß die Summe der Quadrate aller Abweichungen U_i der tatsächlichen Meßpunkte y_i vom Funktionswert $\hat{y}_i$ (= f(x)) der Ausgleichsgeraden minimal sei.

(F 8.5)

$$\sum_{i=1}^{n}(y_i - \hat{y}_i)^2 = \sum_{i=1}^{n} U_i^2 = \min$$

Mit dieser Forderung wird die Lage der Regressionsgeraden und damit die zugehörigen Regressionskoeffizienten a und b eindeutig festgelegt. Da innerhalb der Regressionsberechnung die x_i- und y_i-Werte vertauscht werden können, existiert nicht nur eine, sondern jeweils zwei Geraden. Dabei werden die Abweichungen U der Meßpunkte von der Geraden beziehungsweise die Summe der sich daraus ergebenden Quadrate entweder in X-Richtung oder in Y-Richtung ermittelt (Abb. 8.6).

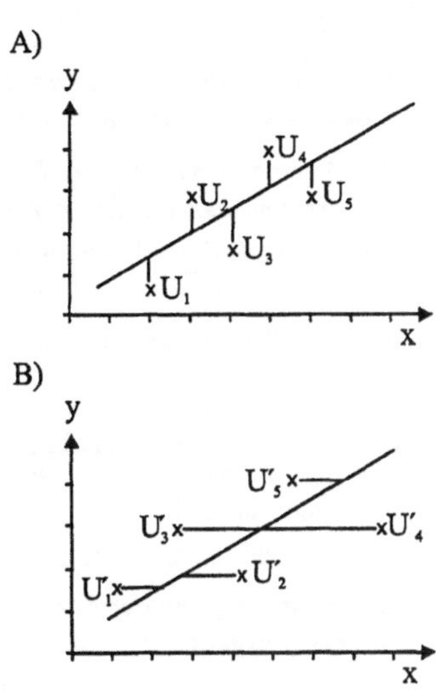

Abb. 8.6: Die berechnete Ausgleichsgerade wird so angepaßt, daß die Summe der jeweiligen Abweichungsquadrate (U^2 bzw. U'^2) ein Minimum einnimmt. Dabei werden die Abweichungen U_i jeweils achsenparallel abgetragen. Teilabbildung A zeigt die Regression von Y auf X (Zielgröße Y, Abweichung ordinatenparallel), Teilabbildung B die Regression von X auf Y (Zielgröße X, Abweichung abszissenparallel). Die Abbildungen zeigen deutlich, daß die Schätzung von Y aus gegebenen x_i-Werten nicht identisch mit der Schätzung von X aus gegebenen y_i-Werten ist.

Gefordert wird, daß die jeweils berechnete Regressionsgerade durch den Schwerpunkt ($\bar{x}\,|\,\bar{y}$) der Meßdatenauftragung verläuft. Demnach schneiden sich die beiden Regressionsgeraden genau in diesem Punkt (vgl. Abb. 8.4).

Neben der Methode der kleinsten Quadrate existieren noch eine Reihe weitere Schätzverfahren für die Regressionskoeffizienten a und b. So etwa über das Ermitteln der sog. orthogonalen Regression. Hierbei werden die orthogonalen Abstände der Daten zur Ausgleichsgeraden minimiert (Abstände werden senkrecht zur Geraden, nicht zum Achsensystem hin ermittelt).

Bei der orthogonale Regression sind die Schätzung von Y aus X und die Schätzung von X aus Y identisch. Daher fallen die beiden Geraden zusammen, es existiert somit lediglich eine einzige Regressionsgerade. (Ausführliche Darstellungen zu alternativen Schätzverfahren sind der weiterführenden Literatur zu entnehmen.)

Die über die **Methode der kleinsten Quadrate** berechenbaren Stichprobenparameter Steigung b bzw. Achsenabschnitt a der beiden formulierbaren Regressionsgeraden berechnen sich nach folgenden formellen Beziehungen:

$$\textbf{(F 8.6 bzw 8.7)}$$

$$b_{yx} = \frac{\left(\sum x_i y_i\right) - \dfrac{\left(\sum x_i\right)\left(\sum y_i\right)}{n}}{\sum x_i^2 - \dfrac{\left(\sum x_i\right)^2}{n}} \qquad \text{bzw.} \qquad b_{xy} = \frac{\left(\sum x_i y_i\right) - \dfrac{\left(\sum x_i\right)\left(\sum y_i\right)}{n}}{\sum y_i^2 - \dfrac{\left(\sum y_i\right)^2}{n}}$$

$$\textbf{(F 8.8 bzw 8.9)}$$

$$a_{yx} = \frac{\sum y_i - b_{yx}\sum x_i}{n} \qquad \text{bzw.} \qquad a_{xy} = \frac{\sum x_i - b_{xy}\sum y_i}{n}$$

(Die Parameter b_{yx} bzw. a_{yx} formulieren die Gleichung der Regression Y auf X (Abb. 8.6A), die Parameter b_{xy} bzw. a_{xy} die der Regression X auf Y (Abb. 8.6B).)

Beispiel 8.2: Berechnung der Regressionsparameter a und b: Zusammenhang zwischen Otolithen und Alter der Fische

Zur Altersbestimmung von Fischen werden oft die Durchmesser der Otolithen (paarige Gehörsteine der Fische) herangezogen. Um die Tauglichkeit dieser Methode zu überprüfen, wurden Otolithenmessungen an Fischen unterschiedlichen Alters einer Spezies vorgenommen. Folgende bivariate Datenverteilung wurde ermittelt:

Tab. 8.1: Stichprobenverteilung des Experimentes "Altersbestimmung bei Fischen" (mit: $n_x = 7$; $n_y = n = 12$)

1	Fischalter	x_i	Monate	13	16	18	19	22	25	28
2	Otolithen- durchmes- ser	y_i	mm	8,5	9,4	9,8 10,1	10,2 10,4 10,5	10,7 10,8	10,9 11,1	11,7

Unter Verwendung der Formeln F 8.6 bis F 8.9 lassen sich nun die Parameter der beiden Regressionsgeraden $f(x) = a_{yx} + b_{yx}\,x$ und $f(y) = a_{xy} + b_{xy}$ errechnen (Werte s. Tab.8.2):

$$b_{yx} = \cfrac{(\Sigma x_i y_i) - \cfrac{(\Sigma x_i)(\Sigma y_i)}{n}}{\Sigma x_i^2 - \cfrac{(\Sigma x_i)^2}{n}} \qquad b_{yx} = \cfrac{2560,5 - \cfrac{(244)(124,1)}{12}}{5158 - \cfrac{(244)^2}{12}} = 0,189$$

$$a_{yx} = \cfrac{\Sigma y_i - b_{yx}\,\Sigma x_i}{n} \qquad a_{yx} = \cfrac{124,1 - 0,189\,(244)}{12} = 6,499$$

$$b_{xy} = \cfrac{(\Sigma x_i y_i) - \cfrac{(\Sigma x_i)(\Sigma y_i)}{n}}{\Sigma y_i^2 - \cfrac{(\Sigma y_i)^2}{n}} \qquad b_{xy} = \cfrac{2560,6 - \cfrac{(244)(124,1)}{12}}{1291,15 - \cfrac{(124,1)^2}{12}} = 4,805$$

$$a_{xy} = \cfrac{\Sigma x_i - b_{xy}\,\Sigma y_i}{n} \qquad a_{yx} = \cfrac{244 - 4,805\,(124,1)}{12} = -29,358$$

daraus folgt für $f(x) = a_{yx} + b_{yx}\,x:$ $f(x) = 6,499 + 0,189\,x$

und für $f(y) = a_{xy} + b_{xy}\,y:$ $f(y) = -29,358 + 4,805\,y$

*Tab. 8.2: Die bivariat normalverteilte Stichprobe (vgl. Tab 8.1) sowie die zur Berechnung der Regressionsgeraden notwendigen Produkte. (**Bemerkung:** Innerhalb dieser Tabelle wurden alle Beobachtungspaare explizit aufgeführt (siehe Mehrfachnennung von x_i-Werten), oftmals werden aber lediglich Aufreihungen der y_i-Werte für ein X-Merkmal gemacht (vgl. Tab. 8.1). Hier ist zur der Berechnung der Summen bzw. Quadratsummen und Abweichungsquadrate auf die Berücksichtigung von n_i Beobachtungen an der Stelle x_i zu achten!)*

1	2	3	4	5
X-Merkmal: Alter	Y-Merkmal: Otolithendurchmesser	Quadrat der x_i-Werte	Quadrat der y_i-Werte	Produkt x und y an der Stelle x_i
x_i	y_i	x_i^2	y_i^2	$x_i\,y_i$
Monate	mm	-	-	-
13	8,5	169	72,25	110,5
16	9,4	256	88,36	150,4
18	9,8	324	96,04	176,4
18	10,1	324	102,01	181,8
19	10,2	361	104,04	193,8
19	10,4	361	108,16	197,6
19	10,5	361	110,25	199,5
22	10,7	484	114,49	235,4
22	10,8	484	116,64	237,6
25	10,9	625	118,81	272,5
25	11,1	625	123,21	277,5
28	11,7	784	136,89	327,6
$\Sigma = 244$ $\bar{x} = 20,33$	$\Sigma = 124,1$ $\bar{y} = 10,34$	$\Sigma = 5158$	$\Sigma = 1291,15$	$\Sigma = 2560,6$

Bemerkung: *Da die den Merkmalen zugehörigen Einheiten für die Berechnung innerhalb der Regression und Korrelation keine Bedeutung haben, werden diese im weiteren nicht explizit aufgeführt.*

Ist aus einer vorangegangenen Korrelationsberechnung der Stichproben-Korrelationskoeffizient r (vgl. Kap. 8.2.1.2) bekannt, so kann aus $f(x) = a_{yx} + b_{yx}\,x$, dem

Schnittpunkt $(\overline{x} \mid \overline{y})$ *der beiden Geraden und dem Korrelationskoeffizient r direkt die Gleichung* $f(y) = a_{xy} + b_{xy}\,y$ *formuliert werden:*

Gegeben: *Schätzung der y-Werte aus den x-Werten:* $f(x) = 6{,}499 + 0{,}189\,x$
Schwerpunktkoordinaten $(\overline{x} \mid \overline{y})$: $(20{,}33 \mid 10{,}34)$

Korrelationskoeffizient r: $0{,}953$ *(mit* $|r| = \sqrt{b_{yx} \cdot b_{xy}}$ *; vgl. F 8.18).*

Nach Einsetzen der Schnittpunktkoordinaten $(20{,}33 \mid 10{,}34)$ *ergibt sich für:*
$$\overline{y} = 6{,}499 + 0{,}189\,\overline{x}$$
$$10{,}34 = 6{,}499 + 0{,}189 \cdot 20{,}33 \quad !$$

Berechnung der zweiten Regressionsgleichung (Schätzung der x-Werte aus den y-Werten):
$$f(y) = a_{xy} + b_{xy}\,y$$

über: $\overline{x} = a_{xy} + b_{xy}\,\overline{y}$

mit $r = 0{,}953$ *und* $b_{xy} = r^2 / b_{yx}$ *ergibt sich:* $b_{xy} = 4{,}805$

Durch Einsetzen des Wertes für b_{xy} *(4,805) sowie der Schnittpunktkoordinaten* $(20{,}33 \mid 10{,}34)$ *läßt sich folgender Wert für* a_{xy} *ermitteln:*
$$20{,}33 = a_{xy} + 4{,}805 \cdot 10{,}34$$

daraus folgt für: $a_{xy} = -\,29{,}354$

demnach formuliert sich $f(y)$ *zu:* $f(y) = -\,29{,}354 + 4{,}805\,x$

Die so gewonnene zweite Geradengleichung wird zum Einzeichnen in das selbe Koordinatensystem nach $f(x)$ *umgeformt:* $f(x) = (x - a_{xy}) / b_{xy}$
$$f(x) = (x + 29{,}354) / 4{,}805$$

daraus folgt: $f(x) = 6{,}109 + 0{,}208\,x$

Diese Gleichung läßt sich nun als zweite Regressionsgerade in das selbe Koordinatennetz einzeichnen. Während die Regressionsgerade $f(x)$ *eine Prognose unbekannter* y_i-*Werte erlaubt, ermöglicht die Gleichung* $f(y)$ *nun die Vorhersage unbekannter* x_i-*Werte. Der Winkel unter dem sich die beiden Geraden schneiden vermittelt einen Eindruck über die Stärke des Zusammenhanges zwischen dem X-Merkmal und dem Y-Merkmal. Die Analyse der Stärke ist Gegenstand der Korrelation (vgl. Kap. 8.2).*

8.1.2 Die Regressionsanalyse (Modellprüfung)

Bei der Prüfung des Regressionsmodells wird üblicherweise der Regressionskoeffizient β, die Steigung der Regressionsgeraden, gegen Null getestet. Läßt sich kein signifikanter Unterschied von Null aufzeigen, sind die X- und Y-Merkmale voneinander unabhängig (Kap. 8.1.2.3).
Gelegentlich wir auch der Regressionskoeffizient α, der Achsenabschnitt der Geraden, auf Signifikanz überprüft. Dies setzt jedoch sehr spezielle Fragestellungen (etwa zu Spontanraten innerhalb eines Experimentes) voraus und ist nicht Gegenstand der vorliegenden Ausführungen.

Beim Vorliegen adäquaten Datenmaterials kann explizit auf die Voraussetzung eines linearen Zusammenhanges zwischen X- und Y-Merkmal getestet werden (Kap. 8.1.2.2).

8.1.2.1 Voraussetzungen zur Durchführung einer Regressionsanalyse

Die in den vorangehenden Abschnitten dargestellte Regressionsberechnung ist Bestandteil der deskriptiven Statistik, d.h. es ergeben sich lediglich Beschreibungen der Befunde. Wie bereits in Teil III (Induktive Statistik) erläutert, genügt jedoch auch bei der Anpassung des Regressionsmodells keine Abschätzung nach Augenmaß bzw. rein rechnerische Anpassung der Geraden an die ermittelten Meßwerte. Auch hier ist ein statistischer Test notwendig, dessen Voraussetzungen im folgenden aufgelistet sind, dabei beschränken sich die Ausführungen auf die Anpassung bivariater linearer Modelle.

a) Es existiert ein linearer Zusammenhang der Merkmale (gegebenenfalls erfolgt eine Transformation der Zufallsvariablen und / oder Funktionsparameter, vgl. Kap. 8.1.3).

b) Sowohl y- und x-Werte als auch die Residuen sind untereinander unabhängig und normalverteilt.

c) Die Varianzen sind homogen (Homoskedastizität).

d) Analysiert werden zwei Merkmale X und Y, wobei Y von X abhängig ist (einseitige Abhängigkeit).

e) Die Anzahl der Beobachtungspaare ist ≥ 3.
(Anmerkung: Beim Test des Regressionskoeffizienten β gegen Null dient t als Prüfgröße (vgl. Kap. 8.1.2.3). In Kap. 7.4.2.1 wurde hierzu ein $n \geq 20$ vorausgesetzt. An dieser Stelle sei explizit darauf hingewiesen, daß der t-Test auch bei geringerem n durchführbar ist, allerdings weist er dann eine deutlich reduzierte Trennschärfe auf!)

8.1.2.2 Der Linearitätstest

Die Analyse des Regressionsmodells setzt zunächst eine Überprüfung des Vorliegens einer linearen Beziehung zwischen X- und Y-Merkmal voraus. Diese ist jedoch nur durchführbar, wenn die Anzahl n_y der y-Werte größer ist als die Anzahl n_x der x-Werte. Wenn also zu jedem x_i-Wert mehrere y_i-Werte existieren, aus denen ein Gruppen-Mittelwert $\bar{y}_i$ errechnet werden kann:

(F 8.10)

$$\bar{y}_i = \frac{\sum y_i}{n_i}$$

(mit: $\bar{y}_i$ = Gruppenmittelwert der y_i-Werte an der Beobachtungsstelle x_i; n_i = Anzahl der y_i-Werte an der Stelle x_i)

Nullhypothese
H_0: Es liegt eine lineare Regression vor

Art der Stichprobe
Umfang: Anzahl der Merkmalspaare $n \geq 3$
               Anzahl der y_i-Werte $n_y >$ Anzahl der x_i-Werte n_x
Variablen: stetig
               unabhängig
Varianzen: homogen
Verteilung: bivariat normalverteilt

Berechnung der Prüfgröße PG = F
Die Prüfgröße F ist der Quotient aus der Abweichung von der Linearität und der Streuung innerhalb der Beobachtungsgruppen:

$$F = \frac{\text{Variabilität der Gruppenmittelwerte } \overline{y}_i \text{ von der Regressionsgeraden } \hat{y}_i}{\text{Variabilität der } y_i\text{ - Werte von ihrem Gruppenmittelwert } \overline{y}_i}$$

(F 8.11)

$$F = \frac{\sum \left(\overline{y}_i - \hat{y}_i \right)^2 \dfrac{1}{n_x - 2}}{\sum \left(y_i - \overline{y}_i \right)^2 \dfrac{1}{n_y - n_x}}$$

(mit: $\overline{y}_i$ = Gruppenmittelwert der y_i-Werte eines x_i-Wertes; $\hat{y}_i$ = Funktionswert der Regressionsgeraden an der Stelle x_i; n_x = Anzahl der Beobachtungen für X; n_y = Anzahl der Beobachtungen für Y = Anzahl der Merkmalspaare (= Beobachtungspaare) = n)

Berechnung der Freiheitsgrade ν
$\nu_1 = n_x - 2$ (n_x = Anzahl der Beobachtungen für X)
$\nu_2 = n_y - n_x$ (n_y = Anzahl der Beobachtungen für Y)

Beurteilung
Die Signifikanzschranke SSchr für den Linearitätstest wird aus der F-Tabelle (siehe Anhang Tab. XI) ermittelt. H_0 wird bei PG < Schr beibehalten. Liegt Linearität vor, liegen die Mittelwerte $\overline{y}_i$ in guter Näherung auf der Regressionsgeraden und die Abweichungen der Mittelwerte $\overline{y}_i$ vom Funktionswert $\hat{y}_i$ sind nicht größer als die Abweichungen der y_i-Werte einer Beobachtungsgruppe vom zugehörigen Gruppenmittelwert $\overline{y}_i$.

Muß H_0 verworfen werden, tritt also eine signifikante Abweichung von der Linearität auf, so kann eventuell durch geeignete Transformation (vgl. Kap. 8.1.3) dennoch ein lineares Regressionsmodell angepaßt werden. Gelingt dies nicht, sind nichtlineare Regressionsmodelle anzupassen (vgl. weiterführende Literatur).

Bsp. 8.3: F-Test auf Vorliegen eines linearen Zusammenhanges zwischen X- und Y-Merkmal.

1) H_0: Es liegt ein linearer Zusammenhang zwischen X- und Y-Merkmal vor.
2) Durchgeführt wird der F-Test. Dabei wird vorausgesetzt, daß die Daten bivariat normalverteilt sind und daß die Anzahl n_y der y-Werte größer ist als die Anzahl n_x der x-Werte.
3) Irrtumsrisiko $\alpha = 0,05$.
4) Berechnung der Prüfgröße PG:
   Aus Bsp. 8.2 ist die Regressionsgerade $f(x) = 6,499 + 0,189$ bereits bekannt. Daraus lassen sich für jeden x_i-Wert die zugehörigen Funktions-Schätzwerte $\hat{y}_i$ errechnen.

Tab. 8.3: Stichprobenverteilung des Experimentes "Altersbestimmung von Fischen" sowie die zur Überprüfung auf Linearität notwendigen Summen und Abweichungsquadrate. (Analog zu Tab. 8.2 sind alle Beobachtungspaare explizit aufgeführt; siehe Mehrfachnennung von x_i-Werten.)

1	2	3	4	5	6
X-Merkmal	Y-Merkmal	Mittelwert $\bar{y}_i$ an der Stelle x_i	Funktionswert $\hat{y}_i$ an der Stelle x_i	Abweichungsquadrat "Linearität"	Abweichungsquadrat "Beobachtungsgruppe"
x_i	y_i	$\bar{y}_i$	$\hat{y}_i$	$(\bar{y}_i - \hat{y}_i)^2$	$(y_i - \bar{y}_i)^2$
13	8,5	8,5	8,956	0,208	0
16	9,4	9,4	9,523	0,015	0
18	9,8	9,95	9,901	0,002	0,023
18	10,1	9,95	9,901	0,002	0,023
19	10,2	10,37	10,09	0,078	0,029
19	10,4	10,37	10,09	0,078	0,001
19	10,5	10,37	10,09	0,0780	0,017
22	10,7	10,75	10,657	0,009	0,003
22	10,8	10,75	10,657	0,009	0,003
25	10,9	11	11,224	0,05	0,010
25	11,1	11	11,224	0,05	0,010
28	11,7	11,7	11,791	0,008	0
$\Sigma = 244$	$\Sigma = 124,1$			$\Sigma = 0,587$	$\Sigma = 0,119$

Durch Einsetzen der Summen bzw. Quadratsummen in F 8.11 kann die Prüfgröße F errechnet werden:

$$F = \frac{\Sigma (\bar{y}_i - \hat{y}_i)^2 \, \dfrac{1}{n_x - 2}}{\Sigma (y_i - \bar{y}_i)^2 \, \dfrac{1}{n_y - n_x}} \qquad F = \frac{0,587 \, \dfrac{1}{7 - 2}}{0,119 \, \dfrac{1}{12 - 7}} = 4,933$$

5) Anzahl der Freiheitsgrade: $v_1 = n_x - 2$; $v_2 = n_y - n_x$: $v_1 = 7 - 2 = 5$ und $v_2 = 12 - 7 = 5$
6) SSchr ($\alpha = 0,05$; $v_1 = 5$; $v_2 = 5$) = 5,05   (Tab. XI-C)
7) Da PG < SSchr (4,933 < 5,05) wird die Nullhypothese mit einer Irrtumswahrscheinlichkeit von 5% beibehalten.
8) Schlußfolgerung: Mit einer Fehlerwahrscheinlichkeit von 5 % läßt sich nicht zeigen, daß kein linearer Zusammenhang zwischen dem X- und dem Y-Merkmal gegeben ist.

8.1.2.3 Test des Regressionskoeffizienten b

Mit dem Test des Stichproben-Regressionskoeffizienten b gegen Null wird auf einem angegebenen Fehlerniveau die Nullhypothese (H_0: "Der Regressionskoeffizient der Grundgesamtheit ist nicht von Null verschieden", Kurzform: $\beta_{yx} = 0$) überprüft. Läßt sich dieser Nachweis nicht erbringen, bedeutet dies, daß die Gerade parallel zur x-Achse verläuft, demnach das Y-Merkmal vom X-Merkmal unabhängig erscheint. Eine Datenverteilung parallel zur y-Achse (vgl. Abb. 8.5A) ist im Zusammenhang mit einer Regressionsanalyse nicht definiert.

Ergibt die Berechnung des Stichproben-Regressionskoeffizienten b aufgrund der Datenlage Null, so gelten die Daten ohne explizite Analyse (Testverfahren) als unkorreliert. (Zu beachten ist weiterhin, daß innerhalb der Regressionsanalyse die X- und Y-Merkmale nicht vertauschbar sind! Verwendung findet der Koeffizient b_{yx}.)

Nullhypothese

H_0: Der Regressionskoeffizient β der Grundgesamtheit ist nicht von Null verschieden:
$\beta_{yx} = 0$

Art der Stichprobe

Umfang:	Anzahl der Merkmalspaare $n \geq 3$
Variable:	stetig
	unabhängig
Varianzen:	homogen
Verteilung:	bivariat normalverteilt

Berechnung der Prüfgröße PG = t

Die Prüfgröße t wird nach folgender formeller Beziehung errechnet:

(F 8.12)

$$t = \frac{\left|b_{yx}\right|}{s_{b_{yx}}}$$

(F 8.13)

$$s_{b_{yx}} = \sqrt{\frac{\left(\sum y_i^2 - \frac{1}{n}\left(\sum y_i\right)^2\right) - b_{yx}\left(\sum x_i y_i - \frac{1}{n}\sum x_i \sum y_i\right)}{\left(\sum x_i^2 - \frac{1}{n}\left(\sum x_i\right)^2\right)(n-2)}}$$

(mit: n = Anzahl der Beobachtungspaare; b_{xy} = Steigung der Regressionsgeraden $\hat{y} = a_{yx} + b_{yx} x$. **Bemerkung**: Auch bei der Berechnung von $s_{b_{yx}}$ ist bei der Summenbildung von x_i bzw. x_i^2 zu beachten, daß n_i Beobachtungen an der Stelle x_i berücksichtigt werden! (vgl. Tab. 8.2))

Berechnung der Anzahl der Freiheitsgrade ν

$\nu = n - 2$ (n = Anzahl der Beobachtungspaare)

Beurteilung

Die Signifikanzschranke SSchr für den t-Test wird aus der t-Tabelle (siehe Anhang Tab. XII) ermittelt. H_0 wird bei PG $\geq$ Schr verworfen. Wird "$\beta \neq 0$" gezeigt, kann auf eine Abhängigkeit zwischen X- und Y-Merkmalen geschlossen werden.

Bsp. 8.4: Test des Stichproben-Regressionskoeffizienten b gegen Null

Aus der in Bsp. 8.2 experimentell ermittelten Stichprobe wurde die Regressionsgerade $\hat{y} = a + b\,x$ errechnet. Um zu überprüfen ob tatsächlich ein Zusammenhang zwischen dem X- und dem Y-Merkmal existiert, wird der Stichproben-Regressionskoeffizient b_{yx} gegen Null getestet.

1) *H_0: Der Regressionskoeffizient der Grundgesamtheit ist nicht von Null verschieden (Kurzform: $\beta_{yx} = 0$).*
2) *Durchgeführt wird ein t-Test (vgl. Kap 7.4.2.1).*
3) *Die zulässige Irrtumswahrscheinlichkeit α sei 5 %. Der Test wird zweiseitig durchgeführt.*
4) *Aus nachstehender Tabelle und F 8.12 bzw. F 8.13 wird die Prüfgröße t errechnet:*
   Aus Bsp. 8.2 können die zur Berechnung notwendigen Summen entnommen werden:
   $\Sigma x_i = 244$; $\Sigma y_i = 124{,}1$; $\Sigma x_i^2 = 1291{,}15$; $\Sigma y_i^2 = 5158$; $\Sigma x_i y_i = 2560{,}6$; $b_{yx} = 0{,}189$
   Durch Einsetzen der Summen bzw. Quadratsummen in F 8.13 kann $s_{b_{yx}}$ errechnet werden. Die Prüfgröße t wird nach F 8.12 ermittelt.

$$s_{b_{yx}} = \sqrt{\frac{\left(1291{,}15 - \dfrac{1}{12}\,(124{,}1)^2\right) - 0{,}189\left(2560{,}6 - \dfrac{1}{12}\,(244)\,124{,}1\right)}{\left(5158 - \dfrac{1}{12}\,(244)^2\right)(12-2)}} = 0{,}019$$

$$t = \frac{\left|b_{yx}\right|}{s_{b_{yx}}} = \frac{\left|0{,}189\right|}{0{,}019} = 9{,}947 = PG$$

5) *Anzahl der Freiheitsgrade ν: $\nu = n - 2$; $\nu = 12 - 2 = 10$*
6) *SSchr ($\alpha = 5$ %; zweiseitig; $\nu = 10$): 2,2281   (Tab. XI)*
7) *Da PG > SSchr (9,947 > 2,2281) kann H_0 mit einer Irrtumswahrscheinlichkeit von 5% verworfen werden.*
8) *Schlußfolgerung: Mit einer Fehlerwahrscheinlichkeit von 5 % kann davon ausgegangen werden, daß der Regressionskoeffizient β_{yx} von Null verschieden ist, also ein Zusammenhang zwischen X- und Y-Merkmal existiert.*

Üblicherweise werden Regressions- und Korrelations-Analysen zusammen durchgeführt, daher kann meist auf die explizite statistische Absicherung des Regressionskoeffizienten b verzichtet werden. Die statistische Absicherung des Stichproben-Korrelationskoeffizienten r beinhaltet gleichzeitig die des Regressionskoeffizienten b (vgl. Kap. 8.2.2.2).

8.1.3 Die linearisierende Transformation

In den bisherigen Darstellungen zur Regression wurde vorausgesetzt, daß das Anpassen eines linearen Modells zulässig ist. Läßt sich die Datenverteilung jedoch nicht durch eine lineare Funktion repräsentieren, so kann oft durch eine geeignete Transformation die Anpassung einer Geradengleichung ermöglicht werden. In der nachfolgenden Tabelle sind einige nichtlinare Funktionen sowie deren linearisierende Transformationen zusammengestellt.

Tab. 8.5: Zusammenstellung nichtlinearer Funktionen sowie der zur Linearisierung notwendigen Transformationen der Variablen bzw. Funktionsparameter. (nach Sachs 1997)

Originalfunktion	transformierte Variable y*	transformierte Variable x*	transformierter Parameter a*	transformierter Parameter b*
$y = a + \dfrac{b}{x}$	unverändert	$x^* = \dfrac{1}{x}$	unverändert	unverändert
$y = \dfrac{b}{a + x}$	$y^* = \dfrac{1}{y}$	unverändert	$a^* = \dfrac{a}{b}$	$b^* = \dfrac{1}{b}$
$y = \dfrac{a\,x}{b + x}$	$y^* = \dfrac{1}{y}$	$x^* = \dfrac{1}{x}$	$a^* = \dfrac{1}{a}$	$b^* = \dfrac{b}{a}$
$y = a\,b^x$	$y^* = \lg y$	unverändert	$a^* = \lg a$	$b^* = \lg b$
$y = a\,x^b$	$y^* = \lg y$	$x^* = \lg x$	$a^* = \lg a$	unverändert
$y = a\,e^{bx}$	$y^* = \ln y$	unverändert	$a^* = \ln a$	unverändert
$y = a\,e^{\frac{b}{x}}$	$y^* = \ln y$	$x^* = \dfrac{1}{x}$	$a^* = \ln a$	unverändert

(Darüber hinaus existieren eine Reihe statistischer Verfahren zur Analyse nichtlinearer Regressionsmodelle. Diese sind der weiterführenden Literatur zu entnehmen.)

Bsp. 8.5: Linearisierende Transformation einer nichlinearen Funktion

Die vorliegende Stichprobe repräsentiert eine bivariate Grundgesamtheit, wobei das Y-Merkmal nichtlinear vom X-Merkmal abhängig sei. Aus theoretischen Überlegungen zum experimentellen Hintergrund sei die Vorstellung plausibel, daß sich die Stichprobe durch eine Potenzfunktion der Form $y = a\,x^b$ beschreiben läßt. (Existiert keine plausible Hypothese zur funktionalen Beschreibung, so empfiehlt sich die Auftragung der Daten in ein Koordinatensystem, um eine Vorstellung vom potentiellen Zusammenhang der Merkmale zu erhalten.).

Die Linearisierung der Potenzfunktion wird durch logarithmische Transformation der Variablen x und y sowie des Funktionsparameters a erreicht (vgl. Tab. 8.4) wodurch sich die Geradengleichung zu $\lg y = \lg a + b \lg x$ formuliert ($= y^* = a^* + b\,x^*$).

Tab. 8.6: Stichprobe einer nichtlinearen bivariaten Grundgesamtheit sowie die liberalisierende Transformation der x_i- und y_i-Werte. Aus den transformierten (logarithmierten) Daten x^* und y^* wird die Regressionsgerade der Form $y^* = a^* + b\,x^*$ geschätzt.

1	2	3	4
X-Merkmal	*Y-Merkmal*	*X*-Transformation*	*Y*-Transformation*
x_i	y_i	$x^* = lg\,x$	$y^* = lg\,y$
2,3	12	0,362	1,08
2,5	14,8	0,398	1,17
2,8	19,7	0,447	1,29
3,0	23,4	0,477	1,37
3,3	29,7	0,519	1,47

Die aus den transformierten Daten geschätzte Regressionsgerade der Form $y^* = a^* + b\,x^*$ lautet

$$y^* = 0{,}178 + 2{,}492\,x^*$$

oder:

$$lg\,y = 0{,}178 + 2{,}492\,lg\,x$$

mit:

$$0{,}178 = a^* = lg\,a \qquad und\ 0{,}2492 = b$$

Delogarithmieren der Funktion ergibt: $\quad y = 1{,}507\,x^{2{,}492}$

in Näherung: $\qquad\qquad\qquad\quad y = 1{,}5\,x^{2{,}5}$

Demnach läßt sich mit der Potenzfunktion $y = 1{,}5\,x^{2{,}5}$ der Zusammenhang zwischen dem X- und dem Y-Merkmal der ermittelten Stichprobe beschreiben.

8.2 Die Korrelation

Bei der Korrelation ("Zuordnung") werden zwei Merkmale (bivariat) oder mehrere Merkmale (multivariat) einer Beobachtungseinheit bzw. eines Individuums auf einen potentiellen Zusammenhang hin untersucht. Die charakteristischen Kenngrößen, die die Stärke des Zusammenhanges beschreiben, sind die **Kovarianz s_{xy}** und der **Korrelationskoeffizient r**. Dabei handelt es sich jeweils um die Stichproben-Parameter, die die entsprechenden Parameter, analog zu den in den vorhergehenden Kapiteln besprochenen Verfahren, aus der Grundgesamtheit schätzen. Beide Parameter geben **Stärke** und **Richtung** eines Zusammenhangs an. Zudem wird das **Bestimmtheitsmaß B** zur Beschreibung der Merkmalsabhängigkeit verwendet.

Hier gilt analog zu den Ausführungen zur Regressionsberechnung, daß die Berechnung einer potentiellen Korrelation zunächst Gegenstand der deskriptiven Statistik ist. Auch hier schließen sich innerhalb der Korrelationsanalyse statistische Testverfahren an.

Sowohl innerhalb der Korrelationsberechnung als auch innerhalb der -analyse wird nicht zwischen X- und Y-Merkmalen unterschieden. Daher wird bei Korrelationsbetrachtungen oftmals mit X_1- und X_2-Merkmalen gearbeitet. Auch hier empfiehlt es sich, das vorhandenen Datenmaterial zunächst zur Übersicht in ein Koordinatensytem einzuzeichnen.

8.2.1 Die Korrelationsberechnung (Modellrechnung)

Die Korrelationsberechnung erlaubt Aussagen über **Stärke** und **Richtung** der Abhängigkeit zwischen zwei oder mehreren Merkmalen. In Abhängigkeit vom zugrundeliegenden Modell bzw. von der Skalierung der Variablen (Datenmaterial) sind unterschiedliche Maße (Parameter) berechenbar, die die Stärke einer Korrelation beschreiben. Neben der Kovarianz s_{xy} findet für metrischskalierte Daten der sog. Maßkorrelationkoeffizient r nach Bravais-Pearson (auch Produkt-Moment-Korrelationskoeffizient) Anwendung, bei ordinalskalierten Daten der Rangkorrelationskoeffizient R nach Spearman und bei nominalskaliertem Datenmaterial dient der Kontingenzkoeffizient C zur Beschreibung der Zusammenhangsstärke.

Im weiteren wird vorausgesetzt, daß es sich jeweils um einen **linearen Zusammenhang** zwischen metrischskalierten X- und Y-Merkmalen handelt. Entsprechend dient der Maßkorrelationskoeffizient r (im weiteren vereinfacht als Korrelationskoeffizient r bezeichnet) zur Beschreibung des Zusammenhanges zwischen den Merkmalen.

8.2.1.1 Die Kovarianz s_{xy}

Die Kovarianz σ_{xy} (auch: zentrales Produktmoment, mittleres Abweichungsprodukt) ist ein deskriptiver Parameter einer zweidimensionalen Grundgesamtheit und wird durch die **Kovarianz s_{xy}** der zweidimensionalen Stichprobenverteilung geschätzt. Sie wird oft als Maß für eine gegebene Korrelation zwischen zwei Merkmalen einer Stichproben angegeben und ist definiert als das Maß für die gemeinsame Variabilität zweier Merkmale X und Y.

(F 8.14)

$$s_{xy} = \frac{\sum \left(x_i - \overline{x}\right) \cdot \left(y_i - \overline{y}\right)}{n - 1}$$

Da die Kovarianz in ihrem Betrag jedoch von den Absolutwerten des X- bzw. des Y-Merkmals abhängig ist, ist sie für objektive Messungen des Zusammenhangs der Merkmale sowie für Ergebnisvergleiche ungeeignet. (Analog zu den Betrachtungen in Kap. 3.1 wird auch die Kovarianz stark durch Ausreißer beeinflußt.)

8.2.1.2 Der Korrelationskoeffizient r

Der Korrelationskoeffizient r beschreibt die Stärke des Zusammenhangs zwischen intervallskalierten Daten. Er wird auch als normierte Kovarianz (vgl. F 8.14) bezeichnet und nimmt Werte zwischen -1 und +1 an. Als Schätzwert des Korrelationskoeffizienten ρ der Grundgesamtheit berechnet er sich aus dem Anteil der Stichproben-Varianzen sowohl der streuen X-Merkmale als auch der streuenden Y-Merkmale nach:

(F 8.15)

$$r = \frac{\text{Kovarianz}_{xy}}{\sqrt{\text{Varianz}_x \cdot \text{Varianz}_y}} = \frac{s_{xy}}{s_x^2 \cdot s_y^2}$$

(**F 8.16** bzw. **F 8.17**)

$$r = \frac{\dfrac{\sum (x_i - \overline{x}) \cdot (y_i - \overline{y})}{n-1}}{\sqrt{\dfrac{\sum (x_i - \overline{x})^2}{n-1} \cdot \dfrac{\sum (y_i - \overline{y})^2}{n-1}}} = \frac{\sum (x_i - \overline{x}) \cdot (y_i - \overline{y})}{\sqrt{\sum (x_i - \overline{x})^2 \cdot \sum (y_i - \overline{y})^2}}$$

Der Korrelationskoeffizient wird positiv, wenn mit steigenden x-Werten auch die y-Werte steigen und negativ wenn mit steigenden x-Werten die y-Werte fallen. Er nimmt exakt den Wert null an, wenn die beiden Regressionsgeraden senkrecht zueinander stehen und exakt eins, wenn die Geraden aufeinanderfallen (vgl. Abb. 8.5).

Achtung: Auch innerhalb der Korrelationsberechnung gilt als Voraussetzung $n \geq 3$, da bei lediglich zwei Beobachtungspaaren die daraus errechenbaren Geraden zwangsläufig aufeinanderfallen würden.

Sind die Regressionskoeffizienten b_{yx} und b_{xy} aus einer vorausgegangen Regressionsberechnung (vgl. Kap 8.1.1) bereits bekannt (und deren Beträge ungleich Null), so läßt sich der Betrag des Korrelationskoeffizient r wesentlich vereinfacht berechnen nach:

(**F 8.18**)

$$|r| = \sqrt{b_{yx} \cdot b_{xy}}$$

Bsp. 8.6: Berechnung des Korrelationskoeffizienten r

Tab. 8.7: Berechnungsgrundlage des Regressionskoeffizienten bilden die im Experiment "Altersbestimmung von Fischen" (vgl. Bsp. 8.2) ermittelten Beobachtungspaare. Berechnungsgrundlage liefert das bivariat normalverteilte Datenmaterial aus Bsp. 8.2 "Altersbestimmung von Fischen".

1	2	3	4	5
X-Merkmal	Y-Merkmal	Abweichungsquadrat vom Mittel $\overline{x}$	Abweichungsquadrat vom Mittel $\overline{y}$	Produkt der Abweichungen von $\overline{x}$ und $\overline{y}$
x_i	y_i	$(x_i - \overline{x})^2$	$(y_i - \overline{y})^2$	$(x_i - \overline{x})(y_i - \overline{y})$
13	8,5	53,729	3,386	13,487
16	9,4	18,749	0,884	4,07
18	9,8	5,429	0,292	1,258
18	10,1	5,429	0,058	0,559
19	10,2	1,769	0,02	0,186
19	10,4	1,769	0,004	- 0,08
19	10,5	1,769	0,026	- 0,213
22	10,7	2,789	0,13	0,601
22	10,8	2,789	0,212	0,768
25	10,9	21,809	0,314	2,615
25	11,1	21,809	0,578	3,549
28	11,7	58,829	1,85	10,431
$\overline{x} = 20,33$	$\overline{y} = 10,34$	$\sum = 196,668$	$\sum = 7,754$	$\sum = 37,231$

Durch Einsetzen der in Tab. 8.7 berechneten Parameter in Gleichung (F 8.17) läßt sich der Korrelationskoeffizient r berechnen zu:

$$r = \frac{\sum (x_i - \bar{x})(y_i - \bar{y})}{\sqrt{\sum (x_i - \bar{x})^2 \sum (y_i - \bar{y})^2}} \qquad\qquad r = \frac{37,231}{\sqrt{196,668 \cdot 7,754}} = 0,9534$$

Sind aus einer vorangegangenen Regressionsberechnung die Koeffizienten b_{yx} und b_{xy} bekannt (vgl. Bsp. 8.2) kann r nach F 8.18 ermittelt werden:

$$|r| = \sqrt{b_{yx} \cdot b_{xy}} \qquad\qquad r = \sqrt{0,189 \cdot 4,805} = 0,953$$

8.2.1.3 Das Bestimmtheitsmaß B

Zur Beschreibung der Stärke des Zusammenhanges läßt sich neben dem Korrelationskoeffizienten r auch das Bestimmtheitsmaß B verwenden. Dabei gibt das Bestimmtheitsmaß B (auch: Determinationskoeffizient) den Anteil an der Gesamtvarianz an, der sich durch das jeweilige Regressionsmodell, also durch den Zusammenhang zwischen X- und Y-Merkmal, erklären läßt. Aus der Beziehung

Gesamtvarianz = durch das Modell erklärte Varianz + Restvarianz

$$\text{(F 8.19)}$$

$$\sum (y_i - \bar{y})^2 = \sum (\hat{y}_i - \bar{y})^2 + \sum (y_i - \hat{y})^2$$

läßt sich B berechnen:

$$B = \frac{\text{durch das Modell erklärte Varianz}}{\text{Gesamtvarianz}}$$

$$\text{(F 8.20)}$$

$$B = \frac{\sum (\hat{y} - \bar{y})^2}{\sum (y_i - \bar{y})^2}$$

B nimmt Werte zwischen 0 und 1 bzw. zwischen 0% und 100% an und ist immer positiv. Im Extremfall (B = 0%) liegt also keinerlei Anteil an der Gesamtvarianz vor. Damit existiert auch kein Zusammenhang der betrachteten Merkmale (r = 0). B = 100% bedeutet, daß ein vollständiger Zusammenhang existiert (r = 1) bzw. daß sich die Variation des einen Merkmals durch die Variation des anderen Merkmals vollständig erklärt.

Bei linearen Zusammenhängen kann B vereinfacht berechnet werden:

$$\text{(F 8.21)}$$

$$B = \frac{a\sum y + b\sum xy - n\bar{y}^2}{\sum y^2 - n\bar{y}^2}$$

$$\text{(F 8.22)}$$

bzw. nach: $$B = r^2 = b_{yx}\, b_{xy}$$

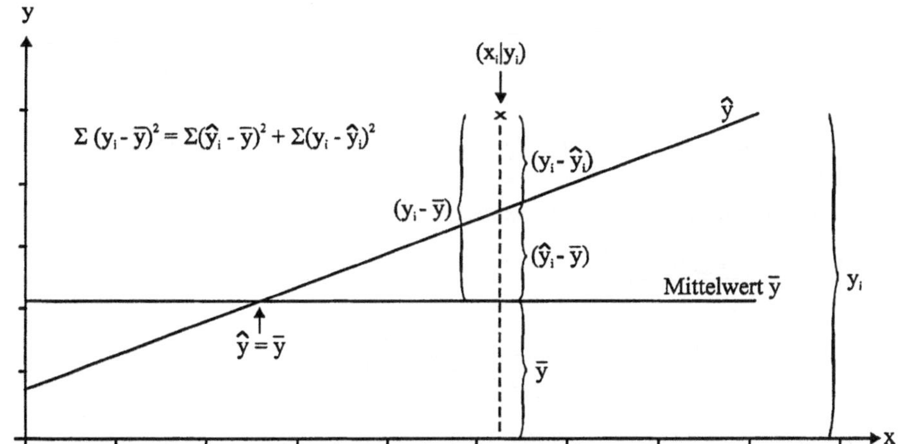

Abb. 8.7: Graphische Darstellung der jeweiligen Anteile an der Gesamtvarianz von y_i an der Stelle x_i. Mit $(x_i|y_i)$ = Beobachtungspaar an der Stelle x_i, $\overline{y}$ = Schätzer aller y_i-Werte (= Mittelwert); $\hat{y}_i$ = Schätzer des y_i-Wertes an der Stelle x_i; $\Sigma(y_i - \overline{y})^2$ = Gesamtvarianz; $\Sigma(\hat{y}_i - \overline{y})^2$ = modellbedingte Varianz; $\Sigma(y_i - \hat{y})^2$ = Restvarianz. (nach Sachs 1997)

Beispiel 8.7: Berechnung des Bestimmheitsmaßes B

Zugrunde liegen wiederum die Daten des Experimentes "Altersbestimmung bei Fischen", aus denen das Bestimmheitsmaß B errechnet werden soll. Über F 8.20 läßt sich B wie folgt ermitteln:

Tab. 8.8: Stichprobenverteilung des in Bsp. 8.2 beschriebenen Experimentes zur Altersbestimmung von Fischen sowie die zur Berechnung von B notwendigen Abweichungsquadrate und die über die Regressionsfunktion f(x) = 6,499 + 0,189 x geschätzten Funktionswerte ŷ (mit ȳ = 10,34).

1	2	3	4	5
X-Merkmal	Y-Merkmal	Funktions werte $\hat{y}_i$	modellerklärte Varianz der y_i	Gesamtvarianz der y_i
x_i	y_i	$\hat{y}_i$	$(\hat{y}_i - \overline{y})^2$	$(y_i - \overline{y})^2$
13	8,5	8,956	1,915	3,386
16	9,4	9,523	0,667	0,884
18	9,8	9,901	0,193	0,292
18	10,1	9,901	0,193	0,058
19	10,2	10,09	0,063	0,02
19	10,4	10,09	0,063	0,004
19	10,5	10,09	0,063	0,026
22	10,7	10,657	0,1	0,13
22	10,8	10,657	0,1	0,212
25	10,9	11,224	0,781	0,314
25	11,1	11,224	0,781	0,578
28	11,7	11,791	2,105	1,85
$\Sigma = 244$	$\Sigma = 124,1$		$\Sigma = 7,024$	$\Sigma = 7,754$

$$B = \frac{\sum (\hat{y} - \bar{y})^2}{\sum (y_i - \bar{y})^2} \qquad\qquad B = \frac{7{,}024}{7{,}754} = 0{,}9059$$

Aus der Funktion F 8.21 und den Parametern a und b der Regressionsfunktion f(x) = 6,499 + 0,189 x, dem Mittelwert $\bar{y}$ = 10,34 sowie $\sum xy$ = 2560,5 und $\sum y^2$ =1291,15 (vgl. Bsp. 8.2) läßt sich B wie folgt ermitteln:

$$B = \frac{a\sum y + b\sum xy - n\bar{y}^2}{\sum y^2 - n\bar{y}^2}$$

$$B = \frac{6{,}499(124{,}1) + 0{,}189(2560{,}5) - 12(10{,}34^2)}{1291{,}15 - 12(10{,}34^2)} = 0{,}9155$$

Aus Funktion F 8.22 (mit b_{yx} = 0,189 und b_{xy} = 4,805; vgl. Bsp. 8.2) ergibt sich für das Bestimmtheitsmaß B:

$$B = r^2 = b_{yx}\, b_{xy} \qquad\qquad B = 0{,}189 \cdot 4{,}805 = 0{,}9081$$

(Die Abweichungen der über die unterschiedlichen formellen Ansätze ermittelten Werte für B sind durch Rundungsvorgänge induziert.)

Ein ermittelter Wert von 0,9059 (nach F 8.20) für B bedeutet, daß sich 90,59% der Gesamtvarianz durch das angepaßte Abhängigkeitsmodell ("lineare Regression") erklären läßt.
Bezogen auf das Experiment "Altersbestimmung von Fischen" heißt das: 90,59% der Variation der Otolithendurchmesser (Y-Merkmal) lassen sich durch die Variation des Fischalters (X-Merkmal) erklären. (Die verbleibende Restvarianz von 9,41% läßt sich nicht über die Abhängigkeit der beiden betrachteten Merkmale erklären. Sie wird durch andere Faktoren verursacht, z.B. durch den Ernährungszustand der Fische o.ä.)

Bei der Beschreibung der Stärke der Korrelation wird das Bestimmtheitsmaß B dem Korrelationskoeffizienten r vorgezogen, da es als Prozentualangabe leichter auf die jeweilige Fragestellung hin zu interpretieren ist. (**Achtung:** Nur das Bestimmtheitsmaß B wird als Prozentangabe verwendet, nicht aber der Korrelationskoeffizient r!)
Bedingt durch den varianzerklärenden Charakter des Bestimmtheitsmaßes läßt sich hieraus direkt zu Methoden der Varianzanalyse überleiten. (Die Varianzanalyse (ANOVA: Analysis of Variance) ist nicht Gegenstand der vorliegenden Zusammenstellung; siehe weiterführenden Literatur.)

8.2.2 Die Korrelationsanalyse (Modellprüfung)

Das Berechnen des Korrelationskoeffizienten entspricht im statistischen Sinne einer Modellbildung. Auch dieses Modell muß analog zu den bereits vorgestellten hinsichtlich seiner Zulässigkeit überprüft werden. Zum Nachweis für das Vorliegen einer Korrelation wird der Stichproben-Koeffizient r gegen Null getestet (H_0: Der Korrelationskoeffizient der Grundgesamtheit ist von Null nicht verschieden. Kurzfassung: $\rho = 0$). Dies ist auch bei Werten nahe eins (zum Beispiel $r \geq 0,9$) notwendig, da das Abschätzen nach Augenmaß bei kleinem Meßumfang schnell in die Irre führen kann.

8.2.2.1 Voraussetzungen zur Durchführung einer Korrelationsanalyse

Die Berechnung des Korrelationskoeffizienten alleine reicht nicht aus, um einen potentiellen Zusammenhang zwischen zwei Merkmalen zu belegen. Auch hierfür ist eine statistische Absicherung notwendig. Die dazu notwendigen Voraussetzungen sind im folgenden aufgelistet. (Die Ausführungen beschränken sich auf den linearen, bivariaten Fall. Die Konditionen komplexerer Analysemethoden sind der weiterführenden Literatur zu entnehmen.)

a) Linearer Zusammenhang der Merkmale (gegebenenfalls erfolgt die Transformation der Zufallsvariablen, vgl. Kap. 8.1.3).

b) Bivariate Normalverteilung der beobachteten Merkmale, sowohl das X- als auch das Y-Merkmal streuen "normalverteilt".

c) Die Beobachtungspaare sind voneinander unabhängig. (So lassen zeitlich aufeinanderfolgende Messungen der Wuchshöhe eines Baumes und dessen Stammdurchmessers keine Korrelationsanalyse zu. Es handelt sich hier um eine sog. **"Zeitreihe"**.)

d) Das vorliegende Datenmaterial ist metrisch skaliert.

e) Die Anzahl der Beobachtungspaare ist ≥ 3.

8.2.2.2 Test des Korrelationskoeffizienten r

Der Test des Korrelationskoeffizienten der Grundgesamtheit gegen Null (Kurzform: "$\rho = 0$") wird analog zu den voran dargestellten Testverfahren durchgeführt. Dabei dient der Stichproben-Korrelationskoeffizient r als Prüfgröße PG. Kann H_0 verworfen werden, so sind die betrachteten Merkmale nicht voneinander unabhängig ("$\rho \neq 0$"). Sie lassen sich mit dem Irrtumsrisiko α als voneinander abhängig interpretieren. Kann H_0 ("$\rho = 0$") nicht verworfen werden, so sind die Daten unkorreliert. Unkorreliertes Datenmaterial ist nicht zwangsweise auch unabhängig. Der Befund bezieht sich ausschließlich auf das zugrunde liegende Korrelationsmodell - analog zur Regressionsbetrachtung.
Aufgrund des formellen Zusammenhangs (vgl. F 8.18) beinhaltet der Test auf Merkmalsunabhängigkeit gleichzeitig den Test des Regressionskoeffizienten β gegen Null. Läßt der Test bei gegebenem Irrtumsrisiko α die Interpretation "$\rho \neq 0$" zu, ist gleichzeitig auch "$\beta_{yx} \neq 0$" und "$\beta_{xy} \neq 0$"; womit sich ein separater Regressions-Test erübrigt. Gleiches gilt für das Bestimmtheitsmaß ($B = \rho^2$), für "$\rho \neq 0$" gilt ebenso "$B \neq 0$".

Nullhypothese
H_0: Der Korrelationskoeffizient ρ der Grundgesamtheit ist nicht von Null verschieden: $\rho = 0$

Art der Stichprobe

Umfang: Anzahl der Merkmalspaare $n \geq 3$
Variable: stetig
               unabhängig
Varianzen: homogen
Verteilung: bivariat normalverteilt

Berechnung der Prüfgröße PG = r

Als Prüfgröße dient der Stichproben-Korrelationskoeffizient r, der nach F 8.15 bis F 8.18 errechnet werden kann.

Berechnung der Anzahl der Freiheitsgrade ν

$\nu = n - 2$ (n = Anzahl der Beobachtungspaare)

Beurteilung

Die Signifikanzschranke für den r-Test wird aus der r-Tabelle (siehe Anhang Tabelle XVI) abgelesen. Bei $r_{ber} \geq r_{Tab}$ (PG $\geq$ SSchr) kann H_0 verworfen werden, die Merkmale sind bei gegebener Fehlerwahrscheinlichkeit nicht unabhängig voneinander.

Beispiel 8.8-A: Test des Stichproben-Korrelationskoeffizienten r gegen Null ("Körperlänge-Körpermasse"):

Aus einem Zuchtteich entnommene Fische wurden auf ihre Körpermasse (g) sowie ihre Körperlänge (cm) hin untersucht. Um zu überprüfen, wie stark die Körpermasse (Y-Merkmal) der Tiere von deren Körperlänge (X-Merkmal) abhängt, wurde der Stichproben-Korrelationskoeffizient r errechnet und dieser, als Schätzer für den Korrelationskoeffizient ρ der Grundgesamtheit, gegen Null getestet. Die Stichprobenergebnisse sind in Tab. 8.9 notiert.

Tab. 8. 9: Meßwerte der Merkmale Körperlänge (X) und Körpermasse (Y) von Fischen eines Zuchtteiches sowie die zur Berechnung des Korrealtionskoeffizienten notwendigen Abweichungen vom jeweiligen Mittelwert.

1	*2*	*3*	*4*	*5*
X-Merkmal Länge	*Y-Merkmal Masse*	*Abweichungsquadrat vom Mittel $\bar{x}$*	*Abweichungsquadrat vom Mittel $\bar{y}$*	*Produkt der Abweichungen*
x_i	y_i	$(x_i - \bar{x})^2$	$(y_i - \bar{y})^2$	$(x_i - \bar{x})(y_i - \bar{y})$
cm	*g*	-	-	-
31	*287*	*0,49*	*585,64*	*16,94*
29	*280*	*7,29*	*973,44*	*84,24*
35	*315*	*10,89*	*14,44*	*12,54*
34	*320*	*5,29*	*77,44*	*20,24*
28	*307*	*13,69*	*17,64*	*15,54*
36	*345*	*18,49*	*1142,44*	*145,34*
30	*298*	*2,89*	*174,24*	*22,44*
31	*312*	*0,49*	*0,64*	*- 0,56*
34	*364*	*5,29*	*2787,84*	*121,44*
29	*284*	*7,29*	*739,84*	*73,44*
$\bar{x}$ = 31,7	*$\bar{y}$ = 311,2*	*Σ = 72,10*	*Σ = 6513,60*	*Σ = 511,60*

1) H_0: Der Korrelationskoeffizient ρ der Grundgesamtheit ist gleich Null (Kurzform: $\rho = 0$)
2) Testwahl: r-Test
3) Irrtumsrisiko $\alpha = 5\,\%$
4) Berechnung der PG:
   Nach F 8.17 berechnet sich der Korrelationskoeffizient r zu:

$$r = \frac{\sum (x_i - \bar{x})(y_i - \bar{y})}{\sqrt{\sum (x_i - \bar{x})^2 \, \sum (y_i - \bar{y})^2}} \qquad\qquad r = \frac{511,6}{\sqrt{72,1 \cdot 6513,6}} = 0,7465$$

5) $v = n - 2 = 8$
6) SSchr ($v = 8$, $\alpha = 5\%$): 0,632 (Tabelle XVI)
7) Vergleich PG - SSchr: Da PG > SSchr (0,746 > 0,632) kann die Nullhypothese mit einer Irrtumswahrscheinlichkeit von 5% verworfen werden.
8) Schlußfolgerung: Mit einem Irrtumsrisiko von 5 % spricht nichts gegen die Interpretation, daß das Datenmaterial korreliert ist, also ein Zusammenhang zwischen Körperlänge und Körpermasse der Fische existiert.

Bemerkung: Der Test des Korrelationskoeffizienten zeigte zwar einen signifikanten Unterschied des Koeffizienten von Null ($r \neq 0$), allerdings erscheint der berechnete Betrag für r relativ niedrig und deutet damit auf eine schwache Korrelation zwischen X- und Y-Merkmal hin.
Entsprechend zeigt das aus r berechenbare Bestimmtheitsmaß B ($B = r^2$) mit B = 0,5573 auf, daß lediglich 55,73% der Gesamtvarianz durch das angepaßte Modell (lineare Abhängigkeit zwischen Körperlänge und Körpermasse) erklärt werden können. 44,27% der Gesamtvarianz werden durch andere Faktoren (z.B. Alter, Geschlecht etc.) beeinflußt.
Der hohe Anteil der Restvarianz (44,27%) zieht das angepaßte Modell eines bivariaten linearen Zusammenhanges erheblich in Zweifel - obwohl der statistische Test Signifikanz aufzeigt!
Damit zeigt das Beispiel "Körperlänge - Körpermasse" deutlich das innerhalb der Korrelationbetrachtungen bestehende Kausalitätsproblem auf (vgl. Kap. 8.2.3).

Bsp. 8.8-B: Test des Stichproben-Korrelationskoeffizienten r gegen Null ("Altersbestimmung von Fischen")

Analog zu Bsp. 8.8-A soll nun der errechnete Korrelationskoeffizient r aus dem Experiment "Altersbestimmung von Fischen" gegen Null getestet werden.

1) H_0: Der Korrelationskoeffizient ρ der Grundgesamtheit ist gleich Null (Kurzform: $\rho = 0$)
2) Testwahl: r-Test
3) Irrtumsrisiko $\alpha = 5\,\%$
4) Berechnung der PG nach F 8.18 (vgl. Bsp. 8.6):

$$|r| = \sqrt{b_{yx} \cdot b_{xy}} = \sqrt{0,189 \cdot 4,805} = 0,953$$

5) $v = n - 2 = 10$

6) SSchr (v = 10, α = 5%): 0,576 (Tabelle XVI)

7) Vergleich PG - SSchr: Da PG > SSchr (0,953 > 0,576) kann die Nullhypothese (ρ = 0) verworfen werden.

8) Schlußfolgerung: Mit einem Irrtumsrisiko von 5 % spricht nichts gegen die Interpretation, daß X- und Y-Merkmal korreliert sind, also ein Zusammenhang zwischen dem Alter der Tiere und dem Durchmesser der Otolithen existiert. (Die Berechnung des Bestimmheitsmaßes B (= $b_{yx} \cdot b_{xy}$) zeigt hier mit 90,81% eine relativ starke Abhängigkeit zwischen X- und Y-Merkmal auf.)

8.2.3 Das Kausalitätsproblem

Auch bei dieser statistischen Methode ist keine Bestätigung einer Hypothese möglich. Dennoch kann oftmals aus praktischen Gründen eine positive Aussage notwendig sein. Diese muß jedoch in jedem Fall fachwissenschaftlich fundiert sein. Insbesondere ist zu beachten, daß die Korrelationsanalyse **niemals** die **Begründung** für einen Zusammenhang liefert.

Desweiteren bleibt zu berücksichtigen, das zwar gilt, unzusammenhängendes Datenmaterial ist auch unkorreliert, nicht aber der Umkehrschluß! (Das Ergebnis „unkorreliert" bezieht sich immer auf das jeweils zugrundeliegende Modell!) Zudem zeigt Bsp. 8.8-A deutlich auf, daß selbst bei signifikantem Testergebnis die Interpretation des statistischen Befundes auf die Fragestellung hin sorgfältig zu überprüfen ist. Prinzipiell gilt: Um Fehlinterpretationen, bedingt z.B. durch Schein- oder Inhomogenitätskorrelationen, zu vermeiden, sind bei dieser Art der Datenanalyse besonders sorgfältige Überlegungen notwendig!

8.2.3.1 Die Scheinkorrelation

Der Ausdruck "Scheinkorrelation" bezieht sich nicht auf die statistische Beobachtung - das Datenmaterial kann durchaus eine statistisch signifikante Korrelation liefern - er bezieht sich vielmehr auf die sich daraus begründende Interpretation, die Schlußfolgerung. Man spricht auch von Nonsens-Korrelationen. Scheinkorrelationen treten zum Beispiel dann auf, wenn beide Merkmale X und Y von einem dritten Merkmal Z in etwa gleicher Weise abhängig sind (Koabhängigkeit der Merkmale, vgl. Bsp. 8.8-A).

Eines der bekanntesten Beispiele einer Scheinkorrelation ist der statistisch hochsignifikante Zusammenhang zwischen dem Rückgang der Säuglingsgeburten und der ebenfalls abnehmenden Zahl nistender Storchenpaare in Schweden. Es läßt sich statistisch nachweisen, daß die jährliche Geburtenrate mit der Zahl der pro Jahr nistenden Störche innerhalb eines bestimmten Beobachtungszeitraumes hochsignifikant korreliert war!

Tatsächlich ergibt sich dieser statistisch korrekte Befund aufgrund der Abhängigkeit sowohl des X- als auch des Y-Merkmal von einem dritten Merkmal Z. Diesem Merkmal Z entspricht hierbei der Übergang von der Agrar- zur Industriegesellschaft, dem einerseits der Lebensraum und die Nahrungsgrundlage der Störche zum Opfer fielen und welcher zum anderen bewirkte, daß sich die Familiengröße, genauer die Anzahl der Kinder pro Familie reduzierte.

8.2.3.2 Die Inhomogenitätskorrelation

Während die häufigsten Ursache für Scheinkorrelationen, das Zugrundelegen eines falschen Modells ist, kann auch das unkorrekte Zusammenfassen von Daten unterschiedlichen Ursprungs, das Poolen von Daten, zu entsprechenden Fehlinterpretationen führen. So können Merkmale einer inhomogenen Stichprobe eine hohe Korrelation aufzeigen, während die homogenen Teil-Stichproben nicht korreliert sind (Abb. 8.8).

Abb. 8.8: Die Abbildungen verdeutlicht die Notwendigkeit einer kritischen Interpretation der Testergebnisse. Während sich für die Korrelationskoeffizienten r_1 und r_2 der separaten Datensätze jeweils Null ergibt, führt die (unkorrekte) Modellanpassung an **alle** Werte (Poolen der Daten) zu einem sehr hohen r (r > 0,9). (nach Sachs 1997)

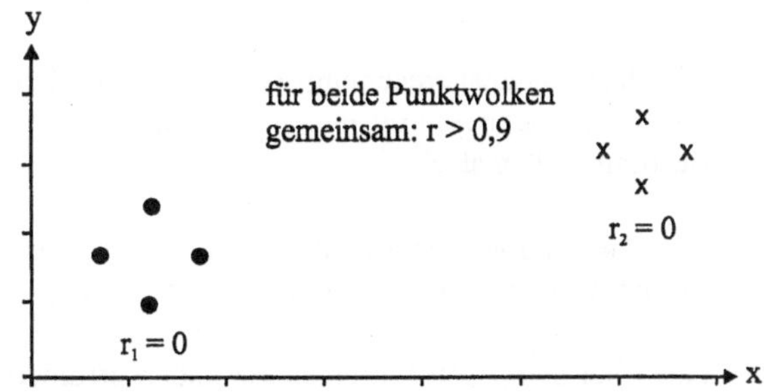

Zusammenfassung

- Regression und Korrelation sind statistischen Verfahren zur Aufklärung des Zusammenhangs zweier (oder mehr) Merkmale am selben Untersuchungsobjekt.

- Die Regressionsberechnung beschreibt durch das Formulieren der Regressionsgleichung die Art des Zusammenhanges. Die charakterisierenden Parameter linearer Regressionsmodelle sind die Regressionskoeffizienten a und b. Sie formulieren das Regressionsmodell eindeutig.

- Die Regressionsanalyse (Testverfahren) dient der statistischen Absicherung des Regressionsmodells. Dabei wird sowohl auf das Vorliegen eines linearen Zusammenhangs hin (Linearitätstest; F-Test) als auch auf Signifikanz des Regressioskoeffizienten b (Regressionstest; t-Test) hin geprüft.

- Die Korrelationsberechnung beschreibt die Stärke des Zusammenhangs zweier Merkmale. Als beschreibende Parameter dienen der Korrelationskoeffizient r und das Bestimmtheitsmaß B.

- Die Korrelationsanalyse (Testverfahren) erlaubt die statistische Absicherung der Zusammenhangsstärke (Korrealtionstest; r-Test).

- Auch bei statistisch korrekten Befunden erfordert die Interpretation größtmögliche Sorgfalt, um Fehlschlüsse und Scheinkorrelationen zu vermeiden.

Übungsaufgaben zu Kapitel 8

A 8.1

In einer Möwenkolonie wurden die Länge und Breite der gelegten Eier (jeweils in Millimetern) vermessen. Die Meßergebnisse sind nachfolgend tabelliert.

1	Länge	x	mm	49	53	57	49	51	60	63	63	57	53	67	58	53	58	64	49
2	Breite	y	mm	31	34	34	33	37	38	36	38	37	37	39	35	29	34	41	30

a) Berechnen Sie die sowohl die Regressionsgleichung f(x), als auch f(y) und formen Sie die letztere zur Erleichterung des Einzeichnens zu f(x) um. Zeichnen Sie beide Geraden formatfüllend in ein Koordinatensystem ein.

b) Berechnen Sie die Koordinaten des Schnittpunktes der errechneten Geraden.

c) Welche durchschnittliche Eibreite ist bei einer Eilänge von 50 mm zu erwarten?

d) Welche der unter a) ermittelten Regressionsgleichungen ziehen Sie zur Beantwortung der Teilfrage c) heran und weshalb?

e) Überprüfen Sie das Vorliegen eines linearen Zusammenhanges zwischen den X- und Y-Merkmalen.

f) Überprüfen Sie, ob der Regressionskoeffizient β_{yx} der Grundgesamtheit signifikant von Null verschieden ist.

g) Welche Bedeutung ergibt sich hinsichtlich eines potentiellen Zusammenhangs, wenn für r der Wert "Null" bzw. "Eins" ermittelt wurde ? (Skizze)

h) Überprüfen Sie auf geeignete Art und Weise die Hypothese "$\rho = 0$".

A 8.2

Die Masse- (mg) und Längenbestimmungen (cm) untersuchter Libellenflügel (*Anax imperator*) ergaben folgende Verteilung:

1	Länge	x	cm	4,2	5,3	4,4	4,6	5,1	4,8	5,8	5,9	6,2	4,9
2	Masse	y	mg	14,3	15,7	14,9	15,2	16,3	15,3	17,3	18,0	17,8	16,5

a) Berechnen sie sowohl die Regressionsgleichung f(x) als auch f(y) und berechnen Sie den Schnittpunkt der beiden Geraden.

b) Welche Flügelmasse (mg) würden Sie bei einer Flügellänge von 50 mm erwarten?

c) Überprüfen Sie auf geeignete Art und Weise die Hypothese "$\beta_{xy} = 0$"

d) Testen Sie auf geeignete Art und Weise die Hypothese "$\rho = 0$".

e) Was versteht man unter einer Scheinkorrelation, was unter einer Inhomogenitätskorrelation?

f) Weshalb ist der Parameter "Korrelationskoeffizient" dem Parameter "Kovarianz" vorzuziehen?

A 8.3

In einer Testreihe wurde die Sauerstoffproduktion (ml/d) von Algen bei unterschiedlicher Beleuchtungsstärke (Lux) untersucht. Die Meßergebnisse sind nachfolgend tabelliert:
(**Achtung:** Hier sind die x_i-Werte (Beleuchtungsstärke) fest vorgegeben!)

1	Leuchtstärke	x	Lux	500	1000	1500	2000	2500	3000	3500	4000	4500	5000
2	O_2-Produktion	y	ml/d	23	26	26	34	36	40	41	49	52	59

a) Berechnen Sie die Regressionskoeffizienten a_{yx} und b_{yx} und formulieren Sie daraus Regressionsgerade f(x).

b) Welche durchschnittliche Sauerstoffmenge ist bei einer Beleuchtungsstärke von 3.300 Lux zu erwarten?

c) Was gibt der Regressionskoeffizient b an?

d) Als Maß wofür dient der Korrelationskoeffizient?

e) Wie groß ist die nicht durch das angepaßte Regressionsmodell erklärbare Restvarianz?

f) Weshalb erübrigt sich der Test auf "$\beta = 0$", wenn r gegen Null bereits abgesichert wurde? Geben Sie den mathematischen Zusammenhang an.

g) Wie sieht der Zusammenhang zwischen x- und y-Werten bei $0 < r < 1$ und $-1 < r < 0$ aus?

A 8.4

Die Körpermasse- [kg] und Körperlängenbestimmung [m] an männlichen Studierenden des ersten Semesters ergab folgende Verteilung:

| 1 | Körperlänge | x | m | 1,78 | 1,73 | 1,84 | 1,76 | 1,81 | 1,78 | 1,71 | 1,89 | 1,82 | 1,79 |
| 2 | Köpermasse | y | kg | 72,3 | 70,7 | 76,9 | 79,2 | 84,3 | 75,3 | 69,3 | 78,0 | 74,4 | 74,5 |

a) Berechnen Sie sowohl die Regressionsgleichung f(x) als auch f(y).

b) Berechnen Sie die Koordinaten des Schnittpunktes der beiden Geraden.

c) Welche Körpermasse [kg] würden Sie bei einer Körperlänge von 1,75 m erwarten?

d) Überprüfen Sie, ob sich der Regressionskoeffizient statistisch gegen Null absichern läßt.

e) Überprüfen Sie auf geeignete Art und Weise die Hypothese "$\rho = 0$".

f) Berechnen Sie das Bestimmtheitsmaß B und interpretieren Sie das Ergebnis.

A 8.5

Die Längen- [mm] und Breitenbestimmungen [mm] an Miesmuscheln (*Mytilus edulis*) einer Muschelzuchtanstalt ergaben folgende Verteilung:

| 1 | Muschellänge | x | mm | 14,3 | 15,7 | 14,9 | 15,2 | 16,3 | 15,3 | 17,3 | 18,0 | 17,8 | 16,5 |
| 2 | Muschelbreite | y | mm | 7,2 | 7,8 | 7,4 | 7,6 | 8,1 | 7,8 | 8,8 | 8,9 | 7,2 | 8,3 |

a) Berechnen Sie die Regressionskoeffizienten a_{yx}, a_{xy}, b_{yx} und b_{xy} und formulieren Sie daraus die entsprechenden Regressionsgleichungen.

b) Welche Muschellänge [mm] würden Sie bei einer Muschelbreite von 5,00 mm erwarten?

c) Führen Sie eine Regressionsanalyse durch (Linearität sei vorausgesetzt).

d) Führen Sie eine Korrelationsanalyse unter Anwendung eines Ihnen geeignet erscheinenden Testverfahrens durch.

e) Berechnen Sie das Bestimmtheitsmaß B und interpretieren Sie das Ergebnis.

Literaturverzeichnis

BAMBERG G. UND BAUR F. (1989): Statistik, 6. Auflage, R. Oldenbourg, München

BOHLEY P. (1996): Statistik: einführendes Lehrbuch für Wirtschafts- und Sozialwissenschaftler, 6. Auflage, Oldenbourg, München

BÖGEL K., BIRNBAUM H., GÖTZKE H., KREUL H., LEUPOLD W., MÜLLER H. (Hrsg.) (1967): Analysis für Ingenieur- und Fachschulen, 2. Auflage, Harri Deutsch, Frankfurt/M

BORTZ J. (1993): Statistik für Sozialwissenschaftler, 4. Auflage, Springer, Berlin

BORTZ J. (1998): Kurzgefaßte Statistik für die klinische Forschung, 1. Auflage, Springer, Berlin

BOSCH K. (1997): Elementare Einführung in die angewandte Statistik, 6. Auflage, Vieweg, Braunschweig

BOSCH K. (1986): Aufgaben und Lösungen zur Angewandten Statistik, 2. Auflage, Vieweg, Braunschweig

DOCUMENTA GEIGY: Mathematik und Statistik, 7. Auflage, Sonderdruck aus Wissenschaftliche Tabellen Geigy

GLANTZ S. A. (1998): Biostatistik, 1. Auflage, McGraw-Hill, Frankfurt

HARTUNG J., ELPELT B. (1992): Multivariate Statistik, 4. Auflage, R. Oldenbourg, München

HARTUNG J., ELPELT B., KLÖSENER K.-H. (1995): Statistik: Lehr- und Handbuch der angewandten Statistik, 10. Auflage, Oldenbourg, München

HARTUNG J., HEINE B. (1990): Statistik-Übungen, 3. Auflage, R. Oldenbourg, München

HOCHSTÄDTER D. (1989): Einführung in die statistische Methodenlehre, 6. Auflage, Harri Deutsch, Frankfurt/M

KÖHLER W., SCHACHTEL G., VOLESKA P. (1996): Biostatistik - Einführung in die Biometrie für Biologen und Agrarwissenschaftler, 12. Auflage, Springer, Berlin

KRENGEL, U. (1998): Einführung in die Wahrscheinlichkeitstheorie und Statistik, 4. Auflage, Vieweg, Braunschweig

KREYSZIG E. (1991): Statistische Methoden und ihre Anwendungen, 7. Auflage, Vandenhoeck & Ruprecht, Göttingen

KRICKEBERG K., ZIEZOLD H. (1995): Stochastische Methoden, 4. Auflage, Springer, Berlin

LIPPE V.D. L. (1993): Deskriptive Statistik, Gustav Fischer, Stuttgart

LORENZ R. J. (1996): Grundbegriffe der Biometrie, 4. Auflage, Gustav Fischer, Stuttgart

LOZAN J. L. (1992): Angewandte Statistik für Naturwissenschaftler, 1. Auflage, Paul Parey, (Pareys Studientexte; Nr. 74) Berlin

NOLLAN V., PARTZSCH L., STORM R., LANGE C. (1997): Wahrscheinlichkeitsrechnung und Statistik in Beispielen und Aufgaben, Teubner, Stuttgart

PLACHKY D. (1996): Wahrscheinlichkeitsrechnung - Diskrete Wahrscheinlichkeitsverteilungen und Schätzer ihrer Partener, Oldenbourg, München

PRECHT M. (1987): Bio-Statistik, 4. Auflage, R. Oldenbourg, München

RÖNZ B., STROHE H. G. (Hrsg.) (1994): Lexikon Statistik, Gabler, Wiesbaden

SACHS L. (1988): Statistische Methoden: Planung und Auswertung, 6. Auflage, Springer, Berlin

SACHS L. (1997): Angewandte Statistik, 8. Auflage, Springer, Berlin

SCHNEIDER W., KORNRUMPF J., MOHR W. (1995): Statistische Methodenlehre, 2. Auflage, Oldenbourg, München

SCHWARZE J. (1988): Grundlagen der Statistik I, 4. Auflage, Verlag Neue Wissenschaftsbriefe, Herne

SPIEGEL M. R. (1990): Statistik, 2. Auflage, McGraw-Hill, Hamburg

PERSON E. S., STEPHENS E. S. (1964) The ratio of range standard devision in the same normal sample. Biometrika 51

WEBER E. (1980): Grundriß der biologischen Statistik, Fischer, Stuttgart

WERNER J. (1997): Lineare Statistik - das allgemeine lineare Modell, Beltz, Weinheim

Anhang

Tab. I: Dichtefunktion f(z) der standardisierten Normalverteilung

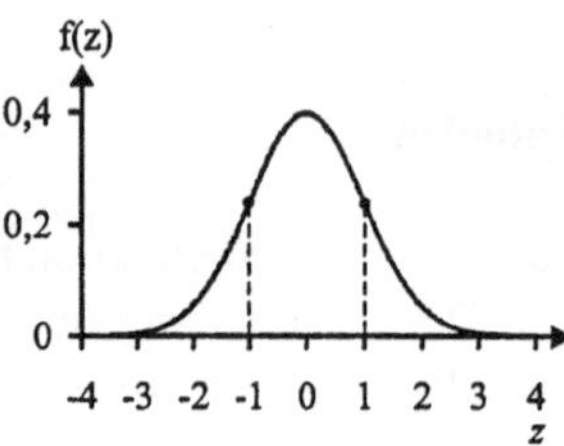

z	0,000	0,001	0,002	0,003	0,004	0,005	0,006	0,007	0,008	0,009
0,00	,39894	,39894	,39894	,39894	,39894	,39894	,39894	,39893	,39893	,39893
0,01	,39892	,39892	,39891	,39891	,39890	,39890	,39889	,39888	,39888	,39887
0,02	,39886	,39885	,39885	,39884	,39883	,39882	,39881	,39880	,39879	,39877
0,03	,39876	,39875	,39874	,39873	,39871	,39870	,39868	,39867	,39865	,39864
0,04	,39862	,39861	,39859	,39857	,39856	,39854	,39852	,39850	,39848	,39846
0,05	,39844	,39842	,39840	,39838	,39836	,39834	,39832	,39829	,39827	,39825
0,06	,39822	,39820	,39818	,39815	,39813	,39810	,39807	,39805	,39802	,39799
0,07	,39797	,39794	,39791	,39788	,39785	,39782	,39779	,39776	,39773	,39770
0,08	,39767	,39764	,39760	,39757	,39754	,39750	,39747	,39744	,39740	,39737
0,09	,39733	,39729	,39726	,39722	,39718	,39715	,39711	,39707	,39703	,39699
0,10	,39695	,39691	,39687	,39683	,39679	,39675	,39671	,39667	,39662	,39658
0,11	,39654	,39649	,39645	,39640	,39636	,39631	,39627	,39622	,39617	,39613
0,12	,39608	,39603	,39598	,39594	,39589	,39584	,39579	,39574	,39569	,39564
0,13	,39559	,39553	,39548	,39543	,39538	,39532	,39527	,39522	,39516	,39511
0,14	,39505	,39500	,39494	,39488	,39483	,39477	,39471	,39466	,39460	,39454
0,15	,39448	,39442	,39436	,39430	,39424	,39418	,39412	,39406	,39399	,39393
0,16	,39387	,39381	,39374	,39368	,39361	,39355	,39348	,39342	,39335	,39329
0,17	,39322	,39315	,39308	,39302	,39295	,39288	,39281	,39274	,39267	,39260
0,18	,39253	,39246	,39239	,39232	,39225	,39217	,39210	,39203	,39195	,39188
0,19	,39181	,39173	,39166	,39158	,39151	,39143	,39135	,39128	,39120	,39112
0,20	,39104	,39096	,39089	,39081	,39073	,39065	,39057	,39049	,39041	,39032
0,21	,39024	,39016	,39008	,38999	,38991	,38983	,38974	,38966	,38957	,38949
0,22	,38940	,38932	,38923	,38915	,38906	,38897	,38888	,38880	,38871	,38862
0,23	,38853	,38844	,38835	,38826	,38817	,38808	,38799	,38789	,38780	,38771
0,24	,38762	,38752	,38743	,38734	,38724	,38715	,38705	,38696	,38686	,38676
0,25	,38667	,38657	,38647	,38638	,38628	,38618	,38608	,38598	,38588	,38578
0,26	,38568	,38558	,38548	,38538	,38528	,38518	,38508	,38497	,38487	,38477
0,27	,38466	,38456	,38445	,38435	,38424	,38414	,38403	,38393	,38382	,38371
0,28	,38361	,38350	,38339	,38328	,38317	,38306	,38296	,38285	,38274	,38263
0,29	,38251	,38240	,38229	,38218	,38207	,38196	,38184	,38173	,38162	,38150
0,30	,38139	,38127	,38116	,38104	,38093	,38081	,38070	,38058	,38046	,38034
0,31	,38023	,38011	,37999	,37987	,37975	,37963	,37951	,37939	,37927	,37915
0,32	,37903	,37891	,37879	,37867	,37854	,37842	,37830	,37817	,37805	,37793
0,33	,37780	,37768	,37755	,37743	,37730	,37717	,37705	,37692	,37679	,37667
0,34	,37654	,37641	,37628	,37615	,37602	,37589	,37576	,37563	,37550	,37537
0,35	,37524	,37511	,37498	,37484	,37471	,37458	,37445	,37431	,37418	,37405
0,36	,37391	,37378	,37364	,37351	,37337	,37323	,37310	,37296	,37282	,37269
0,37	,37255	,37241	,37227	,37213	,37199	,37186	,37172	,37158	,37144	,37129
0,38	,37115	,37101	,37087	,37073	,37059	,37044	,37030	,37016	,37002	,36987
0,39	,36973	,36958	,36944	,36929	,36915	,36900	,36886	,36871	,36856	,36842
0,40	,36827	,36812	,36797	,36783	,36768	,36753	,36738	,36723	,36708	,36693
0,41	,36678	,36663	,36648	,36633	,36618	,36603	,36587	,36572	,36557	,36542
0,42	,36526	,36511	,36496	,36480	,36465	,36449	,36434	,36418	,36403	,36387
0,43	,36371	,36356	,36340	,36324	,36309	,36293	,36277	,36261	,36245	,36229
0,44	,36213	,36198	,36182	,36166	,36150	,36133	,36117	,36101	,36085	,36069
0,45	,36053	,36036	,36020	,36004	,35988	,35971	,35955	,35938	,35922	,35906
0,46	,35889	,35873	,35856	,35839	,35823	,35806	,35789	,35773	,35756	,35739
0,47	,35723	,35706	,35689	,35672	,35655	,35638	,35621	,35604	,35587	,35570
0,48	,35553	,35536	,35519	,35502	,35485	,35468	,35450	,35433	,35416	,35399
0,49	,35381	,35364	,35347	,35329	,35312	,35294	,35277	,35259	,35242	,35224
0,50	,35207	,35189	,35171	,35154	,35136	,35118	,35100	,35083	,35065	,35047
0,51	,35029	,35011	,34993	,34975	,34958	,34940	,34922	,34904	,34885	,34867
0,52	,34849	,34831	,34813	,34795	,34777	,34758	,34740	,34722	,34703	,34685
0,53	,34667	,34648	,34630	,34612	,34593	,34575	,34556	,34538	,34519	,34500
0,54	,34482	,34463	,34445	,34426	,34407	,34388	,34370	,34351	,34332	,34313
0,55	,34294	,34276	,34257	,34238	,34219	,34200	,34181	,34162	,34143	,34124
0,56	,34105	,34085	,34066	,34047	,34028	,34009	,33990	,33970	,33951	,33932
0,57	,33912	,33893	,33874	,33854	,33835	,33815	,33796	,33777	,33757	,33738
0,58	,33718	,33698	,33679	,33659	,33640	,33620	,33600	,33581	,33561	,33541
0,59	,33521	,33502	,33482	,33462	,33442	,33422	,33402	,33382	,33362	,33342
0,60	,33322	,33302	,33282	,33262	,33242	,33222	,33202	,33182	,33162	,33142

Fortsetzung der Tab. I: f(z) der standardisierten Normalverteilung

z	0,000	0,001	0,002	0,003	0,004	0,005	0,006	0,007	0,008	0,009
0,61	,33121	,33101	,33081	,33061	,33040	,33020	,33000	,32980	,32959	,32939
0,62	,32918	,32898	,32878	,32857	,32837	,32816	,32796	,32775	,32754	,32734
0,63	,32713	,32693	,32672	,32651	,32631	,32610	,32589	,32569	,32548	,32527
0,64	,32506	,32485	,32465	,32444	,32423	,32402	,32381	,32360	,32339	,32318
0,65	,32297	,32276	,32255	,32234	,32213	,32192	,32171	,32150	,32129	,32108
0,66	,32086	,32065	,32044	,32023	,32002	,31980	,31959	,31938	,31916	,31895
0,67	,31874	,31852	,31831	,31810	,31788	,31767	,31745	,31724	,31702	,31681
0,68	,31659	,31638	,31616	,31595	,31573	,31551	,31530	,31508	,31487	,31465
0,69	,31443	,31421	,31400	,31378	,31356	,31334	,31313	,31291	,31269	,31247
0,70	,31225	,31204	,31182	,31160	,31138	,31116	,31094	,31072	,31050	,31028
0,71	,31006	,30984	,30962	,30940	,30918	,30896	,30874	,30852	,30829	,30807
0,72	,30785	,30763	,30741	,30719	,30696	,30674	,30652	,30630	,30607	,30585
0,73	,30563	,30540	,30518	,30496	,30473	,30451	,30429	,30406	,30384	,30361
0,74	,30339	,30316	,30294	,30272	,30249	,30227	,30204	,30181	,30159	,30136
0,75	,30114	,30091	,30069	,30046	,30023	,30001	,29978	,29955	,29933	,29910
0,76	,29887	,29865	,29842	,29819	,29796	,29774	,29751	,29728	,29705	,29682
0,77	,29659	,29637	,29614	,29591	,29568	,29545	,29522	,29499	,29476	,29453
0,78	,29431	,29408	,29385	,29362	,29339	,29316	,29293	,29270	,29246	,29223
0,79	,29200	,29177	,29154	,29131	,29108	,29085	,29062	,29039	,29015	,28992
0,80	,28969	,28946	,28923	,28900	,28876	,28853	,28830	,28807	,28783	,28760
0,81	,28737	,28714	,28690	,28667	,28644	,28620	,28597	,28574	,28550	,28527
0,82	,28504	,28480	,28457	,28433	,28410	,28387	,28363	,28340	,28316	,28293
0,83	,28269	,28246	,28223	,28199	,28176	,28152	,28129	,28105	,28081	,28058
0,84	,28034	,28011	,27987	,27964	,27940	,27917	,27893	,27869	,27846	,27822
0,85	,27798	,27775	,27751	,27728	,27704	,27680	,27657	,27633	,27609	,27586
0,86	,27562	,27538	,27514	,27491	,27467	,27443	,27419	,27396	,27372	,27348
0,87	,27324	,27301	,27277	,27253	,27229	,27205	,27182	,27158	,27134	,27110
0,88	,27086	,27063	,27039	,27015	,26991	,26967	,26943	,26919	,26896	,26872
0,89	,26848	,26824	,26800	,26776	,26752	,26728	,26704	,26680	,26656	,26632

z	0,00	0,01	0,02	0,03	0,04	0,05	0,06	0,07	0,08	0,09
0,9	,26609	,26369	,26129	,25888	,25647	,25406	,25164	,24923	,24681	,24439
1,0	,24197	,23955	,23713	,23471	,23230	,22988	,22747	,22506	,22265	,22025
1,1	,21785	,21546	,21307	,21069	,20831	,20594	,20357	,20121	,19886	,19652
1,2	,19419	,19186	,18954	,18724	,18494	,18265	,18037	,17810	,17585	,17360
1,3	,17137	,16915	,16694	,16474	,16256	,16038	,15822	,15608	,15395	,15183
1,4	,14973	,14764	,14556	,14350	,14146	,13943	,13742	,13542	,13344	,13147
1,5	,12952	,12758	,12566	,12376	,12188	,12001	,11816	,11632	,11450	,11270
1,6	,11092	,10915	,10741	,10567	,10396	,10226	,10059	,09893	,09728	,09566
1,7	,09405	,09246	,09089	,08933	,08780	,08628	,08478	,08329	,08183	,08038
1,8	,07895	,07754	,07614	,07477	,07341	,07206	,07074	,06943	,06814	,06687
1,9	,06562	,06438	,06316	,06195	,06077	,05959	,05844	,05730	,05618	,05508
2,0	,05399	,05292	,05186	,05082	,04980	,04879	,04780	,04682	,04586	,04491
2,1	,04398	,04307	,04217	,04128	,04041	,03955	,03871	,03788	,03706	,03626
2,2	,03547	,03470	,03394	,03319	,03246	,03174	,03103	,03034	,02965	,02898
2,3	,02833	,02768	,02705	,02643	,02582	,02522	,02463	,02406	,02349	,02294
2,4	,02239	,02186	,02134	,02083	,02033	,01984	,01936	,01888	,01842	,01797
2,5	,01753	,01709	,01667	,01625	,01585	,01545	,01506	,01468	,01431	,01394
2,6	,01358	,01323	,01289	,01256	,01223	,01191	,01160	,01130	,01100	,01071
2,7	,01042	,01014	,00987	,00961	,00935	,00909	,00885	,00861	,00837	,00814
2,8	,00792	,00770	,00748	,00727	,00707	,00687	,00668	,00649	,00631	,00613
2,9	,00595	,00578	,00562	,00545	,00530	,00514	,00499	,00485	,00470	,00457
3,0	,00443	,00430	,00417	,00405	,00393	,00381	,00370	,00358	,00348	,00337
3,1	,00327	,00317	,00307	,00298	,00288	,00279	,00271	,00262	,00254	,00246
3,2	,00238	,00231	,00224	,00216	,00210	,00203	,00196	,00190	,00184	,00178
3,3	,00172	,00167	,00161	,00156	,00151	,00146	,00141	,00136	,00132	,00127
3,4	,00123	,00119	,00115	,00111	,00107	,00104	,00100	,00097	,00094	,00090
3,5	,00087	,00084	,00081	,00079	,00076	,00073	,00071	,00068	,00066	,00063
3,6	,00061	,00059	,00057	,00055	,00053	,00051	,00049	,00047	,00046	,00044
3,7	,00042	,00041	,00039	,00038	,00037	,00035	,00034	,00033	,00031	,00030
3,8	,00029	,00028	,00027	,00026	,00025	,00024	,00023	,00022	,00021	,00021
3,9	,00020	,00019	,00018	,00018	,00017	,00016	,00016	,00015	,00014	,00014
4,0	,00013	,00013	,00012	,00012	,00011	,00011	,00011	,00010	,00010	,00009

Tab. II: Verteilungsfunktion F(z) der standardisierten NV von -∞ bis z

z	0,00	0,01	0,02	0,03	0,04	0,05	0,06	0,07	0,08	0,09
-4,0	,00003	,00003	,00003	,00003	,00003	,00003	,00002	,00002	,00002	,00002
-3,9	,00005	,00005	,00004	,00004	,00004	,00004	,00004	,00004	,00003	,00003
-3,8	,00007	,00007	,00007	,00006	,00006	,00006	,00006	,00005	,00005	,00005
-3,7	,00011	,00010	,00010	,00010	,00009	,00009	,00008	,00008	,00008	,00008
-3,6	,00016	,00015	,00015	,00014	,00014	,00013	,00013	,00012	,00012	,00011
-3,5	,00023	,00022	,00022	,00021	,00020	,00019	,00019	,00018	,00017	,00017
-3,4	,00034	,00032	,00031	,00030	,00029	,00028	,00027	,00026	,00025	,00024
-3,3	,00048	,00047	,00045	,00043	,00042	,00040	,00039	,00038	,00036	,00035
-3,2	,00069	,00066	,00064	,00062	,00060	,00058	,00056	,00054	,00052	,00050
-3,1	,00097	,00094	,00090	,00087	,00084	,00082	,00079	,00076	,00074	,00071
-3,0	,00135	,00131	,00126	,00122	,00118	,00114	,00111	,00107	,00104	,00100
-2,9	,00187	,00181	,00175	,00169	,00164	,00159	,00154	,00149	,00144	,00139
-2,8	,00256	,00248	,00240	,00233	,00226	,00219	,00212	,00205	,00199	,00193
-2,7	,00347	,00336	,00326	,00317	,00307	,00298	,00289	,00280	,00272	,00264
-2,6	,00466	,00453	,00440	,00427	,00415	,00402	,00391	,00379	,00368	,00357
-2,5	,00621	,00604	,00587	,00570	,00554	,00539	,00523	,00508	,00494	,00480
-2,4	,00820	,00798	,00776	,00755	,00734	,00714	,00695	,00676	,00657	,00639
-2,3	,01072	,01044	,01017	,00990	,00964	,00939	,00914	,00889	,00866	,00842
-2,2	,01390	,01355	,01321	,01287	,01255	,01222	,01191	,01160	,01130	,01101
-2,1	,01786	,01743	,01700	,01659	,01618	,01578	,01539	,01500	,01463	,01426
-2,0	,02275	,02222	,02169	,02118	,02068	,02018	,01970	,01923	,01876	,01831
-1,9	,02872	,02807	,02743	,02680	,02619	,02559	,02500	,02442	,02385	,02330
-1,8	,03593	,03515	,03438	,03362	,03288	,03216	,03144	,03074	,03005	,02938
-1,7	,04457	,04363	,04272	,04182	,04093	,04006	,03920	,03836	,03754	,03673
-1,6	,05480	,05370	,05262	,05155	,05050	,04947	,04846	,04746	,04648	,04551
-1,5	,06681	,06552	,06426	,06301	,06178	,06057	,05938	,05821	,05705	,05592
-1,4	,08076	,07927	,07780	,07636	,07493	,07353	,07215	,07078	,06944	,06811
-1,3	,09680	,09510	,09342	,09176	,09012	,08851	,08692	,08534	,08379	,08226
-1,2	,11507	,11314	,11123	,10935	,10749	,10565	,10383	,10204	,10027	,09853
-1,1	,13567	,13350	,13136	,12924	,12714	,12507	,12302	,12100	,11900	,11702
-1,0	,15866	,15625	,15386	,15151	,14917	,14686	,14457	,14231	,14007	,13786
-0,9	,18406	,18141	,17879	,17619	,17361	,17106	,16853	,16602	,16354	,16109
-0,8	,21186	,20897	,20611	,20327	,20045	,19766	,19489	,19215	,18943	,18673
-0,7	,24196	,23885	,23576	,23270	,22965	,22663	,22363	,22065	,21770	,21476
-0,6	,27425	,27093	,26763	,26435	,26109	,25785	,25463	,25143	,24825	,24510
-0,5	,30854	,30503	,30153	,29806	,29460	,29116	,28774	,28434	,28096	,27760
-0,4	,34458	,34090	,33724	,33360	,32997	,32636	,32276	,31918	,31561	,31207
-0,3	,38209	,37828	,37448	,37070	,36693	,36317	,35942	,35569	,35197	,34827
-0,2	,42074	,41683	,41294	,40905	,40517	,40129	,39743	,39358	,38974	,38591

z	0,000	0,001	0,002	0,003	0,004	0,005	0,006	0,007	0,008	0,009
-0,20	,42074	,42035	,41996	,41957	,41918	,41879	,41840	,41800	,41761	,41722
-0,19	,42465	,42426	,42387	,42348	,42309	,42270	,42231	,42191	,42152	,42113
-0,18	,42858	,42818	,42779	,42740	,42701	,42661	,42622	,42583	,42544	,42505
-0,17	,43251	,43211	,43172	,43133	,43093	,43054	,43015	,42975	,42936	,42897
-0,16	,43644	,43605	,43565	,43526	,43487	,43447	,43408	,43369	,43329	,43290
-0,15	,44038	,43999	,43959	,43920	,43880	,43841	,43802	,43762	,43723	,43683
-0,14	,44433	,44393	,44354	,44315	,44275	,44236	,44196	,44157	,44117	,44078
-0,13	,44828	,44789	,44749	,44710	,44670	,44631	,44591	,44552	,44512	,44473
-0,12	,45224	,45185	,45145	,45105	,45066	,45026	,44987	,44947	,44907	,44868
-0,11	,45620	,45581	,45541	,45502	,45462	,45422	,45383	,45343	,45303	,45264
-0,10	,46017	,45978	,45938	,45898	,45858	,45819	,45779	,45739	,45700	,45660
-0,09	,46414	,46375	,46335	,46295	,46255	,46216	,46176	,46136	,46097	,46057
-0,08	,46812	,46772	,46732	,46693	,46653	,46613	,46573	,46534	,46494	,46454
-0,07	,47210	,47170	,47130	,47090	,47051	,47011	,46971	,46931	,46891	,46852
-0,06	,47608	,47568	,47528	,47488	,47449	,47409	,47369	,47329	,47289	,47249
-0,05	,48006	,47966	,47926	,47887	,47847	,47807	,47767	,47727	,47687	,47648
-0,04	,48405	,48365	,48325	,48285	,48245	,48205	,48166	,48126	,48086	,48046
-0,03	,48803	,48763	,48724	,48684	,48644	,48604	,48564	,48524	,48484	,48445
-0,02	,49202	,49162	,49122	,49083	,49043	,49003	,48963	,48923	,48883	,48843
-0,01	,49601	,49561	,49521	,49481	,49441	,49402	,49362	,49322	,49282	,49242

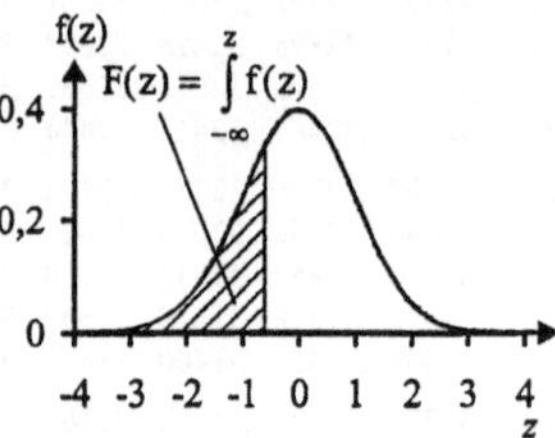

Fortsetzung Tab. II: F(z) der standardisierten NV von -∞ bis z

z	0,000	0,001	0,002	0,003	0,004	0,005	0,006	0,007	0,008	0,009
0,00	,50000	,50040	,50080	,50120	,50160	,50199	,50239	,50279	,50319	,50359
0,01	,50399	,50439	,50479	,50519	,50559	,50598	,50638	,50678	,50718	,50758
0,02	,50798	,50838	,50878	,50917	,50957	,50997	,51037	,51077	,51117	,51157
0,03	,51197	,51237	,51276	,51316	,51356	,51396	,51436	,51476	,51516	,51555
0,04	,51595	,51635	,51675	,51715	,51755	,51795	,51834	,51874	,51914	,51954
0,05	,51994	,52034	,52074	,52113	,52153	,52193	,52233	,52273	,52313	,52352
0,06	,52392	,52432	,52472	,52512	,52551	,52591	,52631	,52671	,52711	,52751
0,07	,52790	,52830	,52870	,52910	,52949	,52989	,53029	,53069	,53109	,53148
0,08	,53188	,53228	,53268	,53307	,53347	,53387	,53427	,53466	,53506	,53546
0,09	,53586	,53625	,53665	,53705	,53745	,53784	,53824	,53864	,53903	,53943
0,10	,53983	,54022	,54062	,54102	,54142	,54181	,54221	,54261	,54300	,54340
0,11	,54380	,54419	,54459	,54498	,54538	,54578	,54617	,54657	,54697	,54736
0,12	,54776	,54815	,54855	,54895	,54934	,54974	,55013	,55053	,55093	,55132
0,13	,55172	,55211	,55251	,55290	,55330	,55369	,55409	,55448	,55488	,55527
0,14	,55567	,55607	,55646	,55685	,55725	,55764	,55804	,55843	,55883	,55922
0,15	,55962	,56001	,56041	,56080	,56120	,56159	,56198	,56238	,56277	,56317
0,16	,56356	,56395	,56435	,56474	,56513	,56553	,56592	,56631	,56671	,56710
0,17	,56749	,56789	,56828	,56867	,56907	,56946	,56985	,57025	,57064	,57103
0,18	,57142	,57182	,57221	,57260	,57299	,57339	,57378	,57417	,57456	,57495
0,19	,57535	,57574	,57613	,57652	,57691	,57730	,57769	,57809	,57848	,57887

z	0,00	0,01	0,02	0,03	0,04	0,05	0,06	0,07	0,08	0,09
0,2	,57926	,58317	,58706	,59095	,59483	,59871	,60257	,60642	,61026	,61409
0,3	,61791	,62172	,62552	,62930	,63307	,63683	,64058	,64431	,64803	,65173
0,4	,65542	,65910	,66276	,66640	,67003	,67364	,67724	,68082	,68439	,68793
0,5	,69146	,69497	,69847	,70194	,70540	,70884	,71226	,71566	,71904	,72240
0,6	,72575	,72907	,73237	,73565	,73891	,74215	,74537	,74857	,75175	,75490
0,7	,75804	,76115	,76424	,76730	,77035	,77337	,77637	,77935	,78230	,78524
0,8	,78814	,79103	,79389	,79673	,79955	,80234	,80511	,80785	,81057	,81327
0,9	,81594	,81859	,82121	,82381	,82639	,82894	,83147	,83398	,83646	,83891
1,0	,84134	,84375	,84614	,84849	,85083	,85314	,85543	,85769	,85993	,86214
1,1	,86433	,86650	,86864	,87076	,87286	,87493	,87698	,87900	,88100	,88298
1,2	,88493	,88686	,88877	,89065	,89251	,89435	,89617	,89796	,89973	,90147
1,3	,90320	,90490	,90658	,90824	,90988	,91149	,91308	,91466	,91621	,91774
1,4	,91924	,92073	,92220	,92364	,92507	,92647	,92785	,92922	,93056	,93189
1,5	,93319	,93448	,93574	,93699	,93822	,93943	,94062	,94179	,94295	,94408
1,6	,94520	,94630	,94738	,94845	,94950	,95053	,95154	,95254	,95352	,95449
1,7	,95543	,95637	,95728	,95818	,95907	,95994	,96080	,96164	,96246	,96327
1,8	,96407	,96485	,96562	,96638	,96712	,96784	,96856	,96926	,96995	,97062
1,9	,97128	,97193	,97257	,97320	,97381	,97441	,97500	,97558	,97615	,97670
2,0	,97725	,97778	,97831	,97882	,97932	,97982	,98030	,98077	,98124	,98169
2,1	,98214	,98257	,98300	,98341	,98382	,98422	,98461	,98500	,98537	,98574
2,2	,98610	,98645	,98679	,98713	,98745	,98778	,98809	,98840	,98870	,98899
2,3	,98928	,98956	,98983	,99010	,99036	,99061	,99086	,99111	,99134	,99158
2,4	,99180	,99202	,99224	,99245	,99266	,99286	,99305	,99324	,99343	,99361
2,5	,99379	,99396	,99413	,99430	,99446	,99461	,99477	,99492	,99506	,99520
2,6	,99534	,99547	,99560	,99573	,99585	,99598	,99609	,99621	,99632	,99643
2,7	,99653	,99664	,99674	,99683	,99693	,99702	,99711	,99720	,99728	,99736
2,8	,99744	,99752	,99760	,99767	,99774	,99781	,99788	,99795	,99801	,99807
2,9	,99813	,99819	,99825	,99831	,99836	,99841	,99846	,99851	,99856	,99861
3,0	,99865	,99869	,99874	,99878	,99882	,99886	,99889	,99893	,99896	,99900
3,1	,99903	,99906	,99910	,99913	,99916	,99918	,99921	,99924	,99926	,99929
3,2	,99931	,99934	,99936	,99938	,99940	,99942	,99944	,99946	,99948	,99950
3,3	,99952	,99953	,99955	,99957	,99958	,99960	,99961	,99962	,99964	,99965
3,4	,99966	,99968	,99969	,99970	,99971	,99972	,99973	,99974	,99975	,99976
3,5	,99977	,99978	,99978	,99979	,99980	,99981	,99981	,99982	,99983	,99983
3,6	,99984	,99985	,99985	,99986	,99986	,99987	,99987	,99988	,99988	,99989
3,7	,99989	,99990	,99990	,99990	,99991	,99991	,99992	,99992	,99992	,99992
3,8	,99993	,99993	,99993	,99994	,99994	,99994	,99994	,99995	,99995	,99995
3,9	,99995	,99995	,99996	,99996	,99996	,99996	,99996	,99996	,99997	,99997
4,0	,99997	,99997	,99997	,99997	,99997	,99997	,99998	,99998	,99998	,99998

Tab. III: z-Werte der Verteilungsfunktion F(z) der standardisierten NV
von -∞ bis z

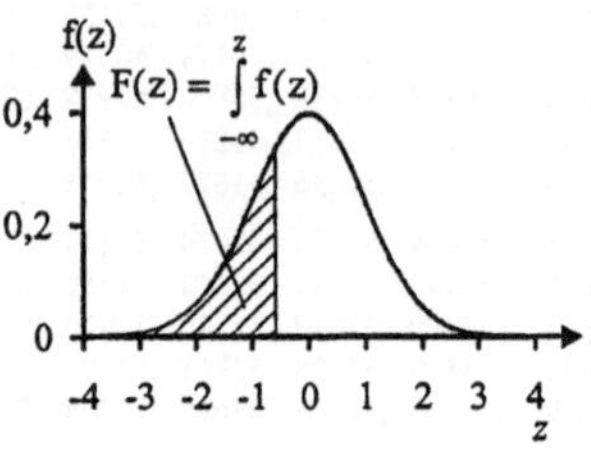

(als Prüfverteilung: F(z) = 1-α (einseitiger Test); z = Signifikanzschranke; ν > 200)

F(z)	0,000	0,001	0,002	0,003	0,004	0,005	0,006	0,007	0,008	0,009
0,00		-3,09024	-2,87815	-2,74777	-2,65209	-2,57583	-2,51213	-2,45727	-2,40892	-2,36561
0,01	-2,32634	-2,29036	-2,25713	-2,22621	-2,19728	-2,17009	-2,14441	-2,12007	-2,09693	-2,07485
0,02	-2,05375	-2,03352	-2,01409	-1,99539	-1,97737	-1,95996	-1,94314	-1,92684	-1,91103	-1,89570
0,03	-1,88079	-1,86629	-1,85218	-1,83843	-1,82501	-1,81191	-1,79912	-1,78661	-1,77438	-1,76241
0,04	-1,75069	-1,73920	-1,72793	-1,71688	-1,70604	-1,69540	-1,68494	-1,67466	-1,66456	-1,65463
0,05	-1,64485	-1,63524	-1,62576	-1,61644	-1,60725	-1,59819	-1,58927	-1,58047	-1,57179	-1,56322
0,06	-1,55477	-1,54643	-1,53820	-1,53007	-1,52203	-1,51410	-1,50626	-1,49852	-1,49085	-1,48328
0,07	-1,47579	-1,46838	-1,46106	-1,45380	-1,44663	-1,43953	-1,43250	-1,42554	-1,41865	-1,41183
0,08	-1,40507	-1,39838	-1,39175	-1,38517	-1,37866	-1,37220	-1,36581	-1,35946	-1,35317	-1,34694
0,09	-1,34075	-1,33462	-1,32854	-1,32251	-1,31652	-1,31058	-1,30469	-1,29884	-1,29303	-1,28727
0,10	-1,28155	-1,27588	-1,27024	-1,26464	-1,25908	-1,25357	-1,24809	-1,24264	-1,23724	-1,23187
0,11	-1,22653	-1,22123	-1,21596	-1,21073	-1,20553	-1,20036	-1,19522	-1,19012	-1,18504	-1,18000
0,12	-1,17499	-1,17000	-1,16505	-1,16012	-1,15522	-1,15035	-1,14550	-1,14069	-1,13590	-1,13113
0,13	-1,12639	-1,12168	-1,11699	-1,11232	-1,10768	-1,10306	-1,09847	-1,09390	-1,08935	-1,08482
0,14	-1,08032	-1,07584	-1,07138	-1,06694	-1,06252	-1,05812	-1,05375	-1,04939	-1,04505	-1,04073
0,15	-1,03643	-1,03215	-1,02789	-1,02365	-1,01943	-1,01522	-1,01104	-1,00687	-1,00271	-0,99858
0,16	-0,99446	-0,99036	-0,98627	-0,98220	-0,97815	-0,97411	-0,97009	-0,96609	-0,96210	-0,95813
0,17	-0,95416	-0,95022	-0,94629	-0,94238	-0,93848	-0,93459	-0,93072	-0,92686	-0,92301	-0,91918
0,18	-0,91537	-0,91156	-0,90777	-0,90399	-0,90023	-0,89647	-0,89273	-0,88901	-0,88529	-0,88159
0,19	-0,87790	-0,87422	-0,87055	-0,86689	-0,86325	-0,85962	-0,85600	-0,85239	-0,84879	-0,84520
0,20	-0,84162	-0,83805	-0,83450	-0,83095	-0,82742	-0,82389	-0,82038	-0,81687	-0,81338	-0,80990
0,21	-0,80642	-0,80296	-0,79950	-0,79606	-0,79262	-0,78919	-0,78577	-0,78237	-0,77897	-0,77557
0,22	-0,77219	-0,76882	-0,76546	-0,76210	-0,75875	-0,75541	-0,75208	-0,74876	-0,74545	-0,74214
0,23	-0,73885	-0,73556	-0,73228	-0,72900	-0,72574	-0,72248	-0,71923	-0,71599	-0,71275	-0,70952
0,24	-0,70630	-0,70309	-0,69988	-0,69668	-0,69349	-0,69031	-0,68713	-0,68396	-0,68080	-0,67764
0,25	-0,67449	-0,67135	-0,66821	-0,66508	-0,66196	-0,65884	-0,65573	-0,65262	-0,64952	-0,64643
0,26	-0,64334	-0,64027	-0,63719	-0,63412	-0,63106	-0,62801	-0,62496	-0,62191	-0,61887	-0,61584
0,27	-0,61281	-0,60979	-0,60678	-0,60376	-0,60076	-0,59776	-0,59477	-0,59178	-0,58879	-0,58581
0,28	-0,58284	-0,57987	-0,57691	-0,57395	-0,57100	-0,56805	-0,56511	-0,56217	-0,55924	-0,55631
0,29	-0,55338	-0,55046	-0,54755	-0,54464	-0,54174	-0,53884	-0,53594	-0,53305	-0,53016	-0,52728
0,30	-0,52440	-0,52153	-0,51866	-0,51579	-0,51293	-0,51007	-0,50722	-0,50437	-0,50153	-0,49869
0,31	-0,49585	-0,49302	-0,49019	-0,48736	-0,48454	-0,48173	-0,47891	-0,47610	-0,47330	-0,47050
0,32	-0,46770	-0,46490	-0,46211	-0,45933	-0,45654	-0,45376	-0,45099	-0,44821	-0,44544	-0,44268
0,33	-0,43991	-0,43715	-0,43440	-0,43164	-0,42889	-0,42615	-0,42341	-0,42066	-0,41793	-0,41519
0,34	-0,41246	-0,40974	-0,40701	-0,40429	-0,40157	-0,39886	-0,39614	-0,39343	-0,39073	-0,38802
0,35	-0,38532	-0,38262	-0,37993	-0,37723	-0,37454	-0,37186	-0,36917	-0,36649	-0,36381	-0,36113
0,36	-0,35846	-0,35579	-0,35312	-0,35045	-0,34779	-0,34513	-0,34247	-0,33981	-0,33716	-0,33450
0,37	-0,33185	-0,32921	-0,32656	-0,32392	-0,32128	-0,31864	-0,31600	-0,31337	-0,31074	-0,30811

Fortsetzung Tab. III: z-Werte von F(z) der standardisierten NV von -∞ bis z

F(z)	0,000	0,001	0,002	0,003	0,004	0,005	0,006	0,007	0,008	0,009
0,38	-0,30548	-0,30285	-0,30023	-0,29761	-0,29499	-0,29238	-0,28976	-0,28715	-0,28454	-0,28193
0,39	-0,27932	-0,27671	-0,27411	-0,27151	-0,26891	-0,26631	-0,26371	-0,26112	-0,25853	-0,25594
0,40	-0,25335	-0,25076	-0,24817	-0,24559	-0,24301	-0,24043	-0,23785	-0,23527	-0,23269	-0,23012
0,41	-0,22755	-0,22497	-0,22240	-0,21983	-0,21727	-0,21470	-0,21214	-0,20957	-0,20701	-0,20445
0,42	-0,20189	-0,19934	-0,19678	-0,19422	-0,19167	-0,18912	-0,18657	-0,18402	-0,18147	-0,17892
0,43	-0,17637	-0,17383	-0,17129	-0,16874	-0,16620	-0,16366	-0,16112	-0,15858	-0,15604	-0,15350
0,44	-0,15097	-0,14843	-0,14590	-0,14337	-0,14084	-0,13830	-0,13577	-0,13324	-0,13072	-0,12819
0,45	-0,12566	-0,12314	-0,12061	-0,11809	-0,11556	-0,11304	-0,11052	-0,10799	-0,10547	-0,10295
0,46	-0,10043	-0,09791	-0,09540	-0,09288	-0,09036	-0,08784	-0,08533	-0,08281	-0,08030	-0,07778
0,47	-0,07527	-0,07276	-0,07024	-0,06773	-0,06522	-0,06271	-0,06019	-0,05768	-0,05517	-0,05266
0,48	-0,05015	-0,04764	-0,04513	-0,04263	-0,04012	-0,03761	-0,03510	-0,03259	-0,03008	-0,02758
0,49	-0,02507	-0,02256	-0,02005	-0,01755	-0,01504	-0,01253	-0,01003	-0,00752	-0,00501	-0,00251
0,50	0,00000	0,00251	0,00501	0,00752	0,01003	0,01253	0,01504	0,01755	0,02005	0,02256
0,51	0,02507	0,02758	0,03008	0,03259	0,03510	0,03761	0,04012	0,04263	0,04513	0,04764
0,52	0,05015	0,05266	0,05517	0,05768	0,06019	0,06271	0,06522	0,06773	0,07024	0,07276
0,53	0,07527	0,07778	0,08030	0,08281	0,08533	0,08784	0,09036	0,09288	0,09540	0,09791
0,54	0,10043	0,10295	0,10547	0,10799	0,11052	0,11304	0,11556	0,11809	0,12061	0,12314
0,55	0,12566	0,12819	0,13072	0,13324	0,13577	0,13830	0,14084	0,14337	0,14590	0,14843
0,56	0,15097	0,15350	0,15604	0,15858	0,16112	0,16366	0,16620	0,16874	0,17129	0,17383
0,57	0,17637	0,17892	0,18147	0,18402	0,18657	0,18912	0,19167	0,19422	0,19678	0,19934
0,58	0,20189	0,20445	0,20701	0,20957	0,21214	0,21470	0,21727	0,21983	0,22240	0,22497
0,59	0,22755	0,23012	0,23269	0,23527	0,23785	0,24043	0,24301	0,24559	0,24817	0,25076
0,60	0,25335	0,25594	0,25853	0,26112	0,26371	0,26631	0,26891	0,27151	0,27411	0,27671
0,61	0,27932	0,28193	0,28454	0,28715	0,28976	0,29238	0,29499	0,29761	0,30023	0,30285
0,62	0,30548	0,30811	0,31074	0,31337	0,31600	0,31864	0,32128	0,32392	0,32656	0,32921
0,63	0,33185	0,33450	0,33716	0,33981	0,34247	0,34513	0,34779	0,35045	0,35312	0,35579
0,64	0,35846	0,36113	0,36381	0,36649	0,36917	0,37186	0,37454	0,37723	0,37993	0,38262
0,65	0,38532	0,38802	0,39073	0,39343	0,39614	0,39886	0,40157	0,40429	0,40701	0,40974
0,66	0,41246	0,41519	0,41793	0,42066	0,42341	0,42615	0,42889	0,43164	0,43440	0,43715
0,67	0,43991	0,44268	0,44544	0,44821	0,45099	0,45376	0,45654	0,45933	0,46211	0,46490
0,68	0,46770	0,47050	0,47330	0,47610	0,47891	0,48173	0,48454	0,48736	0,49019	0,49302
0,69	0,49585	0,49869	0,50153	0,50437	0,50722	0,51007	0,51293	0,51579	0,51866	0,52153
0,70	0,52440	0,52728	0,53016	0,53305	0,53594	0,53884	0,54174	0,54464	0,54755	0,55046
0,71	0,55338	0,55631	0,55924	0,56217	0,56511	0,56805	0,57100	0,57395	0,57691	0,57987
0,72	0,58284	0,58581	0,58879	0,59178	0,59477	0,59776	0,60076	0,60376	0,60678	0,60979
0,73	0,61281	0,61584	0,61887	0,62191	0,62496	0,62801	0,63106	0,63412	0,63719	0,64027
0,74	0,64334	0,64643	0,64952	0,65262	0,65573	0,65884	0,66196	0,66508	0,66821	0,67135
0,75	0,67449	0,67764	0,68080	0,68396	0,68713	0,69031	0,69349	0,69668	0,69988	0,70309
0,76	0,70630	0,70952	0,71275	0,71599	0,71923	0,72248	0,72574	0,72900	0,73228	0,73556
0,77	0,73885	0,74214	0,74545	0,74876	0,75208	0,75541	0,75875	0,76210	0,76546	0,76882
0,78	0,77219	0,77557	0,77897	0,78237	0,78577	0,78919	0,79262	0,79606	0,79950	0,80296
0,79	0,80642	0,80990	0,81338	0,81687	0,82038	0,82389	0,82742	0,83095	0,83450	0,83805
0,80	0,84162	0,84520	0,84879	0,85239	0,85600	0,85962	0,86325	0,86689	0,87055	0,87422
0,81	0,87790	0,88159	0,88529	0,88901	0,89273	0,89647	0,90023	0,90399	0,90777	0,91156
0,82	0,91537	0,91918	0,92301	0,92686	0,93072	0,93459	0,93848	0,94238	0,94629	0,95022
0,83	0,95416	0,95813	0,96210	0,96609	0,97009	0,97411	0,97815	0,98220	0,98627	0,99036
0,84	0,99446	0,99858	1,00271	1,00687	1,01104	1,01522	1,01943	1,02365	1,02789	1,03215
0,85	1,03643	1,04073	1,04505	1,04939	1,05375	1,05812	1,06252	1,06694	1,07138	1,07584
0,86	1,08032	1,08482	1,08935	1,09390	1,09847	1,10306	1,10768	1,11232	1,11699	1,12168
0,87	1,12639	1,13113	1,13590	1,14069	1,14550	1,15035	1,15522	1,16012	1,16505	1,17000
0,88	1,17499	1,18000	1,18504	1,19012	1,19522	1,20036	1,20553	1,21073	1,21596	1,22123
0,89	1,22653	1,23187	1,23724	1,24264	1,24809	1,25357	1,25908	1,26464	1,27024	1,27588
0,90	1,28155	1,28727	1,29303	1,29884	1,30469	1,31058	1,31652	1,32251	1,32854	1,33462
0,91	1,34075	1,34694	1,35317	1,35946	1,36581	1,37220	1,37866	1,38517	1,39175	1,39838
0,92	1,40507	1,41183	1,41865	1,42554	1,43250	1,43953	1,44663	1,45380	1,46106	1,46838
0,93	1,47579	1,48328	1,49085	1,49852	1,50626	1,51410	1,52203	1,53007	1,53820	1,54643
0,94	1,55477	1,56322	1,57179	1,58047	1,58927	1,59819	1,60725	1,61644	1,62576	1,63524
0,95	1,64485	1,65463	1,66456	1,67466	1,68494	1,69540	1,70604	1,71688	1,72793	1,73920
0,96	1,75069	1,76241	1,77438	1,78661	1,79912	1,81191	1,82501	1,83843	1,85218	1,86629
0,97	1,88079	1,89570	1,91103	1,92684	1,94314	1,95996	1,97737	1,99539	2,01409	2,03352
0,98	2,05375	2,07485	2,09693	2,12007	2,14441	2,17009	2,19728	2,22621	2,25713	2,29036
0,99	2,32634	2,36561	2,40892	2,45727	2,51213	2,57583	2,65209	2,74777	2,87815	3,09024

Tab. IV: Verteilungsfunktion F(z) der standardisierten NV von 0 bis z

z	0,000	0,001	0,002	0,003	0,004	0,005	0,006	0,007	0,008	0,009
0,00	,00000	,00040	,00080	,00120	,00160	,00199	,00239	,00279	,00319	,00359
0,01	,00399	,00439	,00479	,00519	,00559	,00598	,00638	,00678	,00718	,00758
0,02	,00798	,00838	,00878	,00917	,00957	,00997	,01037	,01077	,01117	,01157
0,03	,01197	,01237	,01276	,01316	,01356	,01396	,01436	,01476	,01516	,01555
0,04	,01595	,01635	,01675	,01715	,01755	,01795	,01834	,01874	,01914	,01954
0,05	,01994	,02034	,02074	,02113	,02153	,02193	,02233	,02273	,02313	,02352
0,06	,02392	,02432	,02472	,02512	,02551	,02591	,02631	,02671	,02711	,02751
0,07	,02790	,02830	,02870	,02910	,02949	,02989	,03029	,03069	,03109	,03148
0,08	,03188	,03228	,03268	,03307	,03347	,03387	,03427	,03466	,03506	,03546
0,09	,03586	,03625	,03665	,03705	,03745	,03784	,03824	,03864	,03903	,03943
0,10	,03983	,04022	,04062	,04102	,04142	,04181	,04221	,04261	,04300	,04340
0,11	,04380	,04419	,04459	,04498	,04538	,04578	,04617	,04657	,04697	,04736
0,12	,04776	,04815	,04855	,04895	,04934	,04974	,05013	,05053	,05093	,05132
0,13	,05172	,05211	,05251	,05290	,05330	,05369	,05409	,05448	,05488	,05527
0,14	,05567	,05607	,05646	,05685	,05725	,05764	,05804	,05843	,05883	,05922
0,15	,05962	,06001	,06041	,06080	,06120	,06159	,06198	,06238	,06277	,06317
0,16	,06356	,06395	,06435	,06474	,06513	,06553	,06592	,06631	,06671	,06710
0,17	,06749	,06789	,06828	,06867	,06907	,06946	,06985	,07025	,07064	,07103
0,18	,07142	,07182	,07221	,07260	,07299	,07339	,07378	,07417	,07456	,07495
0,19	,07535	,07574	,07613	,07652	,07691	,07730	,07769	,07809	,07848	,07887
0,20	,07926	,07965	,08004	,08043	,08082	,08121	,08160	,08200	,08239	,08278
0,21	,08317	,08356	,08395	,08434	,08473	,08512	,08551	,08590	,08629	,08667
0,22	,08706	,08745	,08784	,08823	,08862	,08901	,08940	,08979	,09018	,09057
0,23	,09095	,09134	,09173	,09212	,09251	,09290	,09328	,09367	,09406	,09445
0,24	,09483	,09522	,09561	,09600	,09638	,09677	,09716	,09755	,09793	,09832
0,25	,09871	,09909	,09948	,09987	,10025	,10064	,10102	,10141	,10180	,10218
0,26	,10257	,10295	,10334	,10372	,10411	,10450	,10488	,10527	,10565	,10604
0,27	,10642	,10680	,10719	,10757	,10796	,10834	,10873	,10911	,10949	,10988
0,28	,11026	,11064	,11103	,11141	,11179	,11218	,11256	,11294	,11333	,11371
0,29	,11409	,11447	,11486	,11524	,11562	,11600	,11638	,11677	,11715	,11753
0,30	,11791	,11829	,11867	,11906	,11944	,11982	,12020	,12058	,12096	,12134
0,31	,12172	,12210	,12248	,12286	,12324	,12362	,12400	,12438	,12476	,12514
0,32	,12552	,12589	,12627	,12665	,12703	,12741	,12779	,12817	,12854	,12892
0,33	,12930	,12968	,13006	,13043	,13081	,13119	,13156	,13194	,13232	,13270
0,34	,13307	,13345	,13382	,13420	,13458	,13495	,13533	,13570	,13608	,13646
0,35	,13683	,13721	,13758	,13796	,13833	,13871	,13908	,13945	,13983	,14020
0,36	,14058	,14095	,14132	,14170	,14207	,14244	,14282	,14319	,14356	,14394
0,37	,14431	,14468	,14505	,14543	,14580	,14617	,14654	,14691	,14728	,14766
0,38	,14803	,14840	,14877	,14914	,14951	,14988	,15025	,15062	,15099	,15136
0,39	,15173	,15210	,15247	,15284	,15321	,15358	,15395	,15432	,15468	,15505
0,40	,15542	,15579	,15616	,15653	,15689	,15726	,15763	,15800	,15836	,15873
0,41	,15910	,15946	,15983	,16020	,16056	,16093	,16129	,16166	,16203	,16239
0,42	,16276	,16312	,16349	,16385	,16422	,16458	,16495	,16531	,16567	,16604
0,43	,16640	,16677	,16713	,16749	,16786	,16822	,16858	,16894	,16931	,16967
0,44	,17003	,17039	,17076	,17112	,17148	,17184	,17220	,17256	,17292	,17328
0,45	,17364	,17401	,17437	,17473	,17509	,17545	,17580	,17616	,17652	,17688
0,46	,17724	,17760	,17796	,17832	,17868	,17903	,17939	,17975	,18011	,18047
0,47	,18082	,18118	,18154	,18189	,18225	,18261	,18296	,18332	,18367	,18403
0,48	,18439	,18474	,18510	,18545	,18581	,18616	,18652	,18687	,18723	,18758
0,49	,18793	,18829	,18864	,18899	,18935	,18970	,19005	,19041	,19076	,19111
0,50	,19146	,19181	,19217	,19252	,19287	,19322	,19357	,19392	,19427	,19462
0,51	,19497	,19532	,19567	,19602	,19637	,19672	,19707	,19742	,19777	,19812
0,52	,19847	,19882	,19916	,19951	,19986	,20021	,20056	,20090	,20125	,20160
0,53	,20194	,20229	,20264	,20298	,20333	,20368	,20402	,20437	,20471	,20506
0,54	,20540	,20575	,20609	,20644	,20678	,20712	,20747	,20781	,20815	,20850
0,55	,20884	,20918	,20953	,20987	,21021	,21055	,21089	,21124	,21158	,21192
0,56	,21226	,21260	,21294	,21328	,21362	,21396	,21430	,21464	,21498	,21532
0,57	,21566	,21600	,21634	,21668	,21702	,21735	,21769	,21803	,21837	,21871
0,58	,21904	,21938	,21972	,22005	,22039	,22073	,22106	,22140	,22173	,22207
0,59	,22240	,22274	,22307	,22341	,22374	,22408	,22441	,22475	,22508	,22541
0,60	,22575	,22608	,22641	,22675	,22708	,22741	,22774	,22807	,22841	,22874

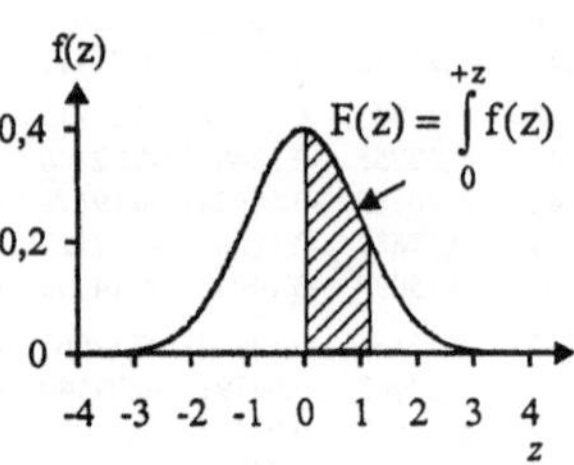

$$F(z) = \int_0^{+z} f(z)$$

Fortsetzung Tab. IV: F(z) der standardisierten NV von 0 bis z

z	0,000	0,001	0,002	0,003	0,004	0,005	0,006	0,007	0,008	0,009
0,61	,22907	,22940	,22973	,23006	,23039	,23072	,23105	,23138	,23171	,23204
0,62	,23237	,23270	,23303	,23336	,23369	,23401	,23434	,23467	,23500	,23533
0,63	,23565	,23598	,23631	,23663	,23696	,23729	,23761	,23794	,23826	,23859
0,64	,23891	,23924	,23956	,23989	,24021	,24054	,24086	,24118	,24151	,24183
0,65	,24215	,24248	,24280	,24312	,24344	,24377	,24409	,24441	,24473	,24505
0,66	,24537	,24569	,24601	,24633	,24665	,24697	,24729	,24761	,24793	,24825
0,67	,24857	,24889	,24921	,24953	,24984	,25016	,25048	,25080	,25111	,25143
0,68	,25175	,25206	,25238	,25270	,25301	,25333	,25364	,25396	,25427	,25459
0,69	,25490	,25522	,25553	,25585	,25616	,25647	,25679	,25710	,25741	,25772
0,70	,25804	,25835	,25866	,25897	,25928	,25959	,25991	,26022	,26053	,26084
0,71	,26115	,26146	,26177	,26208	,26239	,26270	,26300	,26331	,26362	,26393
0,72	,26424	,26455	,26485	,26516	,26547	,26577	,26608	,26639	,26669	,26700
0,73	,26730	,26761	,26792	,26822	,26853	,26883	,26913	,26944	,26974	,27005
0,74	,27035	,27065	,27096	,27126	,27156	,27186	,27217	,27247	,27277	,27307
0,75	,27337	,27367	,27397	,27428	,27458	,27488	,27518	,27548	,27577	,27607
0,76	,27637	,27667	,27697	,27727	,27757	,27786	,27816	,27846	,27876	,27905
0,77	,27935	,27965	,27994	,28024	,28053	,28083	,28113	,28142	,28172	,28201
0,78	,28230	,28260	,28289	,28319	,28348	,28377	,28407	,28436	,28465	,28494
0,79	,28524	,28553	,28582	,28611	,28640	,28669	,28698	,28727	,28756	,28785
0,80	,28814	,28843	,28872	,28901	,28930	,28959	,28988	,29017	,29045	,29074
0,81	,29103	,29132	,29160	,29189	,29218	,29246	,29275	,29304	,29332	,29361
0,82	,29389	,29418	,29446	,29475	,29503	,29531	,29560	,29588	,29616	,29645
0,83	,29673	,29701	,29730	,29758	,29786	,29814	,29842	,29870	,29898	,29927
0,84	,29955	,29983	,30011	,30039	,30067	,30094	,30122	,30150	,30178	,30206
0,85	,30234	,30262	,30289	,30317	,30345	,30372	,30400	,30428	,30455	,30483
0,86	,30511	,30538	,30566	,30593	,30621	,30648	,30675	,30703	,30730	,30758
0,87	,30785	,30812	,30840	,30867	,30894	,30921	,30949	,30976	,31003	,31030
0,88	,31057	,31084	,31111	,31138	,31165	,31192	,31219	,31246	,31273	,31300
0,89	,31327	,31354	,31380	,31407	,31434	,31461	,31487	,31514	,31541	,31567

z	0,00	0,01	0,02	0,03	0,04	0,05	0,06	0,07	0,08	0,09
0,9	,31594	,31859	,32121	,32381	,32639	,32894	,33147	,33398	,33646	,33891
1,0	,34134	,34375	,34614	,34849	,35083	,35314	,35543	,35769	,35993	,36214
1,1	,36433	,36650	,36864	,37076	,37286	,37493	,37698	,37900	,38100	,38298
1,2	,38493	,38686	,38877	,39065	,39251	,39435	,39617	,39796	,39973	,40147
1,3	,40320	,40490	,40658	,40824	,40988	,41149	,41308	,41466	,41621	,41774
1,4	,41924	,42073	,42220	,42364	,42507	,42647	,42785	,42922	,43056	,43189
1,5	,43319	,43448	,43574	,43699	,43822	,43943	,44062	,44179	,44295	,44408
1,6	,44520	,44630	,44738	,44845	,44950	,45053	,45154	,45254	,45352	,45449
1,7	,45543	,45637	,45728	,45818	,45907	,45994	,46080	,46164	,46246	,46327
1,8	,46407	,46485	,46562	,46638	,46712	,46784	,46856	,46926	,46995	,47062
1,9	,47128	,47193	,47257	,47320	,47381	,47441	,47500	,47558	,47615	,47670
2,0	,47725	,47778	,47831	,47882	,47932	,47982	,48030	,48077	,48124	,48169
2,1	,48214	,48257	,48300	,48341	,48382	,48422	,48461	,48500	,48537	,48574
2,2	,48610	,48645	,48679	,48713	,48745	,48778	,48809	,48840	,48870	,48899
2,3	,48928	,48956	,48983	,49010	,49036	,49061	,49086	,49111	,49134	,49158
2,4	,49180	,49202	,49224	,49245	,49266	,49286	,49305	,49324	,49343	,49361
2,5	,49379	,49396	,49413	,49430	,49446	,49461	,49477	,49492	,49506	,49520
2,6	,49534	,49547	,49560	,49573	,49585	,49598	,49609	,49621	,49632	,49643
2,7	,49653	,49664	,49674	,49683	,49693	,49702	,49711	,49720	,49728	,49736
2,8	,49744	,49752	,49760	,49767	,49774	,49781	,49788	,49795	,49801	,49807
2,9	,49813	,49819	,49825	,49831	,49836	,49841	,49846	,49851	,49856	,49861
3,0	,49865	,49869	,49874	,49878	,49882	,49886	,49889	,49893	,49896	,49900
3,1	,49903	,49906	,49910	,49913	,49916	,49918	,49921	,49924	,49926	,49929
3,2	,49931	,49934	,49936	,49938	,49940	,49942	,49944	,49946	,49948	,49950
3,3	,49952	,49953	,49955	,49957	,49958	,49960	,49961	,49962	,49964	,49965
3,4	,49966	,49968	,49969	,49970	,49971	,49972	,49973	,49974	,49975	,49976
3,5	,49977	,49978	,49978	,49979	,49980	,49981	,49981	,49982	,49983	,49983
3,6	,49984	,49985	,49985	,49986	,49986	,49987	,49987	,49988	,49988	,49989
3,7	,49989	,49990	,49990	,49990	,49991	,49991	,49992	,49992	,49992	,49992
3,8	,49993	,49993	,49993	,49994	,49994	,49994	,49994	,49995	,49995	,49995
3,9	,49995	,49995	,49996	,49996	,49996	,49996	,49996	,49996	,49997	,49997
4,0	,49997	,49997	,49997	,49997	,49997	,49997	,49998	,49998	,49998	,49998

Tab. V: Verteilungsfunktion F(z) der standardisierten NV von -z bis +z

|z|	0,000	0,001	0,002	0,003	0,004	0,005	0,006	0,007	0,008	0,009
0,00	,00000	,00080	,00160	,00239	,00319	,00399	,00479	,00559	,00638	,00718
0,01	,00798	,00878	,00957	,01037	,01117	,01197	,01277	,01356	,01436	,01516
0,02	,01596	,01675	,01755	,01835	,01915	,01995	,02074	,02154	,02234	,02314
0,03	,02393	,02473	,02553	,02633	,02712	,02792	,02872	,02952	,03031	,03111
0,04	,03191	,03270	,03350	,03430	,03510	,03589	,03669	,03749	,03828	,03908
0,05	,03988	,04067	,04147	,04227	,04306	,04386	,04466	,04545	,04625	,04705
0,06	,04784	,04864	,04944	,05023	,05103	,05183	,05262	,05342	,05421	,05501
0,07	,05581	,05660	,05740	,05819	,05899	,05979	,06058	,06138	,06217	,06297
0,08	,06376	,06456	,06535	,06615	,06694	,06774	,06853	,06933	,07012	,07092
0,09	,07171	,07251	,07330	,07410	,07489	,07569	,07648	,07727	,07807	,07886
0,10	,07966	,08045	,08124	,08204	,08283	,08362	,08442	,08521	,08600	,08680
0,11	,08759	,08838	,08918	,08997	,09076	,09155	,09235	,09314	,09393	,09472
0,12	,09552	,09631	,09710	,09789	,09868	,09948	,10027	,10106	,10185	,10264
0,13	,10343	,10422	,10502	,10581	,10660	,10739	,10818	,10897	,10976	,11055
0,14	,11134	,11213	,11292	,11371	,11450	,11529	,11608	,11687	,11766	,11845
0,15	,11924	,12002	,12081	,12160	,12239	,12318	,12397	,12476	,12554	,12633
0,16	,12712	,12791	,12869	,12948	,13027	,13106	,13184	,13263	,13342	,13420
0,17	,13499	,13578	,13656	,13735	,13813	,13892	,13971	,14049	,14128	,14206
0,18	,14285	,14363	,14442	,14520	,14599	,14677	,14756	,14834	,14912	,14991
0,19	,15069	,15147	,15226	,15304	,15382	,15461	,15539	,15617	,15695	,15774
0,20	,15852	,15930	,16008	,16086	,16165	,16243	,16321	,16399	,16477	,16555
0,21	,16633	,16711	,16789	,16867	,16945	,17023	,17101	,17179	,17257	,17335
0,22	,17413	,17491	,17569	,17646	,17724	,17802	,17880	,17958	,18035	,18113
0,23	,18191	,18269	,18346	,18424	,18501	,18579	,18657	,18734	,18812	,18889
0,24	,18967	,19044	,19122	,19199	,19277	,19354	,19432	,19509	,19587	,19664
0,25	,19741	,19819	,19896	,19973	,20050	,20128	,20205	,20282	,20359	,20436
0,26	,20514	,20591	,20668	,20745	,20822	,20899	,20976	,21053	,21130	,21207
0,27	,21284	,21361	,21438	,21515	,21592	,21668	,21745	,21822	,21899	,21976
0,28	,22052	,22129	,22206	,22282	,22359	,22436	,22512	,22589	,22665	,22742
0,29	,22818	,22895	,22971	,23048	,23124	,23201	,23277	,23353	,23430	,23506
0,30	,23582	,23659	,23735	,23811	,23887	,23963	,24040	,24116	,24192	,24268
0,31	,24344	,24420	,24496	,24572	,24648	,24724	,24800	,24876	,24951	,25027
0,32	,25103	,25179	,25255	,25330	,25406	,25482	,25558	,25633	,25709	,25784
0,33	,25860	,25936	,26011	,26087	,26162	,26237	,26313	,26388	,26464	,26539
0,34	,26614	,26690	,26765	,26840	,26915	,26991	,27066	,27141	,27216	,27291
0,35	,27366	,27441	,27516	,27591	,27666	,27741	,27816	,27891	,27966	,28040
0,36	,28115	,28190	,28265	,28339	,28414	,28489	,28563	,28638	,28713	,28787
0,37	,28862	,28936	,29011	,29085	,29160	,29234	,29308	,29383	,29457	,29531
0,38	,29605	,29680	,29754	,29828	,29902	,29976	,30050	,30124	,30198	,30272
0,39	,30346	,30420	,30494	,30568	,30642	,30716	,30789	,30863	,30937	,31011
0,40	,31084	,31158	,31232	,31305	,31379	,31452	,31526	,31599	,31673	,31746
0,41	,31819	,31893	,31966	,32039	,32113	,32186	,32259	,32332	,32405	,32478
0,42	,32551	,32624	,32697	,32770	,32843	,32916	,32989	,33062	,33135	,33208
0,43	,33280	,33353	,33426	,33499	,33571	,33644	,33716	,33789	,33861	,33934
0,44	,34006	,34079	,34151	,34223	,34296	,34368	,34440	,34512	,34585	,34657
0,45	,34729	,34801	,34873	,34945	,35017	,35089	,35161	,35233	,35305	,35377
0,46	,35448	,35520	,35592	,35664	,35735	,35807	,35878	,35950	,36022	,36093
0,47	,36164	,36236	,36307	,36379	,36450	,36521	,36593	,36664	,36735	,36806
0,48	,36877	,36948	,37019	,37090	,37161	,37232	,37303	,37374	,37445	,37516
0,49	,37587	,37657	,37728	,37799	,37869	,37940	,38011	,38081	,38152	,38222
0,50	,38292	,38363	,38433	,38504	,38574	,38644	,38714	,38785	,38855	,38925
0,51	,38995	,39065	,39135	,39205	,39275	,39345	,39415	,39484	,39554	,39624
0,52	,39694	,39763	,39833	,39903	,39972	,40042	,40111	,40181	,40250	,40319
0,53	,40389	,40458	,40527	,40597	,40666	,40735	,40804	,40873	,40942	,41011
0,54	,41080	,41149	,41218	,41287	,41356	,41425	,41493	,41562	,41631	,41699
0,55	,41768	,41837	,41905	,41974	,42042	,42111	,42179	,42247	,42316	,42384
0,56	,42452	,42520	,42588	,42657	,42725	,42793	,42861	,42929	,42997	,43064
0,57	,43132	,43200	,43268	,43336	,43403	,43471	,43538	,43606	,43674	,43741
0,58	,43809	,43876	,43943	,44011	,44078	,44145	,44212	,44280	,44347	,44414
0,59	,44481	,44548	,44615	,44682	,44749	,44816	,44882	,44949	,45016	,45083
0,60	,45149	,45216	,45283	,45349	,45416	,45482	,45549	,45615	,45681	,45748

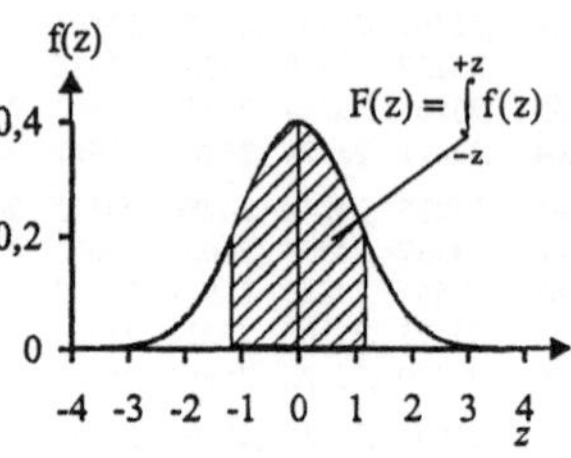

Fortsetzung der Tab. V: F(z) der standardisierten Normalverteilung von -z bis +z

|z|	0,000	0,001	0,002	0,003	0,004	0,005	0,006	0,007	0,008	0,009
0,61	,45814	,45880	,45946	,46012	,46078	,46145	,46211	,46277	,46342	,46408
0,62	,46474	,46540	,46606	,46672	,46737	,46803	,46869	,46934	,47000	,47065
0,63	,47131	,47196	,47261	,47327	,47392	,47457	,47522	,47588	,47653	,47718
0,64	,47783	,47848	,47913	,47978	,48042	,48107	,48172	,48237	,48302	,48366
0,65	,48431	,48495	,48560	,48624	,48689	,48753	,48818	,48882	,48946	,49010
0,66	,49075	,49139	,49203	,49267	,49331	,49395	,49459	,49523	,49587	,49650
0,67	,49714	,49778	,49842	,49905	,49969	,50032	,50096	,50159	,50223	,50286
0,68	,50350	,50413	,50476	,50539	,50602	,50666	,50729	,50792	,50855	,50918
0,69	,50981	,51043	,51106	,51169	,51232	,51294	,51357	,51420	,51482	,51545
0,70	,51607	,51670	,51732	,51794	,51857	,51919	,51981	,52043	,52105	,52168
0,71	,52230	,52292	,52354	,52415	,52477	,52539	,52601	,52663	,52724	,52786
0,72	,52848	,52909	,52971	,53032	,53093	,53155	,53216	,53277	,53339	,53400
0,73	,53461	,53522	,53583	,53644	,53705	,53766	,53827	,53888	,53949	,54009
0,74	,54070	,54131	,54191	,54252	,54312	,54373	,54433	,54494	,54554	,54614
0,75	,54675	,54735	,54795	,54855	,54915	,54975	,55035	,55095	,55155	,55215
0,76	,55275	,55334	,55394	,55454	,55513	,55573	,55632	,55692	,55751	,55811
0,77	,55870	,55929	,55989	,56048	,56107	,56166	,56225	,56284	,56343	,56402
0,78	,56461	,56520	,56579	,56637	,56696	,56755	,56813	,56872	,56930	,56989
0,79	,57047	,57106	,57164	,57222	,57280	,57339	,57397	,57455	,57513	,57571
0,80	,57629	,57687	,57745	,57803	,57860	,57918	,57976	,58033	,58091	,58148
0,81	,58206	,58263	,58321	,58378	,58436	,58493	,58550	,58607	,58664	,58721
0,82	,58778	,58835	,58892	,58949	,59006	,59063	,59120	,59176	,59233	,59290
0,83	,59346	,59403	,59459	,59516	,59572	,59628	,59685	,59741	,59797	,59853
0,84	,59909	,59965	,60021	,60077	,60133	,60189	,60245	,60300	,60356	,60412
0,85	,60468	,60523	,60579	,60634	,60690	,60745	,60800	,60856	,60911	,60966
0,86	,61021	,61076	,61131	,61186	,61241	,61296	,61351	,61406	,61461	,61515
0,87	,61570	,61625	,61679	,61734	,61788	,61843	,61897	,61951	,62006	,62060
0,88	,62114	,62168	,62222	,62276	,62330	,62384	,62438	,62492	,62546	,62600
0,89	,62653	,62707	,62761	,62814	,62868	,62921	,62975	,63028	,63081	,63135

|z|	0,00	0,01	0,02	0,03	0,04	0,05	0,06	0,07	0,08	0,09
0,9	,63188	,63718	,64243	,64763	,65278	,65789	,66294	,66795	,67291	,67783
1,0	,68269	,68750	,69227	,69699	,70166	,70628	,71086	,71538	,71986	,72429
1,1	,72867	,73300	,73729	,74152	,74571	,74986	,75395	,75800	,76200	,76595
1,2	,76986	,77372	,77753	,78130	,78502	,78870	,79233	,79592	,79945	,80295
1,3	,80640	,80980	,81316	,81648	,81975	,82298	,82617	,82931	,83241	,83547
1,4	,83849	,84146	,84439	,84728	,85013	,85294	,85571	,85844	,86113	,86378
1,5	,86639	,86896	,87149	,87398	,87644	,87886	,88124	,88358	,88589	,88817
1,6	,89040	,89260	,89477	,89690	,89899	,90106	,90309	,90508	,90704	,90897
1,7	,91087	,91273	,91457	,91637	,91814	,91988	,92159	,92327	,92492	,92655
1,8	,92814	,92970	,93124	,93275	,93423	,93569	,93711	,93852	,93989	,94124
1,9	,94257	,94387	,94514	,94639	,94762	,94882	,95000	,95116	,95230	,95341
2,0	,95450	,95557	,95662	,95764	,95865	,95964	,96060	,96155	,96247	,96338
2,1	,96427	,96514	,96599	,96683	,96765	,96844	,96923	,96999	,97074	,97148
2,2	,97219	,97289	,97358	,97425	,97491	,97555	,97618	,97679	,97739	,97798
2,3	,97855	,97911	,97966	,98019	,98072	,98123	,98173	,98221	,98269	,98315
2,4	,98360	,98405	,98448	,98490	,98531	,98571	,98611	,98649	,98686	,98723
2,5	,98758	,98793	,98826	,98859	,98891	,98923	,98953	,98983	,99012	,99040
2,6	,99068	,99095	,99121	,99146	,99171	,99195	,99219	,99241	,99264	,99285
2,7	,99307	,99327	,99347	,99367	,99386	,99404	,99422	,99439	,99456	,99473
2,8	,99489	,99505	,99520	,99535	,99549	,99563	,99576	,99590	,99602	,99615
2,9	,99627	,99639	,99650	,99661	,99672	,99682	,99692	,99702	,99712	,99721
3,0	,99730	,99739	,99747	,99755	,99763	,99771	,99779	,99786	,99793	,99800
3,1	,99806	,99813	,99819	,99825	,99831	,99837	,99842	,99848	,99853	,99858
3,2	,99863	,99867	,99872	,99876	,99880	,99885	,99889	,99892	,99896	,99900
3,3	,99903	,99907	,99910	,99913	,99916	,99919	,99922	,99925	,99928	,99930
3,4	,99933	,99935	,99937	,99940	,99942	,99944	,99946	,99948	,99950	,99952
3,5	,99953	,99955	,99957	,99958	,99960	,99961	,99963	,99964	,99966	,99967
3,6	,99968	,99969	,99971	,99972	,99973	,99974	,99975	,99976	,99977	,99978
3,7	,99978	,99979	,99980	,99981	,99982	,99982	,99983	,99984	,99984	,99985
3,8	,99986	,99986	,99987	,99987	,99988	,99988	,99989	,99989	,99990	,99990
3,9	,99990	,99991	,99991	,99992	,99992	,99992	,99993	,99993	,99993	,99993
4,0	,99994	,99994	,99994	,99994	,99995	,99995	,99995	,99995	,99995	,99996

Tab. VI: Summe der Verteilungsfunktionswerte F(z) der standardisierten NV von-∞ bis -z und von +z bis +∞

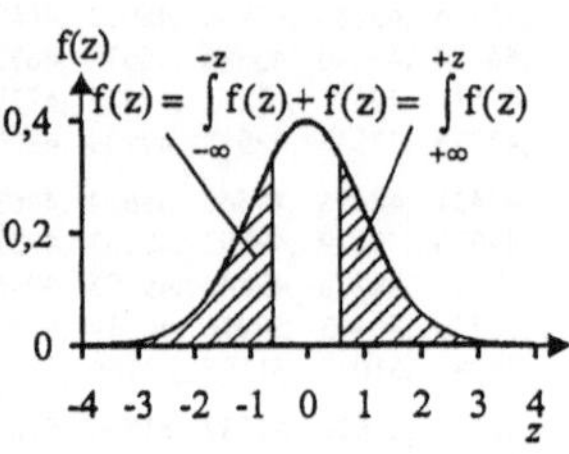

|z|	0,000	0,001	0,002	0,003	0,004	0,005	0,006	0,007	0,008	0,009
0,00	1,0000	,99920	,99840	,99761	,99681	,99601	,99521	,99441	,99362	,99282
0,01	,99202	,99122	,99043	,98963	,98883	,98803	,98723	,98644	,98564	,98484
0,02	,98404	,98325	,98245	,98165	,98085	,98005	,97926	,97846	,97766	,97686
0,03	,97607	,97527	,97447	,97367	,97288	,97208	,97128	,97048	,96969	,96889
0,04	,96809	,96730	,96650	,96570	,96490	,96411	,96331	,96251	,96172	,96092
0,05	,96012	,95933	,95853	,95773	,95694	,95614	,95534	,95455	,95375	,95295
0,06	,95216	,95136	,95056	,94977	,94897	,94817	,94738	,94658	,94579	,94499
0,07	,94419	,94340	,94260	,94181	,94101	,94021	,93942	,93862	,93783	,93703
0,08	,93624	,93544	,93465	,93385	,93306	,93226	,93147	,93067	,92988	,92908
0,09	,92829	,92749	,92670	,92590	,92511	,92431	,92352	,92273	,92193	,92114
0,10	,92034	,91955	,91876	,91796	,91717	,91638	,91558	,91479	,91400	,91320
0,11	,91241	,91162	,91082	,91003	,90924	,90845	,90765	,90686	,90607	,90528
0,12	,90448	,90369	,90290	,90211	,90132	,90052	,89973	,89894	,89815	,89736
0,13	,89657	,89578	,89498	,89419	,89340	,89261	,89182	,89103	,89024	,88945
0,14	,88866	,88787	,88708	,88629	,88550	,88471	,88392	,88313	,88234	,88155
0,15	,88076	,87998	,87919	,87840	,87761	,87682	,87603	,87524	,87446	,87367
0,16	,87288	,87209	,87131	,87052	,86973	,86894	,86816	,86737	,86658	,86580
0,17	,86501	,86422	,86344	,86265	,86187	,86108	,86029	,85951	,85872	,85794
0,18	,85715	,85637	,85558	,85480	,85401	,85323	,85244	,85166	,85088	,85009
0,19	,84931	,84853	,84774	,84696	,84618	,84539	,84461	,84383	,84305	,84226
0,20	,84148	,84070	,83992	,83914	,83835	,83757	,83679	,83601	,83523	,83445
0,21	,83367	,83289	,83211	,83133	,83055	,82977	,82899	,82821	,82743	,82665
0,22	,82587	,82509	,82431	,82354	,82276	,82198	,82120	,82042	,81965	,81887
0,23	,81809	,81731	,81654	,81576	,81499	,81421	,81343	,81266	,81188	,81111
0,24	,81033	,80956	,80878	,80801	,80723	,80646	,80568	,80491	,80413	,80336
0,25	,80259	,80181	,80104	,80027	,79950	,79872	,79795	,79718	,79641	,79564
0,26	,79486	,79409	,79332	,79255	,79178	,79101	,79024	,78947	,78870	,78793
0,27	,78716	,78639	,78562	,78485	,78408	,78332	,78255	,78178	,78101	,78024
0,28	,77948	,77871	,77794	,77718	,77641	,77564	,77488	,77411	,77335	,77258
0,29	,77182	,77105	,77029	,76952	,76876	,76799	,76723	,76647	,76570	,76494
0,30	,76418	,76341	,76265	,76189	,76113	,76037	,75960	,75884	,75808	,75732
0,31	,75656	,75580	,75504	,75428	,75352	,75276	,75200	,75124	,75049	,74973
0,32	,74897	,74821	,74745	,74670	,74594	,74518	,74442	,74367	,74291	,74216
0,33	,74140	,74064	,73989	,73913	,73838	,73763	,73687	,73612	,73536	,73461
0,34	,73386	,73310	,73235	,73160	,73085	,73009	,72934	,72859	,72784	,72709
0,35	,72634	,72559	,72484	,72409	,72334	,72259	,72184	,72109	,72034	,71960
0,36	,71885	,71810	,71735	,71661	,71586	,71511	,71437	,71362	,71287	,71213
0,37	,71138	,71064	,70989	,70915	,70840	,70766	,70692	,70617	,70543	,70469
0,38	,70395	,70320	,70246	,70172	,70098	,70024	,69950	,69876	,69802	,69728
0,39	,69654	,69580	,69506	,69432	,69358	,69284	,69211	,69137	,69063	,68989
0,40	,68916	,68842	,68768	,68695	,68621	,68548	,68474	,68401	,68327	,68254
0,41	,68181	,68107	,68034	,67961	,67887	,67814	,67741	,67668	,67595	,67522
0,42	,67449	,67376	,67303	,67230	,67157	,67084	,67011	,66938	,66865	,66792
0,43	,66720	,66647	,66574	,66501	,66429	,66356	,66284	,66211	,66139	,66066
0,44	,65994	,65921	,65849	,65777	,65704	,65632	,65560	,65488	,65415	,65343
0,45	,65271	,65199	,65127	,65055	,64983	,64911	,64839	,64767	,64695	,64623
0,46	,64552	,64480	,64408	,64336	,64265	,64193	,64122	,64050	,63978	,63907
0,47	,63836	,63764	,63693	,63621	,63550	,63479	,63407	,63336	,63265	,63194
0,48	,63123	,63052	,62981	,62910	,62839	,62768	,62697	,62626	,62555	,62484
0,49	,62413	,62343	,62272	,62201	,62131	,62060	,61989	,61919	,61848	,61778
0,50	,61708	,61637	,61567	,61496	,61426	,61356	,61286	,61215	,61145	,61075
0,51	,61005	,60935	,60865	,60795	,60725	,60655	,60585	,60516	,60446	,60376
0,52	,60306	,60237	,60167	,60097	,60028	,59958	,59889	,59819	,59750	,59681
0,53	,59611	,59542	,59473	,59403	,59334	,59265	,59196	,59127	,59058	,58989
0,54	,58920	,58851	,58782	,58713	,58644	,58575	,58507	,58438	,58369	,58301
0,55	,58232	,58163	,58095	,58026	,57958	,57889	,57821	,57753	,57684	,57616
0,56	,57548	,57480	,57412	,57343	,57275	,57207	,57139	,57071	,57003	,56936
0,57	,56868	,56800	,56732	,56664	,56597	,56529	,56462	,56394	,56326	,56259
0,58	,56191	,56124	,56057	,55989	,55922	,55855	,55788	,55720	,55653	,55586
0,59	,55519	,55452	,55385	,55318	,55251	,55184	,55118	,55051	,54984	,54917

Fortsetzung der Tab. VI: F(z) der standardisierten NV von $-\infty$ bis $-z$ und $+z$ bis $+\infty$

$|z|$	0,000	0,001	0,002	0,003	0,004	0,005	0,006	0,007	0,008	0,009
0,60	,54851	,54784	,54717	,54651	,54584	,54518	,54451	,54385	,54319	,54252
0,61	,54186	,54120	,54054	,53988	,53922	,53855	,53789	,53723	,53658	,53592
0,62	,53526	,53460	,53394	,53328	,53263	,53197	,53131	,53066	,53000	,52935
0,63	,52869	,52804	,52739	,52673	,52608	,52543	,52478	,52412	,52347	,52282
0,64	,52217	,52152	,52087	,52022	,51958	,51893	,51828	,51763	,51698	,51634
0,65	,51569	,51505	,51440	,51376	,51311	,51247	,51182	,51118	,51054	,50990
0,66	,50925	,50861	,50797	,50733	,50669	,50605	,50541	,50477	,50413	,50350
0,67	,50286	,50222	,50158	,50095	,50031	,49968	,49904	,49841	,49777	,49714
0,68	,49650	,49587	,49524	,49461	,49398	,49334	,49271	,49208	,49145	,49082
0,69	,49019	,48957	,48894	,48831	,48768	,48706	,48643	,48580	,48518	,48455
0,70	,48393	,48330	,48268	,48206	,48143	,48081	,48019	,47957	,47895	,47832
0,71	,47770	,47708	,47646	,47585	,47523	,47461	,47399	,47337	,47276	,47214
0,72	,47152	,47091	,47029	,46968	,46907	,46845	,46784	,46723	,46661	,46600
0,73	,46539	,46478	,46417	,46356	,46295	,46234	,46173	,46112	,46051	,45991
0,74	,45930	,45869	,45809	,45748	,45688	,45627	,45567	,45506	,45446	,45386
0,75	,45325	,45265	,45205	,45145	,45085	,45025	,44965	,44905	,44845	,44785
0,76	,44725	,44666	,44606	,44546	,44487	,44427	,44368	,44308	,44249	,44189
0,77	,44130	,44071	,44011	,43952	,43893	,43834	,43775	,43716	,43657	,43598
0,78	,43539	,43480	,43421	,43363	,43304	,43245	,43187	,43128	,43070	,43011
0,79	,42953	,42894	,42836	,42778	,42720	,42661	,42603	,42545	,42487	,42429
0,80	,42371	,42313	,42255	,42197	,42140	,42082	,42024	,41967	,41909	,41852
0,81	,41794	,41737	,41679	,41622	,41564	,41507	,41450	,41393	,41336	,41279
0,82	,41222	,41165	,41108	,41051	,40994	,40937	,40880	,40824	,40767	,40710
0,83	,40654	,40597	,40541	,40484	,40428	,40372	,40315	,40259	,40203	,40147
0,84	,40091	,40035	,39979	,39923	,39867	,39811	,39755	,39700	,39644	,39588
0,85	,39532	,39477	,39421	,39366	,39310	,39255	,39200	,39144	,39089	,39034
0,86	,38979	,38924	,38869	,38814	,38759	,38704	,38649	,38594	,38539	,38485
0,87	,38430	,38375	,38321	,38266	,38212	,38157	,38103	,38049	,37994	,37940
0,88	,37886	,37832	,37778	,37724	,37670	,37616	,37562	,37508	,37454	,37400
0,89	,37347	,37293	,37239	,37186	,37132	,37079	,37025	,36972	,36919	,36865

$|z|$	0,00	0,01	0,02	0,03	0,04	0,05	0,06	0,07	0,08	0,09
0,9	,36812	,36282	,35757	,35237	,34722	,34211	,33706	,33205	,32709	,32217
1,0	,31731	,31250	,30773	,30301	,29834	,29372	,28914	,28462	,28014	,27571
1,1	,27133	,26700	,26271	,25848	,25429	,25014	,24605	,24200	,23800	,23405
1,2	,23014	,22628	,22247	,21870	,21498	,21130	,20767	,20408	,20055	,19705
1,3	,19360	,19020	,18684	,18352	,18025	,17702	,17383	,17069	,16759	,16453
1,4	,16151	,15854	,15561	,15272	,14987	,14706	,14429	,14156	,13887	,13622
1,5	,13361	,13104	,12851	,12602	,12356	,12114	,11876	,11642	,11411	,11183
1,6	,10960	,10740	,10523	,10310	,10101	,09894	,09691	,09492	,09296	,09103
1,7	,08913	,08727	,08543	,08363	,08186	,08012	,07841	,07673	,07508	,07345
1,8	,07186	,07030	,06876	,06725	,06577	,06431	,06289	,06148	,06011	,05876
1,9	,05743	,05613	,05486	,05361	,05238	,05118	,05000	,04884	,04770	,04659
2,0	,04550	,04443	,04338	,04236	,04135	,04036	,03940	,03845	,03753	,03662
2,1	,03573	,03486	,03401	,03317	,03235	,03156	,03077	,03001	,02926	,02852
2,2	,02781	,02711	,02642	,02575	,02509	,02445	,02382	,02321	,02261	,02202
2,3	,02145	,02089	,02034	,01981	,01928	,01877	,01827	,01779	,01731	,01685
2,4	,01640	,01595	,01552	,01510	,01469	,01429	,01389	,01351	,01314	,01277
2,5	,01242	,01207	,01174	,01141	,01109	,01077	,01047	,01017	,00988	,00960
2,6	,00932	,00905	,00879	,00854	,00829	,00805	,00781	,00759	,00736	,00715
2,7	,00693	,00673	,00653	,00633	,00614	,00596	,00578	,00561	,00544	,00527
2,8	,00511	,00495	,00480	,00465	,00451	,00437	,00424	,00410	,00398	,00385
2,9	,00373	,00361	,00350	,00339	,00328	,00318	,00308	,00298	,00288	,00279
3,0	,00270	,00261	,00253	,00245	,00237	,00229	,00221	,00214	,00207	,00200
3,1	,00194	,00187	,00181	,00175	,00169	,00163	,00158	,00152	,00147	,00142
3,2	,00137	,00133	,00128	,00124	,00120	,00115	,00111	,00108	,00104	,00100
3,3	,00097	,00093	,00090	,00087	,00084	,00081	,00078	,00075	,00072	,00070
3,4	,00067	,00065	,00063	,00060	,00058	,00056	,00054	,00052	,00050	,00048
3,5	,00047	,00045	,00043	,00042	,00040	,00039	,00037	,00036	,00034	,00033
3,6	,00032	,00031	,00029	,00028	,00027	,00026	,00025	,00024	,00023	,00022
3,7	,00022	,00021	,00020	,00019	,00018	,00018	,00017	,00016	,00016	,00015
3,8	,00014	,00014	,00013	,00013	,00012	,00012	,00011	,00011	,00010	,00010
3,9	,00010	,00009	,00009	,00008	,00008	,00008	,00007	,00007	,00007	,00007
4,0	,00006	,00006	,00006	,00006	,00005	,00005	,00005	,00005	,00005	,00004

**Tab. VII: Beträge der z-Werte der Verteilungsfunktion F(z) der standardisierten NV bei
symmetrischer Aufteilung der Fläche auf beide Seiten der Dichtefunktion:
F(z) von -∞ bis -z und F(z) von +z bis +∞**

(als Prüfverteilung : F(z) = 1-(2α/2) (zweiseitiger Test); z = Signifikanzschranke; ν > 200)

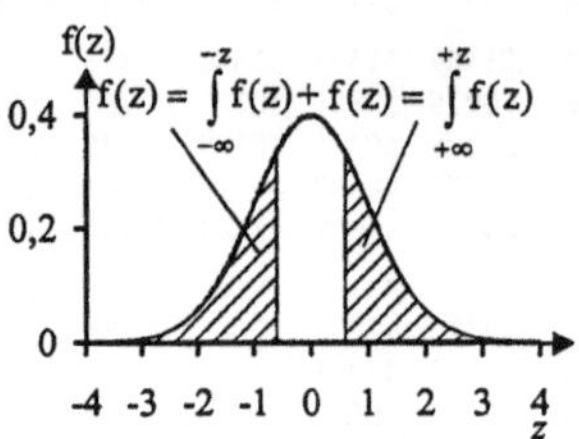

F(z)	0,000	0,001	0,002	0,003	0,004	0,005	0,006	0,007	0,008	0,009
0,00		3,29048	3,09024	2,96772	2,87815	2,80706	2,74777	2,69683	2,65209	2,61207
0,01	2,57583	2,54269	2,51213	2,48376	2,45727	2,43239	2,40892	2,38670	2,36561	2,34553
0,02	2,32634	2,30799	2,29036	2,27343	2,25713	2,24140	2,22621	2,21151	2,19728	2,18348
0,03	2,17009	2,15707	2,14441	2,13208	2,12007	2,10835	2,09693	2,08576	2,07485	2,06419
0,04	2,05375	2,04353	2,03352	2,02371	2,01409	2,00465	1,99539	1,98630	1,97737	1,96859
0,05	1,95996	1,95148	1,94314	1,93492	1,92684	1,91888	1,91103	1,90331	1,89570	1,88819
0,06	1,88079	1,87350	1,86629	1,85919	1,85218	1,84526	1,83843	1,83168	1,82501	1,81842
0,07	1,81191	1,80547	1,79912	1,79283	1,78661	1,78046	1,77438	1,76837	1,76241	1,75652
0,08	1,75069	1,74491	1,73920	1,73354	1,72793	1,72238	1,71688	1,71144	1,70604	1,70070
0,09	1,69540	1,69015	1,68494	1,67978	1,67466	1,66959	1,66456	1,65957	1,65463	1,64972
0,10	1,64485	1,64002	1,63524	1,63048	1,62576	1,62108	1,61644	1,61182	1,60725	1,60270
0,11	1,59819	1,59372	1,58927	1,58485	1,58047	1,57611	1,57179	1,56749	1,56322	1,55898
0,12	1,55477	1,55059	1,54643	1,54230	1,53820	1,53412	1,53007	1,52604	1,52203	1,51806
0,13	1,51410	1,51017	1,50626	1,50238	1,49852	1,49467	1,49085	1,48706	1,48328	1,47953
0,14	1,47579	1,47208	1,46838	1,46471	1,46106	1,45742	1,45380	1,45021	1,44663	1,44307
0,15	1,43953	1,43601	1,43250	1,42902	1,42554	1,42209	1,41865	1,41523	1,41183	1,40844
0,16	1,40507	1,40172	1,39838	1,39505	1,39175	1,38845	1,38517	1,38191	1,37866	1,37542
0,17	1,37220	1,36900	1,36581	1,36263	1,35946	1,35631	1,35317	1,35005	1,34694	1,34384
0,18	1,34075	1,33768	1,33462	1,33158	1,32854	1,32552	1,32251	1,31951	1,31652	1,31354
0,19	1,31058	1,30763	1,30469	1,30176	1,29884	1,29593	1,29303	1,29015	1,28727	1,28441
0,20	1,28155	1,27871	1,27588	1,27305	1,27024	1,26744	1,26464	1,26186	1,25908	1,25632
0,21	1,25357	1,25082	1,24809	1,24536	1,24264	1,23993	1,23724	1,23454	1,23187	1,22919
0,22	1,22653	1,22388	1,22123	1,21859	1,21596	1,21334	1,21073	1,20812	1,20553	1,20294
0,23	1,20036	1,19779	1,19522	1,19267	1,19012	1,18758	1,18504	1,18252	1,18000	1,17749
0,24	1,17499	1,17249	1,17000	1,16752	1,16505	1,16258	1,16012	1,15767	1,15522	1,15278
0,25	1,15035	1,14792	1,14550	1,14309	1,14069	1,13829	1,13590	1,13351	1,13113	1,12876
0,26	1,12639	1,12403	1,12168	1,11933	1,11699	1,11465	1,11232	1,11000	1,10768	1,10537
0,27	1,10306	1,10076	1,09847	1,09618	1,09390	1,09162	1,08935	1,08708	1,08482	1,08257
0,28	1,08032	1,07808	1,07584	1,07360	1,07138	1,06915	1,06694	1,06473	1,06252	1,06032
0,29	1,05812	1,05593	1,05375	1,05156	1,04939	1,04721	1,04505	1,04289	1,04073	1,03858
0,30	1,03643	1,03429	1,03215	1,03002	1,02789	1,02577	1,02365	1,02154	1,01943	1,01732
0,31	1,01522	1,01313	1,01104	1,00895	1,00687	1,00479	1,00271	1,00064	0,99858	0,99652
0,32	0,99446	0,99240	0,99036	0,98831	0,98627	0,98423	0,98220	0,98017	0,97815	0,97613
0,33	0,97411	0,97210	0,97009	0,96809	0,96609	0,96409	0,96210	0,96011	0,95813	0,95614
0,34	0,95416	0,95219	0,95022	0,94826	0,94629	0,94433	0,94238	0,94042	0,93848	0,93653
0,35	0,93459	0,93265	0,93072	0,92879	0,92686	0,92493	0,92301	0,92110	0,91918	0,91727
0,36	0,91537	0,91346	0,91156	0,90966	0,90777	0,90588	0,90399	0,90211	0,90023	0,89835
0,37	0,89647	0,89460	0,89273	0,89087	0,88901	0,88715	0,88529	0,88344	0,88159	0,87974

Fortsetzung der Tab. VII: | z |-Werte bei Aufteilung der Fläche auf beide Seiten der NV

F(z)	0,000	0,001	0,002	0,003	0,004	0,005	0,006	0,007	0,008	0,009
0,38	0,87790	0,87605	0,87422	0,87238	0,87055	0,86872	0,86689	0,86507	0,86325	0,86143
0,39	0,85962	0,85781	0,85600	0,85419	0,85239	0,85058	0,84879	0,84699	0,84520	0,84341
0,40	0,84162	0,83984	0,83805	0,83628	0,83450	0,83272	0,83095	0,82918	0,82742	0,82566
0,41	0,82389	0,82214	0,82038	0,81862	0,81687	0,81513	0,81338	0,81164	0,80990	0,80816
0,42	0,80642	0,80469	0,80296	0,80123	0,79950	0,79778	0,79606	0,79434	0,79262	0,79090
0,43	0,78919	0,78748	0,78577	0,78407	0,78237	0,78066	0,77897	0,77727	0,77557	0,77388
0,44	0,77219	0,77051	0,76882	0,76714	0,76546	0,76378	0,76210	0,76043	0,75875	0,75708
0,45	0,75541	0,75375	0,75208	0,75042	0,74876	0,74710	0,74545	0,74380	0,74214	0,74049
0,46	0,73885	0,73720	0,73556	0,73392	0,73228	0,73064	0,72900	0,72737	0,72574	0,72411
0,47	0,72248	0,72085	0,71923	0,71761	0,71599	0,71437	0,71275	0,71114	0,70952	0,70791
0,48	0,70630	0,70469	0,70309	0,70149	0,69988	0,69828	0,69668	0,69509	0,69349	0,69190
0,49	0,69031	0,68872	0,68713	0,68555	0,68396	0,68238	0,68080	0,67922	0,67764	0,67606
0,50	0,67449	0,67292	0,67135	0,66978	0,66821	0,66664	0,66508	0,66352	0,66196	0,66040
0,51	0,65884	0,65728	0,65573	0,65417	0,65262	0,65107	0,64952	0,64798	0,64643	0,64489
0,52	0,64334	0,64181	0,64027	0,63873	0,63719	0,63566	0,63412	0,63259	0,63106	0,62953
0,53	0,62801	0,62648	0,62496	0,62343	0,62191	0,62039	0,61887	0,61736	0,61584	0,61433
0,54	0,61281	0,61130	0,60979	0,60828	0,60678	0,60527	0,60376	0,60226	0,60076	0,59926
0,55	0,59776	0,59626	0,59477	0,59327	0,59178	0,59028	0,58879	0,58730	0,58581	0,58433
0,56	0,58284	0,58136	0,57987	0,57839	0,57691	0,57543	0,57395	0,57247	0,57100	0,56953
0,57	0,56805	0,56658	0,56511	0,56364	0,56217	0,56070	0,55924	0,55777	0,55631	0,55485
0,58	0,55338	0,55192	0,55046	0,54901	0,54755	0,54610	0,54464	0,54319	0,54174	0,54029
0,59	0,53884	0,53739	0,53594	0,53449	0,53305	0,53160	0,53016	0,52872	0,52728	0,52584
0,60	0,52440	0,52296	0,52153	0,52009	0,51866	0,51722	0,51579	0,51436	0,51293	0,51150
0,61	0,51007	0,50865	0,50722	0,50580	0,50437	0,50295	0,50153	0,50011	0,49869	0,49727
0,62	0,49585	0,49443	0,49302	0,49160	0,49019	0,48878	0,48736	0,48595	0,48454	0,48313
0,63	0,48173	0,48032	0,47891	0,47751	0,47610	0,47470	0,47330	0,47190	0,47050	0,46910
0,64	0,46770	0,46630	0,46490	0,46351	0,46211	0,46072	0,45933	0,45793	0,45654	0,45515
0,65	0,45376	0,45237	0,45099	0,44960	0,44821	0,44683	0,44544	0,44406	0,44268	0,44129
0,66	0,43991	0,43853	0,43715	0,43578	0,43440	0,43302	0,43164	0,43027	0,42889	0,42752
0,67	0,42615	0,42478	0,42341	0,42204	0,42066	0,41930	0,41793	0,41656	0,41519	0,41383
0,68	0,41246	0,41110	0,40974	0,40837	0,40701	0,40565	0,40429	0,40293	0,40157	0,40021
0,69	0,39886	0,39750	0,39614	0,39479	0,39343	0,39208	0,39073	0,38937	0,38802	0,38667
0,70	0,38532	0,38397	0,38262	0,38127	0,37993	0,37858	0,37723	0,37589	0,37454	0,37320
0,71	0,37186	0,37051	0,36917	0,36783	0,36649	0,36515	0,36381	0,36247	0,36113	0,35980
0,72	0,35846	0,35712	0,35579	0,35445	0,35312	0,35178	0,35045	0,34912	0,34779	0,34646
0,73	0,34513	0,34380	0,34247	0,34114	0,33981	0,33848	0,33716	0,33583	0,33450	0,33318
0,74	0,33185	0,33053	0,32921	0,32788	0,32656	0,32524	0,32392	0,32260	0,32128	0,31996
0,75	0,31864	0,31732	0,31600	0,31469	0,31337	0,31205	0,31074	0,30942	0,30811	0,30679
0,76	0,30548	0,30417	0,30285	0,30154	0,30023	0,29892	0,29761	0,29630	0,29499	0,29368
0,77	0,29238	0,29107	0,28976	0,28845	0,28715	0,28584	0,28454	0,28323	0,28193	0,28062
0,78	0,27932	0,27802	0,27671	0,27541	0,27411	0,27281	0,27151	0,27021	0,26891	0,26761
0,79	0,26631	0,26501	0,26371	0,26242	0,26112	0,25982	0,25853	0,25723	0,25594	0,25464
0,80	0,25335	0,25205	0,25076	0,24947	0,24817	0,24688	0,24559	0,24430	0,24301	0,24172
0,81	0,24043	0,23914	0,23785	0,23656	0,23527	0,23398	0,23269	0,23141	0,23012	0,22883
0,82	0,22755	0,22626	0,22497	0,22369	0,22240	0,22112	0,21983	0,21855	0,21727	0,21598
0,83	0,21470	0,21342	0,21214	0,21085	0,20957	0,20829	0,20701	0,20573	0,20445	0,20317
0,84	0,20189	0,20061	0,19934	0,19806	0,19678	0,19550	0,19422	0,19295	0,19167	0,19039
0,85	0,18912	0,18784	0,18657	0,18529	0,18402	0,18274	0,18147	0,18019	0,17892	0,17765
0,86	0,17637	0,17510	0,17383	0,17256	0,17129	0,17001	0,16874	0,16747	0,16620	0,16493
0,87	0,16366	0,16239	0,16112	0,15985	0,15858	0,15731	0,15604	0,15477	0,15350	0,15224
0,88	0,15097	0,14970	0,14843	0,14717	0,14590	0,14463	0,14337	0,14210	0,14084	0,13957
0,89	0,13830	0,13704	0,13577	0,13451	0,13324	0,13198	0,13072	0,12945	0,12819	0,12692
0,90	0,12566	0,12440	0,12314	0,12187	0,12061	0,11935	0,11809	0,11682	0,11556	0,11430
0,91	0,11304	0,11178	0,11052	0,10926	0,10799	0,10673	0,10547	0,10421	0,10295	0,10169
0,92	0,10043	0,09917	0,09791	0,09666	0,09540	0,09414	0,09288	0,09162	0,09036	0,08910
0,93	0,08784	0,08659	0,08533	0,08407	0,08281	0,08156	0,08030	0,07904	0,07778	0,07653
0,94	0,07527	0,07401	0,07276	0,07150	0,07024	0,06899	0,06773	0,06647	0,06522	0,06396
0,95	0,06271	0,06145	0,06019	0,05894	0,05768	0,05643	0,05517	0,05392	0,05266	0,05141
0,96	0,05015	0,04890	0,04764	0,04639	0,04513	0,04388	0,04263	0,04137	0,04012	0,03886
0,97	0,03761	0,03635	0,03510	0,03385	0,03259	0,03134	0,03008	0,02883	0,02758	0,02632
0,98	0,02507	0,02382	0,02256	0,02131	0,02005	0,01880	0,01755	0,01629	0,01504	0,01379
0,99	0,01253	0,01128	0,01003	0,00877	0,00752	0,00627	0,00501	0,00376	0,00251	0,00125

Tab. VIII: χ^2 - Verteilung

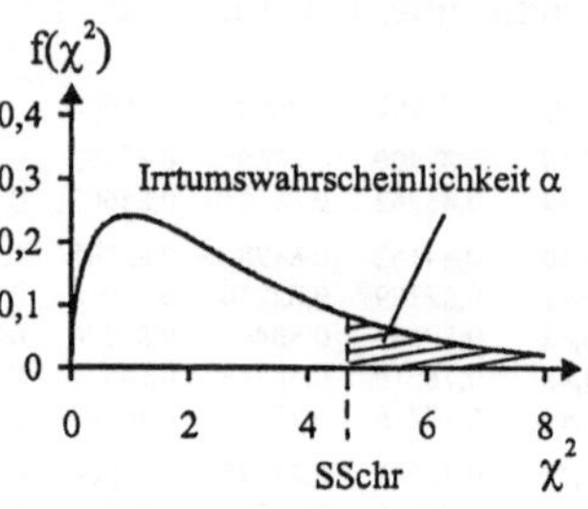

α	0,999	0,900	0,500	0,200	0,100	0,050	0,010	0,005	0,001
ν									
1	0,00000	0,01579	0,45494	1,64238	2,70554	3,84146	6,63489	7,87940	10,8274
2	0,00200	0,21072	1,38629	3,21888	4,60518	5,99148	9,21035	10,5965	13,8150
3	0,02430	0,58438	2,36597	4,64163	6,25139	7,81472	11,3449	12,8381	16,2660
4	0,09080	1,06362	3,35669	5,98862	7,77943	9,48773	13,2767	14,8602	18,4662
5	0,21022	1,61031	4,35146	7,28927	9,23635	11,0705	15,0863	16,7496	20,5147
6	0,38104	2,20413	5,34812	8,55806	10,6446	12,5916	16,8119	18,5475	22,4575
7	0,59850	2,83311	6,34581	9,80325	12,0170	14,0671	18,4753	20,2777	24,3213
8	0,85715	3,48954	7,34412	11,0301	13,3616	15,5073	20,0902	21,9549	26,1239
9	1,15191	4,16816	8,34283	12,2421	14,6837	16,9190	21,6660	23,5893	27,8767
10	1,47865	4,86518	9,34182	13,4420	15,9872	18,3070	23,2093	25,1881	29,5879
11	1,83375	5,57779	10,3410	14,6314	17,2750	19,6752	24,7250	26,7569	31,2635
12	2,21413	6,30380	11,3403	15,8120	18,5493	21,0261	26,2170	28,2997	32,9092
13	2,61720	7,04150	12,3398	16,9848	19,8119	22,3620	27,6882	29,8193	34,5274
14	3,04072	7,78954	13,3393	18,1508	21,0641	23,6848	29,1412	31,3194	36,1239
15	3,48251	8,54675	14,3389	19,3107	22,3071	24,9958	30,5780	32,8015	37,6978
16	3,94171	9,31224	15,3385	20,4651	23,5418	26,2962	31,9999	34,2671	39,2518
17	4,41624	10,0852	16,3382	21,6146	24,7690	27,5871	33,4087	35,7184	40,7911
18	4,90480	10,8649	17,3379	22,7595	25,9894	28,8693	34,8052	37,1564	42,3119
19	5,40666	11,6509	18,3376	23,9004	27,2036	30,1435	36,1908	38,5821	43,8194
20	5,92101	12,4426	19,3374	25,0375	28,4120	31,4104	37,5663	39,9969	45,3142
21	6,44669	13,2396	20,3372	26,1711	29,6151	32,6706	38,9322	41,4009	46,7963
22	6,98287	14,0415	21,3370	27,3015	30,8133	33,9245	40,2894	42,7957	48,2676
23	7,52912	14,8480	22,3369	28,4288	32,0069	35,1725	41,6383	44,1814	49,7276
24	8,08466	15,6587	23,3367	29,5533	33,1962	36,4150	42,9798	45,5584	51,1790
25	8,64943	16,4734	24,3366	30,6752	34,3816	37,6525	44,3140	46,9280	52,6187
26	9,22224	17,2919	25,3365	31,7946	35,5632	38,8851	45,6416	48,2898	54,0511
27	9,80288	18,1139	26,3363	32,9117	36,7412	40,1133	46,9628	49,6450	55,4751
28	10,3907	18,9392	27,3362	34,0266	37,9159	41,3372	48,2782	50,9936	56,8918
29	10,9861	19,7677	28,3361	35,1394	39,0875	42,5569	49,5878	52,3355	58,3006
30	11,5876	20,5992	29,3360	36,2502	40,2560	43,7730	50,8922	53,6719	59,7022
31	12,1961	21,4336	30,3359	37,3591	41,4217	44,9853	52,1914	55,0025	61,0980
32	12,8104	22,2706	31,3359	38,4663	42,5847	46,1942	53,4857	56,3280	62,4873
33	13,4312	23,1102	32,3358	39,5718	43,7452	47,3999	54,7754	57,6483	63,8694
34	14,0568	23,9522	33,3357	40,6756	44,9032	48,6024	56,0609	58,9637	65,2471
35	14,6881	24,7966	34,3356	41,7780	46,0588	49,8018	57,3420	60,2746	66,6192
36	15,3243	25,6433	35,3356	42,8788	47,2122	50,9985	58,6192	61,5811	67,9850
37	15,9652	26,4921	36,3355	43,9782	48,3634	52,1923	59,8926	62,8832	69,3476
38	16,6109	27,3430	37,3354	45,0763	49,5126	53,3835	61,1620	64,1812	70,7039
39	17,2612	28,1958	38,3354	46,1730	50,6598	54,5722	62,4281	65,4753	72,0550
40	17,9166	29,0505	39,3353	47,2685	51,8050	55,7585	63,6908	66,7660	73,4029
41	18,5759	29,9071	40,3353	48,3628	52,9485	56,9424	64,9500	68,0526	74,7441
42	19,2384	30,7654	41,3352	49,4560	54,0902	58,1240	66,2063	69,3360	76,0842
43	19,9053	31,6255	42,3352	50,5480	55,2302	59,3035	67,4593	70,6157	77,4184
44	20,5764	32,4871	43,3352	51,6389	56,3685	60,4809	68,7096	71,8923	78,7487

Fortsetzung der Tab. VIII : $\chi 2$ - Verteilung

α	0,999	0,900	0,500	0,200	0,100	0,050	0,010	0,005	0,001
ν									
45	21,2509	33,3504	44,3351	52,7288	57,5053	61,6562	69,9569	73,1660	80,0776
46	21,9289	34,2152	45,3351	53,8177	58,6405	62,8296	71,2015	74,4367	81,3998
47	22,6097	35,0814	46,3350	54,9056	59,7743	64,0011	72,4432	75,7039	82,7198
48	23,2944	35,9491	47,3350	55,9926	60,9066	65,1708	73,6826	76,9689	84,0368
49	23,9826	36,8182	48,3350	57,0786	62,0375	66,3387	74,9194	78,2306	85,3499
50	24,6736	37,6886	49,3349	58,1638	63,1671	67,5048	76,1538	79,4898	86,6603
51	25,3677	38,5604	50,3349	59,2481	64,2954	68,6693	77,3860	80,7465	87,9670
52	26,0647	39,4334	51,3349	60,3316	65,4224	69,8322	78,6156	82,0006	89,2719
53	26,7648	40,3076	52,3348	61,4143	66,5482	70,9934	79,8434	83,2525	90,5726
54	27,4675	41,1830	53,3348	62,4961	67,6728	72,1532	81,0688	84,5018	91,8714
55	28,1731	42,0596	54,3348	63,5772	68,7962	73,3115	82,2920	85,7491	93,1671
56	28,8809	42,9373	55,3348	64,6576	69,9185	74,4683	83,5136	86,9940	94,4619
57	29,5916	43,8162	56,3347	65,7373	71,0397	75,6237	84,7327	88,2366	95,7500
58	30,3046	44,6960	57,3347	66,8162	72,1598	76,7778	85,9501	89,4770	97,0381
59	31,0206	45,5769	58,3347	67,8945	73,2789	77,9305	87,1658	90,7153	98,3242
60	31,7381	46,4589	59,3347	68,9721	74,3970	79,0820	88,3794	91,9518	99,6078
61	32,4580	47,3418	60,3346	70,0490	75,5141	80,2321	89,5912	93,1862	100,887
62	33,1806	48,2257	61,3346	71,1253	76,6302	81,3810	90,8015	94,4185	102,165
63	33,9055	49,1105	62,3346	72,2010	77,7454	82,5287	92,0099	95,6492	103,442
64	34,6323	49,9963	63,3346	73,2761	78,8597	83,6752	93,2167	96,8779	104,717
65	35,3617	50,8829	64,3346	74,3506	79,9730	84,8206	94,4220	98,1049	105,988
66	36,0921	51,7705	65,3345	75,4245	81,0855	85,9649	95,6256	99,3303	107,257
67	36,8256	52,6589	66,3345	76,4978	82,1971	87,1080	96,8277	100,554	108,525
68	37,5606	53,5481	67,3345	77,5707	83,3079	88,2502	98,0283	101,776	109,793
69	38,2982	54,4381	68,3345	78,6429	84,4179	89,3912	99,2274	102,996	111,055
70	39,0358	55,3289	69,3345	79,7147	85,5270	90,5313	100,425	104,215	112,317
71	39,7764	56,2206	70,3345	80,7859	86,6354	91,6703	101,621	105,432	113,577
72	40,5198	57,1129	71,3344	81,8566	87,7431	92,8083	102,816	106,647	114,834
73	41,2631	58,0061	72,3344	82,9268	88,8499	93,9453	104,010	107,862	116,092
74	42,0093	58,9000	73,3344	83,9965	89,9561	95,0815	105,202	109,074	117,347
75	42,7573	59,7946	74,3344	85,0658	91,0615	96,2167	106,393	110,285	118,599
76	43,5066	60,6899	75,3344	86,1346	92,1662	97,3510	107,582	111,495	119,850
77	44,2571	61,5859	76,3344	87,2030	93,2702	98,4844	108,771	112,704	121,101
78	45,0109	62,4825	77,3344	88,2709	94,3735	99,6170	109,958	113,911	122,347
79	45,7637	63,3799	78,3343	89,3383	95,4762	100,749	111,144	115,116	123,595
80	46,5197	64,2778	79,3343	90,4053	96,5782	101,879	112,329	116,321	124,839
81	47,2763	65,1765	80,3343	91,4720	97,6796	103,010	113,512	117,524	126,084
82	48,0361	66,0757	81,3343	92,5381	98,7803	104,139	114,695	118,726	127,324
83	48,7954	66,9756	82,3343	93,6040	99,8805	105,267	115,876	119,927	128,565
84	49,5579	67,8761	83,3343	94,6693	100,980	106,395	117,057	121,126	129,802
85	50,3196	68,7771	84,3343	95,7343	102,079	107,522	118,236	122,324	131,043
86	51,0839	69,6788	85,3343	96,7990	103,177	108,648	119,414	123,522	132,276
87	51,8498	70,5810	86,3343	97,8632	104,275	109,773	120,591	124,718	133,511
88	52,6168	71,4839	87,3342	98,9271	105,372	110,898	121,767	125,912	134,746
89	53,3852	72,3872	88,3342	99,9906	106,469	112,022	122,942	127,106	135,977
90	54,1559	73,2911	89,3342	101,054	107,565	113,145	124,116	128,299	137,208
91	54,9255	74,1955	90,3342	102,117	108,661	114,268	125,289	129,490	138,437
92	55,6980	75,1005	91,3342	103,179	109,756	115,390	126,462	130,681	139,667
93	56,4715	76,0059	92,3342	104,241	110,850	116,511	127,633	131,871	140,894
94	57,2456	76,9119	93,3342	105,303	111,944	117,632	128,803	133,059	142,118
95	58,0219	77,8184	94,3342	106,364	113,038	118,752	129,973	134,247	143,343
96	58,7997	78,7254	95,3342	107,425	114,131	119,871	131,141	135,433	144,566
97	59,5766	79,6329	96,3342	108,486	115,223	120,990	132,309	136,619	145,789
98	60,3557	80,5408	97,3341	109,547	116,315	122,108	133,476	137,803	147,009
99	61,1362	81,4492	98,3341	110,607	117,407	123,225	134,641	138,987	148,230
100	61,9182	82,3581	99,3341	111,667	118,498	124,342	135,807	140,170	149,449
101	62,7005	83,2675	100,334	112,726	119,589	125,458	136,971	141,351	150,666
102	63,4834	84,1773	101,334	113,786	120,679	126,574	138,134	142,532	151,884
103	64,2678	85,0875	102,334	114,845	121,769	127,689	139,297	143,712	153,100
104	65,0535	85,9982	103,334	115,903	122,858	128,804	140,459	144,891	154,314

Fortsetzung der Tab. VIII: $\chi 2$ - Verteilung

α	0,999	0,900	0,500	0,200	0,100	0,050	0,010	0,005	0,001
ν									
105	65,8401	86,9093	104,334	116,962	123,947	129,918	141,620	146,069	155,527
106	66,6282	87,8208	105,334	118,020	125,035	131,031	142,780	147,247	156,740
107	67,4165	88,7327	106,334	119,078	126,123	132,144	143,940	148,424	157,950
108	68,2066	89,6451	107,334	120,135	127,211	133,257	145,099	149,599	159,164
109	68,9970	90,5579	108,334	121,192	128,298	134,369	146,257	150,774	160,371
110	69,7900	91,4710	109,334	122,250	129,385	135,480	147,414	151,948	161,582
111	70,5815	92,3846	110,334	123,306	130,472	136,591	148,571	153,121	162,787
112	71,3763	93,2985	111,334	124,363	131,558	137,701	149,727	154,295	163,995
113	72,1706	94,2129	112,334	125,419	132,643	138,811	150,882	155,467	165,202
114	72,9645	95,1276	113,334	126,475	133,729	139,921	152,037	156,637	166,406
115	73,7606	96,0427	114,334	127,531	134,813	141,030	153,190	157,808	167,609
116	74,5576	96,9582	115,334	128,587	135,898	142,138	154,344	158,977	168,813
117	75,3554	97,8740	116,334	129,642	136,982	143,246	155,497	160,146	170,014
118	76,1547	98,7902	117,334	130,697	138,066	144,354	156,648	161,314	171,216
119	76,9542	99,7067	118,334	131,752	139,149	145,461	157,799	162,481	172,417
120	77,7555	100,624	119,334	132,806	140,233	146,567	158,950	163,648	173,618
121	78,5562	101,541	120,334	133,861	141,315	147,674	160,100	164,814	174,815
122	79,3579	102,458	121,334	134,915	142,398	148,779	161,249	165,980	176,014
123	80,1613	103,376	122,334	135,969	143,480	149,885	162,398	167,144	177,210
124	80,9642	104,295	123,334	137,022	144,562	150,989	163,546	168,308	178,409
125	81,7707	105,213	124,334	138,076	145,643	152,094	164,694	169,471	179,605
126	82,5741	106,132	125,334	139,129	146,724	153,198	165,841	170,634	180,798
127	83,3801	107,051	126,334	140,182	147,805	154,301	166,987	171,796	181,993
128	84,1878	107,971	127,334	141,235	148,885	155,405	168,133	172,957	183,185
129	84,9962	108,891	128,334	142,288	149,965	156,507	169,278	174,118	184,379
130	85,8032	109,811	129,334	143,340	151,045	157,610	170,423	175,278	185,573
131	86,6125	110,732	130,334	144,392	152,125	158,712	171,567	176,438	186,761
132	87,4224	111,652	131,334	145,444	153,204	159,814	172,711	177,596	187,953
133	88,2324	112,573	132,334	146,496	154,283	160,915	173,854	178,755	189,142
134	89,0433	113,495	133,334	147,548	155,361	162,016	174,996	179,913	190,333
135	89,8567	114,416	134,334	148,599	156,440	163,116	176,138	181,069	191,518
136	90,6690	115,338	135,334	149,651	157,518	164,216	177,280	182,227	192,707
137	91,4812	116,261	136,334	150,702	158,595	165,316	178,421	183,382	193,893
138	92,2953	117,183	137,334	151,753	159,673	166,415	179,561	184,538	195,080
139	93,1113	118,106	138,334	152,803	160,750	167,514	180,701	185,692	196,265
140	93,9253	119,029	139,334	153,854	161,827	168,613	181,841	186,847	197,450
141	94,7421	119,953	140,334	154,904	162,904	169,711	182,979	188,000	198,634
142	95,5579	120,876	141,334	155,954	163,980	170,809	184,117	189,153	199,818
143	96,3747	121,800	142,334	157,004	165,056	171,907	185,255	190,306	201,000
144	97,1936	122,724	143,334	158,054	166,132	173,004	186,393	191,459	202,185
145	98,0110	123,649	144,334	159,104	167,207	174,101	187,530	192,610	203,366
146	98,8317	124,574	145,334	160,153	168,283	175,198	188,666	193,761	204,545
147	99,6500	125,499	146,334	161,202	169,358	176,294	189,802	194,911	205,726
148	100,471	126,424	147,334	162,251	170,432	177,390	190,938	196,062	206,906
149	101,292	127,349	148,334	163,300	171,507	178,485	192,073	197,211	208,084
150	102,113	128,275	149,334	164,349	172,581	179,581	193,207	198,360	209,265
151	102,935	129,201	150,334	165,398	173,655	180,676	194,342	199,509	210,443
152	103,758	130,127	151,334	166,446	174,729	181,770	195,476	200,657	211,619
153	104,582	131,054	152,334	167,495	175,803	182,865	196,609	201,804	212,795
154	105,405	131,980	153,334	168,543	176,876	183,959	197,742	202,951	213,974
155	106,229	132,907	154,334	169,591	177,949	185,052	198,874	204,098	215,147
156	107,056	133,835	155,334	170,639	179,022	186,146	200,006	205,244	216,323
157	107,881	134,762	156,334	171,686	180,094	187,239	201,138	206,390	217,497
158	108,706	135,690	157,334	172,734	181,167	188,332	202,269	207,535	218,672
159	109,532	136,618	158,334	173,781	182,239	189,424	203,400	208,680	219,845
160	110,359	137,546	159,334	174,828	183,311	190,516	204,530	209,824	221,020
161	111,188	138,474	160,334	175,875	184,382	191,608	205,660	210,967	222,190
162	112,016	139,403	161,334	176,922	185,454	192,700	206,790	212,111	223,362
163	112,845	140,331	162,334	177,969	186,525	193,791	207,919	213,254	224,534
164	113,674	141,260	163,334	179,016	187,596	194,883	209,047	214,396	225,704

Fortsetzung der Tab. VIII : χ^2 - Verteilung

α	0,999	0,900	0,500	0,200	0,100	0,050	0,010	0,005	0,001
ν									
165	114,504	142,190	164,334	180,062	188,667	195,973	210,176	215,539	226,875
166	115,336	143,119	165,334	181,109	189,737	197,064	211,304	216,680	228,044
167	116,166	144,049	166,334	182,155	190,808	198,154	212,431	217,821	229,213
168	116,997	144,979	167,334	183,201	191,878	199,244	213,559	218,962	230,382
169	117,828	145,909	168,334	184,247	192,948	200,334	214,685	220,103	231,550
170	118,662	146,839	169,334	185,293	194,017	201,423	215,812	221,242	232,720
171	119,493	147,769	170,334	186,338	195,087	202,513	216,938	222,382	233,885
172	120,328	148,700	171,334	187,384	196,156	203,601	218,064	223,521	235,052
173	121,162	149,631	172,334	188,429	197,225	204,690	219,189	224,659	236,220
174	121,996	150,562	173,334	189,474	198,294	205,779	220,314	225,798	237,383
175	122,829	151,493	174,334	190,520	199,363	206,867	221,438	226,936	238,552
176	123,665	152,425	175,334	191,565	200,432	207,955	222,563	228,074	239,714
177	124,500	153,356	176,334	192,610	201,500	209,042	223,686	229,211	240,881
178	125,337	154,288	177,334	193,654	202,568	210,130	224,810	230,347	242,042
179	126,173	155,220	178,334	194,699	203,636	211,217	225,933	231,483	243,208
180	127,011	156,153	179,334	195,743	204,704	212,304	227,056	232,620	244,372
181	127,848	157,085	180,334	196,788	205,771	213,391	228,178	233,755	245,533
182	128,685	158,018	181,334	197,832	206,839	214,477	229,301	234,890	246,694
183	129,524	158,950	182,334	198,876	207,906	215,563	230,423	236,025	247,858
184	130,365	159,883	183,334	199,920	208,973	216,649	231,544	237,160	249,018
185	131,204	160,817	184,334	200,964	210,040	217,735	232,665	238,294	250,181
186	132,043	161,750	185,334	202,008	211,106	218,820	233,786	239,428	251,340
187	132,882	162,684	186,334	203,052	212,173	219,906	234,907	240,561	252,501
188	133,724	163,617	187,334	204,095	213,239	220,991	236,027	241,695	253,657
189	134,566	164,551	188,334	205,139	214,305	222,076	237,147	242,827	254,817
190	135,405	165,485	189,334	206,182	215,371	223,160	238,266	243,959	255,975
191	136,248	166,419	190,334	207,225	216,437	224,245	239,385	245,091	257,133
192	137,091	167,354	191,334	208,268	217,502	225,329	240,505	246,223	258,290
193	137,932	168,288	192,334	209,311	218,568	226,413	241,623	247,354	259,448
194	138,775	169,223	193,334	210,354	219,633	227,496	242,742	248,485	260,607
195	139,619	170,158	194,334	211,397	220,698	228,580	243,860	249,616	261,762
196	140,462	171,093	195,334	212,439	221,763	229,663	244,977	250,746	262,920
197	141,307	172,029	196,334	213,482	222,828	230,746	246,095	251,876	264,076
198	142,152	172,964	197,334	214,524	223,892	231,829	247,212	253,006	265,232
199	142,998	173,900	198,334	215,567	224,957	232,912	248,328	254,135	266,386
200	143,842	174,835	199,334	216,609	226,021	233,994	249,445	255,264	267,539
201	144,688	175,771	200,334	217,651	227,085	235,076	250,561	256,393	268,696
202	145,534	176,707	201,334	218,693	228,149	236,159	251,677	257,521	269,847
203	146,381	177,643	202,334	219,735	229,213	237,240	252,793	258,649	271,001
204	147,228	178,580	203,334	220,777	230,276	238,322	253,908	259,777	272,155
205	148,075	179,516	204,334	221,818	231,340	239,403	255,023	260,904	273,308
206	148,923	180,453	205,334	222,860	232,403	240,485	256,138	262,031	274,458
207	149,770	181,390	206,334	223,901	233,466	241,566	257,253	263,158	275,610
208	150,621	182,327	207,334	224,943	234,529	242,647	258,367	264,284	276,766
209	151,469	183,264	208,334	225,984	235,592	243,727	259,481	265,411	277,915
210	152,318	184,201	209,334	227,025	236,655	244,808	260,595	266,537	279,064
211	153,166	185,139	210,334	228,066	237,717	245,888	261,708	267,662	280,216
212	154,017	186,076	211,334	229,107	238,780	246,968	262,821	268,787	281,365
213	154,868	187,014	212,334	230,148	239,842	248,048	263,934	269,912	282,518
214	155,718	187,952	213,334	231,189	240,904	249,127	265,047	271,037	283,667
215	156,569	188,890	214,334	232,230	241,966	250,207	266,159	272,161	284,815
216	157,421	189,828	215,334	233,270	243,028	251,286	267,271	273,285	285,964
217	158,271	190,767	216,334	234,311	244,090	252,366	268,383	274,409	287,111
218	159,123	191,705	217,334	235,351	245,151	253,444	269,495	275,533	288,262
219	159,976	192,644	218,334	236,391	246,213	254,523	270,606	276,657	289,407
220	160,828	193,582	219,334	237,432	247,274	255,602	271,717	277,779	290,555

Tab. IX : Kolmogoroff-Smirnow - Test

α	0,10	0,05	0,01
ν			
5	0,53	0,57	0,65
6	0,50	0,54	0,61
7	0,47	0,50	0,57
8	0,44	0,48	0,54
9	0,42	0,45	0,51
10	0,40	0,43	0,48
11	0,38	0,41	0,47
12	0,37	0,40	0,45
13	0,36	0,38	0,44
14	0,35	0,37	0,42
15	0,34	0,36	0,41
16	0,33	0,35	0,40
17	0,32	0,34	0,39
18	0,31	0,33	0,38
19	0,30	0,32	0,37
20	0,29	0,31	0,36
21	0,29	0,31	0,35
22	0,28	0,30	0,34
23	0,28	0,30	0,34
24	0,27	0,29	0,33
25	0,26	0,28	0,33
26	0,26	0,28	0,32
27	0,26	0,27	0,31
28	0,25	0,27	0,30
29	0,25	0,27	0,30
30	0,24	0,26	0,30
>30	$1{,}351/\sqrt{\nu}$	$1{,}450/\sqrt{\nu}$	$1{,}647/\sqrt{\nu}$

Tab. X : David et al. - Test

	untere Schranke			obere Schranke		
α	0,050	0,010	0,001	0,050	0,010	0,001
ν						
5	2,15	2,02	1,83	2,75	2,80	2,83
6	2,28	2,15	1,83	3,01	3,10	3,16
7	2,40	2,26	1,87	3,22	3,34	3,46
8	2,50	2,35	1,87	3,40	3,54	3,74
9	2,59	2,44	1,90	3,55	3,72	4,00
10	2,67	2,51	1,90	3,68	3,88	4,24
11	2,74	2,58	1,92	3,80	4,01	4,47
12	2,80	2,64	1,92	3,91	4,13	4,69
13	2,86	2,70	1,93	4,00	4,24	4,90
14	2,92	2,75	1,93	4,09	4,34	5,10
15	2,97	2,80	1,94	4,02	4,44	5,29
16	3,01	2,84	1,94	4,24	4,52	5,48
17	3,06	2,88	1,94	4,31	4,60	5,66
18	3,10	2,92	1,94	4,37	4,67	5,83
19	3,14	2,96	1,95	4,43	4,74	6,00
20	3,18	2,99	1,95	4,49	4,80	6,16
25	3,34	3,15	1,96	4,71	5,06	6,93
30	3,47	3,27	1,97	4,89	5,26	7,62
35	3,58	3,38	1,97	5,04	5,42	8,25
40	3,67	3,47	1,98	5,16	5,56	8,83
45	3,75	3,55	1,98	5,26	5,67	9,38
50	3,83	3,62	1,98	5,35	5,77	9,90
55	3,90	3,69	1,98	5,43	5,86	10,39
60	3,96	3,75	1,98	5,51	5,94	10,86
65	4,01	3,80	1,98	5,57	6,01	11,31
70	4,06	3,85	1,99	5,63	6,07	11,75
75	4,11	3,90	1,99	5,68	6,13	12,17
80	4,16	3,94	1,99	5,73	6,18	12,57
85	4,20	3,99	1,99	5,78	6,23	12,96
90	4,24	4,02	1,99	5,82	6,27	13,34
95	4,27	4,06	1,99	5,86	6,32	13,71
100	4,31	4,10	1,99	5,90	6,36	14,07
150	4,59	4,38	1,99	6,18	6,64	17,26
200	4,78	4,59	2,00	6,39	6,84	19,95
500	5,37	5,13	2,00	6,94	7,42	31,59

Tab. XI : F- Verteilung

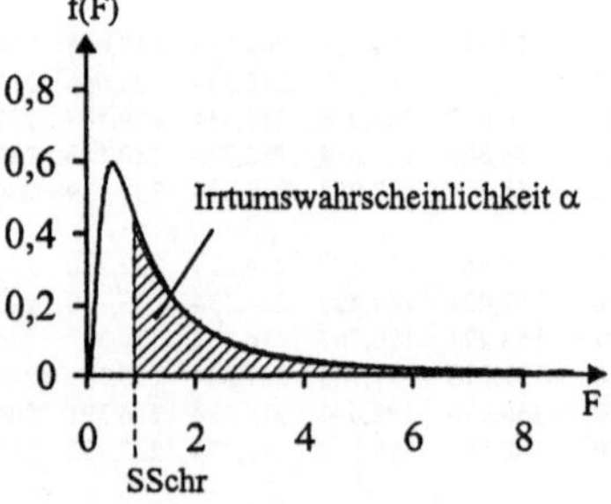

Tab. XI : Fortsetzung der F-Verteilung

Tab. XI-A: $\alpha = 0{,}001$

$v_2 \backslash v_1$	100	80	70	60	50	40	30	28	26	24	22	20	19	18	17	16	15	14	13	12	11	10	9	8	7	6	5	4	3	2	1
2	999	999	999	999	999	999	999	999	999	999	999	999	999	999	999	999	999	999	999	999	999	999	999	999	999	999	999	999	999	999	998
3	124	124	124	124	125	125	125	126	126	126	126	126	127	127	127	127	127	128	128	128	129	129	130	131	132	133	135	137	141	148	167
4	44,5	44,6	44,6	44,7	44,9	45,1	45,4	45,5	45,6	45,8	45,9	46,1	46,2	46,3	46,4	46,6	46,8	46,9	47,2	47,4	47,7	48,1	48,5	49,0	49,7	50,5	51,7	53,4	56,2	61,2	74,1
5	24,1	24,2	24,3	24,3	24,4	24,6	24,9	24,9	25,0	25,1	25,3	25,4	25,5	25,6	25,7	25,8	25,9	26,1	26,2	26,4	26,6	26,9	27,2	27,6	28,2	28,8	29,8	31,1	33,2	37,1	47,2
6	16,0	16,1	16,1	16,2	16,3	16,4	16,7	16,7	16,8	16,9	17,0	17,1	17,2	17,3	17,4	17,5	17,6	17,7	17,8	18,0	18,2	18,4	18,7	19,0	19,5	20,0	20,8	21,9	23,7	27,0	35,5
7	12,0	12,0	12,1	12,1	12,2	12,3	12,5	12,6	12,7	12,7	12,8	12,9	13,0	13,1	13,1	13,2	13,3	13,4	13,6	13,7	13,9	14,1	14,3	14,6	15,0	15,5	16,2	17,2	18,8	21,7	29,2
8	9,57	9,63	9,67	9,73	9,80	9,92	10,1	10,2	10,2	10,3	10,4	10,5	10,5	10,6	10,7	10,8	10,8	10,9	11,1	11,2	11,4	11,5	11,8	12,0	12,4	12,9	13,5	14,4	15,8	18,5	25,4
9	8,04	8,09	8,13	8,19	8,26	8,37	8,55	8,60	8,66	8,72	8,80	8,90	8,95	9,01	9,08	9,15	9,24	9,33	9,44	9,57	9,72	9,89	10,1	10,4	10,7	11,1	11,7	12,6	13,9	16,4	22,9
10	6,98	7,03	7,07	7,12	7,19	7,30	7,47	7,52	7,57	7,64	7,71	7,80	7,86	7,91	7,98	8,05	8,13	8,22	8,32	8,45	8,59	8,75	8,96	9,20	9,52	9,93	10,5	11,3	12,6	14,9	21,0
11	6,21	6,26	6,30	6,35	6,42	6,52	6,68	6,73	6,78	6,85	6,92	7,01	7,06	7,11	7,18	7,24	7,32	7,41	7,51	7,63	7,76	7,92	8,12	8,35	8,65	9,05	9,58	10,3	11,6	13,8	19,7
12	5,63	5,68	5,71	5,76	5,83	5,93	6,09	6,14	6,19	6,25	6,32	6,40	6,45	6,51	6,57	6,63	6,71	6,79	6,89	7,00	7,14	7,29	7,48	7,71	8,00	8,38	8,89	9,63	10,8	13,0	18,6
13	5,17	5,22	5,26	5,30	5,37	5,47	5,63	5,67	5,72	5,78	5,85	5,93	5,98	6,03	6,09	6,16	6,23	6,31	6,41	6,52	6,65	6,80	6,98	7,21	7,49	7,86	8,35	9,07	10,2	12,3	17,8
14	4,81	4,86	4,89	4,94	5,00	5,10	5,25	5,30	5,35	5,41	5,48	5,56	5,60	5,66	5,71	5,78	5,85	5,93	6,02	6,13	6,26	6,40	6,58	6,80	7,08	7,44	7,92	8,62	9,73	11,8	17,1
15	4,51	4,56	4,59	4,64	4,70	4,80	4,95	4,99	5,04	5,10	5,17	5,25	5,29	5,35	5,40	5,46	5,54	5,62	5,71	5,81	5,94	6,08	6,26	6,47	6,74	7,09	7,57	8,25	9,34	11,3	16,6
16	4,26	4,31	4,34	4,39	4,45	4,54	4,70	4,74	4,79	4,85	4,91	4,99	5,04	5,09	5,14	5,21	5,27	5,35	5,44	5,55	5,67	5,81	5,98	6,20	6,46	6,80	7,27	7,94	9,01	11,0	16,1
17	4,05	4,10	4,13	4,18	4,24	4,33	4,48	4,53	4,57	4,63	4,70	4,78	4,82	4,87	4,92	4,99	5,05	5,13	5,22	5,32	5,44	5,58	5,75	5,96	6,22	6,56	7,02	7,68	8,73	10,7	15,7
18	3,87	3,92	3,95	4,00	4,06	4,15	4,30	4,34	4,39	4,45	4,51	4,59	4,63	4,68	4,74	4,80	4,87	4,94	5,03	5,13	5,25	5,39	5,56	5,76	6,02	6,35	6,81	7,46	8,49	10,4	15,4
19	3,71	3,76	3,79	3,84	3,90	3,99	4,14	4,18	4,23	4,29	4,35	4,43	4,47	4,52	4,58	4,64	4,70	4,78	4,87	4,97	5,08	5,22	5,39	5,59	5,85	6,18	6,62	7,27	8,28	10,2	15,1
20	3,58	3,62	3,66	3,70	3,77	3,86	4,00	4,05	4,09	4,15	4,21	4,29	4,33	4,38	4,44	4,49	4,56	4,64	4,72	4,82	4,94	5,08	5,24	5,44	5,69	6,02	6,46	7,10	8,10	9,95	14,8
21	3,46	3,50	3,54	3,58	3,64	3,74	3,88	3,92	3,97	4,03	4,09	4,17	4,21	4,26	4,31	4,37	4,44	4,51	4,60	4,70	4,81	4,95	5,11	5,31	5,56	5,88	6,32	6,95	7,94	9,77	14,6
22	3,35	3,40	3,43	3,48	3,54	3,63	3,78	3,82	3,86	3,92	3,98	4,06	4,10	4,15	4,20	4,26	4,33	4,40	4,49	4,58	4,70	4,83	4,99	5,19	5,44	5,76	6,19	6,81	7,80	9,61	14,4
23	3,25	3,30	3,34	3,38	3,44	3,53	3,68	3,72	3,77	3,82	3,89	3,96	4,00	4,05	4,10	4,16	4,23	4,30	4,39	4,48	4,60	4,73	4,89	5,09	5,33	5,65	6,08	6,70	7,67	9,47	14,2
24	3,17	3,22	3,25	3,29	3,36	3,45	3,59	3,63	3,68	3,74	3,80	3,87	3,92	3,96	4,02	4,07	4,14	4,21	4,30	4,39	4,51	4,64	4,80	4,99	5,24	5,55	5,98	6,59	7,55	9,34	14,0
25	3,09	3,14	3,17	3,22	3,28	3,37	3,52	3,56	3,60	3,66	3,72	3,79	3,84	3,88	3,94	3,99	4,06	4,13	4,22	4,31	4,42	4,56	4,71	4,91	5,15	5,46	5,89	6,49	7,45	9,22	13,9
26	3,02	3,07	3,10	3,15	3,21	3,30	3,44	3,49	3,53	3,59	3,65	3,72	3,77	3,81	3,86	3,92	3,99	4,06	4,14	4,24	4,35	4,48	4,64	4,83	5,07	5,38	5,80	6,41	7,36	9,12	13,7
27	2,96	3,00	3,04	3,08	3,14	3,23	3,38	3,42	3,47	3,52	3,58	3,66	3,70	3,75	3,80	3,86	3,92	3,99	4,08	4,17	4,28	4,41	4,57	4,76	5,00	5,31	5,73	6,33	7,27	9,02	13,6
28	2,90	2,94	2,98	3,02	3,09	3,18	3,32	3,36	3,41	3,46	3,52	3,60	3,64	3,69	3,74	3,80	3,86	3,93	4,01	4,11	4,22	4,35	4,50	4,69	4,93	5,24	5,66	6,25	7,19	8,93	13,5
29	2,84	2,89	2,92	2,97	3,03	3,12	3,27	3,31	3,35	3,41	3,47	3,54	3,59	3,63	3,68	3,74	3,80	3,88	3,96	4,05	4,16	4,29	4,45	4,64	4,87	5,18	5,59	6,19	7,12	8,85	13,4
30	2,79	2,84	2,87	2,92	2,98	3,07	3,22	3,26	3,30	3,36	3,42	3,49	3,53	3,58	3,63	3,69	3,75	3,82	3,91	4,00	4,11	4,24	4,39	4,58	4,82	5,12	5,53	6,12	7,05	8,77	13,3
32	2,70	2,75	2,79	2,83	2,89	2,98	3,13	3,17	3,21	3,27	3,33	3,40	3,44	3,49	3,54	3,60	3,66	3,73	3,81	3,91	4,02	4,14	4,30	4,48	4,72	5,02	5,43	6,01	6,94	8,64	13,1
34	2,63	2,67	2,71	2,75	2,82	2,91	3,05	3,09	3,14	3,19	3,25	3,33	3,37	3,41	3,46	3,52	3,58	3,65	3,74	3,83	3,94	4,06	4,22	4,40	4,63	4,93	5,34	5,92	6,83	8,52	13,0
36	2,56	2,61	2,64	2,69	2,75	2,84	2,98	3,02	3,07	3,12	3,18	3,26	3,30	3,34	3,40	3,45	3,51	3,59	3,67	3,76	3,87	3,99	4,14	4,33	4,56	4,86	5,26	5,84	6,74	8,42	12,8
38	2,50	2,55	2,58	2,63	2,69	2,78	2,92	2,96	3,01	3,06	3,13	3,20	3,24	3,28	3,34	3,39	3,45	3,52	3,60	3,70	3,80	3,93	4,08	4,26	4,49	4,79	5,19	5,76	6,66	8,33	12,7
40	2,44	2,49	2,53	2,57	2,64	2,73	2,87	2,91	2,96	3,01	3,07	3,15	3,19	3,23	3,28	3,34	3,40	3,47	3,55	3,64	3,75	3,87	4,02	4,21	4,44	4,73	5,13	5,70	6,59	8,25	12,6
42	2,40	2,45	2,48	2,53	2,59	2,68	2,83	2,87	2,91	2,96	3,03	3,10	3,14	3,18	3,23	3,29	3,35	3,42	3,50	3,59	3,70	3,82	3,97	4,16	4,38	4,68	5,07	5,64	6,53	8,18	12,5
44	2,35	2,40	2,44	2,48	2,55	2,64	2,78	2,82	2,87	2,92	2,98	3,06	3,10	3,14	3,19	3,25	3,31	3,38	3,46	3,55	3,66	3,78	3,93	4,11	4,34	4,63	5,02	5,59	6,48	8,12	12,4
46	2,31	2,36	2,40	2,45	2,51	2,60	2,74	2,79	2,83	2,88	2,94	3,02	3,06	3,10	3,15	3,21	3,27	3,34	3,42	3,51	3,62	3,74	3,89	4,07	4,30	4,59	4,98	5,54	6,42	8,06	12,4
48	2,28	2,33	2,36	2,41	2,47	2,56	2,71	2,75	2,80	2,85	2,91	2,98	3,02	3,07	3,12	3,17	3,24	3,31	3,38	3,48	3,58	3,70	3,85	4,03	4,26	4,55	4,94	5,50	6,38	8,00	12,3

Tab. XI : Fortsetzung der F-Verteilung

v2 \ v1	1	2	3	4	5	6	7	8	9	10	11	12	13	14	15	16	17	18	19	20	22	24	26	28	30	40	50	60	70	80	100
50	12,2	7,96	6,34	5,46	4,90	4,51	4,22	4,00	3,82	3,67	3,55	3,44	3,35	3,27	3,20	3,14	3,09	3,04	2,99	2,95	2,88	2,82	2,76	2,72	2,68	2,53	2,44	2,38	2,33	2,30	2,25
55	12,1	7,85	6,25	5,38	4,82	4,43	4,15	3,92	3,75	3,60	3,48	3,37	3,28	3,20	3,13	3,07	3,02	2,97	2,92	2,88	2,81	2,75	2,70	2,65	2,61	2,46	2,37	2,31	2,26	2,23	2,18
60	12,0	7,77	6,17	5,31	4,76	4,37	4,09	3,86	3,69	3,54	3,42	3,32	3,23	3,15	3,08	3,02	2,96	2,91	2,87	2,83	2,75	2,69	2,64	2,60	2,55	2,41	2,32	2,25	2,21	2,17	2,12
65	11,9	7,70	6,11	5,25	4,70	4,32	4,04	3,81	3,64	3,49	3,37	3,27	3,18	3,10	3,03	2,97	2,91	2,87	2,82	2,78	2,71	2,65	2,59	2,55	2,51	2,36	2,27	2,20	2,16	2,12	2,07
70	11,8	7,64	6,06	5,20	4,66	4,28	3,99	3,77	3,60	3,45	3,33	3,23	3,14	3,06	2,99	2,93	2,88	2,83	2,78	2,74	2,67	2,61	2,56	2,51	2,47	2,32	2,23	2,16	2,12	2,08	2,03
75	11,7	7,59	6,01	5,16	4,62	4,24	3,96	3,74	3,56	3,42	3,30	3,19	3,10	3,03	2,96	2,90	2,84	2,79	2,75	2,71	2,64	2,57	2,52	2,48	2,44	2,29	2,19	2,13	2,08	2,04	1,99
80	11,7	7,54	5,97	5,12	4,58	4,20	3,92	3,70	3,53	3,39	3,27	3,16	3,07	3,00	2,93	2,87	2,81	2,76	2,72	2,68	2,61	2,54	2,49	2,45	2,41	2,26	2,16	2,10	2,05	2,01	1,96
85	11,6	7,50	5,94	5,09	4,55	4,18	3,90	3,68	3,50	3,36	3,24	3,14	3,05	2,97	2,90	2,84	2,79	2,74	2,69	2,65	2,58	2,52	2,47	2,42	2,38	2,23	2,14	2,07	2,02	1,99	1,93
90	11,6	7,47	5,91	5,06	4,53	4,15	3,87	3,65	3,48	3,34	3,22	3,11	3,02	2,95	2,88	2,82	2,76	2,71	2,67	2,63	2,56	2,50	2,44	2,40	2,36	2,21	2,11	2,05	2,00	1,96	1,91
100	11,5	7,41	5,86	5,02	4,48	4,11	3,83	3,61	3,44	3,30	3,18	3,07	2,99	2,91	2,84	2,78	2,73	2,68	2,63	2,59	2,52	2,46	2,41	2,36	2,32	2,17	2,08	2,01	1,96	1,92	1,87
120	11,4	7,32	5,78	4,95	4,42	4,04	3,77	3,55	3,38	3,24	3,12	3,02	2,93	2,85	2,78	2,72	2,67	2,62	2,58	2,53	2,46	2,40	2,35	2,30	2,26	2,11	2,02	1,95	1,90	1,86	1,81
140	11,3	7,26	5,73	4,90	4,37	4,00	3,72	3,51	3,34	3,20	3,08	2,98	2,89	2,81	2,74	2,68	2,63	2,58	2,54	2,49	2,42	2,36	2,31	2,26	2,22	2,07	1,98	1,91	1,86	1,82	1,76
160	11,2	7,22	5,69	4,86	4,34	3,97	3,69	3,48	3,31	3,17	3,05	2,95	2,86	2,78	2,71	2,65	2,60	2,55	2,51	2,47	2,39	2,33	2,28	2,23	2,19	2,04	1,95	1,88	1,83	1,79	1,73
180	11,2	7,18	5,66	4,83	4,31	3,94	3,67	3,45	3,28	3,14	3,02	2,92	2,83	2,76	2,69	2,63	2,58	2,53	2,48	2,44	2,37	2,31	2,26	2,21	2,17	2,02	1,92	1,85	1,80	1,76	1,70
200	11,2	7,15	5,63	4,81	4,29	3,92	3,65	3,43	3,26	3,12	3,00	2,90	2,82	2,74	2,67	2,61	2,56	2,51	2,46	2,42	2,35	2,29	2,24	2,19	2,15	2,00	1,90	1,83	1,78	1,74	1,68
250	11,1	7,10	5,59	4,77	4,25	3,88	3,61	3,40	3,23	3,09	2,97	2,87	2,78	2,71	2,64	2,58	2,53	2,48	2,43	2,39	2,32	2,26	2,21	2,16	2,12	1,97	1,87	1,80	1,75	1,71	1,65
300	11,0	7,07	5,56	4,75	4,22	3,86	3,59	3,38	3,21	3,07	2,95	2,85	2,76	2,69	2,62	2,56	2,50	2,46	2,41	2,37	2,30	2,24	2,18	2,14	2,10	1,94	1,85	1,78	1,72	1,68	1,62
350	11,0	7,05	5,54	4,73	4,21	3,84	3,57	3,36	3,19	3,05	2,93	2,83	2,75	2,67	2,60	2,54	2,49	2,44	2,40	2,36	2,28	2,22	2,17	2,12	2,08	1,93	1,83	1,76	1,71	1,66	1,60
400	11,0	7,03	5,53	4,71	4,19	3,83	3,56	3,35	3,18	3,04	2,92	2,82	2,74	2,66	2,59	2,53	2,48	2,43	2,38	2,34	2,27	2,21	2,16	2,11	2,07	1,92	1,82	1,75	1,69	1,65	1,59
450	11,0	7,01	5,52	4,70	4,18	3,82	3,55	3,34	3,17	3,03	2,91	2,81	2,73	2,65	2,58	2,52	2,47	2,42	2,38	2,34	2,26	2,20	2,15	2,10	2,06	1,91	1,81	1,74	1,68	1,64	1,58
500	11,0	7,00	5,51	4,69	4,18	3,81	3,54	3,33	3,16	3,02	2,91	2,81	2,72	2,64	2,58	2,52	2,46	2,41	2,37	2,33	2,26	2,20	2,14	2,10	2,05	1,90	1,80	1,73	1,68	1,63	1,57
600	10,9	6,99	5,49	4,68	4,16	3,80	3,53	3,32	3,15	3,01	2,90	2,80	2,71	2,63	2,57	2,51	2,45	2,40	2,36	2,32	2,25	2,18	2,13	2,08	2,04	1,89	1,79	1,72	1,66	1,62	1,56
700	10,9	6,98	5,48	4,67	4,15	3,79	3,52	3,31	3,14	3,00	2,89	2,79	2,70	2,63	2,56	2,50	2,44	2,40	2,35	2,31	2,24	2,18	2,12	2,08	2,04	1,88	1,78	1,71	1,66	1,61	1,55
800	10,9	6,97	5,47	4,66	4,15	3,79	3,52	3,31	3,14	3,00	2,88	2,78	2,70	2,62	2,55	2,49	2,44	2,39	2,35	2,30	2,23	2,17	2,12	2,07	2,03	1,88	1,78	1,70	1,65	1,61	1,54
900	10,9	6,96	5,47	4,66	4,14	3,78	3,51	3,30	3,13	2,99	2,88	2,78	2,69	2,62	2,55	2,49	2,43	2,39	2,34	2,30	2,23	2,17	2,11	2,07	2,03	1,87	1,77	1,70	1,64	1,60	1,54
1000	10,9	6,96	5,46	4,65	4,14	3,78	3,51	3,30	3,13	2,99	2,87	2,77	2,69	2,61	2,54	2,48	2,43	2,38	2,34	2,30	2,23	2,16	2,11	2,06	2,02	1,87	1,77	1,69	1,64	1,60	1,53

Tab. XI-B: $\alpha = 0,01$

v2 \ v1	1	2	3	4	5	6	7	8	9	10	11	12	13	14	15	16	17	18	19	20	22	24	26	28	30	40	50	60	70	80	100
2	98,5	99,0	99,2	99,3	99,3	99,3	99,4	99,4	99,4	99,4	99,4	99,4	99,4	99,4	99,4	99,4	99,4	99,4	99,4	99,4	99,5	99,5	99,5	99,5	99,5	99,5	99,5	99,5	99,5	99,5	99,5
3	34,1	30,8	29,5	28,7	28,2	27,9	27,7	27,5	27,3	27,2	27,1	27,1	27,0	26,9	26,9	26,8	26,8	26,8	26,7	26,7	26,6	26,6	26,6	26,5	26,5	26,4	26,4	26,3	26,3	26,3	26,2
4	21,2	18,0	16,7	16,0	15,5	15,2	15,0	14,8	14,7	14,5	14,5	14,4	14,3	14,2	14,2	14,2	14,1	14,1	14,0	14,0	14,0	13,9	13,9	13,9	13,8	13,7	13,7	13,7	13,6	13,6	13,6
5	16,3	13,3	12,1	11,4	11,0	10,7	10,5	10,3	10,2	10,1	9,96	9,89	9,82	9,77	9,72	9,68	9,64	9,61	9,58	9,55	9,51	9,47	9,43	9,40	9,38	9,29	9,24	9,20	9,18	9,16	9,13
6	13,7	10,9	9,78	9,15	8,75	8,47	8,26	8,10	7,98	7,87	7,79	7,72	7,66	7,60	7,56	7,52	7,48	7,45	7,42	7,40	7,35	7,31	7,28	7,25	7,23	7,14	7,09	7,06	7,03	7,01	6,99
7	12,2	9,55	8,45	7,85	7,46	7,19	6,99	6,84	6,72	6,62	6,54	6,47	6,41	6,36	6,31	6,28	6,24	6,21	6,18	6,16	6,11	6,07	6,04	6,02	5,99	5,91	5,86	5,82	5,80	5,78	5,75
8	11,3	8,65	7,59	7,01	6,63	6,37	6,18	6,03	5,91	5,81	5,73	5,67	5,61	5,56	5,52	5,48	5,44	5,41	5,38	5,36	5,32	5,28	5,25	5,22	5,20	5,12	5,07	5,03	5,01	4,99	4,96

Tab. XI : Fortsetzung der F-Verteilung

v2 \ v1	1	2	3	4	5	6	7	8	9	10	11	12	13	14	15	16	17	18	19	20	22	24	26	28	30	40	50	60	70	80	100
9	10,6	8,02	6,99	6,42	6,06	5,80	5,61	5,47	5,35	5,26	5,18	5,11	5,05	5,01	4,96	4,92	4,89	4,86	4,83	4,81	4,77	4,73	4,70	4,67	4,65	4,57	4,52	4,48	4,46	4,44	4,41
10	10,0	7,56	6,55	5,99	5,64	5,39	5,20	5,06	4,94	4,85	4,77	4,71	4,65	4,60	4,56	4,52	4,49	4,46	4,43	4,41	4,36	4,33	4,30	4,27	4,25	4,17	4,12	4,08	4,06	4,04	4,01
11	9,65	7,21	6,22	5,67	5,32	5,07	4,89	4,74	4,63	4,54	4,46	4,40	4,34	4,29	4,25	4,21	4,18	4,15	4,12	4,10	4,06	4,02	3,99	3,96	3,94	3,86	3,81	3,78	3,75	3,73	3,71
12	9,33	6,93	5,95	5,41	5,06	4,82	4,64	4,50	4,39	4,30	4,22	4,16	4,10	4,05	4,01	3,97	3,94	3,91	3,88	3,86	3,82	3,78	3,75	3,72	3,70	3,62	3,57	3,54	3,51	3,49	3,47
13	9,07	6,70	5,74	5,21	4,86	4,62	4,44	4,30	4,19	4,10	4,02	3,96	3,91	3,86	3,82	3,78	3,75	3,72	3,69	3,66	3,62	3,59	3,56	3,53	3,51	3,43	3,38	3,34	3,32	3,30	3,27
14	8,86	6,51	5,56	5,04	4,69	4,46	4,28	4,14	4,03	3,94	3,86	3,80	3,75	3,70	3,66	3,62	3,59	3,56	3,53	3,51	3,46	3,43	3,40	3,37	3,35	3,27	3,22	3,18	3,16	3,14	3,11
15	8,68	6,36	5,42	4,89	4,56	4,32	4,14	4,00	3,89	3,80	3,73	3,67	3,61	3,56	3,52	3,49	3,45	3,42	3,40	3,37	3,33	3,29	3,26	3,24	3,21	3,13	3,08	3,05	3,02	3,00	2,98
16	8,53	6,23	5,29	4,77	4,44	4,20	4,03	3,89	3,78	3,69	3,62	3,55	3,50	3,45	3,41	3,37	3,34	3,31	3,28	3,26	3,22	3,18	3,15	3,12	3,10	3,02	2,97	2,93	2,91	2,89	2,86
17	8,40	6,11	5,19	4,67	4,34	4,10	3,93	3,79	3,68	3,59	3,52	3,46	3,40	3,35	3,31	3,27	3,24	3,21	3,19	3,16	3,12	3,08	3,05	3,03	3,00	2,92	2,87	2,83	2,81	2,79	2,76
18	8,29	6,01	5,09	4,58	4,25	4,01	3,84	3,71	3,60	3,51	3,43	3,37	3,32	3,27	3,23	3,19	3,16	3,13	3,10	3,08	3,03	3,00	2,97	2,94	2,92	2,84	2,78	2,75	2,72	2,70	2,68
19	8,18	5,93	5,01	4,50	4,17	3,94	3,77	3,63	3,52	3,43	3,36	3,30	3,24	3,19	3,15	3,12	3,08	3,05	3,03	3,00	2,96	2,92	2,89	2,87	2,84	2,76	2,71	2,67	2,65	2,63	2,60
20	8,10	5,85	4,94	4,43	4,10	3,87	3,70	3,56	3,46	3,37	3,29	3,23	3,18	3,13	3,09	3,05	3,02	2,99	2,96	2,94	2,90	2,86	2,83	2,80	2,78	2,69	2,64	2,61	2,58	2,56	2,54
21	8,02	5,78	4,87	4,37	4,04	3,81	3,64	3,51	3,40	3,31	3,24	3,17	3,12	3,07	3,03	2,99	2,96	2,93	2,90	2,88	2,84	2,80	2,77	2,74	2,72	2,64	2,58	2,55	2,52	2,50	2,48
22	7,95	5,72	4,82	4,31	3,99	3,76	3,59	3,45	3,35	3,26	3,18	3,12	3,07	3,02	2,98	2,94	2,91	2,88	2,85	2,83	2,78	2,75	2,72	2,69	2,67	2,58	2,53	2,50	2,47	2,45	2,42
23	7,88	5,66	4,76	4,26	3,94	3,71	3,54	3,41	3,30	3,21	3,14	3,07	3,02	2,97	2,93	2,89	2,86	2,83	2,80	2,78	2,74	2,70	2,67	2,64	2,62	2,54	2,48	2,45	2,42	2,40	2,37
24	7,82	5,61	4,72	4,22	3,90	3,67	3,50	3,36	3,26	3,17	3,09	3,03	2,98	2,93	2,89	2,85	2,82	2,79	2,76	2,74	2,70	2,66	2,63	2,60	2,58	2,49	2,44	2,40	2,38	2,36	2,33
25	7,77	5,57	4,68	4,18	3,85	3,63	3,46	3,32	3,22	3,13	3,06	2,99	2,94	2,89	2,85	2,81	2,78	2,75	2,72	2,70	2,66	2,62	2,59	2,56	2,54	2,45	2,40	2,36	2,34	2,32	2,29
26	7,72	5,53	4,64	4,14	3,82	3,59	3,42	3,29	3,18	3,09	3,02	2,96	2,90	2,86	2,81	2,78	2,75	2,72	2,69	2,66	2,62	2,58	2,55	2,53	2,50	2,42	2,36	2,33	2,30	2,28	2,25
27	7,68	5,49	4,60	4,11	3,78	3,56	3,39	3,26	3,15	3,06	2,99	2,93	2,87	2,82	2,78	2,75	2,71	2,68	2,66	2,63	2,59	2,55	2,52	2,49	2,47	2,38	2,33	2,29	2,27	2,25	2,22
28	7,64	5,45	4,57	4,07	3,75	3,53	3,36	3,23	3,12	3,03	2,96	2,90	2,84	2,79	2,75	2,72	2,68	2,65	2,63	2,60	2,56	2,52	2,49	2,46	2,44	2,35	2,30	2,26	2,24	2,22	2,19
29	7,60	5,42	4,54	4,04	3,73	3,50	3,33	3,20	3,09	3,00	2,93	2,87	2,81	2,77	2,73	2,69	2,66	2,63	2,60	2,57	2,53	2,49	2,46	2,44	2,41	2,33	2,27	2,23	2,21	2,19	2,16
30	7,56	5,39	4,51	4,02	3,70	3,47	3,30	3,17	3,07	2,98	2,91	2,84	2,79	2,74	2,70	2,66	2,63	2,60	2,57	2,55	2,51	2,47	2,44	2,41	2,39	2,30	2,25	2,21	2,18	2,16	2,13
32	7,50	5,34	4,46	3,97	3,65	3,43	3,26	3,13	3,02	2,93	2,86	2,80	2,74	2,70	2,65	2,62	2,58	2,55	2,53	2,50	2,46	2,42	2,39	2,36	2,34	2,25	2,20	2,16	2,13	2,11	2,08
34	7,44	5,29	4,42	3,93	3,61	3,39	3,22	3,09	2,98	2,89	2,82	2,76	2,70	2,66	2,61	2,58	2,54	2,51	2,49	2,46	2,42	2,38	2,35	2,32	2,30	2,21	2,16	2,12	2,09	2,07	2,04
36	7,40	5,25	4,38	3,89	3,57	3,35	3,18	3,05	2,95	2,86	2,79	2,72	2,67	2,62	2,58	2,54	2,51	2,48	2,45	2,43	2,38	2,35	2,32	2,29	2,26	2,18	2,12	2,08	2,05	2,03	2,00
38	7,35	5,21	4,34	3,86	3,54	3,32	3,15	3,02	2,92	2,83	2,75	2,69	2,64	2,59	2,55	2,51	2,48	2,45	2,42	2,40	2,35	2,32	2,28	2,26	2,23	2,14	2,09	2,05	2,02	2,00	1,97
40	7,31	5,18	4,31	3,83	3,51	3,29	3,12	2,99	2,89	2,80	2,73	2,66	2,61	2,56	2,52	2,48	2,45	2,42	2,39	2,37	2,33	2,29	2,26	2,23	2,20	2,11	2,06	2,02	1,99	1,97	1,94
42	7,28	5,15	4,29	3,80	3,49	3,27	3,10	2,97	2,86	2,78	2,70	2,64	2,59	2,54	2,50	2,46	2,43	2,40	2,37	2,34	2,30	2,26	2,23	2,20	2,18	2,09	2,03	1,99	1,96	1,94	1,91
44	7,25	5,12	4,26	3,78	3,47	3,24	3,08	2,95	2,84	2,75	2,68	2,62	2,56	2,52	2,47	2,44	2,40	2,37	2,35	2,32	2,28	2,24	2,21	2,18	2,15	2,07	2,01	1,97	1,94	1,92	1,89
46	7,22	5,10	4,24	3,76	3,44	3,22	3,06	2,93	2,82	2,73	2,66	2,60	2,54	2,50	2,45	2,42	2,38	2,35	2,33	2,30	2,26	2,22	2,19	2,16	2,13	2,04	1,99	1,95	1,92	1,90	1,86
48	7,19	5,08	4,22	3,74	3,43	3,20	3,04	2,91	2,80	2,71	2,64	2,58	2,53	2,48	2,44	2,40	2,37	2,33	2,31	2,28	2,24	2,20	2,17	2,14	2,12	2,02	1,97	1,93	1,90	1,88	1,84
50	7,17	5,06	4,20	3,72	3,41	3,19	3,02	2,89	2,78	2,70	2,63	2,56	2,51	2,46	2,42	2,38	2,35	2,32	2,29	2,27	2,22	2,18	2,15	2,12	2,10	2,01	1,95	1,91	1,88	1,86	1,82
55	7,12	5,01	4,16	3,68	3,37	3,15	2,98	2,85	2,75	2,66	2,59	2,53	2,47	2,42	2,38	2,34	2,31	2,28	2,25	2,23	2,18	2,15	2,11	2,08	2,06	1,97	1,91	1,87	1,84	1,82	1,78
60	7,08	4,98	4,13	3,65	3,34	3,12	2,95	2,82	2,72	2,63	2,56	2,50	2,44	2,39	2,35	2,31	2,28	2,25	2,22	2,20	2,15	2,12	2,08	2,05	2,03	1,94	1,88	1,84	1,81	1,78	1,75
65	7,04	4,95	4,10	3,62	3,31	3,09	2,93	2,80	2,69	2,61	2,53	2,47	2,42	2,37	2,33	2,29	2,26	2,23	2,20	2,17	2,13	2,09	2,06	2,03	2,00	1,91	1,85	1,81	1,78	1,75	1,72
70	7,01	4,92	4,07	3,60	3,29	3,07	2,91	2,78	2,67	2,59	2,51	2,45	2,40	2,35	2,31	2,27	2,23	2,20	2,18	2,15	2,11	2,07	2,03	2,01	1,98	1,89	1,83	1,78	1,75	1,73	1,70
75	6,99	4,90	4,05	3,58	3,27	3,05	2,89	2,76	2,65	2,57	2,49	2,43	2,38	2,33	2,29	2,25	2,22	2,18	2,16	2,13	2,09	2,05	2,02	1,99	1,96	1,87	1,81	1,76	1,73	1,71	1,67
80	6,96	4,88	4,04	3,56	3,26	3,04	2,87	2,74	2,64	2,55	2,48	2,42	2,36	2,31	2,27	2,23	2,20	2,17	2,14	2,12	2,07	2,03	2,00	1,97	1,94	1,85	1,79	1,75	1,71	1,69	1,65
85	6,94	4,86	4,02	3,55	3,24	3,02	2,86	2,73	2,62	2,54	2,46	2,40	2,35	2,30	2,26	2,22	2,19	2,15	2,13	2,10	2,06	2,02	1,98	1,95	1,93	1,83	1,77	1,73	1,70	1,67	1,64

Tab. XI : Fortsetzung der F-Verteilung

v2 \ v1	1	2	3	4	5	6	7	8	9	10	11	12	13	14	15	16	17	18	19	20	22	24	26	28	30	40	50	60	70	80	100
90	6,93	4,85	4,01	3,53	3,23	3,01	2,84	2,72	2,61	2,52	2,45	2,39	2,33	2,29	2,24	2,21	2,17	2,14	2,11	2,09	2,04	2,00	1,97	1,94	1,92	1,82	1,76	1,72	1,68	1,66	1,62
100	6,90	4,82	3,98	3,51	3,21	2,99	2,82	2,69	2,59	2,50	2,43	2,37	2,31	2,27	2,22	2,19	2,15	2,12	2,09	2,07	2,02	1,98	1,95	1,92	1,89	1,80	1,74	1,69	1,66	1,63	1,60
120	6,85	4,79	3,95	3,48	3,17	2,96	2,79	2,66	2,56	2,47	2,40	2,34	2,28	2,23	2,19	2,15	2,12	2,09	2,06	2,03	1,99	1,95	1,92	1,89	1,86	1,76	1,70	1,66	1,62	1,60	1,56
140	6,82	4,76	3,92	3,46	3,15	2,93	2,77	2,64	2,54	2,45	2,38	2,31	2,26	2,21	2,17	2,13	2,10	2,07	2,04	2,01	1,97	1,93	1,89	1,86	1,84	1,74	1,67	1,63	1,60	1,57	1,53
160	6,80	4,74	3,91	3,44	3,13	2,92	2,75	2,62	2,52	2,43	2,36	2,30	2,24	2,20	2,15	2,11	2,08	2,05	2,02	1,99	1,95	1,91	1,88	1,85	1,82	1,72	1,66	1,61	1,58	1,55	1,51
180	6,78	4,73	3,89	3,43	3,12	2,90	2,74	2,61	2,51	2,42	2,35	2,28	2,23	2,18	2,14	2,10	2,07	2,04	2,01	1,98	1,94	1,90	1,86	1,83	1,81	1,71	1,64	1,60	1,56	1,53	1,49
200	6,76	4,71	3,88	3,41	3,11	2,89	2,73	2,60	2,50	2,41	2,34	2,27	2,22	2,17	2,13	2,09	2,06	2,03	2,00	1,97	1,93	1,89	1,85	1,82	1,79	1,69	1,63	1,58	1,55	1,52	1,48
250	6,74	4,69	3,86	3,40	3,09	2,87	2,71	2,58	2,48	2,39	2,32	2,26	2,20	2,15	2,11	2,07	2,04	2,01	1,98	1,95	1,91	1,87	1,83	1,80	1,77	1,67	1,61	1,56	1,53	1,50	1,46
300	6,72	4,68	3,85	3,38	3,08	2,86	2,70	2,57	2,47	2,38	2,31	2,24	2,19	2,14	2,10	2,06	2,03	1,99	1,97	1,94	1,89	1,85	1,82	1,79	1,76	1,66	1,59	1,55	1,51	1,48	1,44
350	6,71	4,67	3,84	3,37	3,07	2,85	2,69	2,56	2,46	2,37	2,30	2,24	2,18	2,13	2,09	2,05	2,02	1,99	1,96	1,93	1,88	1,84	1,81	1,78	1,75	1,65	1,58	1,54	1,50	1,47	1,43
400	6,70	4,66	3,83	3,37	3,06	2,85	2,68	2,56	2,45	2,37	2,29	2,23	2,17	2,13	2,08	2,05	2,01	1,98	1,95	1,92	1,88	1,84	1,80	1,77	1,75	1,64	1,58	1,53	1,49	1,46	1,42
450	6,69	4,65	3,83	3,36	3,06	2,84	2,68	2,55	2,45	2,36	2,29	2,22	2,17	2,12	2,08	2,04	2,01	1,97	1,95	1,92	1,87	1,83	1,80	1,77	1,74	1,64	1,57	1,52	1,49	1,46	1,41
500	6,69	4,65	3,82	3,36	3,05	2,84	2,68	2,55	2,44	2,36	2,28	2,22	2,17	2,12	2,07	2,04	2,00	1,97	1,94	1,92	1,87	1,83	1,79	1,76	1,74	1,63	1,57	1,52	1,48	1,45	1,41
600	6,68	4,64	3,81	3,35	3,05	2,83	2,67	2,54	2,44	2,35	2,28	2,21	2,16	2,11	2,07	2,03	2,00	1,96	1,94	1,91	1,86	1,82	1,79	1,76	1,73	1,63	1,56	1,51	1,47	1,44	1,40
700	6,67	4,64	3,81	3,35	3,04	2,83	2,66	2,54	2,43	2,35	2,27	2,21	2,16	2,11	2,06	2,03	1,99	1,96	1,93	1,90	1,86	1,82	1,78	1,75	1,72	1,62	1,55	1,50	1,47	1,44	1,39
800	6,67	4,63	3,81	3,34	3,04	2,82	2,66	2,53	2,43	2,34	2,27	2,21	2,15	2,10	2,06	2,02	1,99	1,96	1,93	1,90	1,85	1,81	1,78	1,75	1,72	1,62	1,55	1,50	1,46	1,43	1,39
900	6,66	4,63	3,80	3,34	3,04	2,82	2,66	2,53	2,43	2,34	2,27	2,20	2,15	2,10	2,06	2,02	1,99	1,95	1,93	1,90	1,85	1,81	1,78	1,75	1,72	1,61	1,55	1,50	1,46	1,43	1,39
1000	6,66	4,63	3,80	3,34	3,04	2,82	2,66	2,53	2,43	2,34	2,27	2,20	2,15	2,10	2,06	2,02	1,98	1,95	1,92	1,90	1,85	1,81	1,77	1,74	1,72	1,61	1,54	1,50	1,46	1,43	1,38

Tab. XI-C: $\alpha = 0{,}05$

v2 \ v1	1	2	3	4	5	6	7	8	9	10	11	12	13	14	15	16	17	18	19	20	22	24	26	28	30	40	50	60	70	80	100
2	18,5	19,0	19,2	19,2	19,3	19,3	19,4	19,4	19,4	19,4	19,4	19,4	19,4	19,4	19,4	19,4	19,4	19,4	19,4	19,4	19,5	19,5	19,5	19,5	19,5	19,5	19,5	19,5	19,5	19,5	19,5
3	10,1	9,55	9,28	9,12	9,01	8,94	8,89	8,85	8,81	8,79	8,76	8,74	8,73	8,71	8,70	8,69	8,68	8,67	8,67	8,66	8,65	8,64	8,63	8,62	8,62	8,59	8,58	8,57	8,57	8,56	8,55
4	7,71	6,94	6,59	6,39	6,26	6,16	6,09	6,04	6,00	5,96	5,94	5,91	5,89	5,87	5,86	5,84	5,83	5,82	5,81	5,80	5,79	5,77	5,76	5,75	5,75	5,72	5,70	5,69	5,68	5,67	5,66
5	6,61	5,79	5,41	5,19	5,05	4,95	4,88	4,82	4,77	4,74	4,70	4,68	4,66	4,64	4,62	4,60	4,59	4,58	4,57	4,56	4,54	4,53	4,52	4,50	4,50	4,46	4,44	4,43	4,42	4,41	4,41
6	5,99	5,14	4,76	4,53	4,39	4,28	4,21	4,15	4,10	4,06	4,03	4,00	3,98	3,96	3,94	3,92	3,91	3,90	3,88	3,87	3,86	3,84	3,83	3,82	3,81	3,77	3,75	3,74	3,73	3,72	3,71
7	5,59	4,74	4,35	4,12	3,97	3,87	3,79	3,73	3,68	3,64	3,60	3,57	3,55	3,53	3,51	3,49	3,48	3,47	3,46	3,44	3,43	3,41	3,40	3,39	3,38	3,34	3,32	3,30	3,29	3,29	3,27
8	5,32	4,46	4,07	3,84	3,69	3,58	3,50	3,44	3,39	3,35	3,31	3,28	3,26	3,24	3,22	3,20	3,19	3,17	3,16	3,15	3,13	3,12	3,10	3,09	3,08	3,04	3,02	3,01	2,99	2,99	2,97
9	5,12	4,26	3,86	3,63	3,48	3,37	3,29	3,23	3,18	3,14	3,10	3,07	3,05	3,03	3,01	2,99	2,97	2,96	2,95	2,94	2,92	2,90	2,89	2,87	2,86	2,83	2,80	2,79	2,78	2,77	2,76
10	4,96	4,10	3,71	3,48	3,33	3,22	3,14	3,07	3,02	2,98	2,94	2,91	2,89	2,86	2,85	2,83	2,81	2,80	2,79	2,77	2,75	2,74	2,72	2,71	2,70	2,66	2,64	2,62	2,61	2,60	2,59
11	4,84	3,98	3,59	3,36	3,20	3,09	3,01	2,95	2,90	2,85	2,82	2,79	2,76	2,74	2,72	2,70	2,69	2,67	2,66	2,65	2,63	2,61	2,59	2,58	2,57	2,53	2,51	2,49	2,48	2,47	2,46
12	4,75	3,89	3,49	3,26	3,11	3,00	2,91	2,85	2,80	2,75	2,72	2,69	2,66	2,64	2,62	2,60	2,58	2,57	2,56	2,54	2,52	2,51	2,49	2,48	2,47	2,43	2,40	2,38	2,37	2,36	2,35
13	4,67	3,81	3,41	3,18	3,03	2,92	2,83	2,77	2,71	2,67	2,63	2,60	2,58	2,55	2,53	2,51	2,50	2,48	2,47	2,46	2,44	2,42	2,41	2,39	2,38	2,34	2,31	2,30	2,28	2,27	2,26
14	4,60	3,74	3,34	3,11	2,96	2,85	2,76	2,70	2,65	2,60	2,57	2,53	2,51	2,48	2,46	2,44	2,43	2,41	2,40	2,39	2,37	2,35	2,33	2,32	2,31	2,27	2,24	2,22	2,21	2,20	2,19
15	4,54	3,68	3,29	3,06	2,90	2,79	2,71	2,64	2,59	2,54	2,51	2,48	2,45	2,42	2,40	2,38	2,37	2,35	2,34	2,33	2,31	2,29	2,27	2,26	2,25	2,20	2,18	2,16	2,15	2,14	2,12
16	4,49	3,63	3,24	3,01	2,85	2,74	2,66	2,59	2,54	2,49	2,46	2,42	2,40	2,37	2,35	2,33	2,32	2,30	2,29	2,28	2,25	2,24	2,22	2,21	2,19	2,15	2,12	2,11	2,09	2,08	2,07
17	4,45	3,59	3,20	2,96	2,81	2,70	2,61	2,55	2,49	2,45	2,41	2,38	2,35	2,33	2,31	2,29	2,27	2,26	2,24	2,23	2,21	2,19	2,17	2,16	2,15	2,10	2,08	2,06	2,05	2,03	2,02
18	4,41	3,55	3,16	2,93	2,77	2,66	2,58	2,51	2,46	2,41	2,37	2,34	2,31	2,29	2,27	2,25	2,23	2,22	2,20	2,19	2,17	2,15	2,13	2,12	2,11	2,06	2,04	2,02	2,00	1,99	1,98

Tab. XI : Fortsetzung der F-Verteilung

v_1 \ v_2	19	20	21	22	23	24	25	26	27	28	29	30	32	34	36	38	40	42	44	46	48	50	55	60	65	70	75	80	85	90	100	120	140	160	180	200	250	300	350
100	1,94	1,91	1,88	1,85	1,82	1,80	1,78	1,76	1,74	1,73	1,71	1,70	1,67	1,65	1,62	1,61	1,59	1,57	1,56	1,55	1,54	1,52	1,50	1,48	1,46	1,45	1,44	1,43	1,42	1,41	1,39	1,37	1,35	1,34	1,33	1,32	1,31	1,30	1,29
80	1,96	1,92	1,89	1,86	1,84	1,82	1,80	1,78	1,76	1,74	1,73	1,71	1,69	1,66	1,64	1,62	1,61	1,59	1,58	1,57	1,56	1,54	1,52	1,50	1,49	1,47	1,46	1,45	1,44	1,43	1,41	1,39	1,38	1,36	1,35	1,35	1,33	1,32	1,32
70	1,97	1,93	1,90	1,88	1,85	1,83	1,81	1,79	1,77	1,75	1,74	1,72	1,70	1,68	1,66	1,64	1,62	1,60	1,59	1,58	1,57	1,55	1,54	1,52	1,50	1,49	1,47	1,46	1,45	1,44	1,43	1,41	1,39	1,38	1,37	1,36	1,35	1,34	1,33
60	1,98	1,95	1,92	1,89	1,86	1,84	1,82	1,80	1,79	1,77	1,75	1,74	1,71	1,69	1,67	1,65	1,64	1,62	1,61	1,60	1,59	1,57	1,55	1,53	1,52	1,50	1,49	1,48	1,47	1,46	1,45	1,43	1,41	1,40	1,39	1,39	1,37	1,36	1,36
50	2,00	1,97	1,94	1,91	1,88	1,86	1,84	1,82	1,81	1,79	1,77	1,76	1,74	1,71	1,69	1,68	1,66	1,65	1,63	1,62	1,61	1,60	1,58	1,56	1,54	1,53	1,52	1,51	1,50	1,49	1,48	1,46	1,44	1,43	1,42	1,41	1,40	1,39	1,39
40	2,03	1,99	1,96	1,94	1,91	1,89	1,87	1,85	1,84	1,82	1,81	1,79	1,77	1,75	1,73	1,71	1,69	1,68	1,67	1,65	1,64	1,63	1,61	1,59	1,58	1,57	1,55	1,54	1,54	1,52	1,52	1,50	1,48	1,47	1,46	1,46	1,44	1,43	1,43
30	2,07	2,04	2,01	1,98	1,96	1,94	1,92	1,90	1,88	1,87	1,85	1,84	1,82	1,80	1,78	1,76	1,74	1,73	1,72	1,71	1,70	1,69	1,67	1,65	1,63	1,62	1,61	1,60	1,59	1,59	1,57	1,55	1,54	1,53	1,52	1,52	1,50	1,50	1,49
28	2,08	2,05	2,02	2,00	1,97	1,95	1,93	1,91	1,90	1,88	1,87	1,85	1,83	1,81	1,79	1,77	1,76	1,74	1,73	1,72	1,71	1,70	1,68	1,66	1,64	1,63	1,62	1,61	1,60	1,60	1,59	1,57	1,56	1,55	1,54	1,53	1,52	1,51	1,51
26	2,10	2,07	2,04	2,01	1,99	1,97	1,95	1,93	1,91	1,90	1,88	1,87	1,85	1,82	1,81	1,79	1,77	1,76	1,75	1,74	1,73	1,72	1,70	1,68	1,66	1,65	1,64	1,63	1,62	1,61	1,60	1,59	1,57	1,57	1,56	1,55	1,54	1,53	1,53
24	2,11	2,08	2,05	2,03	2,01	1,98	1,96	1,95	1,93	1,91	1,90	1,89	1,86	1,84	1,82	1,81	1,79	1,78	1,77	1,76	1,75	1,74	1,72	1,70	1,68	1,67	1,66	1,65	1,64	1,63	1,62	1,61	1,59	1,59	1,58	1,57	1,56	1,55	1,55
22	2,13	2,10	2,07	2,05	2,02	2,00	1,98	1,97	1,95	1,93	1,92	1,91	1,88	1,86	1,84	1,83	1,81	1,80	1,79	1,78	1,77	1,76	1,74	1,72	1,70	1,69	1,68	1,67	1,66	1,65	1,63	1,63	1,62	1,61	1,60	1,60	1,58	1,58	1,57
20	2,16	2,12	2,10	2,07	2,05	2,03	2,01	1,99	1,97	1,96	1,94	1,93	1,91	1,89	1,87	1,85	1,84	1,83	1,81	1,80	1,79	1,78	1,76	1,75	1,73	1,72	1,70	1,69	1,68	1,68	1,66	1,66	1,64	1,63	1,63	1,62	1,61	1,60	1,60
19	2,17	2,14	2,11	2,08	2,06	2,04	2,02	2,00	1,99	1,97	1,96	1,95	1,92	1,90	1,88	1,87	1,85	1,84	1,83	1,82	1,81	1,80	1,78	1,76	1,74	1,73	1,72	1,71	1,70	1,69	1,68	1,67	1,66	1,65	1,64	1,64	1,63	1,62	1,62
18	2,18	2,15	2,12	2,10	2,08	2,05	2,04	2,02	2,00	1,99	1,97	1,96	1,94	1,92	1,90	1,88	1,87	1,86	1,84	1,83	1,82	1,81	1,79	1,78	1,76	1,75	1,74	1,73	1,72	1,71	1,69	1,69	1,68	1,67	1,66	1,66	1,65	1,64	1,63
17	2,20	2,17	2,14	2,11	2,10	2,07	2,06	2,04	2,02	2,00	1,99	1,98	1,95	1,93	1,92	1,90	1,89	1,87	1,86	1,85	1,84	1,83	1,81	1,80	1,78	1,77	1,76	1,75	1,74	1,73	1,71	1,71	1,70	1,69	1,68	1,67	1,66	1,66	1,65
16	2,21	2,18	2,16	2,13	2,11	2,09	2,07	2,05	2,04	2,03	2,01	2,01	1,97	1,95	1,93	1,92	1,90	1,89	1,88	1,87	1,86	1,85	1,83	1,82	1,80	1,79	1,77	1,76	1,76	1,75	1,74	1,73	1,72	1,71	1,70	1,69	1,68	1,68	1,67
15	2,23	2,20	2,18	2,15	2,13	2,11	2,09	2,07	2,06	2,04	2,03	2,03	1,99	1,97	1,95	1,94	1,92	1,91	1,90	1,89	1,88	1,87	1,85	1,84	1,82	1,81	1,79	1,79	1,78	1,77	1,76	1,75	1,74	1,73	1,72	1,72	1,71	1,70	1,70
14	2,26	2,22	2,20	2,17	2,15	2,13	2,11	2,09	2,08	2,06	2,05	2,04	2,01	1,99	1,98	1,96	1,95	1,94	1,92	1,91	1,90	1,89	1,88	1,86	1,85	1,83	1,82	1,81	1,80	1,80	1,78	1,76	1,75	1,75	1,74	1,74	1,73	1,72	1,72
13	2,28	2,25	2,22	2,20	2,18	2,15	2,14	2,12	2,10	2,09	2,08	2,06	2,04	2,02	2,00	1,99	1,97	1,96	1,95	1,94	1,93	1,92	1,91	1,89	1,88	1,86	1,85	1,84	1,83	1,82	1,81	1,80	1,79	1,78	1,77	1,77	1,76	1,75	1,75
12	2,31	2,28	2,25	2,23	2,20	2,18	2,16	2,15	2,13	2,12	2,10	2,09	2,07	2,05	2,03	2,02	2,00	1,99	1,98	1,97	1,96	1,95	1,93	1,92	1,90	1,89	1,88	1,87	1,86	1,85	1,84	1,83	1,82	1,81	1,80	1,80	1,79	1,78	1,78
11	2,34	2,31	2,28	2,26	2,24	2,22	2,20	2,18	2,17	2,15	2,14	2,13	2,10	2,08	2,06	2,05	2,04	2,03	2,01	2,00	1,99	1,99	1,97	1,95	1,94	1,93	1,91	1,90	1,90	1,89	1,88	1,87	1,86	1,85	1,84	1,84	1,83	1,82	1,82
10	2,38	2,35	2,32	2,30	2,27	2,25	2,24	2,22	2,20	2,19	2,18	2,16	2,14	2,12	2,10	2,09	2,08	2,06	2,05	2,04	2,03	2,03	2,01	1,99	1,98	1,97	1,96	1,95	1,94	1,93	1,92	1,91	1,90	1,89	1,88	1,88	1,87	1,86	1,86
9	2,42	2,39	2,37	2,34	2,32	2,30	2,28	2,27	2,25	2,24	2,22	2,21	2,19	2,17	2,15	2,14	2,13	2,11	2,10	2,09	2,08	2,07	2,06	2,04	2,03	2,02	2,01	2,00	1,99	1,98	1,97	1,96	1,95	1,94	1,93	1,93	1,92	1,91	1,91
8	2,48	2,45	2,42	2,40	2,37	2,36	2,34	2,32	2,31	2,29	2,28	2,27	2,24	2,23	2,21	2,19	2,18	2,17	2,16	2,15	2,14	2,13	2,11	2,10	2,08	2,07	2,06	2,05	2,05	2,04	2,03	2,02	2,01	2,00	1,99	1,98	1,98	1,97	1,96
7	2,54	2,51	2,49	2,46	2,44	2,42	2,40	2,39	2,37	2,36	2,35	2,33	2,31	2,29	2,28	2,26	2,25	2,24	2,23	2,22	2,21	2,20	2,18	2,17	2,15	2,14	2,13	2,12	2,12	2,11	2,10	2,09	2,08	2,07	2,06	2,06	2,05	2,04	2,04
6	2,63	2,60	2,57	2,55	2,53	2,51	2,49	2,47	2,46	2,45	2,43	2,42	2,40	2,38	2,36	2,35	2,34	2,32	2,31	2,30	2,29	2,29	2,27	2,25	2,24	2,23	2,22	2,21	2,20	2,20	2,19	2,18	2,16	2,15	2,14	2,14	2,13	2,13	2,12
5	2,74	2,71	2,68	2,66	2,64	2,62	2,60	2,59	2,57	2,56	2,55	2,53	2,51	2,49	2,48	2,46	2,45	2,44	2,43	2,42	2,41	2,40	2,38	2,37	2,36	2,35	2,34	2,33	2,32	2,32	2,31	2,30	2,28	2,27	2,26	2,26	2,25	2,24	2,24
4	2,90	2,87	2,84	2,82	2,80	2,78	2,76	2,74	2,73	2,71	2,70	2,69	2,67	2,65	2,63	2,62	2,61	2,59	2,58	2,57	2,57	2,56	2,54	2,53	2,51	2,50	2,49	2,48	2,48	2,47	2,46	2,45	2,44	2,43	2,42	2,42	2,41	2,40	2,40
3	3,13	3,10	3,07	3,05	3,03	3,01	2,99	2,98	2,96	2,95	2,93	2,92	2,90	2,88	2,87	2,85	2,84	2,83	2,82	2,82	2,80	2,79	2,77	2,76	2,75	2,74	2,73	2,72	2,71	2,71	2,70	2,68	2,67	2,66	2,65	2,65	2,64	2,63	2,63
2	3,52	3,49	3,47	3,44	3,42	3,40	3,39	3,37	3,35	3,34	3,33	3,32	3,29	3,28	3,26	3,24	3,23	3,22	3,21	3,20	3,19	3,18	3,16	3,15	3,14	3,13	3,12	3,11	3,10	3,10	3,09	3,07	3,06	3,05	3,05	3,04	3,03	3,03	3,02
1	4,38	4,35	4,32	4,30	4,28	4,26	4,24	4,23	4,21	4,20	4,18	4,17	4,15	4,13	4,11	4,10	4,08	4,07	4,06	4,05	4,04	4,03	4,02	4,00	3,99	3,98	3,97	3,96	3,95	3,95	3,94	3,92	3,91	3,90	3,89	3,89	3,88	3,87	3,87

Tab. XI : Fortsetzung der F-Verteilung

v2 \ v1	1	2	3	4	5	6	7	8	9	10	11	12	13	14	15	16	17	18	19	20	22	24	26	28	30	40	50	60	70	80	100
400	3,86	3,02	2,63	2,39	2,24	2,12	2,03	1,96	1,90	1,85	1,81	1,78	1,74	1,72	1,69	1,67	1,65	1,63	1,61	1,60	1,57	1,54	1,52	1,50	1,49	1,42	1,38	1,35	1,33	1,31	1,28
450	3,86	3,02	2,62	2,39	2,23	2,12	2,03	1,96	1,90	1,85	1,81	1,77	1,74	1,71	1,69	1,67	1,65	1,63	1,61	1,59	1,57	1,54	1,52	1,50	1,48	1,42	1,38	1,35	1,33	1,31	1,28
500	3,86	3,01	2,62	2,39	2,23	2,12	2,03	1,96	1,90	1,85	1,81	1,77	1,74	1,71	1,69	1,66	1,64	1,62	1,61	1,59	1,56	1,54	1,52	1,50	1,48	1,42	1,38	1,35	1,32	1,30	1,28
600	3,86	3,01	2,62	2,39	2,23	2,11	2,02	1,95	1,90	1,85	1,80	1,77	1,74	1,71	1,68	1,66	1,64	1,62	1,60	1,59	1,56	1,54	1,51	1,50	1,48	1,41	1,37	1,34	1,32	1,30	1,27
700	3,85	3,01	2,62	2,38	2,23	2,11	2,02	1,95	1,89	1,84	1,80	1,77	1,73	1,71	1,68	1,66	1,64	1,62	1,60	1,59	1,56	1,53	1,51	1,49	1,48	1,41	1,37	1,34	1,31	1,29	1,27
800	3,85	3,01	2,62	2,38	2,23	2,11	2,02	1,95	1,89	1,84	1,80	1,76	1,73	1,70	1,68	1,66	1,64	1,62	1,60	1,58	1,56	1,53	1,51	1,49	1,47	1,41	1,37	1,34	1,31	1,29	1,26
900	3,85	3,01	2,61	2,38	2,22	2,11	2,02	1,95	1,89	1,84	1,80	1,76	1,73	1,70	1,68	1,65	1,63	1,62	1,60	1,58	1,55	1,53	1,51	1,49	1,47	1,41	1,36	1,33	1,31	1,29	1,26
1000	3,85	3,00	2,61	2,38	2,22	2,11	2,02	1,95	1,89	1,84	1,80	1,76	1,73	1,70	1,68	1,65	1,63	1,61	1,60	1,58	1,55	1,53	1,51	1,49	1,47	1,41	1,36	1,33	1,31	1,29	1,26

Tab. XI-D: $\alpha = 0{,}1$

v2 \ v1	1	2	3	4	5	6	7	8	9	10	11	12	13	14	15	16	17	18	19	20	22	24	26	28	30	40	50	60	70	80	100
2	8,53	9,00	9,16	9,24	9,29	9,33	9,35	9,37	9,38	9,39	9,40	9,41	9,41	9,42	9,42	9,43	9,43	9,44	9,44	9,44	9,45	9,45	9,45	9,46	9,46	9,47	9,47	9,47	9,48	9,48	9,48
3	5,54	5,46	5,39	5,34	5,31	5,28	5,27	5,25	5,24	5,23	5,22	5,22	5,21	5,20	5,20	5,20	5,19	5,19	5,19	5,18	5,18	5,18	5,17	5,17	5,17	5,16	5,15	5,15	5,15	5,15	5,14
4	4,54	4,32	4,19	4,11	4,05	4,01	3,98	3,95	3,94	3,92	3,91	3,90	3,89	3,88	3,87	3,86	3,86	3,85	3,85	3,84	3,84	3,83	3,83	3,82	3,82	3,80	3,80	3,79	3,79	3,78	3,78
5	4,06	3,78	3,62	3,52	3,45	3,40	3,37	3,34	3,32	3,30	3,28	3,27	3,26	3,25	3,24	3,23	3,22	3,22	3,21	3,21	3,20	3,19	3,18	3,18	3,17	3,16	3,15	3,14	3,14	3,13	3,13
6	3,78	3,46	3,29	3,18	3,11	3,05	3,01	2,98	2,96	2,94	2,92	2,90	2,89	2,88	2,87	2,86	2,85	2,85	2,84	2,84	2,83	2,82	2,81	2,81	2,80	2,78	2,77	2,76	2,76	2,75	2,75
7	3,59	3,26	3,07	2,96	2,88	2,83	2,78	2,75	2,72	2,70	2,68	2,67	2,65	2,64	2,63	2,62	2,61	2,61	2,60	2,59	2,58	2,58	2,57	2,56	2,56	2,54	2,52	2,51	2,51	2,50	2,50
8	3,46	3,11	2,92	2,81	2,73	2,67	2,62	2,59	2,56	2,54	2,52	2,50	2,49	2,48	2,46	2,45	2,45	2,44	2,43	2,42	2,41	2,40	2,40	2,39	2,38	2,36	2,35	2,34	2,33	2,33	2,32
9	3,36	3,01	2,81	2,69	2,61	2,55	2,51	2,47	2,44	2,42	2,40	2,38	2,36	2,35	2,34	2,33	2,32	2,31	2,30	2,30	2,29	2,28	2,27	2,26	2,25	2,23	2,22	2,21	2,20	2,20	2,19
10	3,29	2,92	2,73	2,61	2,52	2,46	2,41	2,38	2,35	2,32	2,30	2,28	2,27	2,26	2,24	2,23	2,22	2,22	2,21	2,20	2,19	2,18	2,17	2,16	2,16	2,13	2,12	2,11	2,10	2,09	2,09
11	3,23	2,86	2,66	2,54	2,45	2,39	2,34	2,30	2,27	2,25	2,23	2,21	2,19	2,18	2,17	2,16	2,15	2,14	2,13	2,12	2,11	2,10	2,09	2,08	2,08	2,05	2,04	2,03	2,02	2,01	2,01
12	3,18	2,81	2,61	2,48	2,39	2,33	2,28	2,24	2,21	2,19	2,17	2,15	2,13	2,12	2,10	2,09	2,08	2,08	2,07	2,06	2,05	2,04	2,03	2,02	2,01	1,99	1,97	1,96	1,95	1,95	1,94
13	3,14	2,76	2,56	2,43	2,35	2,28	2,23	2,20	2,16	2,14	2,12	2,10	2,08	2,07	2,05	2,04	2,03	2,02	2,01	2,01	1,99	1,98	1,97	1,96	1,96	1,93	1,92	1,90	1,90	1,89	1,88
14	3,10	2,73	2,52	2,39	2,31	2,24	2,19	2,15	2,12	2,10	2,07	2,05	2,04	2,02	2,01	2,00	1,99	1,98	1,97	1,96	1,95	1,94	1,93	1,92	1,91	1,89	1,87	1,86	1,85	1,84	1,83
15	3,07	2,70	2,49	2,36	2,27	2,21	2,16	2,12	2,09	2,06	2,04	2,02	2,00	1,99	1,97	1,96	1,95	1,94	1,93	1,92	1,91	1,90	1,89	1,88	1,87	1,85	1,83	1,82	1,81	1,80	1,79
16	3,05	2,67	2,46	2,33	2,24	2,18	2,13	2,09	2,06	2,03	2,01	1,99	1,97	1,95	1,94	1,93	1,92	1,91	1,90	1,89	1,88	1,87	1,86	1,85	1,84	1,81	1,79	1,78	1,77	1,77	1,76
17	3,03	2,64	2,44	2,31	2,22	2,15	2,10	2,06	2,03	2,00	1,98	1,96	1,94	1,93	1,91	1,90	1,89	1,88	1,87	1,86	1,85	1,84	1,83	1,82	1,81	1,78	1,76	1,75	1,74	1,74	1,73
18	3,01	2,62	2,42	2,29	2,20	2,13	2,08	2,04	2,00	1,98	1,95	1,93	1,92	1,90	1,89	1,87	1,86	1,85	1,84	1,84	1,82	1,81	1,80	1,79	1,78	1,75	1,74	1,72	1,71	1,71	1,70
19	2,99	2,61	2,40	2,27	2,18	2,11	2,06	2,02	1,98	1,96	1,93	1,91	1,89	1,88	1,86	1,85	1,84	1,83	1,82	1,81	1,80	1,79	1,78	1,77	1,76	1,73	1,71	1,70	1,69	1,68	1,67
20	2,97	2,59	2,38	2,25	2,16	2,09	2,04	2,00	1,96	1,94	1,91	1,89	1,87	1,86	1,84	1,83	1,82	1,81	1,80	1,79	1,78	1,77	1,76	1,75	1,74	1,71	1,69	1,68	1,67	1,66	1,65
21	2,96	2,57	2,36	2,23	2,14	2,08	2,02	1,98	1,95	1,92	1,90	1,87	1,86	1,84	1,83	1,81	1,80	1,79	1,78	1,78	1,76	1,75	1,74	1,73	1,72	1,69	1,67	1,66	1,65	1,64	1,63
22	2,95	2,56	2,35	2,22	2,13	2,06	2,01	1,97	1,93	1,90	1,88	1,86	1,84	1,83	1,81	1,80	1,79	1,78	1,77	1,76	1,74	1,73	1,72	1,71	1,70	1,67	1,65	1,64	1,63	1,62	1,61
23	2,94	2,55	2,34	2,21	2,11	2,05	1,99	1,95	1,92	1,89	1,87	1,84	1,83	1,81	1,80	1,78	1,77	1,76	1,75	1,74	1,73	1,72	1,70	1,69	1,69	1,66	1,64	1,62	1,61	1,61	1,59
24	2,93	2,54	2,33	2,19	2,10	2,04	1,98	1,94	1,91	1,88	1,85	1,83	1,81	1,80	1,78	1,77	1,76	1,75	1,74	1,73	1,71	1,70	1,69	1,68	1,67	1,64	1,62	1,61	1,60	1,59	1,58
25	2,92	2,53	2,32	2,18	2,09	2,02	1,97	1,93	1,89	1,87	1,84	1,82	1,80	1,79	1,77	1,76	1,75	1,74	1,73	1,72	1,70	1,69	1,68	1,67	1,66	1,63	1,61	1,59	1,58	1,58	1,56
26	2,91	2,52	2,31	2,17	2,08	2,01	1,96	1,92	1,88	1,86	1,83	1,81	1,79	1,77	1,76	1,75	1,73	1,72	1,71	1,71	1,69	1,68	1,67	1,66	1,65	1,61	1,59	1,58	1,57	1,56	1,55
27	2,90	2,51	2,30	2,17	2,07	2,00	1,95	1,91	1,87	1,85	1,82	1,80	1,78	1,76	1,75	1,74	1,72	1,71	1,70	1,70	1,68	1,67	1,65	1,64	1,64	1,60	1,58	1,57	1,56	1,55	1,54
28	2,89	2,50	2,29	2,16	2,06	2,00	1,94	1,90	1,87	1,84	1,81	1,79	1,77	1,75	1,74	1,73	1,71	1,70	1,69	1,69	1,67	1,66	1,64	1,63	1,63	1,59	1,57	1,56	1,55	1,54	1,53

Tab. XI : Fortsetzung der F-Verteilung

v2 \ v1	1	2	3	4	5	6	7	8	9	10	11	12	13	14	15	16	17	18	19	20	22	24	26	28	30	40	50	60	70	80	100
29	2,89	2,50	2,28	2,15	2,06	1,99	1,93	1,89	1,86	1,83	1,80	1,78	1,76	1,75	1,73	1,72	1,71	1,69	1,68	1,68	1,66	1,65	1,63	1,62	1,62	1,58	1,56	1,55	1,54	1,53	1,52
30	2,88	2,49	2,28	2,14	2,05	1,98	1,93	1,88	1,85	1,82	1,79	1,77	1,75	1,74	1,72	1,71	1,70	1,69	1,68	1,67	1,65	1,64	1,63	1,62	1,61	1,57	1,55	1,54	1,53	1,52	1,51
32	2,87	2,48	2,26	2,13	2,04	1,97	1,91	1,87	1,83	1,81	1,78	1,76	1,74	1,72	1,71	1,69	1,68	1,67	1,66	1,65	1,64	1,62	1,61	1,60	1,59	1,56	1,53	1,52	1,51	1,50	1,49
34	2,86	2,47	2,25	2,12	2,02	1,96	1,90	1,86	1,82	1,79	1,77	1,75	1,73	1,71	1,69	1,68	1,67	1,66	1,65	1,64	1,62	1,61	1,60	1,59	1,58	1,54	1,52	1,50	1,49	1,48	1,47
36	2,85	2,46	2,24	2,11	2,01	1,94	1,89	1,85	1,81	1,78	1,76	1,73	1,71	1,70	1,68	1,67	1,66	1,65	1,64	1,63	1,61	1,60	1,58	1,57	1,56	1,53	1,51	1,49	1,48	1,47	1,46
38	2,84	2,45	2,23	2,10	2,01	1,94	1,88	1,84	1,80	1,77	1,75	1,72	1,70	1,69	1,67	1,66	1,65	1,63	1,62	1,61	1,60	1,58	1,57	1,56	1,55	1,52	1,49	1,48	1,47	1,46	1,45
40	2,84	2,44	2,23	2,09	2,00	1,93	1,87	1,83	1,79	1,76	1,74	1,71	1,70	1,68	1,66	1,65	1,64	1,62	1,61	1,61	1,59	1,57	1,56	1,55	1,54	1,51	1,48	1,47	1,46	1,45	1,43
42	2,83	2,43	2,22	2,08	1,99	1,92	1,86	1,82	1,78	1,75	1,73	1,71	1,69	1,67	1,65	1,64	1,63	1,62	1,61	1,60	1,58	1,57	1,55	1,54	1,53	1,50	1,47	1,46	1,45	1,44	1,42
44	2,82	2,43	2,21	2,08	1,98	1,91	1,86	1,81	1,78	1,75	1,72	1,70	1,68	1,66	1,65	1,63	1,62	1,61	1,60	1,59	1,57	1,56	1,54	1,53	1,52	1,49	1,46	1,45	1,44	1,43	1,41
46	2,82	2,42	2,21	2,07	1,98	1,91	1,85	1,81	1,77	1,74	1,71	1,69	1,67	1,65	1,64	1,63	1,61	1,60	1,59	1,58	1,56	1,55	1,54	1,53	1,52	1,48	1,46	1,44	1,43	1,42	1,40
48	2,81	2,42	2,20	2,07	1,97	1,90	1,85	1,80	1,77	1,73	1,71	1,69	1,67	1,65	1,63	1,62	1,61	1,59	1,58	1,57	1,56	1,54	1,53	1,52	1,51	1,47	1,45	1,43	1,42	1,41	1,40
50	2,81	2,41	2,20	2,06	1,97	1,90	1,84	1,80	1,76	1,73	1,70	1,68	1,66	1,64	1,63	1,61	1,60	1,59	1,58	1,57	1,55	1,54	1,52	1,51	1,50	1,46	1,44	1,42	1,41	1,40	1,39
55	2,80	2,40	2,19	2,05	1,95	1,88	1,83	1,78	1,75	1,72	1,69	1,67	1,65	1,63	1,61	1,60	1,59	1,58	1,56	1,55	1,54	1,52	1,51	1,50	1,49	1,45	1,43	1,41	1,40	1,39	1,37
60	2,79	2,39	2,18	2,04	1,95	1,87	1,82	1,77	1,74	1,71	1,68	1,66	1,64	1,62	1,60	1,59	1,58	1,56	1,55	1,54	1,53	1,51	1,50	1,49	1,48	1,44	1,41	1,40	1,38	1,37	1,36
65	2,78	2,39	2,17	2,03	1,94	1,87	1,81	1,77	1,73	1,70	1,67	1,65	1,63	1,61	1,59	1,58	1,57	1,55	1,54	1,53	1,52	1,50	1,49	1,48	1,47	1,43	1,40	1,38	1,37	1,36	1,35
70	2,78	2,38	2,16	2,03	1,93	1,86	1,80	1,76	1,72	1,69	1,66	1,64	1,62	1,60	1,59	1,57	1,56	1,55	1,54	1,53	1,51	1,49	1,48	1,47	1,46	1,42	1,39	1,37	1,36	1,35	1,34
75	2,77	2,37	2,16	2,02	1,93	1,85	1,80	1,75	1,72	1,69	1,66	1,63	1,61	1,60	1,58	1,57	1,55	1,54	1,53	1,52	1,50	1,49	1,47	1,46	1,45	1,41	1,38	1,37	1,35	1,34	1,33
80	2,77	2,37	2,15	2,02	1,92	1,85	1,79	1,75	1,71	1,68	1,65	1,63	1,61	1,59	1,57	1,56	1,55	1,53	1,52	1,51	1,49	1,48	1,47	1,45	1,44	1,40	1,38	1,36	1,34	1,33	1,32
85	2,77	2,37	2,15	2,01	1,92	1,84	1,79	1,74	1,71	1,67	1,65	1,62	1,60	1,59	1,57	1,55	1,54	1,53	1,52	1,51	1,49	1,47	1,46	1,45	1,44	1,40	1,37	1,35	1,34	1,33	1,31
90	2,76	2,36	2,15	2,01	1,91	1,84	1,78	1,74	1,70	1,67	1,64	1,62	1,60	1,58	1,56	1,55	1,54	1,52	1,51	1,50	1,48	1,47	1,45	1,44	1,43	1,39	1,36	1,35	1,33	1,32	1,30
100	2,76	2,36	2,14	2,00	1,91	1,83	1,78	1,73	1,69	1,66	1,64	1,61	1,59	1,57	1,56	1,54	1,53	1,52	1,50	1,49	1,48	1,46	1,45	1,43	1,42	1,38	1,35	1,34	1,32	1,31	1,29
120	2,75	2,35	2,13	1,99	1,90	1,82	1,77	1,72	1,68	1,65	1,63	1,60	1,58	1,56	1,55	1,53	1,52	1,50	1,49	1,48	1,46	1,45	1,43	1,42	1,41	1,37	1,34	1,32	1,31	1,29	1,28
140	2,74	2,34	2,12	1,99	1,89	1,82	1,76	1,71	1,68	1,64	1,62	1,59	1,57	1,55	1,54	1,52	1,51	1,50	1,48	1,47	1,45	1,44	1,42	1,41	1,40	1,36	1,33	1,31	1,29	1,28	1,26
160	2,74	2,34	2,12	1,98	1,88	1,81	1,75	1,71	1,67	1,64	1,61	1,59	1,57	1,55	1,53	1,52	1,50	1,49	1,48	1,47	1,45	1,43	1,42	1,40	1,39	1,35	1,32	1,30	1,29	1,27	1,26
180	2,73	2,33	2,11	1,98	1,88	1,81	1,75	1,70	1,67	1,63	1,61	1,58	1,56	1,54	1,53	1,51	1,50	1,48	1,47	1,46	1,44	1,43	1,41	1,40	1,39	1,34	1,32	1,29	1,28	1,27	1,25
200	2,73	2,33	2,11	1,97	1,88	1,80	1,75	1,70	1,66	1,63	1,60	1,58	1,56	1,54	1,52	1,51	1,49	1,48	1,47	1,46	1,44	1,42	1,41	1,39	1,38	1,34	1,31	1,29	1,27	1,26	1,24
250	2,73	2,32	2,11	1,97	1,87	1,80	1,74	1,69	1,66	1,62	1,60	1,57	1,55	1,53	1,51	1,50	1,49	1,47	1,46	1,45	1,43	1,41	1,40	1,39	1,37	1,33	1,30	1,28	1,26	1,25	1,23
300	2,72	2,32	2,10	1,96	1,87	1,79	1,74	1,69	1,65	1,62	1,59	1,57	1,55	1,53	1,51	1,49	1,48	1,47	1,46	1,45	1,43	1,41	1,39	1,38	1,37	1,32	1,29	1,27	1,26	1,24	1,22
350	2,72	2,32	2,10	1,96	1,86	1,79	1,73	1,69	1,65	1,62	1,59	1,56	1,54	1,52	1,51	1,49	1,48	1,46	1,45	1,44	1,42	1,41	1,39	1,38	1,37	1,32	1,29	1,27	1,25	1,24	1,22
400	2,72	2,32	2,10	1,96	1,86	1,79	1,73	1,69	1,65	1,61	1,59	1,56	1,54	1,52	1,50	1,49	1,47	1,46	1,45	1,44	1,42	1,40	1,39	1,37	1,36	1,32	1,29	1,26	1,25	1,23	1,21
450	2,72	2,31	2,10	1,96	1,86	1,79	1,73	1,68	1,65	1,61	1,58	1,56	1,54	1,52	1,50	1,49	1,47	1,46	1,45	1,44	1,42	1,40	1,39	1,37	1,36	1,31	1,28	1,26	1,25	1,23	1,21
500	2,72	2,31	2,09	1,96	1,86	1,79	1,73	1,68	1,64	1,61	1,58	1,56	1,54	1,52	1,50	1,49	1,47	1,46	1,45	1,44	1,42	1,40	1,38	1,37	1,36	1,31	1,28	1,26	1,24	1,23	1,21
600	2,71	2,31	2,09	1,95	1,86	1,78	1,73	1,68	1,64	1,61	1,58	1,56	1,54	1,52	1,50	1,48	1,47	1,46	1,44	1,43	1,41	1,40	1,38	1,37	1,36	1,31	1,28	1,26	1,24	1,23	1,20
700	2,71	2,31	2,09	1,95	1,86	1,78	1,73	1,68	1,64	1,61	1,58	1,56	1,53	1,51	1,50	1,48	1,47	1,45	1,44	1,43	1,41	1,39	1,38	1,37	1,35	1,31	1,28	1,25	1,24	1,22	1,20
800	2,71	2,31	2,09	1,95	1,85	1,78	1,72	1,68	1,64	1,61	1,58	1,55	1,53	1,51	1,50	1,48	1,47	1,45	1,44	1,43	1,41	1,39	1,38	1,36	1,35	1,31	1,28	1,25	1,24	1,22	1,20
900	2,71	2,31	2,09	1,95	1,85	1,78	1,72	1,68	1,64	1,61	1,58	1,55	1,53	1,51	1,49	1,48	1,46	1,45	1,44	1,43	1,41	1,39	1,38	1,36	1,35	1,31	1,27	1,25	1,23	1,22	1,20
1000	2,71	2,31	2,09	1,95	1,85	1,78	1,72	1,68	1,64	1,61	1,58	1,55	1,53	1,51	1,49	1,48	1,46	1,45	1,44	1,43	1,41	1,39	1,38	1,36	1,35	1,30	1,27	1,25	1,23	1,22	1,20

Tab. XII : t-Verteilung

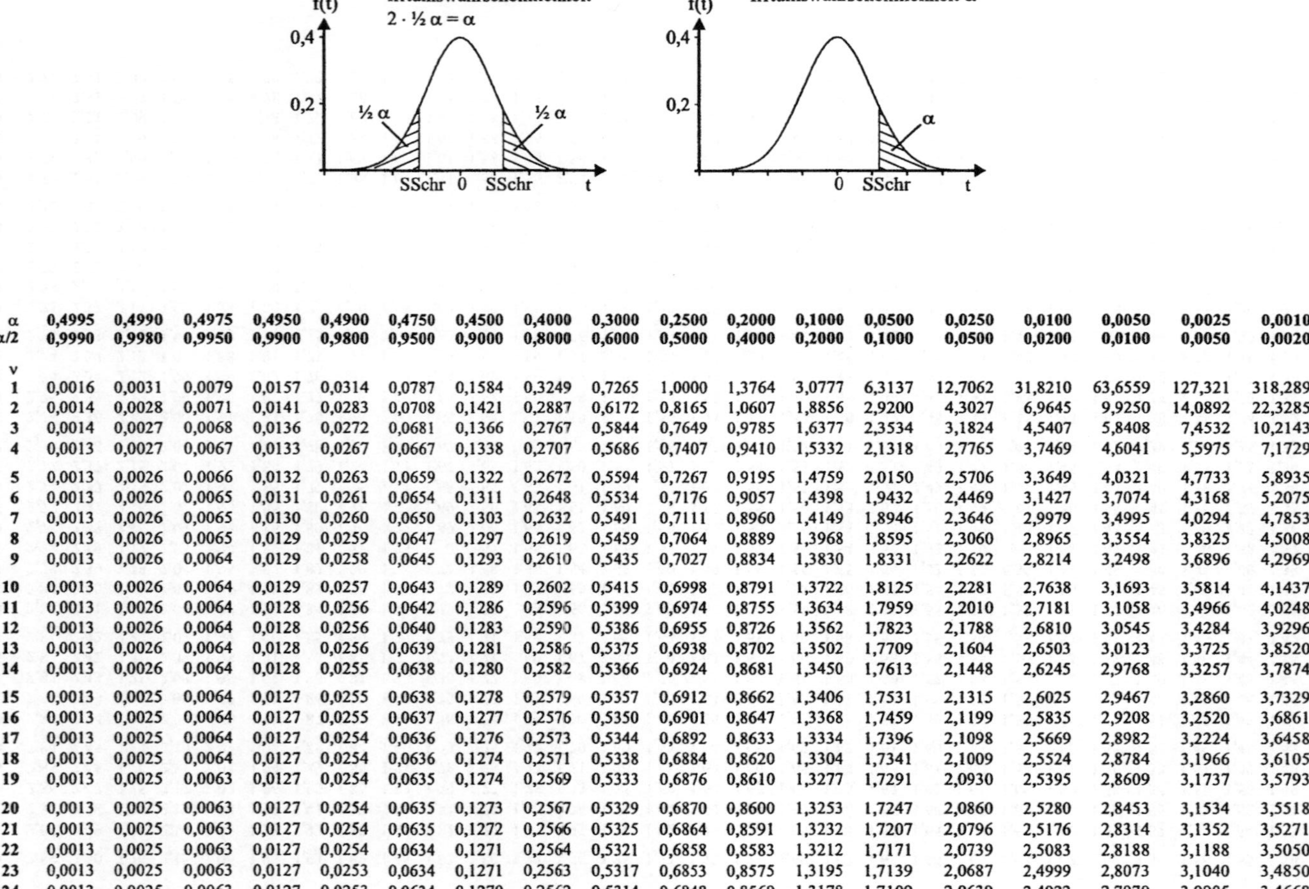

α	0,4995	0,4990	0,4975	0,4950	0,4900	0,4750	0,4500	0,4000	0,3000	0,2500	0,2000	0,1000	0,0500	0,0250	0,0100	0,0050	0,0025	0,0010	0,0005
2 α/2	0,9990	0,9980	0,9950	0,9900	0,9800	0,9500	0,9000	0,8000	0,6000	0,5000	0,4000	0,2000	0,1000	0,0500	0,0200	0,0100	0,0050	0,0020	0,0010
ν																			
1	0,0016	0,0031	0,0079	0,0157	0,0314	0,0787	0,1584	0,3249	0,7265	1,0000	1,3764	3,0777	6,3137	12,7062	31,8210	63,6559	127,321	318,289	636,578
2	0,0014	0,0028	0,0071	0,0141	0,0283	0,0708	0,1421	0,2887	0,6172	0,8165	1,0607	1,8856	2,9200	4,3027	6,9645	9,9250	14,0892	22,3285	31,5998
3	0,0014	0,0027	0,0068	0,0136	0,0272	0,0681	0,1366	0,2767	0,5844	0,7649	0,9785	1,6377	2,3534	3,1824	4,5407	5,8408	7,4532	10,2143	12,9244
4	0,0013	0,0027	0,0067	0,0133	0,0267	0,0667	0,1338	0,2707	0,5686	0,7407	0,9410	1,5332	2,1318	2,7765	3,7469	4,6041	5,5975	7,1729	8,6101
5	0,0013	0,0026	0,0066	0,0132	0,0263	0,0659	0,1322	0,2672	0,5594	0,7267	0,9195	1,4759	2,0150	2,5706	3,3649	4,0321	4,7733	5,8935	6,8685
6	0,0013	0,0026	0,0065	0,0131	0,0261	0,0654	0,1311	0,2648	0,5534	0,7176	0,9057	1,4398	1,9432	2,4469	3,1427	3,7074	4,3168	5,2075	5,9587
7	0,0013	0,0026	0,0065	0,0130	0,0260	0,0650	0,1303	0,2632	0,5491	0,7111	0,8960	1,4149	1,8946	2,3646	2,9979	3,4995	4,0294	4,7853	5,4081
8	0,0013	0,0026	0,0065	0,0129	0,0259	0,0647	0,1297	0,2619	0,5459	0,7064	0,8889	1,3968	1,8595	2,3060	2,8965	3,3554	3,8325	4,5008	5,0414
9	0,0013	0,0026	0,0064	0,0129	0,0258	0,0645	0,1293	0,2610	0,5435	0,7027	0,8834	1,3830	1,8331	2,2622	2,8214	3,2498	3,6896	4,2969	4,7809
10	0,0013	0,0026	0,0064	0,0129	0,0257	0,0643	0,1289	0,2602	0,5415	0,6998	0,8791	1,3722	1,8125	2,2281	2,7638	3,1693	3,5814	4,1437	4,5868
11	0,0013	0,0026	0,0064	0,0128	0,0256	0,0642	0,1286	0,2596	0,5399	0,6974	0,8755	1,3634	1,7959	2,2010	2,7181	3,1058	3,4966	4,0248	4,4369
12	0,0013	0,0026	0,0064	0,0128	0,0256	0,0640	0,1283	0,2590	0,5386	0,6955	0,8726	1,3562	1,7823	2,1788	2,6810	3,0545	3,4284	3,9296	4,3178
13	0,0013	0,0026	0,0064	0,0128	0,0256	0,0639	0,1281	0,2586	0,5375	0,6938	0,8702	1,3502	1,7709	2,1604	2,6503	3,0123	3,3725	3,8520	4,2209
14	0,0013	0,0026	0,0064	0,0128	0,0255	0,0638	0,1280	0,2582	0,5366	0,6924	0,8681	1,3450	1,7613	2,1448	2,6245	2,9768	3,3257	3,7874	4,1403
15	0,0013	0,0025	0,0064	0,0127	0,0255	0,0638	0,1278	0,2579	0,5357	0,6912	0,8662	1,3406	1,7531	2,1315	2,6025	2,9467	3,2860	3,7329	4,0728
16	0,0013	0,0025	0,0064	0,0127	0,0255	0,0637	0,1277	0,2576	0,5350	0,6901	0,8647	1,3368	1,7459	2,1199	2,5835	2,9208	3,2520	3,6861	4,0149
17	0,0013	0,0025	0,0064	0,0127	0,0254	0,0636	0,1276	0,2573	0,5344	0,6892	0,8633	1,3334	1,7396	2,1098	2,5669	2,8982	3,2224	3,6458	3,9651
18	0,0013	0,0025	0,0064	0,0127	0,0254	0,0636	0,1274	0,2571	0,5338	0,6884	0,8620	1,3304	1,7341	2,1009	2,5524	2,8784	3,1966	3,6105	3,9217
19	0,0013	0,0025	0,0063	0,0127	0,0254	0,0635	0,1274	0,2569	0,5333	0,6876	0,8610	1,3277	1,7291	2,0930	2,5395	2,8609	3,1737	3,5793	3,8833
20	0,0013	0,0025	0,0063	0,0127	0,0254	0,0635	0,1273	0,2567	0,5329	0,6870	0,8600	1,3253	1,7247	2,0860	2,5280	2,8453	3,1534	3,5518	3,8496
21	0,0013	0,0025	0,0063	0,0127	0,0254	0,0635	0,1272	0,2566	0,5325	0,6864	0,8591	1,3232	1,7207	2,0796	2,5176	2,8314	3,1352	3,5271	3,8193
22	0,0013	0,0025	0,0063	0,0127	0,0254	0,0634	0,1271	0,2564	0,5321	0,6858	0,8583	1,3212	1,7171	2,0739	2,5083	2,8188	3,1188	3,5050	3,7922
23	0,0013	0,0025	0,0063	0,0127	0,0253	0,0634	0,1271	0,2563	0,5317	0,6853	0,8575	1,3195	1,7139	2,0687	2,4999	2,8073	3,1040	3,4850	3,7676
24	0,0013	0,0025	0,0063	0,0127	0,0253	0,0634	0,1270	0,2562	0,5314	0,6848	0,8569	1,3178	1,7109	2,0639	2,4922	2,7970	3,0905	3,4668	3,7454

Fortsetzung der Tab. XII : t-Verteilung

α	0,0005	0,0010	0,0025	0,0050	0,0100	0,0250	0,0500	0,1000	0,2000
$2\,\alpha/2$	0,0010	0,0020	0,0050	0,0100	0,0200	0,0500	0,1000	0,2000	0,4000
ν									
25	3,7251	3,4502	3,0782	2,7874	2,4851	2,0595	1,7081	1,3163	0,8562
26	3,7067	3,4350	3,0669	2,7787	2,4786	2,0555	1,7056	1,3150	0,8557
27	3,6895	3,4210	3,0565	2,7707	2,4727	2,0518	1,7033	1,3137	0,8551
28	3,6739	3,4082	3,0470	2,7633	2,4671	2,0484	1,7011	1,3125	0,8546
29	3,6595	3,3963	3,0380	2,7564	2,4620	2,0452	1,6991	1,3114	0,8542
30	3,6460	3,3852	3,0298	2,7500	2,4573	2,0423	1,6973	1,3104	0,8538
31	3,6335	3,3749	3,0221	2,7440	2,4528	2,0395	1,6955	1,3095	0,8534
32	3,6218	3,3653	3,0149	2,7385	2,4487	2,0369	1,6939	1,3086	0,8530
33	3,6109	3,3563	3,0082	2,7333	2,4448	2,0345	1,6924	1,3077	0,8526
34	3,6007	3,3480	3,0020	2,7284	2,4411	2,0322	1,6909	1,3070	0,8523
35	3,5911	3,3400	2,9961	2,7238	2,4377	2,0301	1,6896	1,3062	0,8520
36	3,5821	3,3326	2,9905	2,7195	2,4345	2,0281	1,6883	1,3055	0,8517
37	3,5737	3,3256	2,9853	2,7154	2,4314	2,0262	1,6871	1,3049	0,8514
38	3,5657	3,3190	2,9803	2,7116	2,4286	2,0244	1,6860	1,3042	0,8512
39	3,5581	3,3127	2,9756	2,7079	2,4258	2,0227	1,6849	1,3036	0,8509
40	3,5510	3,3069	2,9712	2,7045	2,4233	2,0211	1,6839	1,3031	0,8507
41	3,5443	3,3012	2,9670	2,7012	2,4208	2,0195	1,6829	1,3025	0,8505
42	3,5377	3,2959	2,9630	2,6981	2,4185	2,0181	1,6820	1,3020	0,8503
43	3,5316	3,2909	2,9592	2,6951	2,4163	2,0167	1,6811	1,3016	0,8501
44	3,5258	3,2861	2,9555	2,6923	2,4141	2,0154	1,6802	1,3011	0,8499
45	3,5203	3,2815	2,9521	2,6896	2,4121	2,0141	1,6794	1,3007	0,8497
46	3,5149	3,2771	2,9488	2,6870	2,4102	2,0129	1,6787	1,3002	0,8495
47	3,5099	3,2729	2,9456	2,6846	2,4083	2,0117	1,6779	1,2998	0,8493
48	3,5050	3,2689	2,9426	2,6822	2,4066	2,0106	1,6772	1,2994	0,8492
49	3,5005	3,2651	2,9397	2,6800	2,4049	2,0096	1,6766	1,2991	0,8490
50	3,4960	3,2614	2,9370	2,6778	2,4033	2,0086	1,6759	1,2987	0,8489
51	3,4917	3,2579	2,9343	2,6757	2,4017	2,0076	1,6753	1,2984	0,8487
52	3,4877	3,2545	2,9318	2,6737	2,4002	2,0066	1,6747	1,2980	0,8486
53	3,4837	3,2513	2,9293	2,6718	2,3988	2,0057	1,6741	1,2977	0,8485
54	3,4799	3,2481	2,9270	2,6700	2,3974	2,0049	1,6736	1,2974	0,8483
55	3,4765	3,2451	2,9247	2,6682	2,3961	2,0040	1,6730	1,2971	0,8482
56	3,4730	3,2422	2,9225	2,6665	2,3948	2,0032	1,6725	1,2969	0,8481
57	3,4695	3,2395	2,9204	2,6649	2,3936	2,0025	1,6720	1,2966	0,8480
58	3,4663	3,2368	2,9184	2,6633	2,3924	2,0017	1,6716	1,2963	0,8479
59	3,4632	3,2342	2,9164	2,6618	2,3912	2,0010	1,6711	1,2961	0,8478
60	3,4602	3,2317	2,9146	2,6603	2,3901	2,0003	1,6706	1,2958	0,8477
61	3,4572	3,2293	2,9127	2,6589	2,3890	1,9996	1,6702	1,2956	0,8476

α	0,2500	0,3000	0,4000	0,4500	0,4750	0,4900	0,4950	0,4975	0,4990	0,4995
$2\,\alpha/2$	0,5000	0,6000	0,8000	0,9000	0,9500	0,9800	0,9900	0,9950	0,9980	0,9990
ν										
25	0,6844	0,5312	0,2561	0,1269	0,0633	0,0253	0,0127	0,0063	0,0025	0,0013
26	0,6840	0,5309	0,2560	0,1269	0,0633	0,0253	0,0127	0,0063	0,0025	0,0013
27	0,6837	0,5306	0,2559	0,1268	0,0633	0,0253	0,0126	0,0063	0,0025	0,0013
28	0,6834	0,5304	0,2558	0,1268	0,0633	0,0253	0,0126	0,0063	0,0025	0,0013
29	0,6830	0,5302	0,2557	0,1268	0,0633	0,0253	0,0126	0,0063	0,0025	0,0013
30	0,6828	0,5300	0,2556	0,1267	0,0632	0,0253	0,0126	0,0063	0,0025	0,0013
31	0,6825	0,5298	0,2555	0,1267	0,0632	0,0253	0,0126	0,0063	0,0025	0,0013
32	0,6822	0,5297	0,2555	0,1267	0,0632	0,0253	0,0126	0,0063	0,0025	0,0013
33	0,6820	0,5295	0,2554	0,1266	0,0632	0,0253	0,0126	0,0063	0,0025	0,0013
34	0,6818	0,5294	0,2553	0,1266	0,0632	0,0253	0,0126	0,0063	0,0025	0,0013
35	0,6816	0,5292	0,2553	0,1266	0,0632	0,0252	0,0126	0,0063	0,0025	0,0013
36	0,6814	0,5291	0,2552	0,1266	0,0631	0,0252	0,0126	0,0063	0,0025	0,0013
37	0,6812	0,5289	0,2552	0,1265	0,0631	0,0252	0,0126	0,0063	0,0025	0,0013
38	0,6810	0,5288	0,2551	0,1265	0,0631	0,0252	0,0126	0,0063	0,0025	0,0013
39	0,6808	0,5287	0,2551	0,1265	0,0631	0,0252	0,0126	0,0063	0,0025	0,0013
40	0,6807	0,5286	0,2550	0,1265	0,0631	0,0252	0,0126	0,0063	0,0025	0,0013
41	0,6805	0,5285	0,2550	0,1264	0,0631	0,0252	0,0126	0,0063	0,0025	0,0013
42	0,6804	0,5284	0,2550	0,1264	0,0631	0,0252	0,0126	0,0063	0,0025	0,0013
43	0,6802	0,5283	0,2549	0,1264	0,0631	0,0252	0,0126	0,0063	0,0025	0,0013
44	0,6801	0,5282	0,2549	0,1264	0,0631	0,0252	0,0126	0,0063	0,0025	0,0013
45	0,6800	0,5281	0,2549	0,1264	0,0631	0,0252	0,0126	0,0063	0,0025	0,0013
46	0,6799	0,5281	0,2548	0,1264	0,0630	0,0252	0,0126	0,0063	0,0025	0,0013
47	0,6797	0,5280	0,2548	0,1263	0,0630	0,0252	0,0126	0,0063	0,0025	0,0013
48	0,6796	0,5279	0,2548	0,1263	0,0630	0,0252	0,0126	0,0063	0,0025	0,0013
49	0,6795	0,5278	0,2547	0,1263	0,0630	0,0252	0,0126	0,0063	0,0025	0,0013
50	0,6794	0,5278	0,2547	0,1263	0,0630	0,0252	0,0126	0,0063	0,0025	0,0013
51	0,6793	0,5277	0,2547	0,1263	0,0630	0,0252	0,0126	0,0063	0,0025	0,0013
52	0,6792	0,5276	0,2546	0,1263	0,0630	0,0252	0,0126	0,0063	0,0025	0,0013
53	0,6791	0,5276	0,2546	0,1263	0,0630	0,0252	0,0126	0,0063	0,0025	0,0013
54	0,6791	0,5275	0,2546	0,1263	0,0630	0,0252	0,0126	0,0063	0,0025	0,0013
55	0,6790	0,5275	0,2546	0,1262	0,0630	0,0252	0,0126	0,0063	0,0025	0,0013
56	0,6789	0,5274	0,2546	0,1262	0,0630	0,0252	0,0126	0,0063	0,0025	0,0013
57	0,6788	0,5273	0,2545	0,1262	0,0630	0,0252	0,0126	0,0063	0,0025	0,0013
58	0,6787	0,5273	0,2545	0,1262	0,0630	0,0252	0,0126	0,0063	0,0025	0,0013
59	0,6787	0,5272	0,2545	0,1262	0,0630	0,0252	0,0126	0,0063	0,0025	0,0013
60	0,6786	0,5272	0,2545	0,1262	0,0630	0,0252	0,0126	0,0063	0,0025	0,0013
61	0,6785	0,5272	0,2545	0,1262	0,0630	0,0252	0,0126	0,0063	0,0025	0,0013

Fortsetzung der Tab. XII : t-Verteilung

The column headers give α (upper value) and $2\alpha/2$ (lower value); ν is the degrees of freedom.

ν	α=0,0005 / 0,0010	0,0010 / 0,0020	0,0025 / 0,0050	0,0050 / 0,0100	0,0100 / 0,0200	0,0250 / 0,0500	0,0500 / 0,1000	0,1000 / 0,2000	0,2000 / 0,4000	0,2500 / 0,5000	0,3000 / 0,6000	0,4000 / 0,8000	0,4500 / 0,9000	0,4750 / 0,9500	0,4900 / 0,9800	0,4950 / 0,9900	0,4975 / 0,9950	0,4990 / 0,9980	0,4995 / 0,9990
62	3,4545	3,2270	2,9110	2,6575	2,3880	1,9990	1,6698	1,2954	0,8475	0,6785	0,5271	0,2544	0,1262	0,0630	0,0252	0,0126	0,0063	0,0025	0,0013
63	3,4517	3,2247	2,9093	2,6561	2,3870	1,9983	1,6694	1,2951	0,8474	0,6784	0,5271	0,2544	0,1262	0,0630	0,0252	0,0126	0,0063	0,0025	0,0013
64	3,4491	3,2225	2,9076	2,6549	2,3860	1,9977	1,6690	1,2949	0,8473	0,6783	0,5270	0,2544	0,1262	0,0630	0,0252	0,0126	0,0063	0,0025	0,0013
65	3,4466	3,2204	2,9060	2,6536	2,3851	1,9971	1,6686	1,2947	0,8472	0,6783	0,5270	0,2544	0,1262	0,0629	0,0252	0,0126	0,0063	0,0025	0,0013
66	3,4441	3,2184	2,9045	2,6524	2,3842	1,9966	1,6683	1,2945	0,8471	0,6782	0,5269	0,2544	0,1261	0,0629	0,0252	0,0126	0,0063	0,0025	0,0013
67	3,4418	3,2164	2,9030	2,6512	2,3833	1,9960	1,6679	1,2943	0,8470	0,6782	0,5269	0,2544	0,1261	0,0629	0,0252	0,0126	0,0063	0,0025	0,0013
68	3,4395	3,2144	2,9015	2,6501	2,3824	1,9955	1,6676	1,2941	0,8469	0,6781	0,5269	0,2543	0,1261	0,0629	0,0252	0,0126	0,0063	0,0025	0,0013
69	3,4372	3,2126	2,9001	2,6490	2,3816	1,9949	1,6672	1,2939	0,8469	0,6781	0,5268	0,2543	0,1261	0,0629	0,0252	0,0126	0,0063	0,0025	0,0013
70	3,4350	3,2108	2,8987	2,6479	2,3808	1,9944	1,6669	1,2938	0,8468	0,6780	0,5268	0,2543	0,1261	0,0629	0,0252	0,0126	0,0063	0,0025	0,0013
71	3,4329	3,2090	2,8974	2,6469	2,3800	1,9939	1,6666	1,2936	0,8467	0,6780	0,5268	0,2543	0,1261	0,0629	0,0252	0,0126	0,0063	0,0025	0,0013
72	3,4308	3,2073	2,8961	2,6458	2,3793	1,9935	1,6663	1,2934	0,8466	0,6779	0,5267	0,2543	0,1261	0,0629	0,0252	0,0126	0,0063	0,0025	0,0013
73	3,4289	3,2056	2,8948	2,6449	2,3785	1,9930	1,6660	1,2933	0,8466	0,6779	0,5267	0,2543	0,1261	0,0629	0,0252	0,0126	0,0063	0,0025	0,0013
74	3,4270	3,2040	2,8936	2,6439	2,3778	1,9925	1,6657	1,2931	0,8465	0,6778	0,5267	0,2543	0,1261	0,0629	0,0252	0,0126	0,0063	0,0025	0,0013
75	3,4249	3,2024	2,8924	2,6430	2,3771	1,9921	1,6654	1,2929	0,8464	0,6778	0,5266	0,2542	0,1261	0,0629	0,0252	0,0126	0,0063	0,0025	0,0013
76	3,4232	3,2010	2,8913	2,6421	2,3764	1,9917	1,6652	1,2928	0,8464	0,6777	0,5266	0,2542	0,1261	0,0629	0,0252	0,0126	0,0063	0,0025	0,0013
77	3,4214	3,1995	2,8902	2,6412	2,3758	1,9913	1,6649	1,2926	0,8463	0,6777	0,5266	0,2542	0,1261	0,0629	0,0252	0,0126	0,0063	0,0025	0,0013
78	3,4197	3,1981	2,8891	2,6403	2,3751	1,9908	1,6646	1,2925	0,8463	0,6776	0,5266	0,2542	0,1261	0,0629	0,0251	0,0126	0,0063	0,0025	0,0013
79	3,4180	3,1966	2,8880	2,6395	2,3745	1,9905	1,6644	1,2924	0,8462	0,6776	0,5265	0,2542	0,1261	0,0629	0,0251	0,0126	0,0063	0,0025	0,0013
80	3,4164	3,1952	2,8870	2,6387	2,3739	1,9901	1,6641	1,2922	0,8461	0,6776	0,5265	0,2542	0,1261	0,0629	0,0251	0,0126	0,0063	0,0025	0,0013
81	3,4148	3,1939	2,8860	2,6379	2,3733	1,9897	1,6639	1,2921	0,8461	0,6775	0,5265	0,2542	0,1261	0,0629	0,0251	0,0126	0,0063	0,0025	0,0013
82	3,4132	3,1926	2,8850	2,6371	2,3727	1,9893	1,6636	1,2920	0,8460	0,6775	0,5264	0,2542	0,1261	0,0629	0,0251	0,0126	0,0063	0,0025	0,0013
83	3,4116	3,1914	2,8840	2,6364	2,3721	1,9890	1,6634	1,2918	0,8460	0,6775	0,5264	0,2542	0,1260	0,0629	0,0251	0,0126	0,0063	0,0025	0,0013
84	3,4101	3,1901	2,8831	2,6356	2,3716	1,9886	1,6632	1,2917	0,8459	0,6774	0,5264	0,2542	0,1260	0,0629	0,0251	0,0126	0,0063	0,0025	0,0013
85	3,4086	3,1889	2,8822	2,6349	2,3710	1,9883	1,6630	1,2916	0,8459	0,6774	0,5264	0,2541	0,1260	0,0629	0,0251	0,0126	0,0063	0,0025	0,0013
86	3,4073	3,1877	2,8813	2,6342	2,3705	1,9879	1,6628	1,2915	0,8458	0,6774	0,5263	0,2541	0,1260	0,0629	0,0251	0,0126	0,0063	0,0025	0,0013
87	3,4059	3,1866	2,8804	2,6335	2,3700	1,9876	1,6626	1,2914	0,8458	0,6773	0,5263	0,2541	0,1260	0,0629	0,0251	0,0126	0,0063	0,0025	0,0013
88	3,4046	3,1854	2,8795	2,6329	2,3695	1,9873	1,6624	1,2912	0,8457	0,6773	0,5263	0,2541	0,1260	0,0629	0,0251	0,0126	0,0063	0,0025	0,0013
89	3,4033	3,1843	2,8787	2,6322	2,3690	1,9870	1,6622	1,2911	0,8457	0,6773	0,5263	0,2541	0,1260	0,0629	0,0251	0,0126	0,0063	0,0025	0,0013
90	3,4019	3,1832	2,8779	2,6316	2,3685	1,9867	1,6620	1,2910	0,8456	0,6772	0,5263	0,2541	0,1260	0,0629	0,0251	0,0126	0,0063	0,0025	0,0013
91	3,4006	3,1822	2,8771	2,6309	2,3680	1,9864	1,6618	1,2909	0,8456	0,6772	0,5262	0,2541	0,1260	0,0629	0,0251	0,0126	0,0063	0,0025	0,0013
92	3,3995	3,1812	2,8763	2,6303	2,3676	1,9861	1,6616	1,2908	0,8455	0,6772	0,5262	0,2541	0,1260	0,0629	0,0251	0,0126	0,0063	0,0025	0,0013
93	3,3982	3,1802	2,8755	2,6297	2,3671	1,9858	1,6614	1,2907	0,8455	0,6771	0,5262	0,2541	0,1260	0,0629	0,0251	0,0126	0,0063	0,0025	0,0013
94	3,3970	3,1792	2,8748	2,6291	2,3667	1,9855	1,6612	1,2906	0,8455	0,6771	0,5262	0,2541	0,1260	0,0629	0,0251	0,0126	0,0063	0,0025	0,0013
95	3,3958	3,1783	2,8741	2,6286	2,3662	1,9852	1,6611	1,2905	0,8454	0,6771	0,5262	0,2541	0,1260	0,0629	0,0251	0,0126	0,0063	0,0025	0,0013
96	3,3948	3,1773	2,8733	2,6280	2,3658	1,9850	1,6609	1,2904	0,8454	0,6771	0,5261	0,2541	0,1260	0,0629	0,0251	0,0126	0,0063	0,0025	0,0013
97	3,3937	3,1764	2,8727	2,6275	2,3654	1,9847	1,6607	1,2903	0,8453	0,6770	0,5261	0,2540	0,1260	0,0629	0,0251	0,0126	0,0063	0,0025	0,0013
98	3,3926	3,1755	2,8720	2,6269	2,3650	1,9845	1,6606	1,2903	0,8453	0,6770	0,5261	0,2540	0,1260	0,0629	0,0251	0,0126	0,0063	0,0025	0,0013

Fortsetzung der Tab. XII : t-Verteilung

α =	0,0005	0,0010	0,0025	0,0050	0,0100	0,0250	0,0500	0,1000	0,2000	0,2500
$2\,\alpha/2$ =	0,0010	0,0020	0,0050	0,0100	0,0200	0,0500	0,1000	0,2000	0,4000	0,5000
ν										
99	3,3915	3,1746	2,8713	2,6264	2,3646	1,9842	1,6604	1,2902	0,8453	0,6770
100	3,3905	3,1738	2,8707	2,6259	2,3642	1,9840	1,6602	1,2901	0,8452	0,6770
101	3,3894	3,1729	2,8700	2,6254	2,3638	1,9837	1,6601	1,2900	0,8452	0,6769
102	3,3886	3,1720	2,8694	2,6249	2,3635	1,9835	1,6599	1,2899	0,8452	0,6769
103	3,3875	3,1712	2,8688	2,6244	2,3631	1,9833	1,6598	1,2898	0,8451	0,6769
104	3,3865	3,1704	2,8681	2,6239	2,3627	1,9830	1,6596	1,2897	0,8451	0,6769
105	3,3856	3,1697	2,8676	2,6235	2,3624	1,9828	1,6595	1,2897	0,8451	0,6768
106	3,3848	3,1689	2,8670	2,6230	2,3620	1,9826	1,6594	1,2896	0,8450	0,6768
107	3,3838	3,1682	2,8664	2,6226	2,3617	1,9824	1,6592	1,2895	0,8450	0,6768
108	3,3829	3,1674	2,8659	2,6221	2,3614	1,9822	1,6591	1,2894	0,8450	0,6768
109	3,3820	3,1666	2,8653	2,6217	2,3610	1,9820	1,6590	1,2894	0,8449	0,6767
110	3,3811	3,1660	2,8648	2,6213	2,3607	1,9818	1,6588	1,2893	0,8449	0,6767
111	3,3804	3,1653	2,8642	2,6209	2,3604	1,9816	1,6587	1,2892	0,8449	0,6767
112	3,3795	3,1646	2,8637	2,6204	2,3601	1,9814	1,6586	1,2892	0,8448	0,6767
113	3,3787	3,1639	2,8632	2,6200	2,3598	1,9812	1,6584	1,2891	0,8448	0,6767
114	3,3779	3,1633	2,8627	2,6196	2,3595	1,9810	1,6583	1,2890	0,8448	0,6766
115	3,3772	3,1626	2,8622	2,6193	2,3592	1,9808	1,6582	1,2890	0,8448	0,6766
116	3,3763	3,1620	2,8617	2,6189	2,3589	1,9806	1,6581	1,2889	0,8447	0,6766
117	3,3756	3,1613	2,8612	2,6185	2,3586	1,9804	1,6580	1,2888	0,8447	0,6766
118	3,3749	3,1607	2,8608	2,6181	2,3584	1,9803	1,6579	1,2888	0,8447	0,6766
119	3,3742	3,1601	2,8603	2,6178	2,3581	1,9801	1,6578	1,2887	0,8447	0,6766
120	3,3734	3,1595	2,8599	2,6174	2,3578	1,9799	1,6576	1,2886	0,8446	0,6765
121	3,3728	3,1589	2,8594	2,6171	2,3576	1,9798	1,6575	1,2886	0,8446	0,6765
122	3,3721	3,1583	2,8590	2,6167	2,3573	1,9796	1,6574	1,2885	0,8446	0,6765
123	3,3714	3,1578	2,8585	2,6164	2,3570	1,9794	1,6573	1,2885	0,8446	0,6765
124	3,3708	3,1573	2,8581	2,6161	2,3568	1,9793	1,6572	1,2884	0,8445	0,6765
125	3,3701	3,1567	2,8577	2,6157	2,3566	1,9791	1,6571	1,2884	0,8445	0,6765
126	3,3694	3,1562	2,8573	2,6154	2,3563	1,9790	1,6570	1,2883	0,8445	0,6764
127	3,3688	3,1557	2,8569	2,6151	2,3561	1,9788	1,6569	1,2883	0,8445	0,6764
128	3,3682	3,1551	2,8565	2,6148	2,3558	1,9787	1,6568	1,2882	0,8444	0,6764
129	3,3676	3,1546	2,8561	2,6145	2,3556	1,9785	1,6568	1,2881	0,8444	0,6764
130	3,3670	3,1541	2,8557	2,6142	2,3554	1,9784	1,6567	1,2881	0,8444	0,6764
131	3,3663	3,1536	2,8554	2,6139	2,3552	1,9782	1,6566	1,2880	0,8444	0,6764
132	3,3657	3,1531	2,8550	2,6136	2,3549	1,9781	1,6565	1,2880	0,8444	0,6764
133	3,3651	3,1527	2,8546	2,6133	2,3547	1,9780	1,6564	1,2879	0,8443	0,6763
134	3,3647	3,1522	2,8542	2,6130	2,3545	1,9778	1,6563	1,2879	0,8443	0,6763
135	3,3641	3,1517	2,8539	2,6127	2,3543	1,9777	1,6562	1,2879	0,8443	0,6763

α =	0,3000	0,4000	0,4500	0,4750	0,4900	0,4950	0,4975	0,4990	0,4995
$2\,\alpha/2$ =	0,6000	0,8000	0,9000	0,9500	0,9800	0,9900	0,9950	0,9980	0,9990
ν									
99	0,5261	0,2540	0,1260	0,0629	0,0251	0,0126	0,0063	0,0025	0,0013
100	0,5261	0,2540	0,1260	0,0629	0,0251	0,0126	0,0063	0,0025	0,0013
101	0,5261	0,2540	0,1260	0,0629	0,0251	0,0126	0,0063	0,0025	0,0013
102	0,5260	0,2540	0,1260	0,0629	0,0251	0,0126	0,0063	0,0025	0,0013
103	0,5260	0,2540	0,1260	0,0629	0,0251	0,0126	0,0063	0,0025	0,0013
104	0,5260	0,2540	0,1260	0,0629	0,0251	0,0126	0,0063	0,0025	0,0013
105	0,5260	0,2540	0,1260	0,0629	0,0251	0,0126	0,0063	0,0025	0,0013
106	0,5260	0,2540	0,1260	0,0629	0,0251	0,0126	0,0063	0,0025	0,0013
107	0,5260	0,2540	0,1260	0,0629	0,0251	0,0126	0,0063	0,0025	0,0013
108	0,5260	0,2540	0,1260	0,0629	0,0251	0,0126	0,0063	0,0025	0,0013
109	0,5259	0,2540	0,1260	0,0629	0,0251	0,0126	0,0063	0,0025	0,0013
110	0,5259	0,2540	0,1260	0,0629	0,0251	0,0126	0,0063	0,0025	0,0013
111	0,5259	0,2540	0,1259	0,0628	0,0251	0,0126	0,0063	0,0025	0,0013
112	0,5259	0,2539	0,1259	0,0628	0,0251	0,0126	0,0063	0,0025	0,0013
113	0,5259	0,2539	0,1259	0,0628	0,0251	0,0126	0,0063	0,0025	0,0013
114	0,5259	0,2539	0,1259	0,0628	0,0251	0,0126	0,0063	0,0025	0,0013
115	0,5259	0,2539	0,1259	0,0628	0,0251	0,0126	0,0063	0,0025	0,0013
116	0,5258	0,2539	0,1259	0,0628	0,0251	0,0126	0,0063	0,0025	0,0013
117	0,5258	0,2539	0,1259	0,0628	0,0251	0,0126	0,0063	0,0025	0,0013
118	0,5258	0,2539	0,1259	0,0628	0,0251	0,0126	0,0063	0,0025	0,0013
119	0,5258	0,2539	0,1259	0,0628	0,0251	0,0126	0,0063	0,0025	0,0013
120	0,5258	0,2539	0,1259	0,0628	0,0251	0,0126	0,0063	0,0025	0,0013
121	0,5258	0,2539	0,1259	0,0628	0,0251	0,0126	0,0063	0,0025	0,0013
122	0,5258	0,2539	0,1259	0,0628	0,0251	0,0126	0,0063	0,0025	0,0013
123	0,5258	0,2539	0,1259	0,0628	0,0251	0,0126	0,0063	0,0025	0,0013
124	0,5258	0,2539	0,1259	0,0628	0,0251	0,0126	0,0063	0,0025	0,0013
125	0,5257	0,2539	0,1259	0,0628	0,0251	0,0126	0,0063	0,0025	0,0013
126	0,5257	0,2539	0,1259	0,0628	0,0251	0,0126	0,0063	0,0025	0,0013
127	0,5257	0,2539	0,1259	0,0628	0,0251	0,0126	0,0063	0,0025	0,0013
128	0,5257	0,2539	0,1259	0,0628	0,0251	0,0126	0,0063	0,0025	0,0013
129	0,5257	0,2539	0,1259	0,0628	0,0251	0,0126	0,0063	0,0025	0,0013
130	0,5257	0,2539	0,1259	0,0628	0,0251	0,0126	0,0063	0,0025	0,0013
131	0,5257	0,2539	0,1259	0,0628	0,0251	0,0126	0,0063	0,0025	0,0013
132	0,5257	0,2539	0,1259	0,0628	0,0251	0,0126	0,0063	0,0025	0,0013
133	0,5257	0,2539	0,1259	0,0628	0,0251	0,0126	0,0063	0,0025	0,0013
134	0,5257	0,2539	0,1259	0,0628	0,0251	0,0126	0,0063	0,0025	0,0013
135	0,5256	0,2538	0,1259	0,0628	0,0251	0,0126	0,0063	0,0025	0,0013

Fortsetzung der Tab. XII : t-Verteilung

α $2\alpha/2$ ν	0,0005 0,0010	0,0010 0,0020	0,0025 0,0050	0,0050 0,0100	0,0100 0,0200	0,0250 0,0500	0,0500 0,1000	0,1000 0,2000	0,2000 0,4000	0,2500 0,5000	0,3000 0,6000	0,4000 0,8000	0,4500 0,9000	0,4750 0,9500	0,4900 0,9800	0,4950 0,9900	0,4975 0,9950	0,4990 0,9980	0,4995 0,9990
136	3,3635	3,1512	2,8536	2,6125	2,3541	1,9776	1,6561	1,2878	0,8443	0,6763	0,5256	0,2538	0,1259	0,0628	0,0251	0,0126	0,0063	0,0025	0,0013
137	3,3629	3,1508	2,8532	2,6122	2,3539	1,9774	1,6561	1,2878	0,8443	0,6763	0,5256	0,2538	0,1259	0,0628	0,0251	0,0126	0,0063	0,0025	0,0013
138	3,3624	3,1503	2,8529	2,6119	2,3537	1,9773	1,6560	1,2877	0,8442	0,6763	0,5256	0,2538	0,1259	0,0628	0,0251	0,0126	0,0063	0,0025	0,0013
139	3,3619	3,1499	2,8525	2,6117	2,3535	1,9772	1,6559	1,2877	0,8442	0,6763	0,5256	0,2538	0,1259	0,0628	0,0251	0,0126	0,0063	0,0025	0,0013
140	3,3613	3,1495	2,8522	2,6114	2,3533	1,9771	1,6558	1,2876	0,8442	0,6762	0,5256	0,2538	0,1259	0,0628	0,0251	0,0126	0,0063	0,0025	0,0013
141	3,3609	3,1490	2,8519	2,6111	2,3531	1,9769	1,6557	1,2876	0,8442	0,6762	0,5256	0,2538	0,1259	0,0628	0,0251	0,0126	0,0063	0,0025	0,0013
142	3,3603	3,1486	2,8516	2,6109	2,3529	1,9768	1,6557	1,2875	0,8442	0,6762	0,5256	0,2538	0,1259	0,0628	0,0251	0,0126	0,0063	0,0025	0,0013
143	3,3599	3,1482	2,8512	2,6106	2,3527	1,9767	1,6556	1,2875	0,8441	0,6762	0,5256	0,2538	0,1259	0,0628	0,0251	0,0126	0,0063	0,0025	0,0013
144	3,3595	3,1478	2,8509	2,6104	2,3525	1,9766	1,6555	1,2875	0,8441	0,6762	0,5256	0,2538	0,1259	0,0628	0,0251	0,0126	0,0063	0,0025	0,0013
145	3,3589	3,1474	2,8506	2,6102	2,3523	1,9765	1,6554	1,2874	0,8441	0,6762	0,5256	0,2538	0,1259	0,0628	0,0251	0,0126	0,0063	0,0025	0,0013
146	3,3584	3,1470	2,8503	2,6099	2,3522	1,9763	1,6554	1,2874	0,8441	0,6762	0,5255	0,2538	0,1259	0,0628	0,0251	0,0126	0,0063	0,0025	0,0013
147	3,3580	3,1466	2,8500	2,6097	2,3520	1,9762	1,6553	1,2873	0,8441	0,6762	0,5255	0,2538	0,1259	0,0628	0,0251	0,0126	0,0063	0,0025	0,0013
148	3,3574	3,1462	2,8497	2,6094	2,3518	1,9761	1,6552	1,2873	0,8441	0,6762	0,5255	0,2538	0,1259	0,0628	0,0251	0,0126	0,0063	0,0025	0,0013
149	3,3570	3,1458	2,8494	2,6092	2,3516	1,9760	1,6551	1,2873	0,8440	0,6761	0,5255	0,2538	0,1259	0,0628	0,0251	0,0126	0,0063	0,0025	0,0013
150	3,3565	3,1455	2,8492	2,6090	2,3515	1,9759	1,6551	1,2872	0,8440	0,6761	0,5255	0,2538	0,1259	0,0628	0,0251	0,0126	0,0063	0,0025	0,0013
151	3,3561	3,1451	2,8489	2,6088	2,3513	1,9758	1,6550	1,2872	0,8440	0,6761	0,5255	0,2538	0,1259	0,0628	0,0251	0,0126	0,0063	0,0025	0,0013
152	3,3557	3,1447	2,8486	2,6086	2,3511	1,9757	1,6549	1,2871	0,8440	0,6761	0,5255	0,2538	0,1259	0,0628	0,0251	0,0126	0,0063	0,0025	0,0013
153	3,3552	3,1444	2,8483	2,6083	2,3510	1,9756	1,6549	1,2871	0,8440	0,6761	0,5255	0,2538	0,1259	0,0628	0,0251	0,0126	0,0063	0,0025	0,0013
154	3,3548	3,1440	2,8480	2,6081	2,3508	1,9755	1,6548	1,2871	0,8440	0,6761	0,5255	0,2538	0,1259	0,0628	0,0251	0,0126	0,0063	0,0025	0,0013
155	3,3544	3,1437	2,8478	2,6079	2,3506	1,9754	1,6547	1,2870	0,8439	0,6761	0,5255	0,2538	0,1259	0,0628	0,0251	0,0126	0,0063	0,0025	0,0013
156	3,3539	3,1433	2,8475	2,6077	2,3505	1,9753	1,6547	1,2870	0,8439	0,6761	0,5255	0,2538	0,1259	0,0628	0,0251	0,0126	0,0063	0,0025	0,0013
157	3,3536	3,1429	2,8473	2,6075	2,3503	1,9752	1,6546	1,2870	0,8439	0,6761	0,5255	0,2538	0,1259	0,0628	0,0251	0,0126	0,0063	0,0025	0,0013
158	3,3532	3,1426	2,8470	2,6073	2,3502	1,9751	1,6546	1,2869	0,8439	0,6760	0,5255	0,2538	0,1259	0,0628	0,0251	0,0126	0,0063	0,0025	0,0013
159	3,3528	3,1423	2,8467	2,6071	2,3500	1,9750	1,6545	1,2869	0,8439	0,6760	0,5255	0,2538	0,1259	0,0628	0,0251	0,0126	0,0063	0,0025	0,0013
160	3,3523	3,1419	2,8465	2,6069	2,3499	1,9749	1,6544	1,2869	0,8439	0,6760	0,5254	0,2538	0,1259	0,0628	0,0251	0,0126	0,0063	0,0025	0,0013
161	3,3520	3,1416	2,8462	2,6067	2,3497	1,9748	1,6544	1,2868	0,8439	0,6760	0,5254	0,2538	0,1259	0,0628	0,0251	0,0126	0,0063	0,0025	0,0013
162	3,3516	3,1413	2,8460	2,6065	2,3496	1,9747	1,6543	1,2868	0,8438	0,6760	0,5254	0,2538	0,1259	0,0628	0,0251	0,0126	0,0063	0,0025	0,0013
163	3,3512	3,1410	2,8457	2,6063	2,3494	1,9746	1,6543	1,2868	0,8438	0,6760	0,5254	0,2538	0,1259	0,0628	0,0251	0,0126	0,0063	0,0025	0,0013
164	3,3509	3,1407	2,8455	2,6061	2,3493	1,9745	1,6542	1,2867	0,8438	0,6760	0,5254	0,2538	0,1259	0,0628	0,0251	0,0126	0,0063	0,0025	0,0013
165	3,3504	3,1404	2,8453	2,6060	2,3492	1,9744	1,6541	1,2867	0,8438	0,6760	0,5254	0,2538	0,1259	0,0628	0,0251	0,0126	0,0063	0,0025	0,0013
166	3,3501	3,1400	2,8450	2,6058	2,3490	1,9744	1,6541	1,2867	0,8438	0,6760	0,5254	0,2538	0,1259	0,0628	0,0251	0,0126	0,0063	0,0025	0,0013
167	3,3497	3,1397	2,8448	2,6056	2,3489	1,9743	1,6540	1,2866	0,8438	0,6760	0,5254	0,2538	0,1259	0,0628	0,0251	0,0126	0,0063	0,0025	0,0013
168	3,3494	3,1394	2,8446	2,6054	2,3488	1,9742	1,6540	1,2866	0,8438	0,6760	0,5254	0,2537	0,1259	0,0628	0,0251	0,0126	0,0063	0,0025	0,0013
169	3,3490	3,1391	2,8444	2,6052	2,3486	1,9741	1,6539	1,2866	0,8438	0,6759	0,5254	0,2537	0,1259	0,0628	0,0251	0,0126	0,0063	0,0025	0,0013
170	3,3487	3,1388	2,8441	2,6051	2,3485	1,9740	1,6539	1,2866	0,8437	0,6759	0,5254	0,2537	0,1258	0,0628	0,0251	0,0126	0,0063	0,0025	0,0013
171	3,3484	3,1386	2,8439	2,6049	2,3484	1,9739	1,6538	1,2865	0,8437	0,6759	0,5254	0,2537	0,1258	0,0628	0,0251	0,0126	0,0063	0,0025	0,0013
172	3,3480	3,1383	2,8437	2,6047	2,3482	1,9739	1,6538	1,2865	0,8437	0,6759	0,5254	0,2537	0,1258	0,0628	0,0251	0,0126	0,0063	0,0025	0,0013

Fortsetzung der Tab. XII : t-Verteilung

α \ v	0,0005	0,0010	0,0025	0,0050	0,0100	0,0250	0,0500	0,1000	0,2000	0,2500	0,3000	0,4000	0,4500	0,4750	0,4900	0,4950	0,4975	0,4990	0,4995
2α/2	0,0010	0,0020	0,0050	0,0100	0,0200	0,0500	0,1000	0,2000	0,4000	0,5000	0,6000	0,8000	0,9000	0,9500	0,9800	0,9900	0,9950	0,9980	0,9990
173	3,3477	3,1380	2,8435	2,6045	2,3481	1,9738	1,6537	1,2865	0,8437	0,6759	0,5254	0,2537	0,1258	0,0628	0,0251	0,0126	0,0063	0,0025	0,0013
174	3,3472	3,1377	2,8433	2,6044	2,3480	1,9737	1,6537	1,2864	0,8437	0,6759	0,5254	0,2537	0,1258	0,0628	0,0251	0,0126	0,0063	0,0025	0,0013
175	3,3469	3,1375	2,8431	2,6042	2,3478	1,9736	1,6536	1,2864	0,8437	0,6759	0,5254	0,2537	0,1258	0,0628	0,0251	0,0126	0,0063	0,0025	0,0013
176	3,3466	3,1372	2,8429	2,6040	2,3477	1,9735	1,6536	1,2864	0,8437	0,6759	0,5254	0,2537	0,1258	0,0628	0,0251	0,0126	0,0063	0,0025	0,0013
177	3,3464	3,1370	2,8426	2,6039	2,3476	1,9735	1,6535	1,2864	0,8437	0,6759	0,5253	0,2537	0,1258	0,0628	0,0251	0,0126	0,0063	0,0025	0,0013
178	3,3461	3,1367	2,8425	2,6037	2,3475	1,9734	1,6535	1,2863	0,8436	0,6759	0,5253	0,2537	0,1258	0,0628	0,0251	0,0126	0,0063	0,0025	0,0013
179	3,3458	3,1364	2,8422	2,6036	2,3474	1,9733	1,6534	1,2863	0,8436	0,6759	0,5253	0,2537	0,1258	0,0628	0,0251	0,0126	0,0063	0,0025	0,0013
180	3,3453	3,1361	2,8421	2,6034	2,3472	1,9732	1,6534	1,2863	0,8436	0,6759	0,5253	0,2537	0,1258	0,0628	0,0251	0,0126	0,0063	0,0025	0,0013
181	3,3450	3,1359	2,8418	2,6033	2,3471	1,9732	1,6533	1,2862	0,8436	0,6758	0,5253	0,2537	0,1258	0,0628	0,0251	0,0126	0,0063	0,0025	0,0013
182	3,3448	3,1356	2,8417	2,6031	2,3470	1,9731	1,6533	1,2862	0,8436	0,6758	0,5253	0,2537	0,1258	0,0628	0,0251	0,0126	0,0063	0,0025	0,0013
183	3,3445	3,1354	2,8415	2,6030	2,3469	1,9730	1,6532	1,2862	0,8436	0,6758	0,5253	0,2537	0,1258	0,0628	0,0251	0,0126	0,0063	0,0025	0,0013
184	3,3442	3,1351	2,8413	2,6028	2,3468	1,9729	1,6532	1,2862	0,8436	0,6758	0,5253	0,2537	0,1258	0,0628	0,0251	0,0126	0,0063	0,0025	0,0013
185	3,3439	3,1348	2,8411	2,6027	2,3467	1,9729	1,6531	1,2861	0,8436	0,6758	0,5253	0,2537	0,1258	0,0628	0,0251	0,0125	0,0063	0,0025	0,0013
186	3,3436	3,1346	2,8409	2,6025	2,3466	1,9728	1,6531	1,2861	0,8436	0,6758	0,5253	0,2537	0,1258	0,0628	0,0251	0,0125	0,0063	0,0025	0,0013
187	3,3433	3,1344	2,8407	2,6024	2,3465	1,9727	1,6530	1,2861	0,8435	0,6758	0,5253	0,2537	0,1258	0,0628	0,0251	0,0125	0,0063	0,0025	0,0013
188	3,3430	3,1342	2,8405	2,6022	2,3464	1,9727	1,6530	1,2861	0,8435	0,6758	0,5253	0,2537	0,1258	0,0628	0,0251	0,0125	0,0063	0,0025	0,0013
189	3,3427	3,1339	2,8404	2,6021	2,3462	1,9726	1,6530	1,2860	0,8435	0,6758	0,5253	0,2537	0,1258	0,0628	0,0251	0,0125	0,0063	0,0025	0,0013
190	3,3424	3,1337	2,8402	2,6020	2,3461	1,9725	1,6529	1,2860	0,8435	0,6758	0,5253	0,2537	0,1258	0,0628	0,0251	0,0125	0,0063	0,0025	0,0013
191	3,3421	3,1335	2,8400	2,6018	2,3460	1,9725	1,6529	1,2860	0,8435	0,6758	0,5253	0,2537	0,1258	0,0628	0,0251	0,0125	0,0063	0,0025	0,0013
192	3,3420	3,1332	2,8398	2,6017	2,3459	1,9724	1,6528	1,2860	0,8435	0,6758	0,5253	0,2537	0,1258	0,0628	0,0251	0,0125	0,0063	0,0025	0,0013
193	3,3417	3,1330	2,8397	2,6015	2,3458	1,9723	1,6528	1,2860	0,8435	0,6758	0,5253	0,2537	0,1258	0,0628	0,0251	0,0125	0,0063	0,0025	0,0013
194	3,3414	3,1327	2,8395	2,6014	2,3457	1,9723	1,6527	1,2859	0,8435	0,6758	0,5253	0,2537	0,1258	0,0628	0,0251	0,0125	0,0063	0,0025	0,0013
195	3,3411	3,1326	2,8393	2,6013	2,3456	1,9722	1,6527	1,2859	0,8435	0,6758	0,5253	0,2537	0,1258	0,0628	0,0251	0,0125	0,0063	0,0025	0,0013
196	3,3408	3,1323	2,8392	2,6012	2,3455	1,9721	1,6527	1,2859	0,8435	0,6757	0,5253	0,2537	0,1258	0,0628	0,0251	0,0125	0,0063	0,0025	0,0013
197	3,3405	3,1322	2,8390	2,6010	2,3454	1,9721	1,6526	1,2859	0,8434	0,6757	0,5253	0,2537	0,1258	0,0628	0,0251	0,0125	0,0063	0,0025	0,0013
198	3,3404	3,1319	2,8388	2,6009	2,3453	1,9720	1,6526	1,2858	0,8434	0,6757	0,5252	0,2537	0,1258	0,0628	0,0251	0,0125	0,0063	0,0025	0,0013
199	3,3401	3,1317	2,8387	2,6008	2,3452	1,9720	1,6525	1,2858	0,8434	0,6757	0,5252	0,2537	0,1258	0,0628	0,0251	0,0125	0,0063	0,0025	0,0013
200	3,3398	3,1315	2,8385	2,6006	2,3451	1,9719	1,6525	1,2858	0,8434	0,6757	0,5252	0,2537	0,1258	0,0628	0,0251	0,0125	0,0063	0,0025	0,0013

Tab. XIII : Lord-Test

α	0,050	0,025	0,010	0,005
$2\alpha/2$	0,100	0,050	0,020	0,010
ν				
5	0,49	0,61	0,77	0,90
6	0,40	0,50	0,62	0,71
7	0,35	0,43	0,52	0,60
8	0,31	0,37	0,46	0,52
9	0,28	0,33	0,41	0,46
10	0,25	0,30	0,37	0,42
11	0,23	0,28	0,34	0,38
12	0,21	0,26	0,32	0,36
13	0,20	0,24	0,29	0,33
14	0,19	0,23	0,28	0,31
15	0,18	0,22	0,26	0,29
16	0,17	0,21	0,25	0,28
17	0,16	0,20	0,24	0,26
18	0,16	0,19	0,22	0,25
19	0,15	0,18	0,22	0,24
20	0,14	0,17	0,21	0,23

Tab. XIV : U-Test

	$\nu2 = 3$			$\nu2 = 4$			$\nu2 = 5$			$\nu2 = 6$			$\nu2 = 7$		
α	0,005	0,025	0,050	0,005	0,025	0,050	0,005	0,025	0,050	0,005	0,025	0,050	0,005	0,025	0,050
$2\alpha/2$	0,010	0,050	0,100	0,010	0,050	0,100	0,010	0,050	0,100	0,010	0,050	0,100	0,010	0,050	0,100
$\nu1$															
3			6												
4			6		10	11									
5		6	7		11	12	15	17	19						
6		7	8	10	12	13	16	18	20	23	26	28			
7		7	8	10	13	14	16	20	21	24	27	29	32	36	39
8		8	9	11	14	15	17	21	23	25	29	31	34	38	41
9	6	8	10	11	14	16	18	22	24	26	31	33	35	40	43
10	6	9	10	12	15	17	19	23	26	27	32	35	37	42	45
11	6	9	11	12	16	18	20	24	27	28	34	37	38	44	47
12	7	10	11	13	17	19	21	26	28	30	35	38	40	46	49
13	7	10	12	13	18	20	22	27	30	31	37	40	41	48	52
14	7	11	13	14	19	21	22	28	31	32	38	42	43	50	54
15	8	11	13	15	20	22	23	29	33	33	40	44	44	52	56
16	8	12	14	15	21	24	24	30	34	34	42	46	46	54	58
17	8	12	15	16	21	25	25	32	35	36	43	47	47	56	61
18	8	13	15	16	22	26	26	33	37	37	45	49	49	58	63
19	9	13	16	17	23	27	27	34	38	38	46	51	50	60	65
20	9	14	17	18	24	28	28	35	40	39	48	53	52	62	67
21	9	14	17	18	25	29	29	37	41	40	50	55	53	64	69
22	10	15	18	19	26	30	29	38	43	42	51	57	55	66	72
23	10	15	19	19	27	31	30	39	44	43	53	58	57	68	74
24	10	16	19	20	27	32	31	40	45	44	54	60	58	70	76
25	11	16	20	20	28	33	32	42	47	45	56	62	60	72	78

Fortsetzung Tab. XIV : U-Test

	$v2 = 8$			$v2 = 9$			$v2 = 10$			$v2 = 11$			$v2 = 12$		
α	0,005	0,025	0,050	0,005	0,025	0,050	0,005	0,025	0,050	0,005	0,025	0,050	0,005	0,025	0,050
$2\alpha/2$	0,010	0,050	0,100	0,010	0,050	0,100	0,010	0,050	0,100	0,010	0,050	0,100	0,010	0,050	0,100
$v1$															
8	43	49	51												
9	45	51	54	56	62	66									
10	47	53	56	58	65	69	71	78	82						
11	49	55	59	61	68	72	73	81	86	87	96	100			
12	51	58	62	63	71	75	76	84	89	90	99	104	105	115	120
13	53	60	64	65	73	78	79	88	92	93	103	108	109	119	125
14	54	62	67	67	76	81	81	91	96	96	106	112	112	123	129
15	56	65	69	69	79	84	84	94	99	99	110	116	115	127	133
16	58	67	72	72	82	87	86	97	103	102	113	120	119	131	138
17	60	70	75	74	84	90	89	100	106	105	117	123	122	135	142
18	62	72	77	76	87	93	92	103	110	108	121	127	125	139	146
19	64	74	80	78	90	96	94	107	113	111	124	131	129	143	150
20	66	77	83	81	93	99	97	110	117	114	128	135	132	147	155
21	68	79	85	83	95	102	99	113	120	117	131	139	136	151	159
22	70	81	88	85	98	105	102	116	123	120	135	143	139	155	163
23	71	84	90	88	101	108	105	119	127	123	139	147	142	159	168
24	73	86	93	90	104	111	107	122	130	126	142	151	146	163	172
25	75	89	96	92	107	114	110	126	134	129	146	155	149	167	176

	$v2 = 13$			$v2 = 14$			$v2 = 15$			$v2 = 16$			$v2 = 17$		
α	0,005	0,025	0,050	0,005	0,025	0,050	0,005	0,025	0,050	0,005	0,025	0,050	0,005	0,025	0,050
$2\alpha/2$	0,010	0,050	0,100	0,010	0,050	0,100	0,010	0,050	0,100	0,010	0,050	0,100	0,010	0,050	0,100
$v1$															
13	125	136	142												
14	129	141	147	147	160	166									
15	133	145	152	151	164	171	171	184	192						
16	136	150	156	155	169	176	175	190	197	196	211	219			
17	140	154	161	159	174	182	180	195	203	201	217	225	223	240	249
18	144	158	166	163	179	187	184	200	208	206	222	213	228	246	255
19	148	163	171	168	183	192	189	205	214	210	228	237	234	252	262
20	151	167	175	172	188	197	193	210	220	215	234	243	239	258	268
21	155	171	180	176	193	202	198	216	225	220	239	249	244	264	274
22	159	176	185	180	198	207	202	221	231	225	245	255	249	270	281
23	163	180	189	184	203	212	207	226	236	230	251	261	255	276	287
24	166	185	194	188	207	218	211	231	242	235	256	267	260	282	294
25	170	189	199	192	212	223	216	237	248	240	262	273	265	288	300

	$v2 = 18$			$v2 = 19$			$v2 = 20$			$v2 = 21$			$v2 = 22$		
α	0,005	0,025	0,050	0,005	0,025	0,050	0,005	0,025	0,050	0,005	0,025	0,050	0,005	0,025	0,050
$2\alpha/2$	0,010	0,050	0,100	0,010	0,050	0,100	0,010	0,050	0,100	0,010	0,050	0,100	0,010	0,050	0,100
$v1$															
18	252	270	280												
19	258	277	287	283	303	313									
20	263	283	294	289	309	320	315	337	348						
21	269	290	301	295	316	328	322	344	356	349	373	385			
22	275	296	307	301	323	335	328	351	364	356	381	393	386	411	424
23	280	303	314	307	330	342	335	359	371	363	388	401	393	419	432
24	286	309	321	313	337	350	341	366	379	370	396	410	400	427	441
25	292	316	328	319	344	357	348	373	387	377	404	418	408	435	450

	$v2 = 23$			$v2 = 24$			$v2 = 25$		
α	0,005	0,025	0,050	0,005	0,025	0,050	0,005	0,025	0,050
$2\alpha/2$	0,010	0,050	0,100	0,010	0,050	0,100	0,010	0,050	0,100
$v1$									
23	424	451	465						
24	431	459	474	464	492	507			
25	439	468	483	472	501	517	505	536	552

Tab. XV : Wilcoxon-Test

α	0,050	0,025	0,010	0,005
$2\alpha/2$	0,100	0,050	0,020	0,010
ν				
6	2			
7	3	2		
8	5	4	2	
9	8	6	3	2
10	10	8	5	3
11	13	11	7	5
12	17	14	10	7
13	21	17	13	10
14	25	21	16	13
15	30	25	20	16
16	35	30	24	20
17	41	35	28	23
18	47	40	33	28
19	53	46	38	32
20	60	52	43	38
21	67	59	49	43
22	75	66	56	49
23	83	73	62	55
24	91	81	69	61
25	100	89	77	68
26	110	98	84	75
27	119	107	92	83
28	130	116	101	91
29	140	126	110	100
30	151	137	120	109

Tab. XVI: Korrelationstest

α	0,200	0,100	0,050	0,010	0,005	0,001
ν						
1	0,951	0,988	0,997	1,000	1,000	1,000
2	0,800	0,900	0,950	0,990	0,995	0,999
3	0,687	0,805	0,878	0,959	0,974	0,991
4	0,608	0,729	0,811	0,917	0,942	0,974
5	0,551	0,669	0,754	0,875	0,906	0,951
6	0,507	0,621	0,707	0,834	0,870	0,925
7	0,472	0,582	0,666	0,798	0,836	0,898
8	0,443	0,549	0,632	0,765	0,805	0,872
9	0,419	0,521	0,602	0,735	0,776	0,847
10	0,398	0,497	0,576	0,708	0,750	0,823
11	0,380	0,476	0,553	0,684	0,726	0,801
12	0,365	0,458	0,532	0,661	0,703	0,780
13	0,351	0,441	0,514	0,641	0,683	0,760
14	0,338	0,426	0,497	0,623	0,664	0,742
15	0,327	0,412	0,482	0,606	0,647	0,725
16	0,317	0,400	0,468	0,590	0,631	0,708
17	0,308	0,389	0,456	0,575	0,616	0,693
18	0,299	0,378	0,444	0,561	0,602	0,679
19	0,291	0,369	0,433	0,549	0,589	0,665
20	0,284	0,360	0,423	0,537	0,576	0,652
21	0,277	0,352	0,413	0,526	0,565	0,640
22	0,271	0,344	0,404	0,515	0,554	0,629
23	0,265	0,337	0,396	0,505	0,543	0,618
24	0,260	0,330	0,388	0,496	0,534	0,607
25	0,255	0,323	0,381	0,487	0,524	0,597
26	0,250	0,317	0,374	0,479	0,515	0,588
27	0,245	0,311	0,367	0,471	0,507	0,579
28	0,241	0,306	0,361	0,463	0,499	0,570
29	0,237	0,301	0,355	0,456	0,491	0,562
30	0,233	0,296	0,349	0,449	0,484	0,554
31	0,229	0,291	0,344	0,442	0,477	0,547
32	0,225	0,287	0,339	0,436	0,470	0,539
33	0,222	0,283	0,334	0,430	0,464	0,532
34	0,219	0,279	0,329	0,424	0,458	0,525
35	0,216	0,275	0,325	0,418	0,452	0,519
36	0,213	0,271	0,320	0,413	0,446	0,513
37	0,210	0,267	0,316	0,408	0,441	0,507
38	0,207	0,264	0,312	0,403	0,435	0,501
39	0,204	0,260	0,308	0,398	0,430	0,495
40	0,202	0,257	0,304	0,393	0,425	0,490
41	0,199	0,254	0,301	0,389	0,420	0,484
42	0,197	0,251	0,297	0,384	0,416	0,479
43	0,195	0,248	0,294	0,380	0,411	0,474
44	0,192	0,246	0,291	0,376	0,407	0,469
45	0,190	0,243	0,288	0,372	0,403	0,465
46	0,188	0,240	0,285	0,368	0,399	0,460
47	0,186	0,238	0,282	0,365	0,395	0,456
48	0,184	0,235	0,279	0,361	0,391	0,451
49	0,182	0,233	0,276	0,358	0,387	0,447
50	0,181	0,231	0,273	0,354	0,384	0,443
51	0,179	0,228	0,271	0,351	0,380	0,439
52	0,177	0,226	0,268	0,348	0,377	0,435
53	0,175	0,224	0,266	0,345	0,373	0,432
54	0,174	0,222	0,263	0,341	0,370	0,428
55	0,172	0,220	0,261	0,339	0,367	0,424
56	0,171	0,218	0,259	0,336	0,364	0,421
57	0,169	0,216	0,256	0,333	0,361	0,418
58	0,168	0,214	0,254	0,330	0,358	0,414
59	0,166	0,213	0,252	0,327	0,355	0,411

α	0,200	0,100	0,050	0,010	0,005	0,001
ν						
60	0,165	0,211	0,250	0,325	0,352	0,408
61	0,164	0,209	0,248	0,322	0,349	0,405
62	0,162	0,207	0,246	0,320	0,347	0,402
63	0,161	0,206	0,244	0,317	0,344	0,399
64	0,160	0,204	0,242	0,315	0,342	0,396
65	0,159	0,203	0,240	0,313	0,339	0,393
66	0,157	0,201	0,239	0,310	0,337	0,390
67	0,156	0,200	0,237	0,308	0,334	0,388
68	0,155	0,198	0,235	0,306	0,332	0,385
69	0,154	0,197	0,234	0,304	0,330	0,382
70	0,153	0,195	0,232	0,302	0,327	0,380
71	0,152	0,194	0,230	0,300	0,325	0,377
72	0,151	0,193	0,229	0,298	0,323	0,375
73	0,150	0,191	0,227	0,296	0,321	0,372
74	0,149	0,190	0,226	0,294	0,319	0,370
75	0,148	0,189	0,224	0,292	0,317	0,368
76	0,147	0,188	0,223	0,290	0,315	0,365
77	0,146	0,186	0,221	0,288	0,313	0,363
78	0,145	0,185	0,220	0,286	0,311	0,361
79	0,144	0,184	0,219	0,285	0,309	0,359
80	0,143	0,183	0,217	0,283	0,307	0,357
81	0,142	0,182	0,216	0,281	0,305	0,355
82	0,141	0,181	0,215	0,280	0,304	0,353
83	0,140	0,180	0,213	0,278	0,302	0,351
84	0,140	0,179	0,212	0,276	0,300	0,349
85	0,139	0,178	0,211	0,275	0,298	0,347
86	0,138	0,176	0,210	0,273	0,297	0,345
87	0,137	0,175	0,208	0,272	0,295	0,343
88	0,136	0,174	0,207	0,270	0,293	0,341
89	0,136	0,174	0,206	0,269	0,292	0,339
90	0,135	0,173	0,205	0,267	0,290	0,338
91	0,134	0,172	0,204	0,266	0,289	0,336
92	0,133	0,171	0,203	0,264	0,287	0,334
93	0,133	0,170	0,202	0,263	0,286	0,332
94	0,132	0,169	0,201	0,262	0,284	0,331
95	0,131	0,168	0,200	0,260	0,283	0,329
96	0,131	0,167	0,199	0,259	0,281	0,327
97	0,130	0,166	0,198	0,258	0,280	0,326
98	0,129	0,165	0,197	0,256	0,279	0,324
99	0,129	0,165	0,196	0,255	0,277	0,323
100	0,128	0,164	0,195	0,254	0,276	0,321
101	0,127	0,163	0,194	0,253	0,275	0,320
102	0,127	0,162	0,193	0,252	0,273	0,318
103	0,126	0,161	0,192	0,250	0,272	0,317
104	0,125	0,161	0,191	0,249	0,271	0,315
105	0,125	0,160	0,190	0,248	0,269	0,314
106	0,124	0,159	0,189	0,247	0,268	0,312
107	0,124	0,158	0,188	0,246	0,267	0,311
108	0,123	0,158	0,187	0,245	0,266	0,310
109	0,123	0,157	0,187	0,244	0,265	0,308
110	0,122	0,156	0,186	0,242	0,263	0,307
111	0,121	0,156	0,185	0,241	0,262	0,306
112	0,121	0,155	0,184	0,240	0,261	0,304
113	0,120	0,154	0,183	0,239	0,260	0,303
114	0,120	0,153	0,182	0,238	0,259	0,302
115	0,119	0,153	0,182	0,237	0,258	0,300
116	0,119	0,152	0,181	0,236	0,257	0,299
117	0,118	0,152	0,180	0,235	0,256	0,298
118	0,118	0,151	0,179	0,234	0,255	0,297
119	0,117	0,150	0,179	0,233	0,254	0,295

Fortsetzung der Tab. XVI : Korrelationstest

ν \ α	0,200	0,100	0,050	0,010	0,005	0,001
120	0,117	0,150	0,178	0,232	0,253	0,294
121	0,116	0,149	0,177	0,231	0,252	0,293
122	0,116	0,148	0,176	0,231	0,251	0,292
123	0,115	0,148	0,176	0,230	0,250	0,291
124	0,115	0,147	0,175	0,229	0,249	0,290
125	0,114	0,147	0,174	0,228	0,248	0,289
126	0,114	0,146	0,174	0,227	0,247	0,287
127	0,114	0,145	0,173	0,226	0,246	0,286
128	0,113	0,145	0,172	0,225	0,245	0,285
129	0,113	0,144	0,172	0,224	0,244	0,284
130	0,112	0,144	0,171	0,223	0,243	0,283
131	0,112	0,143	0,170	0,223	0,242	0,282
132	0,111	0,143	0,170	0,222	0,241	0,281
133	0,111	0,142	0,169	0,221	0,240	0,280
134	0,111	0,142	0,168	0,220	0,239	0,279
135	0,110	0,141	0,168	0,219	0,239	0,278
136	0,110	0,141	0,167	0,219	0,238	0,277
137	0,109	0,140	0,167	0,218	0,237	0,276
138	0,109	0,140	0,166	0,217	0,236	0,275
139	0,109	0,139	0,165	0,216	0,235	0,274
140	0,108	0,139	0,165	0,216	0,234	0,273
141	0,108	0,138	0,164	0,215	0,234	0,272
142	0,107	0,138	0,164	0,214	0,233	0,271
143	0,107	0,137	0,163	0,213	0,232	0,270
144	0,107	0,137	0,163	0,213	0,231	0,270
145	0,106	0,136	0,162	0,212	0,230	0,269
146	0,106	0,136	0,161	0,211	0,230	0,268
147	0,106	0,135	0,161	0,210	0,229	0,267
148	0,105	0,135	0,160	0,210	0,228	0,266
149	0,105	0,134	0,160	0,209	0,227	0,265
150	0,105	0,134	0,159	0,208	0,227	0,264
151	0,104	0,133	0,159	0,208	0,226	0,263
152	0,104	0,133	0,158	0,207	0,225	0,263
153	0,103	0,133	0,158	0,206	0,224	0,262
154	0,103	0,132	0,157	0,206	0,224	0,261
155	0,103	0,132	0,157	0,205	0,223	0,260
156	0,102	0,131	0,156	0,204	0,222	0,259
157	0,102	0,131	0,156	0,204	0,222	0,259
158	0,102	0,131	0,155	0,203	0,221	0,258
159	0,102	0,130	0,155	0,202	0,220	0,257
160	0,101	0,130	0,154	0,202	0,220	0,256
161	0,101	0,129	0,154	0,201	0,219	0,255
162	0,101	0,129	0,153	0,201	0,218	0,255
163	0,100	0,128	0,153	0,200	0,218	0,254
164	0,100	0,128	0,152	0,199	0,217	0,253
165	0,100	0,128	0,152	0,199	0,216	0,252
166	0,099	0,127	0,151	0,198	0,216	0,252
167	0,099	0,127	0,151	0,198	0,215	0,251
168	0,099	0,127	0,151	0,197	0,214	0,250
169	0,098	0,126	0,150	0,196	0,214	0,249
170	0,098	0,126	0,150	0,196	0,213	0,249
171	0,098	0,125	0,149	0,195	0,213	0,248
172	0,098	0,125	0,149	0,195	0,212	0,247
173	0,097	0,125	0,148	0,194	0,211	0,247
174	0,097	0,124	0,148	0,194	0,211	0,246
175	0,097	0,124	0,148	0,193	0,210	0,245
176	0,097	0,124	0,147	0,193	0,210	0,245
177	0,096	0,123	0,147	0,192	0,209	0,244
178	0,096	0,123	0,146	0,192	0,208	0,243
179	0,096	0,123	0,146	0,191	0,208	0,243

ν \ α	0,200	0,100	0,050	0,010	0,005	0,001
180	0,095	0,122	0,146	0,190	0,207	0,242
181	0,095	0,122	0,145	0,190	0,207	0,241
182	0,095	0,122	0,145	0,189	0,206	0,241
183	0,095	0,121	0,144	0,189	0,206	0,240
184	0,094	0,121	0,144	0,188	0,205	0,239
185	0,094	0,121	0,144	0,188	0,204	0,239
186	0,094	0,120	0,143	0,187	0,204	0,238
187	0,094	0,120	0,143	0,187	0,203	0,237
188	0,093	0,120	0,142	0,186	0,203	0,237
189	0,093	0,119	0,142	0,186	0,202	0,236
190	0,093	0,119	0,142	0,185	0,202	0,236
191	0,093	0,119	0,141	0,185	0,201	0,235
192	0,092	0,118	0,141	0,185	0,201	0,234
193	0,092	0,118	0,141	0,184	0,200	0,234
194	0,092	0,118	0,140	0,184	0,200	0,233
195	0,092	0,118	0,140	0,183	0,199	0,233
196	0,091	0,117	0,139	0,183	0,199	0,232
197	0,091	0,117	0,139	0,182	0,198	0,232
198	0,091	0,117	0,139	0,182	0,198	0,231
199	0,091	0,116	0,138	0,181	0,197	0,230
200	0,091	0,116	0,138	0,181	0,197	0,230
201	0,090	0,116	0,138	0,180	0,196	0,229
202	0,090	0,115	0,137	0,180	0,196	0,229
203	0,090	0,115	0,137	0,180	0,195	0,228
204	0,090	0,115	0,137	0,179	0,195	0,228
205	0,089	0,115	0,136	0,179	0,194	0,227
206	0,089	0,114	0,136	0,178	0,194	0,227
207	0,089	0,114	0,136	0,178	0,193	0,226
208	0,089	0,114	0,135	0,177	0,193	0,225
209	0,089	0,114	0,135	0,177	0,193	0,225
210	0,088	0,113	0,135	0,177	0,192	0,224
211	0,088	0,113	0,134	0,176	0,192	0,224
212	0,088	0,113	0,134	0,176	0,191	0,223
213	0,088	0,112	0,134	0,175	0,191	0,223
214	0,088	0,112	0,134	0,175	0,190	0,222
215	0,087	0,112	0,133	0,175	0,190	0,222
216	0,087	0,112	0,133	0,174	0,189	0,221
217	0,087	0,111	0,133	0,174	0,189	0,221
218	0,087	0,111	0,132	0,173	0,189	0,220
219	0,087	0,111	0,132	0,173	0,188	0,220
220	0,086	0,111	0,132	0,173	0,188	0,219
221	0,086	0,110	0,131	0,172	0,187	0,219
222	0,086	0,110	0,131	0,172	0,187	0,218
223	0,086	0,110	0,131	0,171	0,187	0,218
224	0,086	0,110	0,131	0,171	0,186	0,217
225	0,085	0,109	0,130	0,171	0,186	0,217
226	0,085	0,109	0,130	0,170	0,185	0,217
227	0,085	0,109	0,130	0,170	0,185	0,216
228	0,085	0,109	0,129	0,170	0,185	0,216
229	0,085	0,108	0,129	0,169	0,184	0,215
230	0,084	0,108	0,129	0,169	0,184	0,215
231	0,084	0,108	0,129	0,168	0,183	0,214
232	0,084	0,108	0,128	0,168	0,183	0,214
233	0,084	0,108	0,128	0,168	0,183	0,213
234	0,084	0,107	0,128	0,167	0,182	0,213
235	0,084	0,107	0,127	0,167	0,182	0,212
236	0,083	0,107	0,127	0,167	0,181	0,212
237	0,083	0,107	0,127	0,166	0,181	0,212
238	0,083	0,106	0,127	0,166	0,181	0,211
239	0,083	0,106	0,126	0,166	0,180	0,211

Lösungen der Übungsaufgaben

Lösungen zu Kapitel 1

LA 1.1

a) Als Zufallsvariable X wird das im Rahmen eines statistischen Experimentes untersuchte Merkmal der Stichprobenelemente bezeichnet.
<u>Biologische Beispiele:</u>
- Gewicht der Küken in einem Vogelnest .
- Anzahl von Kiwis auf einem km² in den Neuseeländischen Alpen.
- Menge der Individuen mit der gewünschten Pestizidresistenz in einer Kultur einer gentechnisch veränderten Bakterienart.

<u>Technische Beispiele:</u>
- Anzahl defekter Produkte in einer Fabrik pro Jahr.
- Geschwindigkeit verschiedener Fahrzeuge bei einer Radarkontrolle.
- Verbrauch an elektrischer Energie in verschiedenen Haushalten pro Tag.

b) In einer diskreten Verteilung nehmen die Realisationen x der Zufallsvariablen X nur diskrete Werte an. Die einzelnen Meßwerte haben definierte Abstände zueinander. Im Gegensatz dazu können die Meßergebnisse x stetiger Verteilungen theoretisch beliebig nahe beieinander liegen.
<u>Biologische Beispiele:</u>
- diskrete Verteilung: die Anzahl von Steinfliegenlarven pro Liter Wasser, gemessen an verschiedenen Probestellen eines Baches.
- stetige Verteilung: die exakte Länge aller gefundenen Oberschenkelknochen der Gattung Triceratops.

<u>Technische Beispiele:</u>
- diskrete Verteilung: die Anzahl von Stromausfällen pro Jahr im Zeitraum von 1950 bis 1990 in Saarbrücken.
- stetige Verteilung: die Motorleistung von Elektromaschinen.

c) Als Grundgesamtheit wird die Menge aller Elemente einer Gruppe bezeichnet, an denen unter gleichen Bedingungen ein bestimmtes Merkmal statistisch erfaßt werden kann. Man unterscheidet konkrete und hypothetische, endliche und unendliche Grundgesamtheiten.

d) Der Stichprobenumfang ist die Anzahl n der Meßwerte der Stichprobe.

e) Eine Stichprobe ist eine kleine repräsentative Teilmenge, die in einem Zufallsexperiment zufällig aus der Grundgesamtheit ausgewählt wurde, um die Ausprägung eines bestimmten Merkmals zu untersuchen.

LA 1.2

Ein Meßgerät kann das Meßergebnis durch folgende Faktoren beeinflussen:
- Interne Fehler des Meßgerätes z.B. durch nicht in die Eichung einbezogene physikalische Faktoren (z.B. Reibung oder innerer Widerstand).
- undeutliche oder ungenaue Anzeige von Meßwerten (z.B. zu großer Abstand des Zeigers von der Skala).
- durch das Auftreten einer Hysterese (Abhängigkeit des Meßwertes von seiner Position innerhalb einer Meßreihe).
- fehlende Nullpunktkonstanz.

Zur Feststellung der Eignung eines Meßgerätes gibt es folgende Möglichkeiten:
- wiederholte Ermittlung der zu bestimmenden Größe mit Eichkörpern.
- mehrmalige Aufnahme von Meßwerten zur Überprüfung der Nullpunktkonstanz und Hysteresefreiheit.

LA 1.3
vgl. Abschnitt 1.3

LA 1.4
a) $F_{abs} = 1$ kg; $F_{rel} = 0,0189$; $F_{\%} = 1,89$ %

b) $F_{abs} = 5\ km\ h^{-1}$; $F_{rel} = 0,05$; $F_{\%} = 5\ \%$

LA 1.5
Richtig ist: b) d) f) h) i) j) l)

Lösungen zu Kapitel 2

LA 2.1

a) Berechnung der relativen und prozentualen Häufigkeit:

b) Abb. LA 1: Lebensdauer von Bakterien auf einer Metalloberfläche

1	2	3	4
Lebens-dauer	Anzahl	rel. Häufigkeit	proz. Häufigkeit
$K_u - K_o$	H	h_{rel}	$h_{\%}$
min	-	-	%
300 - 370	2	0,005	0,5
370 - 440	14	0,035	3,5
440 - 510	37	0,0925	9,25
510 - 580	39	0,0975	9,75
580 - 650	42	0,105	10,5
650 - 720	48	0,12	12
720 - 790	59	0,1475	14,75
790 - 860	52	0,13	13
860 - 930	41	0,1025	10,25
930 - 1000	31	0,0775	7,75
1000 - 1070	23	0,0575	5,75
1070 - 1140	8	0,02	2
1140 - 1210	4	0,01	1
	n = 400	$\Sigma = 1$	$\Sigma = 100$

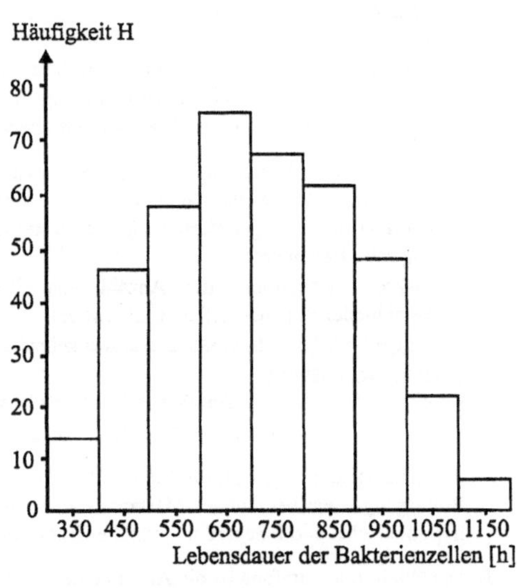

c) b = 70 min
d) Zufallsvariable: Anzahl der Minuten, die ein Bakterium auf der Metalloberfläche überlebt, stetige.

LA 2.2

a) Klassenliste der Körpergröße und -masse der Männer:

1	2	3	4	5	6	7	8	9
-	Körpergröße				Körpermasse			
Kl.-Nr.	Klassen-grenzen	Klassen-mitten	absolute beob. Häufigkeit		Klassen-grenzen	Klassen-mitten	absolute beob. Häufigkeit	
-	K_u	K_o	m_i	H	K_u	K_o	m_i	H
-	m	m	m	-	kg	kg	kg	-
1	1,67	1,71	1,69	1	58,6	65,6	62,1	4
2	1,71	1,75	1,73	1	65,6	72,6	69,1	5
3	1,75	1,79	1,77	4	72,6	79,6	76,1	7
4	1,79	1,83	1,81	5	79,6	86,6	83,1	7
5	1,83	1,87	1,85	5	86,6	93,6	90,1	1
6	1,87	1,91	1,89	6	93,6	100,6	97,1	0
7	1,91	1,95	1,93	3	100,6	107,6	104,1	1

Klassenliste der Körpergröße und -masse der Frauen:

1	2	3	4	5	6	7	8	9
-	Körpergröße				Körpermasse			
Kl.-Nr.	Klassen-grenzen	Klassen-mitten	absolute beob. Häufigkeit		Klassen-grenzen		Klassen-mitten	absolute beob. Häufigkeit
-	m	m	m	-	kg	kg	kg	-
1	1,58	1,62	1,60	1	48,4	52,4	50,4	5
2	1,62	1,66	1,64	6	52,4	56,4	54,4	4
3	1,66	1,70	1,68	9	56,4	60,4	58,4	7
4	1,70	1,74	1,72	6	60,4	64,4	62,4	5
5	1,74	1,78	1,76	2	64,4	68,4	66,4	5
6	1,78	1,82	1,80	2	68,4	72,4	70,4	0
7	1,82	1,86	1,84	2	72,4	76,4	74,4	3

Erstellung der Klassenverteilungslisten: Beachten Sie, daß die Mitte der Spannweite eines
Meßbereiches der Klassenmitte der mittleren Klasse entspricht, und die übrigen Klassen nach oben und
unten angefügt werden:

Männlich: $5 \cdot \log 25 = 6,99 = 7$ Klassen, $b_{\text{Größe Männer}} = 4$ cm; $b_{\text{Masse Männer}} = 7$ kg

Weiblich: $5 \cdot \log 29 = 7,31 = 7$ Klassen, $b_{\text{Größe Frauen}} = 4$ cm; $b_{\text{Masse Frauen}} = 4$ kg

b) Abb. LA 2: Histogramme der Körpergrößen und –massen der Männer und Frauen.

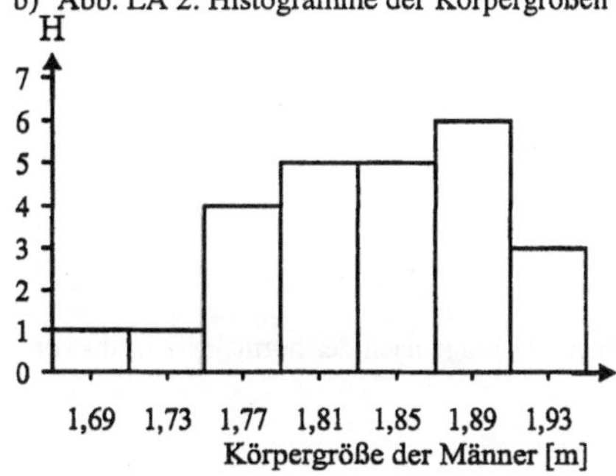

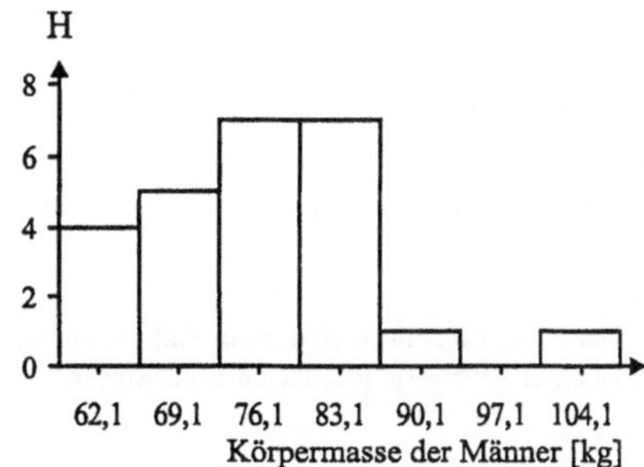

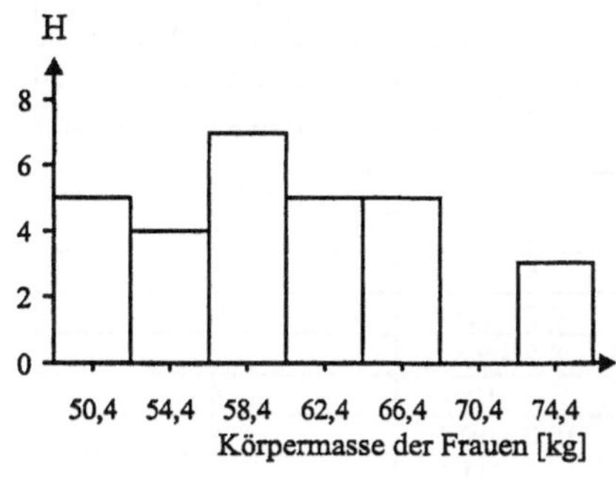

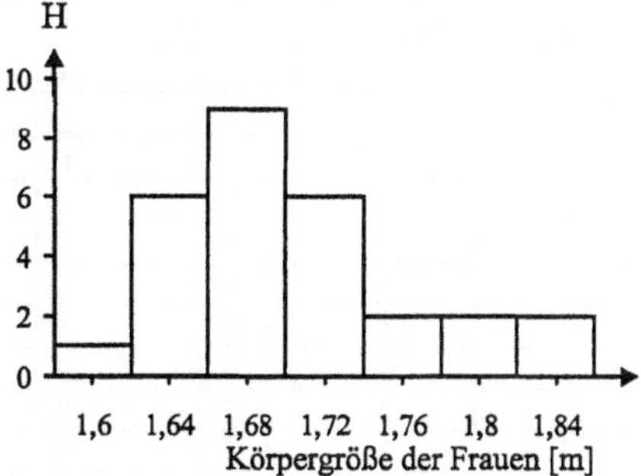

LA 2.3
Richtig ist: b)

Lösungen zu Kapitel 3

LA 3.1

a) $\bar{x} = 75{,}25$; $D = 75$; $\tilde{x} = 75$; $R = 97 - 53 = 44$; $s = 10{,}375$; $s^2 = 107{,}633$

LA 3.2

a) $\bar{x} = 39{,}998$ mm; $\tilde{x} = \dfrac{(39{,}98 \text{ mm} + 40{,}02 \text{ mm})}{2} = 40$ mm

b) Alle Werte treten mit gleicher Häufigkeit, nämlich je einmal, auf.

c) $s = 0{,}064$ mm; $s^2 = 0{,}004$ mm²

d) $s_{\bar{x}} = 0{,}023$ mm, $s_s = 0{,}016$

e) $R = 40{,}09 - 39{,}91 = 0{,}18$ mm

LA 3.3

a) $b = 3$ mm

b) Klassengrenzen: 56,5 mm bis 59,5 mm, 59,5 mm bis 62,5 mm, 62,5 mm bis 65,5 mm, 65,5 mm bis 68,5 mm, 71,5mm bis 74,5 mm, 74,5 mm bis 77,5 mm

c) $\bar{x} = 65{,}431$mm; $\tilde{x} = 65{,}179$mm; $s = 4{,}717$mm; $s^2 = 22{,}249$mm²

LA 3.4

a) Sorte A: $\bar{x}_A = 9{,}5$; Sorte B: $\bar{x}_B = 9$; Die Sorte A ist im Mittel ertragreicher.

b) $s_A = 5{,}210$; $s_B = 4{,}140$; Die größere absolute Streuung tritt bei Sorte A auf.

c) $V_{relA} = 19{,}39\%$; $V_{relB} = 16{,}26\%$; Der größere Variationskoeffizient tritt bei Sorte A auf.

LA 3.5

a) $\bar{x}_1 = 4$ und $s_1 = 2{,}366$;

b) $\bar{x}_2 = 9$ und $s_2 = 2{,}366$; $s_1 = s_2$ und $\bar{x}_2 = \bar{x}_1 + 5$;

c) $\bar{x}_3 = 8$ und $s_3 = 4{,}733$; $\bar{x}_3 = 2\bar{x}_1$ und $s_3 = 2s_1$;

LA 3.6

$D = 4$. Der Modalwert D ist in diesem Fall am ehesten geeignet, die Frage nach der normalen Anzahl von Blüten an einer Amaryllis-Pflanze zu beantworten.

LA 3.7

a) Primäre Verteilungsliste   Klassenliste (Angaben zur Klassierung s.unten)

1	2
Flugge-schwindigkeit	Auftretens-häufigkeit
v	H
m/s	-
6	1
6,5	1
7	4
7,5	3
8	8
8,5	0
9	8
9,5	3
10	4
10,5	3
11	5

1	2	3	4
Kl. nr.	Klassenmitte Fluggeschwindigkeit	Klassen-grenzen	Besetzungszahl d. Klasse = Auftretenshäufigkeit
	$m_i(v)$		H_{Kl}
	m/s	m/s	-
1	6,1	5,8 – 6,4	1
2	6,7	6,4 – 7,0	3
3	7,3	7,0 – 7,6	5
4	7,9	7,6 – 8,2	8
5	8,5	8,2 – 8,8	0
6	9,1	8,8 – 9,4	8
7	9,7	9,4 – 10,0	5
8	10,3	10,0 – 10,6	5
9	10,9	10,6 – 11,2	5

Klassenanzahl K = 5 · log 40 =8,01 erhöht auf 9
Klassenbreite b = (11-6)/9 = 0,55 erhöht auf 0,6
Mitte der Mittleren Klasse 5 = (11-6)/2 +6 =8,5
b) Urliste und Primäre Verteilungsliste: $\bar{x}$ = 8,65 m/s; s = 1,438 m/s;
Klassenliste: $\bar{x}$ = 8,83 m/s; s = 1,3986 m/s.

LA 3.8
Das harmonische Mittel beträgt: $\bar{x}_H$ = 1,0018 kg l^{-1}

LA 3.9
Richtig ist: b) e) h)

Lösungen zu Kapitel 4

LA 4.1
Die **Wahrscheinlichkeitsfunktion** f(x) diskreter Werte und **Dichtefunktion** f (x) stetiger Werte geben die theoretische Häufigkeitswahrscheinlichkeit der Realisationen der Zufallsvariablen an.
Als **Summenhäufigkeitsfunktion** $\hat{F}(x_i)$ bezeichnet man das Integral von x_{min} bis x_{max} der Häufigkeits-(dichte)funktion. Die Summenhäufigkeitsfunktion gibt an, wie groß die Auftretenshäufigkeit der

Zufallsvariablen X im Bereich von x_{min} bis x_{max} ist. $\hat{F}(x_i) = \sum_{x_{i\,min}}^{x_i} \hat{f}(x_i)$ für diskrete Verteilungen bzw.

$$\hat{F}(x_i) = \int_{x_{i\,min}}^{x_i} \hat{f}(x)\,dx \text{ für stetige Verteilungen.}$$

Die **Wahrscheinlichkeitsverteilungsfunktion** oder kurz Verteilungsfunktion F(x) gibt an, mit welcher Wahrscheinlichkeit ein Wert $x_1 < x \leq x_2$ der Zufallsvariablen X in einer Stichprobe aus der Grundgesamtheit auftritt. Die Verteilungsfunktion ist das Integral der Wahrscheinlichkeits- oder Dichtefunktion.

LA 4.2
Die Zufallsvariable X ist beim Würfelwurf der Wert der Augenzahl. Realisationen von X sind $x_1 = 1$, $x_2 = 2$, $x_3 = 3$,... $x_i = i$ bezeichnet.

LA 4.3
Häufigkeit: Anzahl der gleichen Realisationen der Zufallsvariablen X. **Häufigkeitsverteilung**: Auftragung der Häufigkeit des Auftretens der verschiedenen Realisationen x_i der Zufallsvariablen X bzw. die Auftragung der Besetzungszahl der Klassen. Die Häufigkeitsverteilung der Stichprobe ist eine Schätzung der Wahrscheinlichkeitsverteilung der Grundgesamtheit. **Wahrscheinlichkeit**: Theoretische Möglichkeit des Auftretens eines Ereignisses. **Wahrscheinlichkeitsverteilung**: Verteilung der Zufallsvariablen einer Grundgesamtheit. Sie gibt die Wahrscheinlichkeit des Auftretens eines Merkmals x_i in einer Stichprobe an.

LA 4.4

a) H = 50; $h_{rel} = \dfrac{50}{180} = 0,278$

b) $P = \dfrac{1}{6}$

c) Die angegebene Häufigkeit ist untypisch für einen idealen Würfel. Theoretisch müßte H = $\dfrac{180}{6}$ = 30 sein.

LA 4.5

a) $H = 200$

b) jeweils $P = f(x) = 1/2$

c) Wahrscheinlichkeitsfunktion für einmaligen Münzwurf: $f(x) = 1/2$; bei $x = 0; 1$

LA 4.6

a) $f(1) = \dfrac{1}{6}$;

b) $f(6) = \dfrac{1}{6}$;

c) $f(1;6) = \dfrac{1}{6} + \dfrac{1}{6} = \dfrac{1}{3}$;

d) $f(1;2;5;6) = \dfrac{1}{6} + \dfrac{1}{6} + \dfrac{1}{6} + \dfrac{1}{6} = \dfrac{2}{3}$;

e) $f(1 < x \leq 3) = f(2;3) = \dfrac{1}{6} + \dfrac{1}{6} = \dfrac{1}{3}$;

f) $f(4 < x \leq 6) = f(5;6) = \dfrac{1}{6} + \dfrac{1}{6} = \dfrac{1}{3}$;

g) $f(1 < x \leq 6) = f(2;3;4;5;6) = \dfrac{1}{6} + \dfrac{1}{6} + \dfrac{1}{6} + \dfrac{1}{6} + \dfrac{1}{6} = \dfrac{5}{6}$;

h) $f(3)$ bei gleichzeitigem Wurf mit zwei Würfeln: $f(3) = 2 \cdot \dfrac{1}{6} = \dfrac{1}{3}$

i) $f(4 - 5 - 6) = \dfrac{1}{6} \cdot \dfrac{1}{6} \cdot \dfrac{1}{6} = \dfrac{1}{216}$

LA 4.7

$$\hat{f}(2;3;4;5;6) = \dfrac{1}{6} + \dfrac{1}{6} + \dfrac{1}{6} + \dfrac{1}{6} + \dfrac{1}{6} = \dfrac{5}{6}$$

LA 4.8

Die Verteilungsfunktion ist das Integral der stetigen Dichtefunktion. Eine Verteilungsfunktion gibt an, wie groß die Wahrscheinlichkeit ist, daß ein Wert zwischen x_{min} und x_i der Zufallsvariablen X in der Stichprobe vorkommt, für den gilt: $x_1 < x_i \leq x_2$. Mit der Dichtefunktion wird die Beobachtungsdichte der Zufallsvariablen in der Grundgesamtheit beschrieben.

LA 4.9

a) $n = 399$; $\overline{X} = 3324{,}373$ g; $s = 478{,}986$ g

b) Berechnung der bestangepaßten standardisierten Normalverteilungskurve: (Tabelle s.u.)

c) Abb. LA 3: Histogramm des Geburtsgewichts von Säuglingen

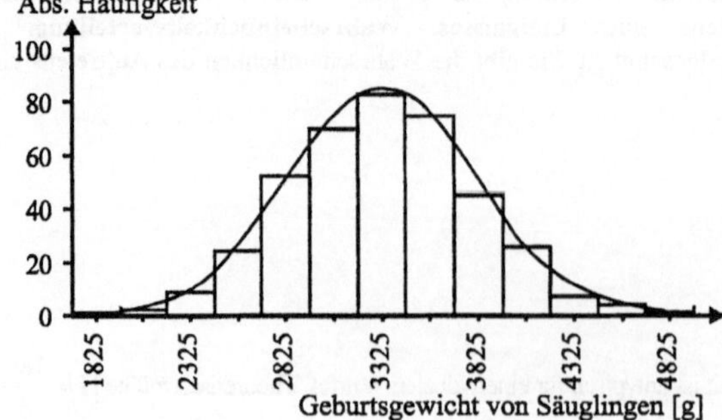

1	2	3	4	5	6	7
	Kl.- Mitte	beobachtete absolute Häufigkeit	standardisierter z-Wert der Klassenmitten	tabellierter Wert der Dichtefunktion	theoret. relative Häufigkeit	theoret. absolute Häufigkeit
Kl.- Nr.	m_i	H_{bi}	$z_i = \dfrac{m_i - \overline{x}}{s}$	$f(z_i) = \dfrac{1}{\sqrt{2\pi}}\, e^{-\frac{1}{2}z^2}$	$f(Kl_i) =$ $= f(z_i) \cdot \dfrac{b}{s}$	$f(Kl_{iH}) =$ $f(Kl_i) \cdot n$
-	g	-	-	-	-	-
1	1825	1	-3,1303	0,00298	0,0016	0,6384
2	2075	2	-2,6084	0,01323	0,0069	2,7531
3	2325	9	-2,0864	0,04491	0,0234	9,3526
4	2575	24	-1,5645	0,11816	0,0617	24,6183
5	2825	52	-1,0426	0,23157	0,1209	48,2391
6	3075	70	-0,5206	0,34831	0,1818	72,5382
7	3325	83	0,0013	0,39894	0,2082	83,0718
8	3575	75	0,5232	0,34795	0,1816	72,4584
9	3825	45	1,0452	0,23109	0,1206	48,1194
10	4075	26	1,5671	0,11632	0,0607	24,2193
11	4325	7	2,0890	0,04491	0,0234	9,3366
12	4575	4	2,6110	0,01323	0,0069	2,7531
13	4825	1	3,1329	0,00298	0,0016	0,6384
	b = 250g	n = 399				Summe: 398,737

LA 4.10

a) $s = 1$ mm; $x_i \leq 6$ mm; $\overline{x} = 7$ mm $z = \dfrac{x_i - \overline{x}}{s} = \dfrac{6-7}{1} = -1$;

b)

   nach Tab. II im Anhang: $z \rightarrow \int\limits_{-\infty}^{z} f(x)$ mit $z = -1 \rightarrow 15,866\%$

Es werden 15,865 % der Muscheln aussortiert.

b) Der z - Wert beträgt -1,0364 (Tab. II). Alle Muscheln, die kleiner als 5,96 mm sind, werden aussortiert, denn 1 z entspricht 1 mm, somit werden vom arithmetischen Mittelwert 1,0364 mm abgezogen.

c) $F(10) - F(5) = F(z = 3) - F(z = -2) = 99,865 \% - 2,275 \% = 97,59 \%$; (Die F(z) - Werte aus Tab. III).

d) Bei stetigen Verteilungen kann eine Zufallsvariable keinen Wert mit unendlicher Genauigkeit annehmen, die Antwort lautet daher 0 %!

e) $F(z = 0) = 50 \%$

f) für $s = 1$ ergibt sich für $x_i = 8,25$ mm ein z-Wert von $z = 8,25$ mm - $\overline{x} = 1,25$ mm; $z = + 1,25$ mm liegt rechts vom Mittelwert.

g) $x_i = 7$ mm + 1,5 mm = 8,5 mm

h) $x_i = 2$ mm

i) $z = 5$ mm - 7 mm = -2 , d.h. die Zufallsvariable $x_i = 5$ mm liegt 2 Standardabweichungen links vom Mittelwert.

j) $z = 0$

k) aus Tab. II: 75 % $\rightarrow z = +0,6745 = 0,67$ mm; $x_i = \overline{x} = 0,67$ mm = 7,67 mm

l) $F(5,5) - F(5) = F(z = -1,5) - F(z = -2) = 6,68 \% - 2,28 \% = 4,4 \%$; F(z) - Werte aus Tab. III.

m) $x_i = 2,34$ mm + 7 mm = 9,34 mm

LA 4.11

Der Mittelwert und Standardabweichung der standardisierten Normalverteilung betragen $\overline{x} = 0$ z und $s = \pm 1$ z. Die Fläche unter der Dichtefunktion der standardisierten Normalverteilung ist $F(z) = 1$ oder 100 %.

LA 4.12

Die Dichtefunktion der standardisierten Normalverteilung und der nichtstandardisierten Normalverteilung unterscheiden sich hinsichtlich der Einteilung ihrer Abszissen und Ordinaten. Während bei der nichtstandardisierten Normalverteilung die gemessenen Werte (Realisationen x_i der Zufallsvariablen X) auf der x - Achse aufgetragen werden, werden diese Werte bei der standardisierten Normalverteilung in z - Werte transformiert. Diese Transformation ermöglicht den Vergleich verschiedener Verteilungen miteinander. Nach der z-Transformation beträgt der Mittelwert immer $\bar{x} = 0z$ und die Standardabweichung $s = \pm 1z$. Auf der Ordinate der standardisierten Normalverteilung ist die relative Häufigkeitsdichte aufgetragen.

LA 4.13

$$f(z) = \frac{1}{\sqrt{2\pi}} e^{-\frac{1}{2} z^2} \quad \text{Tab. I}$$

a) $f(0,84) = 0,28034$
b) $f(-1,27) = 0,17810$
c) $f(-0,05) = 0,39844$

LA 4.14
Nach Tab. III:
a) $F(1,2) - F(0) = 0,88493 - 0,5 = 0,38493$
b) $F(0) - F(-0,68) = 0,5 - 0,24825 = 0,25175$
c) $F(2,21) - F(0,46) = 0,98645 - 0,67724 = 0,30921$
d) $F(1,94) - F(0,81) = 0,97381 - 0,79103 = 0,18278$
e) $F(-0,6) = 0,27425$ für $z < -0,6$
f) $1 - F(-1,28) = 1 - 0,10027 = 0,89973$ für $z > -1,28$
g) $F(-1,44) + (1 - F(2,05)) = 0,07493 + (1 - 0,97982) = 0,09511$ für $z < -1,44$ und $z > 2,05$

LA 4.15
Nach Tab. III:
a) $F(1) - F(-1) = 0,84134 - 0,15866 = 0,68268 \rightarrow 68,27\ \%$
b) $F(2) - F(-2) = 0,97725 - 0,02275 = 0,9545 \rightarrow 95,45\ \%$
c) $F(3) - F(-3) = 0,99865 - 0,00135 = 0,9973 \rightarrow 99,73\ \%$

LA 4.16
Standardisierung der Ordinate: Berechnung der relativen Häufigkeit h aus der absoluten Häufigkeit H über

$$h = \frac{H}{n}\ .$$

Standardisierung der Abszisse: Berechnung dimensionsloser z-Werte aus den dimensionsbehafteten x_i-Werten der Zufallsvariablen X mit Hilfe der z-Transformation über $z = \dfrac{x_i - \bar{x}}{s}$.

LA 4.17
a) Es wird vermutet, daß die gegebenen Daten poissonverteilt sind.
b) $\bar{N} = 0,535$ und $n = 200$

1	2	3	4	5	6
Kl.-Nr.	N_i	H_b	h_b	$f(N_i)$	$H_t = f(N_i) \cdot n$
1	0	113	0,565	0,5857	117,14
2	1	72	0,36	0,3133	62,66
3	2	11	0,055	0,0838	16,76
4	3	3	0,015	0,0149	2,98
5	4	1	0,005	0,002	0,3998
		$\Sigma = n = 200$			$\Sigma = 199,9398$

c) $\overline{N} = 0{,}535$ und $s = 0{,}7151$; Schnelltest auf Vorliegen einer Poissonverteilung: $\overline{N} \approx s^2 \Rightarrow 0{,}535 \approx$ 0,5113. Das Ergebnis des Schnelltests deutet darauf hin, daß die vorliegenden Daten poissonverteilt sind.

LA 4.18

a) Es handelt sich vermutlich um eine Poisson-Verteilung mit $\overline{N} = 1$.

b) $N_i = 0$; $f(0) = 0{,}3679 \rightarrow 36{,}79\,\%$; $N_i = 2$; $f(2) = 0{,}1839 \rightarrow 18{,}39\,\%$ und $N_i = 3$; $f(3) = 0{,}0613 \rightarrow 6{,}13\,\%$

$$N_i \geq 6; \; F(N_i) = e^{-\overline{N}} \cdot \sum_{N=0}^{N=N_i} \frac{\overline{N}^{N_i}}{N_i!} \;;$$

$$F\,(N_i < 6) = e^{-1} \cdot \left(\frac{1^0}{0!} + \frac{1^1}{1!} + \frac{1^2}{2!} + \frac{1^3}{3!} + \frac{1^4}{4!} + \frac{1^5}{5!} \right) = 0{,}3679 \cdot 2{,}7167 = 0{,}9994 \; F\,(N \geq 6)$$

$$= 1 - 0{,}9994 = 0{,}0006 \text{ oder } 0{,}06\,\%$$

LA 4.19

Der Binomialkoeffizient $\binom{k}{N}$ ist numerisch gleich der Anordnungszahl a für eine bestimmte Kombination von Ereignis E und Nichtereignis Nicht-E. Bei einer Anzahl von k durchgeführten Versuchen werden genau N Ereignisse beobachtet. Er läßt sich ermitteln über die Formel: $\binom{k}{N} = \dfrac{k!}{N!\,(k-N)!}$ oder durch empirische Ermittlung: Alle Kombinationsmöglichkeiten werden festgehalten und gezählt (Nur bei kleinem k und N sinnvoll !).

LA 4.20

a) Es wird eine Binomialverteilung erwartet.

b) $\mathbf{k = 4}$ (k: Anzahl der Versuche pro Untersuchungseinheit, in diesem Fall ist k = 4, da jeweils Gelege mit 4 Eiern untersucht wurden). $N = 0;1;2;3;4$ (N: Anzahl der beobachteten Ereignisse E; Wird zum Beispiel in einem 4er Gelege das Schlüpfen nur eines weiblichen (vgl. E) Kükens beobachtet, so ist N = 1). $\mathbf{n = 381}$ (n: Anzahl der insgesamt untersuchten Gelege mit jeweils vier Eiern.). E wäre in diesem Fall das Ereignis „Ein weibliches Küken" (in Aufgabe so definiert). **Nicht-E** wäre dementsprechend „Ein nicht-weibliches Küken, also ein männliches Küken". $\mathbf{p = q = 0{,}5}$ entspricht der theoretischen Wahrscheinlichkeit für das Auftretens von Ereignis E (p) und Nichtereignis Nicht-E (q).

c) Die vorliegende Verteilung nähert sich einer Normalverteilung, wenn die Anzahl der Eier pro Nest größer ist ($k \rightarrow \infty$, in diesem Fall ist bereits p = q = 0,5 und n > 200), sie nähert sich einer Poissonverteilung, wenn außerdem überwiegend männliche Küken zur Welt kommen und das Schlüpfen eines weiblichen Tieres ein seltenes Ereignis darstellt ($p \rightarrow 0; k \rightarrow \infty$).

d) $p = q = 0{,}5; k = 4$

1	2	3	4	5
Anzahl der weiblichen Küken in einem Gelege	beobachtete absolute Häufigkeit	beobachtete relative Häufigkeit	theoretische relative Häufigkeit	theoretische absolute Häufigkeit
N_i	$H_{beob.}$	$h_{beob.}$	$f(N_i) =$ $\binom{k}{N_i} \cdot p^{N_i} \cdot q^{k-N_i}$	$H_{theoret.} =$ $f(N_i) \cdot n$
-	-	-	-	-
0	21	0,0551	0,0625	23,8125
1	97	0,2546	0,25	95,25
2	159	0,4173	0,375	142,875
3	87	0,2283	0,25	95,25
4	17	0,0446	0,0625	23,8125

e) Die Wahrscheinlichkeit für das Auftreten von 2 oder 3 männlichen Küken ist gleich der Wahrscheinlichkeit des Auftretens von 2 oder 1 weiblichen Küken in einem 4er-Gelege. P(1) = 0,25 und P(2) = 0,375; P(1 oder 2) = 0,25 + 0,375 = 0,625 oder 62,5 %.

LA 4.21

a) Die Wahrscheinlichkeit p für das Eintreten des Ereignisses E „Eine schwarze Kugel wird gezogen" beträgt 25 %; die Wahrscheinlichkeit q für das Eintreten des Nichtereignisses Nicht-E „Eine weiße Kugel wird gezogen" beträgt 75 %.

b) $k = 3; p = 0,25; q = 1 - 0,25 = 0,75; f(1) = \left(\dfrac{3!}{1! \, (3 - 1)!} \right) \cdot 0,25^1 \cdot 0,75^{3-1} = 0,4219$ oder 42,19 %

LA 4.22

Berechnung über das Gegenereignis:

a) Die Wahrscheinlichkeit der Geburt wenigstens eines Jungen ist gleich der Summe aller Auftretenswahrscheinlichkeiten 1 minus der Wahrscheinlichkeit der Geburt keines Jungen:

$$k = 4; p = q = 0,5; \quad f(\text{kein Junge}) = \binom{4!}{0!} \cdot 0,5^0 \cdot 0,5^4 = 0,0625;$$

$$f(\text{mind. 1 Junge}) = 1 - 0,0625 = 0,9375 \text{ oder } 93,75 \text{ \%}.$$

b) Die Wahrscheinlichkeit der Geburt mindestens eines Jungen und eines Mädchens ist gleich der Summe aller Auftretenswahrscheinlichkeiten 1 weniger der Wahrscheinlichkeit der Geburt keines Jungen und weniger der Wahrscheinlichkeit der Geburt von vier Jungen:

f(kein Junge) = 0,0625;   f(4 Jungen) = 0,0625;

f(mind. 1 Junge und 1 Mädchen) = 1 - 0,0625 - 0,0625 = 0,875 oder 87,5 %

LA 4.23

a) $f(1,3,5) = \dfrac{1}{6} + \dfrac{1}{6} + \dfrac{1}{6} = \dfrac{1}{2} = 0,5$ oder 50%

b) $f(\text{kein Mal Kopf}) = \binom{2}{0} \cdot 0,5^0 \cdot 0,5^{2-0} = 0,25$

f(mind. einmal Kopf) = 1 - 0,25 = 0,75 oder 75 %

c) Ein Kartenspiel mit 52 Karten enthält pro Farbe (♣,♦,♥ oder ♠) jeweils 13 Karten. In einem solchen Spiel kommt viermal ein As sowie die ♦10 und die ♠2 je einmal vor. Daraus ergibt sich:

$$f(\text{As}, \blacklozenge 10, \spadesuit 2) = \frac{4}{52} + \frac{1}{52} + \frac{1}{52} = \frac{6}{52} = 0,1154 \text{ oder } 11,54 \text{ \%}$$

d) Die Gesamtwahrscheinlichkeit f(x) ist gleich der Anordnungszahl a (a = 6 mögliche Kombinationen ergeben die Augensumme 7 bei einem Wurf mit zwei Würfeln) multipliziert mit der Wahrscheinlichkeit

P für die Kombination zweier Augenzahlen: $f(x) = a \cdot P$ (vgl. Bsp. 4.12) $f(x) = 6 \cdot \left(\dfrac{1}{6} \cdot \dfrac{1}{6} \right) = \dfrac{1}{6}$

oder 16,67 %

e) Berechnung über die Wahrscheinlichkeitsfunktion der Binomialverteilung: f(dreimal Kopf) =

$$= \binom{3}{3} \cdot 0,5^3 \cdot 0,5^{3-3} = \frac{1}{8} = 0,125 \text{ oder } 12,5 \text{ \%}$$

f) Berechnung über die Wahrscheinlichkeitsfunktion der Binomialverteilung: f(zweimal Kopf) =

$$\binom{3}{2} \cdot 0,5^2 \cdot 0,5^{3-2} = \frac{3}{8} = 0,375 \text{ oder } 37,5 \text{ \%}$$

LA 4.24

a) Auftretenswahrscheinlichkeit des Ereignisses bzw. Nicht-Ereignisses p = q = 0,5

b) Beobachtungseinheit k = 3

c) Mittelwert der Grundgesamtheit $\mu = p \cdot k = 0,5 \cdot 3 = 1,5$ und Standardabweichung der Grundgesamtheit

$\sigma = \sqrt{p \cdot q \cdot k} = \sqrt{0,5 \cdot 0,5 \cdot 3} = 0,8660$; Aus den angegebenen Daten wurden berechnet: $\overline{N} =$

1,49 und s = 0,847; $\overline{N} \approx \mu$ da 1,49 $\approx$ 1,5 und s $\approx \sigma$ da 0,847 $\approx$ 0,866. Der Schnelltest deutet darauf hin, daß die ermittelten Daten binomialverteilt sind.

LA 4.25
Richtig ist: c) g) i) k) l) o)

Lösungen zu Kapitel 5

LA 5.1
Die Fläche unter den Prüfverteilungen beträgt, ebenso wie die Fläche unter der Dichtefunktion f(z) der standardisierten Normalverteilung, 1.

LA 5.2
a) Der Tabellenkopf der Tabelle VIII (χ^2-Verteilung) beinhaltet die Irrtumswahrscheinlichkeit α = Fläche unter der Kurve der Dichtefunktion und in der ersten Spalte die Anzahl der Freiheitsgrade ν. Die Tabelle XI (F-Verteilung) enthält im Tabellenkopf die Freiheitsgrade ν_1 der Stichprobe mit der größeren Varianz und in der ersten Spalte die Werte für ν_2 der Stichprobe mit der kleineren Varianz. In Tabelle XII (t-Verteilung) sind die Irrtumswahrscheinlichkeit α (Fläche unter der Kurve auf einer Seite) bzw. $2 \cdot \frac{1}{2} \alpha$ (Fläche unter die Kurve auf beide Seiten verteilt) im Tabellenkopf und die Anzahl der Freiheitsgrade ν in der ersten Spalte aufgetragen.
b) Die Zahlen in den Tabellen stellen die Signifikanzschranken SSchr dar, d.h. den Abszissenwert der entsprechenden Prüfverteilung für bestimmte α und ν.
c) Es gilt: $\nu = n - a$; ν = Anzahl der Freiheitsgrade, n = Stichprobenumfang und a = Anzahl der in die Berechnung der Dichtefunktion eingegangenen Parameter. Die Form der Prüfverteilung ist abhängig vom Umfang der Stichprobe. Da ν in die Berechnung der Dichtefunktion der Prüfverteilung eingeht, gibt es auch ν Prüfverteilungen. (Achtung: Formeln der Prüfverteilungen und Formeln zur Berechnung der Prüfgrößen nicht verwechseln!).
d) Die Tabellen sind über die Verteilungsfunktion F der Prüfverteilungen berechnet.

LA 5.3
Tab. VII und XII im Anhang: F(z) wird als Prüfverteilung genutzt, für $\nu > 200$.

t = z		0	1	2	3
	$\nu = 200$	0,9995	> 0,30	< 0,05	< 0,005
$2 \cdot \frac{1}{2}\alpha(t)$	$\nu = 20$	0,9995	> 0,30	> 0,05	> 0,005
	$\nu = 2$	0,9995	> 0,40	< 0,2	< 0,10
$2 \cdot \frac{1}{2}\alpha(z)$	$\nu = \infty$	1	0,3173	0,0455	0,0027

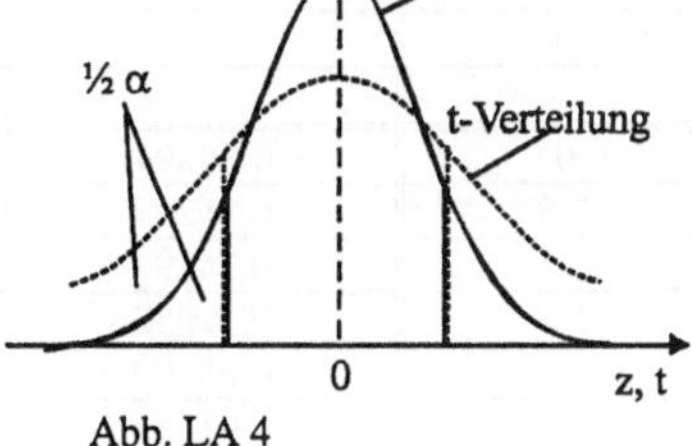

Abb. LA 4

LA 5.4
a) $2 \cdot \frac{1}{2} \alpha$ = 5% ist konstant; ν ist variabel bei der t-Verteilung, bei der standardisierten Normalverteilung oder "z-Verteilung" ist ν immer ∞, Tab. VII und XII im Anhang:

ν	∞	200	100	50	25	5
t	-	1,9719	1,9840	2,0086	2,0595	2,5706
z	1,96			-		

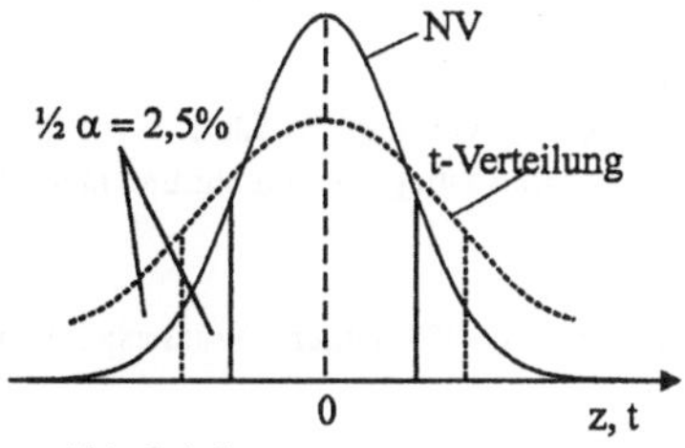

Abb. LA 5

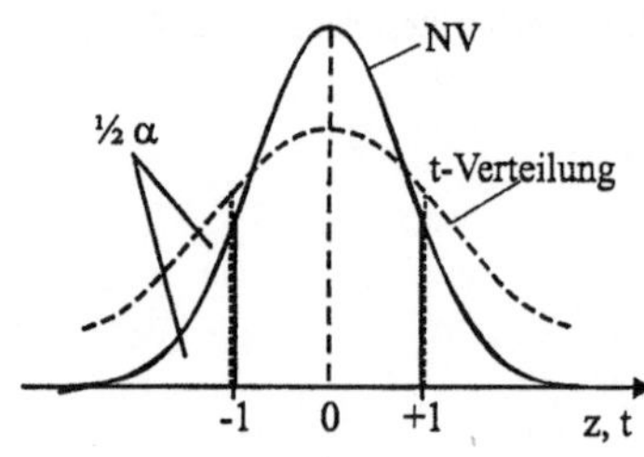

Abb. LA 6

b) $t = 1$ und $z = 1$ sind konstant; v ist variabel bei der t-Verteilung (bei z-Verteilung wird v immer als ∞ angenommen). Nach Tab. XII:

v	∞	200	100	50	25	5
$2 \cdot \tfrac{1}{2}\alpha(t)$	-	> 0,30	> 0,30	> 0,30	> 0,30	< 0,40
$2 \cdot \tfrac{1}{2}\alpha(z)$	0,3173			-		

c) $v = 5$ konstant; $2 \cdot \tfrac{1}{2}\,\alpha$ ist variabel.

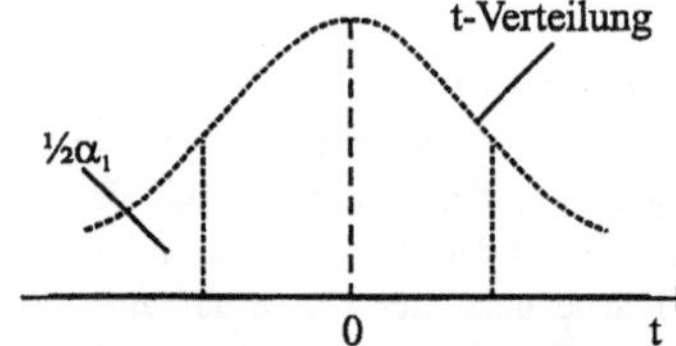

$2 \cdot \tfrac{1}{2}\alpha$	0,5	0,1	0,05	0,01	0,005	0,001
t	0,7267	2,0150	2,5706	4,0321	4,7733	6,869

Abb. LA 7

LA 5.5
Berechnungshilfe für die t-Verteilung:

für $v = 3$: $\quad \sqrt{v \cdot \pi} = 3,0700; \qquad \Gamma\left(\dfrac{v}{2}\right) = 0,8862; \qquad \Gamma\left(\dfrac{v+1}{2}\right) = \Gamma(2) = 1$

für $v = 200$: $\quad \sqrt{v \cdot \pi} = 25,0063; \qquad \Gamma\left(\dfrac{v}{2}\right) = \Gamma(100); \qquad \Gamma\left(\dfrac{v+1}{2}\right) = \Gamma(100,5)$

1	2	3	
$z = t$	$f(z)$	$f(t,v)$	
		$v = 3$	$v = 200$
0	0,39894	0,3676	0,3984
0,5	0,35207	0,3132	0,3496
1	0,24197	0,2068	0,2414
1,5	0,12952	0,1200	0,1288
2	0,05399	0,0675	0,0545
2,5	0,01753	0,0387	0,0181
3	0,00443	0,0230	0,0048
3,5	0,00087	0,0142	0,0001

LA 5.6
Der Graph von $f(\chi^2)$ ist für $1 < v \leq 2$ eine Hyperbel, für $v > 2$ eine glockenförmige Kurve, die sich mit weiterem Anstieg von v mehr und mehr der Normalverteilung annähert.

LA 5.7
$F(F)$ ist die aufsummierte Wahrscheinlichkeitsverteilungsfunktion der F-Verteilung

LA 5.8
Richtig ist: c) f) g) h)

Lösungen zu Kapitel 6

LA 6.1
Die Nullhypothese H_0 ist immer eine Übereinstimmungshypothese. Man nimmt an, daß die Eigenschaft der Grundgesamtheit aus der die Stichprobe stammt, mit einem Modell oder einer anderen Grundgesamtheit übereinstimmt. Sie wird mit dem Ziel aufgestellt, verworfen zu werden.

LA 6.2
Die Prüfgröße ist eine aus den Kenngrößen einer oder mehrerer Stichproben nach einer für den jeweiligen statistischen Test charakteristischen Formel errechnete Größe. Die Signifikanzschranke SSchr ist die tabellierte Prüfgröße, die die Fläche der gewählten Irrtumswahrscheinlichkeit α begrenzt.

LA 6.3
a) Beim einseitigen Test ist die Richtung eines eventuellen Unterschiedes der geprüften Kennwerte bekannt, die gewählte Irrtumswahrscheinlichkeit α liegt ganz auf einer Seite.
b) Beispiel: Sind Männer im Mittel größer als Frauen? einseitiger t-Test. Achtung: Auch beim einseitigen Test ist die Nullhypothese eine Übereinstimmungshypothese!!!
   Beim zweiseitigen Test wird die gewählte Irrtumswahrscheinlichkeit auf beide Seiten der Prüfverteilung zu $2 \cdot \frac{1}{2} \alpha$ aufgeteilt. Beispiel: Unterscheiden sich die mittleren Apfelmassen zweier Stichproben?
c) Voraussetzung für die Wahlfreiheit ist die Symmetrie der Prüfverteilung, z. B. t-Verteilung, zum Nullpunkt.
d) Die Trennschärfe ist beim einseitigen Test größer, weil die Nullhypothese aufgrund der kleineren SSchr beim einseitigen Test bei gleicher Irrtumswahrscheinlichkeit und Anzahl der Freiheitsgrade eher verworfen werden kann.

LA 6.4
Ein Fehler 1. Art wird begangen, wenn die Nullhypothese verworfen wird, obwohl sie wahr ist.

LA 6.5
Bei unverbundenen Stichproben werden mit der gleichen Meßmethode verschiedene Stichproben vermessen: z.B.
1. Bestimmung der Größe von Individuen einer Gattung aus zwei Stichproben mit einem Lineal.
2. Wiegen von zwei Apfelstichproben mit gleichartigen Waagen.
3. Zählung von Pflanzen einer Gattung in verschiedenen Arealen.
   Bei verbundenen Stichproben werden bei der gleichen Stichprobe unterschiedliche Meßmethoden angewandt: z.B.
1. Apfelmassenbestimmung mit einer Waage und über das Volumen.
2. Konzentrationsbestimmung über Titration und mit dem Photometer.
3. Bestimmung der Anzahl von Erythrozyten in einer Zählkammer oder mit einer photometrischen Methode.

LA 6.6
a) H_0: Die Zahl der an der bretonischen Küste gefundenen Gelege des Eissturmvogels ist poissonverteilt. H_A: Die Zahl der an der bretonischen Küste gefundenen Gelege des Eissturmvogels ist nicht poissonverteilt.
b) Basierend auf der jeweils gewählten Fehlerwahrscheinlichkeit kann bei Bestätigung der Nullhypothese davon ausgegangen werden, daß die Gelege an der bretonischen Küste poissonverteilt sind, der Eissturmvogel somit als seltener Gast angesehen werden muß. Die berechnete PG muß kleiner als die SSchr sein, welche vom Stichprobenumfang abhängt.

LA 6.7
Richtig ist: b)

LA 6.8
Richtig ist: a)   b)   d)

Lösungen zu Kapitel 7

LA 7.1

Ein statistischer Vergleich zweier Verteilungen ist mit folgenden Anpassungstets möglich: χ^2-, KS-Test und Schnelltest nach David et al. (nur Test auf Normalverteilung) möglich.

Die Heterogenität zweier Varianzen kann mit einem F-Test (unverbundene Stichproben) statistisch untersucht werden.

Zur Sicherung des Unterschieds zwischen zwei Mittelwerten wird je nach den Voraussetzungen ein Signifikanztest (t-, Lord- Welch-, Weir- oder U-Test) durchgeführt. In Abhängigkeit von Stichprobenart und -umfang muß der jeweils geeignete Test gewählt werden.

LA 7.2

Statistische Hypothesen werden als Null- oder Übereinstimmungshypothesen aufgestellt, mit dem Ziel, verworfen zu werden. Im statistischen Test wird eine Prüfgröße nach einer für den jeweiligen Test spezifischen Formel errechnet und mit einer Signifikanzschranke SSchr verglichen. Diese Signifikanzschranke ist in Abhängigkeit von der Irrtumswahrscheinlichkeit α und der Anzahl der Freiheitsgrade v tabelliert. Die Nullhypothese wird verworfen, wenn die SSchr kleiner als der Wert der Prüfgröße ist. <u>Achtung</u>: Ausnahmen hiervon bilden der Wilcoxon-Test und der U-Test bei kleinen Stichprobenumfängen n, da hier die Nullhypothese verworfen wird, wenn der Wert der Signifikanzschranke SSchr größer ist als die berechnete Prüfgröße PG.

LA 7.3

a) Da die Stichproben unverbunden sind, eine Normalverteilung vorliegt und die Stichprobenumfänge nicht stark voneinander abweichen, kann mit dem **F-Test** auf Homogenität der Varianzen getestet werden.

   1) H_0: $\sigma^2_{Männer} = \sigma^2_{Frauen}$

   2) F-Test

   3) Wahl der Irrtumswahrscheinlichkeit: $\alpha = 0,05$

   4) Berechnung der Prüfgröße F_{ber}: $s^2_{Männer} = 2,0156$; $n_{Männer} = 33$ und $s^2_{Frauen} = 0,7829$; $n_{Frauen} = 32$

$$F_{ber} = \frac{s^2_{größer}}{s^2_{kleiner}} = \frac{s^2_{Männer}}{s^2_{Frauen}} = \frac{2,0156}{0,7829} = 2,5745$$

   5) Anzahl der Freiheitsgrade: $v_{Männer} = n_{Männer} - 1 = 32$; $v_{Frauen} = n_{Frauen} - 1 = 31$

   6) aus Tab. XI: SSchr ($\alpha = 0,05$; $v_1 = v_{Männer} = 32$ abgelesen bei 30; $v_2 = v_{Frauen} = 31$ abgelesen bei 30) = 1,84

   7) Da $F_{ber} > $ SSchr (2,5745 > 1,84) wird die Nullhypothese mit 5 %-iger Fehlerwahrscheinlichkeit verworfen.

   8) Mit einer Irrtumswahrscheinlichkeit von 5 % kann davon ausgegangen werden, daß die Varianzen der beiden Verteilungen nicht homogen sind. Dies bedeutet, daß der Hämoglobingehalt im Blut männlicher und weiblicher Teilnehmer unterschiedlich stark variiert.

b) Es wird als Signifikanztest für normalverteilte Stichproben mit heterogenen Varianzen der **Welch-Test** durchgeführt:

   1) H_0: $\mu_{Männer} = \mu_{Frauen}$

   2) Welch-Test

   3) Wahl der Irrtumswahrscheinlichkeit: $\alpha = 0,05$. Es wird ein einseitiger Test durchgeführt, da die Richtung einer etwaigen Differenz zwischen den Mittelwerten vorgegeben ist.

   4) Die Prüfgröße t berechnet sich zu: $\bar{x}_{Männer} = 14,6758$; $s^2_{Männer} = 2,0156$; $n_{Männer} = 33$, $\bar{x}_{Frauen} = 12,1688$; $s^2_{Frauen} = 0,7829$; $n_{Frauen} = 32$

$$t = \frac{\left|\bar{x}_{Männer} - \bar{x}_{Frauen}\right|}{\sqrt{\dfrac{s^2_{Männer}}{n_{Männer}} + \dfrac{s^2_{Frauen}}{n_{Frauen}}}} = \frac{\left|14,6758 - 12,1688\right|}{\sqrt{\dfrac{2,0156}{33} + \dfrac{0,7829}{32}}} = 8,5715$$

5) v berechnet sich für $n_{\text{Männer}} \neq n_{\text{Frauen}}$ zu:

$$v = \frac{\left(\dfrac{s^2_{\text{Männer}}}{n_{\text{Männer}}} + \dfrac{s^2_{\text{Frauen}}}{n_{\text{Frauen}}} \right)^2}{\dfrac{\left(\dfrac{s^2_{\text{Männer}}}{n_{\text{Männer}}} \right)^2}{n_{\text{Männer}} - 1} + \dfrac{\left(\dfrac{s^2_{\text{Frauen}}}{n_{\text{Frauen}}} \right)^2}{n_{\text{Frauen}} - 1}} = \frac{\left(\dfrac{2,0156}{33} + \dfrac{0,7829}{32} \right)^2}{\dfrac{\left(\dfrac{2,0156}{33} \right)^2}{33 - 1} + \dfrac{\left(\dfrac{0,7829}{32} \right)^2}{32 - 1}} = 53,8509 \approx 54$$

6) SSchr ($v = 54$; $\alpha = 0,05$(einseitig)) beträgt 1,6736 (aus Tab. XII).

7) Da die Prüfgröße einen höheren Wert aufweist als die SSchr ($8,5715 > 1,6736$), muß die Nullhypothese mit einer Fehlerwahrscheinlichkeit von 5 % verworfen werden.

8) Die Vermutung, daß der mittlere Hämoglobingehalt im Blut der männlichen Probanden höher ist als in dem der weiblichen Probanden, kann demnach bei einer Fehlerwahrscheinlichkeit von 5 % bestätigt werden.

LA 7.4

Es wird ein χ^2-**Test** zum Vergleich zweier Verteilungen durchgeführt.

1) H_0: Verteilung der Blutgruppen im Versuch = Verteilung der Blutgruppen in der deutschen Bevölkerung.

2) χ^2-Test

3) Festlegen der Irrtumswahrscheinlichkeit: $\alpha = 0,05$

4) Berechnung der Prüfgröße χ^2 zu:

1	2
H_b (Versuch)	h_p (BRD) $\cdot$ 120 = H_e (Versuch)
54	43% $\cdot$ 120 = 51,6
11	12% $\cdot$ 120 = 14,4
54	42% $\cdot$ 120 = 50,4
1	3% $\cdot$ 120 = 3,6
$\Sigma = 120$	$\Sigma = 120$

$$\chi^2 = \sum_{i=1}^{i=m} \frac{\left(H_{b_i} - H_{e_i} \right)^2}{H_{e_i}} = 0,1116 + 0,8028 + 0,2571 + 1,8778 = 3,0493$$

5) Anzahl der Freiheitsgrade v: $m - 1 - 0 = 4 - 1 - 0 = 3$ (empirische Verteilung!)

6) aus Tab. VIII: SSchr ($v = 3$; $\alpha = 0,05$) = 7,815

7) Da $\chi^2 <$ SSchr ($3,0493 < 7,815$) kann die Nullhypothese bei einer Irrtumswahrscheinlichkeit von 5 % nicht verworfen werden.

8) Statistisch korrekt: Bei einer Fehlerwahrscheinlichkeit von 5% kann nicht widerlegt werden, daß sich die Verteilung der Blutgruppen im Versuch von der Verteilung in der deutschen Bevölkerung unterscheidet.

LA 7.5

Es wird ein χ^2-**Test** zum Vergleich der beobachteten mit der theoretisch erwarteten Gleichverteilung herangezogen.

1) H_0: Beobachtete Verteilung H_b = erwartete Gleichverteilung H_e

2) χ^2-Test

3) Festlegen der Irrtumswahrscheinlichkeit: $\alpha = 0,05$

4) Berechnung der Prüfgröße χ^2 zu:

H_e: stets arithmetisches Mittel: $\bar{x} = 78.6667$

$$\chi^2 = \sum_{i=1}^{i=n} \frac{\left(H_{b_i} - H_{e_i} \right)^2}{H_{e_i}} = 0,0226 + (3 \cdot 0,0057) + 0,6836 + 0,1412 + 0,2387 + 0,0014 + (3 \cdot 0,0904)$$

$$+ 0,5650 = 1,9408$$

5) Anzahl der Freiheitsgrade v: $m - 1 - 0 = 12 - 1 - 0 = 11$

6) aus Tab. VIII: SSchr ($v = 11$; $\alpha = 0,05$) = 19,675

7) Da χ^2 < SSchr (1,9408 < 19,675) kann die Nullhypothese bei einer Irrtumswahrscheinlichkeit von 5% nicht verworfen werden.

8) Bei einer Fehlerwahrscheinlichkeit von 5 % kann nicht gezeigt werden, daß sich die beobachtete Verteilung von der erwarteten Gleichverteilung signifikant unterscheidet. Es kann daher davon ausgegangen werden, daß die Schwankungen im Zuchtergebnis im Meßjahr zufallsbedingt waren.

LA 7.6

Es wird ein χ^2-**Test** zum Vergleich der empirischen mit der theoretischen Verteilung herangezogen:

1) H_0: beobachtete Verteilung H_b = theoretisch erwartete Verteilung H_e im Verhältnis 9:3:3:1

2) χ^2-Test

3) Festlegen der Irrtumswahrscheinlichkeit: $\alpha = 0,05$

4) Berechnung der Prüfgröße χ^2 zu: m = 4; n = 556

1	2	3
H_b	Verhältnis	H_e
315	9	312,75
108	3	104,25
101	3	104,25
32	1	34,75
$\Sigma = 556$		$\Sigma = 556,00$

$$\chi^2 = \sum_{i=1}^{i=m} \frac{\left(H_{b_i} - H_{e_i}\right)^2}{H_{e_i}} = 0,0162 + 0,1349 + 0,1013 + 0,2176 = 0,4700$$

5) Anzahl der Freiheitsgrade v: m - 1 - 0 = 4 - 1 - 0 = 3 (a = 0, da beobachtete = empirische Verteilung!)

6) aus Tab. VIII: SSchr ($v = 3$; $\alpha = 0,05$) = 7,815

7) Da χ^2 < SSchr (0,47 < 7,815) kann die Nullhypothese bei einer Irrtumswahrscheinlichkeit von 5 % nicht verworfen werden.

8) Mit einer Fehlerwahrscheinlichkeit von 5 % kann nicht gezeigt werden, daß sich die im Experiment beobachtete Verteilung der Erbsen-Phänotypen von der geforderten Aufspaltung im Verhältnis 9:3:3:1 unterscheidet. Es kann daher davon ausgegangen werden, daß die Verteilung im Experiment mit der theoretischen Verteilung übereinstimmt.

LA 7.7

a) Um den geforderten Varianztest durchführen zu können, muß zunächst getestet werden, ob beide Verteilungen normalverteilt sind.

Orconentes limosus: $s_{(1)}^2 = 5167,353$ (min/Tag)² und $\overline{X}_{(1)} = 491,933$ min/Tag und $n_{(1)} = 15$

Astacus spec.: $s_{(2)}^2 = 2394,543$ (min/Tag)² und $\overline{X}_{(2)} = 460,6$ min/Tag und $n_{(2)} = 15$

Es wird je ein **Schnelltest auf Normalverteilung nach David und Mitarbeitern** durchgeführt:

1) H_0: Die Bewegungsaktivität von *Orconentes limosus* (Minuten Aktivität/Tag) ist normalverteilt.

2) David-Schnelltest

3) Irrtumsrisiko $\alpha = 0,05$

4) Berechnung der Prüfgröße PG für n = 15: $s_{(1)} = 71,8843$ und Spannweite = R = $x_{max} - x_{min}$ = 682 -

$$373 = 309 \text{ min/Tag} \quad PG = \frac{R}{s} = \frac{309}{71,8843} = 4,299$$

5) Anzahl der Freiheitsgrade v: $v = n = 15$

6) aus Tab. X: untere SSchr ($v = 15$; $\alpha = 0,05$) = 2,97 und obere SSchr ($v = 15$; $\alpha = 0,05$) = 4,017

7) Da PG > 2,97 und PG > 4,017 kann H_0 mit einer Sicherheit von 95 % verworfen werden.

8) Es kann bei einer Irrtumswahrscheinlichkeit von 5% davon ausgegangen werden, daß die gegebene Verteilung nicht normalverteilt ist.

1) H_0: Die Bewegungsaktivität von *Astacus spec.* (Minuten Aktivität/Tag) ist normalverteilt.

2) David-Schnelltest

3) Irrtumsrisiko $\alpha = 0,05$
4) Berechnung der Prüfgröße PG für n = 15:

$s_{(2)} = 48,9341$ und Spannweite = $R = x_{max} - x_{min} = 555 - 387 = 168$ $PG = \dfrac{R}{s} = \dfrac{168}{48,9341} = 3,434$

5) Anzahl der Freiheitsgrade v: $v = n = 15$
6) aus Tab. X: untere SSchr $(v = 15; \alpha = 0,05) = 2,97$ und
obere SSchr $(v = 15; \alpha = 0,05) = 4,017$
7) Da PG > 2,97 und PG < 4,017 kann H_0 mit einer Sicherheit von 95 % nicht verworfen werden.
8) Es kann bei einer Irrtumswahrscheinlichkeit von 5% nicht widerlegt werden, daß die gegebene Verteilung normalverteilt ist.

Da es sich um unverbundene und nicht in beiden Fällen normalverteilte Stichproben handelt, werden die Mittelwerte mit Hilfe eines **zweiseitigen U-Tests** verglichen.

1) H_0: $\mu_{(1)} = \mu_{(2)}$
2) adäquate Testmethode: U-Test, zweiseitig
3) $2 \cdot \tfrac{1}{2}\alpha = 0,05$; es wird zweiseitig getestet, da in der Fragestellung die Richtung der möglichen Differenz nicht vorgegeben ist.
4) Berechnung der Prüfgröße U_I und U_{II}:

1	2	3	4
Rangzahl rz	Stichprobe I *Orconentes*	Stichprobe II *Astacus*	Rangzahl rz
	-	-	
13	467	523	26
23	512	555	29
9	447	399	4
15	476	466	12
16,5	480	495	20
21	503	508	22
2	379	488	19
28	540	402	5
14	472	425	7
30	682	417	6
25	522	387	3
1	373	459	10
27	529	481	18
16,5	480	444	8
24	517	460	11

$RZ_I = \Sigma rz\ I = 265$
$RZ_{II} = \Sigma rz\ II = 200$: $n_1 = n_2 = 15$

$$U_I = n_1 \cdot n_2 + \frac{n_1 \cdot (n_1 + 1)}{2} - RZ_1$$

$$U_I = 15 \cdot 15 + \frac{15 \cdot (15 + 1)}{2} - 265 = 80$$

$$U_{II} = n_1 \cdot n_2 + \frac{n_1 \cdot (n_1 + 1)}{2} - RZ_1$$

$$U_{II} = 15 \cdot 15 + \frac{15 \cdot (15 + 1)}{2} - 200 = 145$$

Kontrolle: $U_1 + U_2 = n_1 \cdot n_2 = 145 + 80 = 15^2 = 225$
Die Prüfgröße entspricht dem kleineren der beiden U-Werte: $PG = U_I = 80$
5) Anzahl der Freiheitsgrade $v = n = 15$
6) aus Tab. XIV: SSchr $(2 \cdot \tfrac{1}{2}\alpha = 0,05$ (zweiseitig), v_I und $v_{II} = 15$) = 184
7) Da U < Signifikanzschranke (80 < 184) kann die Nullhypothese mit einer Irrtumswahrscheinlichkeit von 5 % verworfen werden (**Ausnahme!!!**).

8) Schlußfolgerung: Mit 5%-iger Irrtumswahrscheinlichkeit kann davon ausgegangen werden, daß die Mittelwerte der beiden Stichproben signifikant voneinander abweichen. Demnach scheinen die mittleren Bewegungsaktivitäten der beiden Flußkrebsarten artspezifisch zu sein.

LA 7.8

Es wird ein χ^2-**Test** zum Vergleich der beobachteten mit der theoretisch erwarteten Poisson-Verteilung durchgeführt:

a)

   1) H_0: Beobachtete Verteilung H_b = erwartete Poissonverteilung H_e
   2) χ^2-Test
   3) Festlegen der Irrtumswahrscheinlichkeit: $\alpha = 0,05$
   4) Berechnung der Prüfgröße χ^2 zu:

$$m = 3; \ n = 35; \ \overline{N} = 0,7429; \ s^2 = 0,7261 \ \text{und} \ s = 0,8521 \quad f(N) = \frac{\overline{N}^{x_i} \cdot e^{-\overline{N}}}{N_i!}$$

1	2	3	4
N_i	H_b	$f(N)$	$H_e = f(N) \cdot n$
0	17	0,4757	16,65
1	11	0,3534	12,37
2	(6) ⎤ 7	0,1313	(4,59) ⎤ 5,73
3	(1) ⎦	0,0325	(1,14) ⎦

$$\chi^2 = \sum_{i=1}^{i=m} \frac{\left(H_{b_i} - H_{e_i}\right)^2}{H_{e_i}} = 0,0074 + 0,1517 + 0,2800 = 0,4391$$

   5) Anzahl der Freiheitsgrade v: $m - 1 - 1 = 3 - 1 - 1 = 1$ (a = 1, Poissonverteilung!)
   6) aus Tab. VIII: SSchr ($v = 1; \ \alpha = 0,05$) = 3,841
   7) Da χ^2 oder PG < SSchr (0,4391 < 3,841) kann die Nullhypothese bei einer Irrtumswahrscheinlichkeit von 5 % nicht verworfen werden.
   8) Mit einer Fehlerwahrscheinlichkeit von 5 % kann nicht gezeigt werden, daß das Vorkommen der Gattung *Muraena helena* keine Poissonverteilung darstellt. Demnach können Muränen in dem Untersuchungsgebiet als seltene Speisefische bezeichnet werden.

b) **Schnelltest auf Vorliegen einer Poisson-Verteilung:** $\overline{N} \approx s^2 \rightarrow 0,7429 \approx 0,7261$

Das Ergebnis des Schnelltestes deutet auf eine Poisson-Verteilung hin.

LA 7.9

a) Da Normalverteilung vorliegt, kann zum Vergleich der Varianzen ein **F-Test** durchgeführt werden:

   $\overline{X}_{Salmo} = 4,3618$ kg, $\quad s_{Salmo} = 0,8047$ kg, $\quad s^2_{Salmo} = 0,6475$ kg², $\quad n_{Salmo} = 22$,
   $\overline{X}_{Onco} = 4,2082$ kg, $\quad s_{Onco} = 0,8025$ kg, $\quad s^2_{Onco} = 0,6439$ kg², $\quad n_{Onco} = 22$

   1) H_0: $\sigma_{Salmo}^2 = \sigma_{Onco}^2$
   2) F-Test
   3) $\alpha = 0,05$

   4) Berechnung der PG : $F_{ber} = \dfrac{s^2_{größer}}{s^2_{kleiner}} = \dfrac{s^2_{Salmo}}{s^2_{Onco}} = \dfrac{0,6475}{0,6439} = 1,0056$

   5) Anzahl der Freiheitsgrade: $v_1 = v_{Salmo} = n_{Salmo} - 1 = 22 - 1 = 21; \ v_2 = v_{Onco} = n_{Onco} - 1 = 22 - 1 = 21$
   6) aus Tab. XI: SSchr ($\alpha = 0,05; \ v_1 = 21$, abgelesen bei $v_1 = 20; \ v_2 = 21$) = 2,10
   7) Da F_{ber} < SSchr (1,0056 < 2,10) kann die Nullhypothese mit 5 %-iger Irrtumswahrscheinlichkeit nicht verworfen werden.
   8) Mit 95 %-iger Sicherheit kann nicht widerlegt werden, daß die Massenverteilungen der beiden Populationen gleich stark streuen.

b) Da beide Stichproben normalverteilt, die Varianzen homogen und die Stichprobenumfänge $n > 20$ sind, wird als Signifikanztest ein **t-Test** gewählt. Es wird ein einseitiger t-Test durchgeführt, da in der Fragestellung bereits eine höhere durchschnittliche Masse von *Salmo salar* vermutet wird.

1) Nullhypothese H_0: $\mu_{Salmo} = \mu_{Onco}$
2) adäquate Testmethode: t-Test, einseitig
3) Das zulässige Irrtumsrisiko ist auf $\alpha = 0,05$ festgelegt.
4) Da es sich um zwei gleich große Stichproben handelt, berechnet sich die Prüfgröße PG oder t_{ber} wie folgt:

$$\overline{X}_{Salmo} = 4,3618 \text{ kg} \qquad s_{Salmo} = 0,8047 \text{ kg} \qquad s^2_{Salmo} = 0,6475 \text{ kg}^2 \qquad n_{Salmo} = 22$$
$$\overline{X}_{Onco} = 4,2082 \text{ kg} \qquad s_{Onco} = 0,8025 \text{ kg} \qquad s^2_{Onco} = 0,6439 \text{ kg}^2 \qquad n_{Onco} = 22$$

$$PG = t_{ber} = \frac{\left|\overline{X}_{Salmo} - \overline{X}_{Onco}\right|}{\sqrt{s^2_{Salmo} + s^2_{Onco}}} \cdot \sqrt{n} = \frac{|4,3618 - 4,2082|}{\sqrt{0,6475 + 0,6439}} \cdot \sqrt{22} = \frac{0,1536}{1,1364} \cdot 4,6904 = 0,6340$$

5) Anzahl der Freiheitsgrade $v = n_{Salmo} + n_{Onco} - 2 = 42$
6) aus Tab. XII: Signifikanzschranke ($\alpha = 0,05$ (einseitig), $v = 42$) $= 1,6820$
7) Da t_{ber} < Signifikanzschranke (0,6340 < 1,6820) kann die Nullhypothese mit einer Irrtumswahrscheinlichkeit von 5% nicht verworfen werden.
8) Schlußfolgerung: Nach den Ergebnissen des t-Tests kann mit 5%-iger Irrtumswahrscheinlichkeit nicht gezeigt werden, daß die mittleren Massen der beiden Stichproben signifikant voneinander abweichen. Es kann somit statistisch nicht bestätigt werden, daß die atlantischen Lachse im Mittel schwerer sind.

c) Voraussetzungen für den F-Test: Normalverteilung, die Stichprobenumfänge können beliebig sein, sollten jedoch nicht zu stark voneinander abweichen.
Voraussetzungen für den t-Test: Normalverteilung und homogene Varianzen, die Stichprobenumfänge sollten ≥ 20 sein und nicht zu stark voneinander abweichen.

LA 7.10

a) t-Test für große n ($n \geq 20$) und Lord-Test für kleine n ($n \leq 20$), mit $n_1 = n_2$
b) U-Test
c) t- Test für Paardifferenzen
d) David-Test und KS-Test als Normalverteilungs- bzw. Anpassungstest,
Lord- oder Weir-Test (Voraussetzung Normalverteilung) als Signifikanztests

LA 7.11

a) Es wird ein χ^2-**Test** zum Vergleich der beobachteten mit der theoretischen Poisson-Verteilung durchgeführt:
1) H_0: Beobachtete Verteilung H_b = erwartete Poissonverteilung H_e
2) χ^2-Test
3) Festlegen der Irrtumswahrscheinlichkeit: $\alpha = 0,05$

4) Berechnung der Prüfgröße χ^2: $m = 4$; $n = 50$; $\overline{N} = 1,2$; $s^2 = 1,0204$: $f(N) = \dfrac{\overline{N}^{N_i} \cdot e^{-\overline{N}}}{N_i!}$

1	2	3	4
N_i	H_b	$f(N)$	$H_e = f(N) \cdot n$
0	13	0,3012	15,06
1	21	0,3614	18,07
2	10	0,2169	10,845
3	(5) $\Big\} 6$	0,0867	(4,335) $\Big\} 5,635$
4	(1)	0,0260	(1,30)

$$\chi^2 = \sum_{i=1}^{i=m} \frac{\left(H_{b_i} - H_{e_i}\right)^2}{H_{e_i}} = 0,2818 + 0,4751 + 0,0658 + 0,0236 = 0,8463$$

5) Anzahl der Freiheitsgrade v: $v = m - 1 - 1 = 4 - 1 - 1 = 2$ (a = 1, Poissonverteilung!)
6) aus Tab. VIII: SSchr ($v = 2$; $\alpha = 0,05$) $= 5,991$

7) Da $\chi^2 <$ SSchr (0,8462 < 5,991) kann die Nullhypothese bei einer Irrtumswahrscheinlichkeit von 5 % nicht verworfen werden.

8) Mit einer Fehlerwahrscheinlichkeit von 5 % kann nicht widerlegt werden, daß das Vorkommen des Eissturmvogels an der bretonischen Küste eine Poissonverteilung darstellt. Der Eissturmvogel kann in diesem Verbreitungsareal somit als seltener Gast angesehen werden.

b) Schnelltest auf Vorliegen einer Poisson-Verteilung: $\overline{N} \approx s^2 \rightarrow 1,2 \approx 1,02$

c) Die Poisson-Verteilung beschreibt als Wahrscheinlichkeitsmodell Verteilungen selten auftretender diskreter Ereignisse, die zufällig und unabhängig voneinander auftreten. Die Wahrscheinlichkeit p für das Eintreten des Ereignisses x_E geht bei der Poisson-Verteilung gegen Null.

LA 7.12

a) Es wird eine Binomialverteilung erwartet.

b) Es wird ein χ^2-**Test** zum Vergleich der beobachteten mit einer theoretischen, hier der Binomialverteilung, herangezogen:

1) H_0: Beobachtete Verteilung H_b = erwartete Binomialverteilung H_e

2) χ^2-Test

3) Festlegen der Irrtumswahrscheinlichkeit: $\alpha = 0,05$

4) Berechnung der Prüfgröße χ^2 zu: k = 4 (nur 4er Gelege); p = q = 0,5; m = 5; n = 381; f(N) =

$$\binom{k}{N} p^N \cdot q^{k-N}$$

1	2	3	4	5
N_i	H_b	$\binom{k}{N}$	f(N)	$H_e = f(N) \cdot n$
0	21	1	0,0625	23,81
1	97	4	0,25	95,25
2	159	6	0,375	142,88
3	87	4	0,25	95,25
4	17	1	0,0625	23,81

$$\chi^2 = \sum_{i=1}^{i=m} \frac{\left(H_{b_i} - H_{e_i}\right)^2}{H_{e_i}} = 0,3316 + 0,0322 + 1,8187 + 0,7146 + 1,9478 = 4,845$$

5) Anzahl der Freiheitsgrade v: m - 1 - 0 = 5 - 1 - 0 = 4 (a = 0, Binomialverteilung!)

6) aus Tab. VIII: SSchr (v = 4; α = 0,05) = 9,488

7) Da $\chi^2 <$ SSchr (4,8449 < 9,488) kann die Nullhypothese bei einer Irrtumswahrscheinlichkeit von 5 % nicht verworfen werden.

8) Mit einer Fehlerwahrscheinlichkeit von 5 % kann nicht widerlegt werden, daß die Kormorangelege an der bretonischen Küste hinsichtlich des Auftretens weiblicher Küken binomialverteilt sind.

c) Schnelltest auf Vorliegen einer Binomialverteilung:

$\mu = p \cdot k = 2$; $\overline{N} = 1,9528 \rightarrow \mu \approx \overline{N}$ und $\sigma = \sqrt{p \cdot q \cdot k} = 1$; $s = 0,9391 \rightarrow \sigma \approx s$

d) Die Variablen können stetig oder diskret sein. Stetige Werte müssen bei den zu vergleichenden Verteilungen in identischer Weise klassiert sein.

LA 7.13

Da Normalverteilung und Homogenität der Varianzen gegeben sind, wird ein **t-Test** zum Vergleich des Mittelwerts der Stichprobe mit dem Mittelwert der Grundgesamtheit durchgeführt. Der Test wird **einseitig** durchgeführt, da die Richtung einer möglichen Abweichung der Mittelwerte bereits durch die Fragestellung vorgegeben ist.

1) Nullhypothese H_0: $\mu_{Stichprobe} = \mu_{Grundgesamtheit}$

2) adäquate Testmethode: t-Test

3) Das zulässige Irrtumsrisiko ist auf $\alpha = 0,05$ festgelegt.

4) Die Prüfgröße t_{ber} berechnet sich wie folgt:

$\bar{x} = 0,987$ g, $s^2 = 0,02$ g^2, $\mu = 1,035$ g, $\sigma^2 = 0,02$ g^2, $n = 50$,

$$t_{ber} = \frac{|\bar{x} - \mu|}{s} \cdot \sqrt{n} = \frac{|0,987 - 1,035|}{\sqrt{0,02}} \cdot \sqrt{50} = 2,4$$

5) Anzahl der Freiheitsgrade $v = n_1 - 1 = 50 - 1 = 49$

6) aus Tab. XII: Signifikanzschranke ($\alpha = 0,05$ (einseitig), $v = 49$) $= 1,6766$

7) Da t_{ber} > Signifikanzschranke (2,4 > 1,6766) kann die Nullhypothese mit einer Irrtumswahrscheinlichkeit von 5 % verworfen werden.

8) Schlußfolgerung: Nach den Ergebnissen des t-Test kann mit 5%-iger Irrtumswahrscheinlichkeit gesagt werden, daß die Mittelwerte der Grundgesamtheit und der Stichprobe signifikant voneinander abweichen. Offensichtlich wurden für die Stichprobe unverhältnismäßig oft zu leichte Gewichte aussortiert. Somit repräsentiert die Stichprobe nicht die Grundgesamtheit.

LA 7.14

a) Da Normalverteilung vorausgesetzt ist, wird ein **F-Test** zum Vergleich der Varianzen durchgeführt.

$\bar{x}_A = 65,5833$, $s_A = 26,0644$, $s^2_A = 679,3561$, $n_A = 12$, $\bar{x}_B = 44,1667$, $s_B = 15,9426$, $s^2_B = 254,1667$, $n_B = 6$

1) H_0: $\sigma_A^2 = \sigma_B^2$

2) F-Test

3) $\alpha = 0,05$

4) Berechnung der PG F_{ber}: $F_{ber} = \dfrac{s^2_{größer}}{s^2_{kleiner}} = \dfrac{s^2_A}{s^2_B} = \dfrac{679,3561}{254,1667} = 2,6729$

5) Anzahl der Freiheitsgrade: $v_A = n_A - 1 = 11 - 1 = 10$; $v_B = n_B - 1 = 6 - 1 = 5$

6) aus Tab. XI: SSchr ($\alpha = 0,05$; $v_A = 10$; $v_B = 4$) $= 5,96$

7) Da F_{ber} < SSchr (2,6729 < 5,96) kann die Nullhypothese bei $\alpha = 5$ % nicht verworfen werden.

8) Mit 95 %-iger Sicherheit kann nicht widerlegt werden, daß die Varianzen der beiden Stichproben homogen sind. Demnach kann die Vermutung, daß die an der Meßstation A aufgenommenen Staubbelastungen stärker streuen, nicht bestätigt werden.

LA 7.15

a) s. Abb. LA 8.

b) $\bar{x} = 7,2064$ µm; $s = 0,7964$ µm

c) Mit Hilfe des χ^2-**Tests** soll getestet werden, ob die angegebenen Erythrozytendurchmesser normalverteilt sind.

1	2		3		4		5	6
Kl.-Nr.	Klassengrenze [µm]		z-Wert der Klassengrenzen		Tab.-Wert F(z)		erwartete abs. Häufigkeit	beobachtete abs. Häufigkeit
	unten	oben	z_u	z_o	$F(z_u)$	$F(z_o)$	$H_e = (F(z_o) - F(z_u)) \cdot n$	H_b
1	4,85	5,15	-2,96	-2,58	0,00154	0,00494	(6,8)	(4)
2	5,15	5,45	-2,58	-2,21	0,00494	0,01355	(17,22) 64,16	(23) 72
3	5,45	5,75	-2,21	-1,83	0,01355	0,03362	(40,14)	(45)
4	5,75	6,05	-1,83	-1,45	0,03362	0,07353	79,82	71
5	6,05	6,35	-1,45	-1,08	0,07353	0,14007	133,08	130
6	6,35	6,65	-1,08	-0,70	0,14007	0,24196	203,78	177
7	6,65	6,95	-0,70	-0,32	0,24196	0,37448	265,04	289
8	6,95	7,25	-0,32	0,05	0,37448	0,51994	290,92	300
9	7,25	7,55	0,05	0,43	0,51994	0,66640	292,92	329
10	7,55	7,85	0,43	0,81	0,66640	0,79103	249,26	272
11	7,85	8,15	0,81	1,18	0,79103	0,88100	179,94	158
12	8,15	8,45	1,18	1,56	0,88100	0,94062	119,24	77
13	8,45	8,75	1,56	1,94	0,94062	0,97381	(66,38)	(51)
14	8,75	9,05	1,94	2,31	0,97381	0,98956	(31,50) 117,76	(34) 125
15	9,05	9,35	2,31	2,69	0,98956	0,99643	(13,74)	(23)
16	9,35	9,65	2,69	3,07	0,99643	0,99893	(5,00)	(11)
17	9,65	9,95	3,07	3,45	0,99893	> 0,99950*	(>1,14*)	(6)

1) H_0: Beobachtete Verteilung H_b = erwartete Normalverteilung H_e
2) χ^2-Test
3) Festlegen der Irrtumswahrscheinlichkeit: $\alpha = 0,05$
4) Berechnung der Prüfgröße χ^2 zu: m = 17; n = 2000

$$\chi^2 = \sum_{i=1}^{i=m} \frac{\left(H_{b_i} - H_{e_i}\right)^2}{H_{e_i}} = 0,9580 + 0,9746 + 0,0713 + 3,5193 + 2,1660 + 0,2834 + 4,4441 + 2,0746 +$$

$$2,6751 + 14,9632 + 0,4451 = 32,5747$$

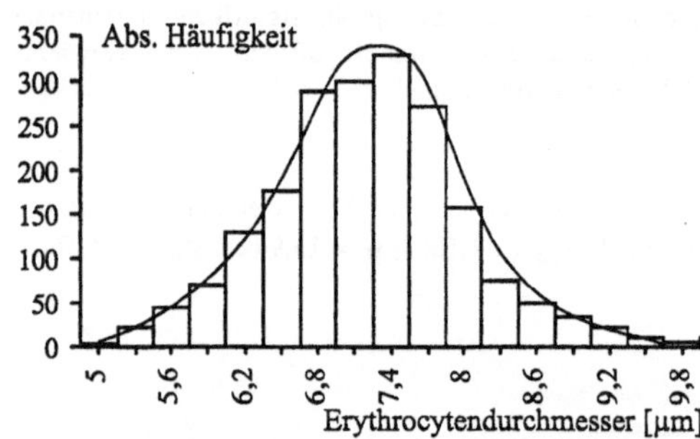

Abb. LA 8: Histogramm der Erythrozytendurchmesser

5) Anzahl der Freiheitsgrade ν:
$\nu = m - 1 - 2 = 11 - 1 - 2 = 8$ (a = 2, Normalverteilung!)
6) aus Tabelle VIII:
SSchr ($\nu = 8$; $\alpha = 0,05$) = 15,507
7) Da $\chi^2 >$ SSchr (32,5747 > 15,507) kann die Nullhypothese bei einer Irrtumswahrscheinlichkeit von 5 % verworfen werden.
8) Bei einer Fehlerwahrscheinlichkeit von 5 % kann davon ausgegangen werden, daß die angegebenen Erythrozytendurchmesser nicht normalverteilt sind.

LA 7.16

Es wird ein χ^2-Test zum Vergleich der beobachteten mit einer Gleichverteilung durchgeführt.
1) H_0: Beobachtete Verteilung H_b = erwartete Gleichverteilung H_e
2) χ^2-Test
3) Festlegen der Irrtumswahrscheinlichkeit: $\alpha = 0,05$
4) Berechnung der Prüfgröße χ^2 zu: (m = 3; n = 30)

1	2	3
Kl.Nr.	H_b	H_e
1	5	10
2	13	10
3	12	10

$$\chi^2 = \sum_{i=1}^{i=m} \frac{\left(H_{b_i} - H_{e_i}\right)^2}{H_{e_i}} = 2,5 + 0,9 + 0,4 = 3,8$$

5) Anzahl der Freiheitsgrade ν: $\nu = 3 - 1 - 0 = 2$ (a = 0, Empirische Verteilung!)
6) aus Tab. VIII: SSchr ($\nu = 2$; $\alpha = 0,05$) = 5,991
7) Da $\chi^2 <$ SSchr (3,8 < 5,91) kann die Nullhypothese bei $\alpha = 5$ % nicht verworfen werden.
8) Mit einer Fehlerwahrscheinlichkeit von 5 % kann nicht widerlegt werden, daß die Verteilung der Arbeitsunfälle in diesem Betrieb einer Gleichverteilung entspricht. Der Test zeigt demnach keine Anhäufung von Unfällen in den späteren Schichten.

LA 7.17

a) **Schnelltest nach David und Mitarbeitern auf Vorliegen einer Normalverteilung:**
1) H_0: Die Durchmesser der Fischeier sind normalverteilt.
2) David-Schnelltest (als Überschlagsbetrachtung)
3) Irrtumsrisiko $\alpha = 0,05$
4) Berechnung der Prüfgröße PG für: n = 291, $\bar{x}$ = 49,3883 µm, s = 3,9510 µm,

Spannweite = R = x_{max} - x_{min} = 62µm - 38µm = 24µm, PG = $\dfrac{R}{s}$ = $\dfrac{24}{3,9510}$ = 6,0744

5) Anzahl der Freiheitsgrade v: $v = n = 290$

6) aus Tab. X: untere SSchr ($v = 291$ abgelesen bei 200; $\alpha = 0,05$) = 4,78 und obere SSchr ($v = 291$ abgelesen bei 200; $\alpha = 0,05$) = 6,39

7) Da $4,78 < PG < 6,39$ kann H_0 mit einer Sicherheit von 95 % nicht verworfen werden.

8) Auf einem Fehlerniveau von 5 % kann nach diesem Schnelltest nicht widerlegt werden, daß die angegebenen Eidurchmesser der untersuchten Fischspezies normalverteilt sind.

Es wird ein χ^2-**Test** auf Vorliegen einer Normalverteilung durchgeführt:

1) H_0: Beobachtete Verteilung H_b = erwartete Normalverteilung H_e

2) χ^2-Test

3) Festlegen der Irrtumswahrscheinlichkeit: $\alpha = 0,05$

4) Berechnung der Prüfgröße χ^2 zu: ($m = 8$; $n = 291$)

1	2		3		4		5		6	
Kl.-Nr.	Klassengrenzen [µm]		z-Wert der Klassengrenzen		Tab.-Wert F(z)		erwartete abs. Häufigkeit		beob. abs. Häufigkeit	
	unten	oben	z_u	z_o	$F(z_u)$	$F(z_o)$	$H_e = (F(z_o) - F(z_u)) \cdot n$		H_b	
1	37	39	-3,14	-2,63	0,00084	0,00427	(0,9981)		(2)	
2	39	41	-2,63	-2,12	0,00427	0,01700	(3,7044)	15,0679	(5)	19
3	41	43	-2,12	-1,62	0,01700	0,05262	(10,3654)		(12)	
4	43	45	-1,62	-1,11	0,05262	0,13350	23,5361		12	
5	45	47	-1,11	-0,60	0,13350	0,27425	40,9582		34	
6	47	49	-0,60	-0,098	0,27425	0,46047	54,1900		70	
7	49	51	-0,098	0,41	0,46047	0,65910	57,8013		70	
8	51	53	0,41	0,91	0,65910	0,81859	46,4116		40	
9	53	55	0,91	1,42	0,81859	0,92220	30,1505		24	
10	55	57	1,42	1,93	0,92220	0,97320	(14,8410)		(10)	
11	57	59	1,93	2,43	0,97320	0,99245	(5,6018)	22,4944	(9)	22
12	59	61	2,43	3,94	0,99245	0,99836	(1,8042)		(2)	
13	61	63	3,94	3,45	0,99836	> 0,99950*	(0,2474)		(1)	

* Mit den angegebenen Werten wird fortan gerechnet!

$$\chi^2 = \sum_{i=1}^{i=m} \frac{\left(H_{b_i} - H_{e_i}\right)^2}{H_{e_i}} = 1,0261 + 5,6544 + 1,1821 + 4,6126 + 2,5745 + 0,8857 + 1,2547 + 0,0109 = 17,201$$

5) Anzahl der Freiheitsgrade v: $m - 1 - 2 = 8 - 1 - 2 = 5$ ($a = 2$, Normalverteilung!)

6) aus Tab. VIII: SSchr ($v = 5$; $\alpha = 0,05$) = 11,070

7) Da $\chi^2 >$ SSchr ($17,201 > 11,070$) kann die Nullhypothese bei einer Irrtumswahrscheinlichkeit von 5% verworfen werden.

8) Mit einer Fehlerwahrscheinlichkeit von 5% kann davon ausgegangen werden, daß die angegebenen Durchmesser der Fischeier nicht normalverteilt sind. Dies widerspricht dem Ergebnis des David-Schnelltests (vgl. b).

b) Prüfung auf **Normalverteilung mit dem KS-Test**:

1) H_0: Die Durchmesser der Fischeier sind normalverteilt.

2) KS-Test

3) Festlegen der Irrtumswahrscheinlichkeit $\alpha = 0,05$

4) Berechnung der PG = Dk: (Tabelle s.u.)

PG = Dk = max. Abweichung $|F(z) - F(x)|$ + min. Abweichung $|F(z) - F(x)|$ = 0,1428 + 0,0008 = 0,1436

5) $n = 291$

6) aus Tab. IX: SSchr ($\alpha = 0,05$ und $n = 291$) = $\dfrac{1,45}{\sqrt{291}}$ = 0,0850

7) Da PG > SSchr ($0,1436 > 0,0851$) muß die Nullhypothese auf einem Fehlerniveau von 5% verworfen werden.

8) Bei einer Fehlerwahrscheinlichkeit von 5 % kann davon ausgegangen werden, daß die gemessenen Durchmesser der Fischeier nicht normalverteilt sind.

Auch das Ergebnis des KS-Tests widerspricht dem Ergebnis des David-Schnelltests, der in diesem Fall ungenauer ist als die beiden Volltests, da in die Berechnung der Prüfgröße nur R und s eingehen.

1	2	3	4	5
Durchmesser [μm]	aufsummierte relative Häufigkeit	standardisierter Abszissenwert	tabellierter Funktionswert	Differenz
x_i	$\Sigma h_i = F(x_i)$	z_i	$F(z_i)$	$F(z_i) - F(x_i)$
38	0,0069	-2,8824	0,00199	-0,0049
40	0,0240	-2,3762	0,00866	-0,0153
42	0,0653	-1,8670	0,03074	-0,0346
44	0,1065	-1,3638	0,08691	-0,0196
46	0,2234	-0,8576	0,19489	-0,0285
48	0,4639	-0,3514	0,36317	-0,1007
50	0,7044	0,1548	0,56159	-0,1428
52	0,8419	0,6610	0,74537	0,0965
54	0,9244	1,1672	0,88100	-0,0434
56	0,9588	1,6734	0,95254	-0,0063
58	0,9897	2,1796	0,98537	-0,0043
60	0,9966	2,6858	0,99643	-0,0022
62	1	3,1920	0,99920	-0,0008

LA 7.18

a) Es wird ein χ^2-**Test** auf Vorliegen einer Poissonverteilung durchgeführt.

$n = 57$; $m = 4$; $\overline{N} = 1,0877$; $s = 0,9871$; $s^2 = 0,9743$

1) H_0: Beobachtete Verteilung H_b = erwartete Poissonverteilung H_e
2) χ^2-Test
3) Festlegen der Irrtumswahrscheinlichkeit: $\alpha = 0,05$

4) Berechnung der Prüfgröße χ^2: $f(N) = \dfrac{\overline{N}^{N_i} \cdot e^{-\overline{N}}}{N_i!}$

1	2	3	4
N_i	H_b	$f(N)$	$H_e = f(N) \cdot n$
0	17	0,3370	19,209
1	25	0,3665	20,8905
2	9	0,1993	11,3601
3	(5) 6	0,0723 (4,1211)	5,2440
4	(1)	0,0197 (1,1299)	

$$\chi^2 = \sum_{i=1}^{i=m} \frac{\left(H_{b_i} - H_{e_i}\right)^2}{H_{e_i}} = 0,254 + 0,8084 + 0,4903 + 0,1089 = 1,6616$$

5) Anzahl der Freiheitsgrade v: $v = m - 1 - 1 = 4 - 1 - 1 = 2$ (a = 1, Poissonverteilung!)
6) aus Tab. VIII: SSchr ($v = 2$; $\alpha = 0,05$) = 5,991
7) Da PG < SSchr (1,6616 < 5,991) kann die Nullhypothese bei einer Irrtumswahrscheinlichkeit von 5% nicht verworfen werden.
8) Mit einer Fehlerwahrscheinlichkeit von 5 % kann nicht widerlegt werden, daß das Vorkommen des Speisefischs "Lotte" an der nordfranzösischen Atlantikküste eine Poissonverteilung darstellt. Der Seeteufel oder "Lotte" kann in diesem Verbreitungsareal somit als seltener Speisefisch angesehen werden.

b) **Schnelltest** auf Vorliegen einer **Poisson-Verteilung**: $\overline{N} \approx s^2 \rightarrow 1,0877 \approx 0,9743$

c) Die Poissonverteilung nähert sich mit $n \rightarrow \infty$ und steigendem Mittelwert einer Normalverteilung an.

LA 7.19

a) Es wird ein **t-Test** zum Vergleich des Mittelwerts $\overline{x}_{ges}$ der Stichproben mit dem theoretischen

Mittelwert $\overline{x}_{theor.}$ durchgeführt.

b) $n = 25$; $\bar{x}_{ges} = 0{,}053$ mm; $s_{ges} = 0{,}003$; $\bar{x}_{theor.} = 0{,}05$ mm

1) H_0: $\mu_{ges} = \mu_{theor}$
2) t-Test (zweiseitig)
3) $2 \cdot \frac{1}{2}\alpha = 0{,}05$

4) $PG = t = \dfrac{\left|\bar{x}_{ges.} - \bar{x}_{theor.}\right|}{s_{ges}} \cdot \sqrt{n} = \dfrac{\left|0{,}052 - 0{,}05\right|}{0{,}004} \cdot \sqrt{25} = 2{,}5$

5) $v = n - 1 = 25 - 1 = 24$
6) aus Tab. XII: a) SSchr ($2 \cdot \frac{1}{2}\alpha = 0{,}05$; $v = 24$): 2,0639, b) SSchr ($2 \cdot \frac{1}{2}\alpha = 0{,}01$; $v = 24$): 2,7969
7) a) Bei einer Fehlerwahrscheinlichkeit von 5 % muß die Nullhypothese verworfen werden, da die PG > SSchr (2,5 > 2,0639);
b) Bei einer Fehlerwahrscheinlichkeit von 1 % kann die Nullhypothese nicht verworfen werden, da die PG < SSchr (2,5 < 2,7969).
8) a) Mit 95 % Sicherheit kann davon ausgegangen werden, daß der Mittelwert $\bar{x}_{ges}$ sich signifikant

von dem vom Hersteller angegebenen Mittelwert $\bar{x}_{theor.}$ unterscheidet. Dies bedeutet, daß die

Maschine nicht mit der angegebenen Genauigkeit arbeitet;
b) Mit 99 % Sicherheit kann nicht bestätigt werden, daß zwischen den beiden Mittelwerten $\bar{x}_{ges}$ und

$\bar{x}_{theor.}$ ein signifikanter Unterschied besteht, was bedeuten würde, daß die Maschine im Bereich der

angegebenen Genauigkeit arbeitet.
c) Die unterschiedlichen Ergebnisse kommen durch die unterschiedliche Genauigkeit der beiden durchgeführten Tests, bedingt durch die unterschiedliche Wahl der Fehlerwahrscheinlichkeit $2 \cdot \frac{1}{2}\alpha$ zustande. Dieses Beispiel zeigt, daß die Wahl der Fehlerwahrscheinlichkeit für das Testergebnis äußerst wichtig ist. Wird die Fehlerwahrscheinlichkeit klein genug gewählt, so kann die Nullhypothese nicht verworfen werden. Da sich die Wahl der Irrtumswahrscheinlichkeit an der Anzahl der Daten orientieren soll, wäre in diesem Beispiel mit nur 10 Stichproben eine Fehlerwahrscheinlichkeit von nur 1% zu gering.

LA 7.20
a) Da die Paardifferenzen der beiden Meßmethoden nicht normalverteilt sind (nach David-Test) und die Richtung einer möglichen Abweichung des Mittelwerts in der Fragestellung vorgegeben ist, wird ein **einseitiger Wilcoxon-Test** gewählt.

Tabelle zu 4)

1	2	3	4	5	6
Nr.	Methode I	Methode II	Differenz d_i	pos. Rangzahlen rz_p	neg. Rangzahlen rz_n
	ms	ms	ms		
1	1147	1387	-240		-13
2	1195	1578	-383		-20
3	1339	1470	-131		-8
4	1435	1132	303	+16	
5	1171	1210	-39		-2
6	1140	1522	-382		-19
7	1243	1366	-123		-7
8	1555	1418	137	+9	
9	1483	1174	309	+18	
10	1560	1444	116	+6	
11	1387	1200	283	+15	
12	1459	1600	-141		-11
13	1267	1574	-307		-17
14	1531	1392	139	+10	
15	1219	1236	-17		-1
16	1315	1578	-263		-14
17	1507	1548	-41		-3
18	1291	1340	-49		-4
19	1411	1245	166	+12	
20	1363	1288	75	+5	

1) H_0: Meßmethode I = Meßmethode II oder $\overline{\delta} = 0$
2) Wilcoxon-Test
3) Festlegen der Irrtumswahrscheinlichkeit: $\alpha = 0{,}05$, einseitig
4) Berechnung der Prüfgröße z:
$\Sigma rz_p = RZp = 91$ und $\Sigma rz_n = RZ_n = -119$.
Der Betrag von RZ_p hat den kleineren Absolutwert: $PG = z = \left|RZ_p\right| = 91$

5) $v = n = 20$ (keine Paardifferenz mit $d_i = 0$)
6) aus Tab. XV: SSchr ($\alpha = 0{,}05$; n = 20) = 60
7) Bei einer Fehlerwahrscheinlichkeit von 5 % kann die Nullhypothese <u>nicht</u> verworfen werden, da die berechnete Prüfgröße z > SSchr (91 > 60) (Ausnahme!).
8) Bei einer Irrtumswahrscheinlichkeit von 5% kann nicht widerlegt, daß beide Methoden gleiche Meßergebnisse liefern. Dies bedeutet: die Vermutung, daß die nach Methode II ermittelten Meßwerte im statistischen Mittel über den nach Methode I ermittelten Meßwerten liegen, kann nicht bestätigt werden.

b) Da die Fragestellung bereits die Richtung einer möglichen Abweichung vorgibt (Werte II höher als Werte I), wird ein einseitiger Test durchgeführt.

LA 7.21
a) Da die Stichproben unverbunden und nicht beide normalverteilt sind, wird zur Überprüfung der Gleichheit der Mittelwerte ein **zweiseitiger U-Test** gewählt.
1) H_0: $\mu_1 = \mu_2$
2) U-Test
3) Festlegen der Irrtumswahrscheinlichkeit: $2\cdot\tfrac{1}{2}\alpha = 0{,}05$, zweiseitig
4) Berechnung der Prüfgröße U_I und U_{II}:

1	2	3
Rangzahl rz	Stichprobe I	Stichprobe II
	-	-
1	123	
2		168
3	178	
4	195	
5		197
6		201
7		221
8	234	
9	287	
10		291

$RZ_I = \Sigma rz\,I = 1 + 3 + 4 + 8 + 9 = 25$
$RZ_{II} = \Sigma rz\,II = 2 + 5 + 6 + 7 + 10 = 30$: $n_1 = n_2 = 5$

$$U_I = n_I \cdot n_{II} + \frac{n_I \cdot (n_I + 1)}{2} - RZ_I \qquad U_I = 5 \cdot 5 + \frac{5 \cdot (5+1)}{2} - 25 = 15$$

$$U_{II} = n_I \cdot n_{II} + \frac{n_{II} \cdot (n_{II} + 1)}{2} - RZ_{II} \qquad U_{II} = 5 \cdot 5 + \frac{5 \cdot (5+1)}{2} - 30 = 10$$

Kontrolle: $U_1 + U_2 = n_1 \cdot n_2$ $15 + 10 = 5 \cdot 5 = 25$

Die Prüfgröße entspricht dem kleineren der beiden U-Werte: $PG = U_{II} = 10$
5) $v_1 = n_1 = 5$; $v_2 = n_2 = 5$
6) aus Tab. XIV: SSchr ($2\cdot\tfrac{1}{2}\alpha = 0{,}05$; $v_1 = n_1 = 5$; $v_2 = n_2 = 5$) = 17
7) Bei einer Fehlerwahrscheinlichkeit von 5 % kann die Nullhypothese verworfen werden, da die berechnete Prüfgröße U < SSchr (10 < 17) (Ausnahme!).
8) Bei einer Irrtumswahrscheinlichkeit von 5% kann davon ausgegangen werden, daß sich die beiden Stichproben im statistischen Mittel unterscheiden.

b) Es wird ein zweiseitiger Test durchgeführt, da lediglich nach einem möglichen Unterschied, gleich welcher Richtung gefragt ist.

LA 7.22

Es wird ein **Lord-Test** durchgeführt, da Normalverteilung vorliegt, die Varianzen homogen sind und der Stichprobenumfang klein ist.

1) H_0: $\mu_A = \mu_B$
2) Lord Test
3) Irrtumsrisiko $\alpha = 0,05$
4) Berechnung der Prüfgröße PG = u

$$u = \frac{|\bar{x}_A - \bar{x}_B|}{\dfrac{R_A + R_B}{2}} = \frac{15,3 - 14,156}{\dfrac{6,1 + 5,7}{2}} = 0,194$$

5) Anzahl der Freiheitsgrade v: $v = n_A = n_B = 9$
6) aus Tab. XIII: SSchr ($v = 9$; $\alpha = 0,05$) = 0,33
7) Da u < SSchr (0,194 < 0,33) kann H_0 mit einer Sicherheit von 95 % nicht verworfen werden.
8) Auf einem Fehlerniveau von 5% kann nicht widerlegt werden, daß die Eimassen in den beiden Kolonien gleich sind. Man wird also von gleichen Eimassen in beiden Kolonien ausgehen.

LA 7.23

a) Es muß auf Gleichheit der Varianzen getestet werden.

1) H_0: $\sigma_A = \sigma_B$
2) **F-Test**. Es liegt Normalverteilung vor.
3) Irrtumsrisiko $\alpha = 0,05$
4) Berechnung der Prüfgröße PG = F

$$F = \frac{s_B^2}{s_A^2} = \frac{4,236}{2,131} = 1,988$$

5) Anzahl der Freiheitsgrade v: $v_1 = n_B - 1 = 81 - 1 = 80$ $v_2 = n_A - 1 = 30 - 1 = 29$
6) aus Tab. XI: SSchr ($v_1 = 80$; $v_2 = 29$; $\alpha = 0,05$) = 1,73
7) Da F > SSchr (1,988 > 1,73) kann H_0 mit einer Fehlerwahrscheinlichkeit von 5 % verworfen werden.
8) Auf einem Fehlerniveau von 5 % kann gezeigt werden, daß die Varianzen der Bohnenlängen in den beiden Stichproben heterogen sind.

b) Es wird als Signifikanztest für normalverteilte Stichproben mit heterogenen Varianzen und großem Stichprobenumfang der **Welch-Test** durchgeführt:

1) H_0: $\mu_A = \mu_B$
2) Welch-Test
3) Wahl der Irrtumswahrscheinlichkeit: $\alpha = 0,05$. Es wird ein zweiseitiger Test durchgeführt.
4) Die Prüfgröße t berechnet sich zu:

$$t = \frac{|\bar{x}_A - \bar{x}_B|}{\sqrt{\dfrac{s_A^2}{n_A} + \dfrac{s_B^2}{n_B}}} = \frac{|17,354 - 24,755|}{\sqrt{\dfrac{2,131}{30} + \dfrac{4,236}{81}}} = 21,074$$

5) v berechnet sich für $n_A \neq n_B$ zu:

$$v = \frac{\left(\dfrac{s_A^2}{n_A} + \dfrac{s_B^2}{n_B}\right)^2}{\dfrac{\left(\dfrac{s_A^2}{n_A}\right)^2}{n_A - 1} + \dfrac{\left(\dfrac{s_B^2}{n_B}\right)^2}{n_B - 1}} \approx \frac{\left(\dfrac{2,131}{30} + \dfrac{4,236}{81}\right)^2}{\dfrac{\left(\dfrac{2,131}{30}\right)^2}{30 - 1} + \dfrac{\left(\dfrac{4,236}{81}\right)^2}{81 - 1}} = 73,064 \approx 73$$

6) SSchr ($v = 73$; $\alpha = 0,05$ (zweiseitig)) beträgt 1,9931 (aus Tab. XII)
7) Da die Prüfgröße einen höheren Wert aufweist als die SSchr (21,074 > 1,9931), muß die Nullhypothese mit einer Fehlerwahrscheinlichkeit von 5 % verworfen werden.

8) Die Vermutung, daß die mittlere Bohnenlängen von Feld A und Feld B unterschiedlich sind, kann demnach bei einer Fehlerwahrscheinlichkeit von 5 % bestätigt werden.

LA 7.24

Es wird ein **Lord-Test** durchgeführt, da Normalverteilung vorliegt, die Varianzen homogen sind und der Stichprobenumfang klein ist.

1) H_0: $\mu_A = \mu_B$
2) Lord Test
3) Irrtumsrisiko $\alpha = 0,05$
4) Berechnung der Prüfgröße PG = u

$$u = \frac{|\bar{x}_A - \bar{x}_B|}{\dfrac{R_A + R_B}{2}} = \frac{300,923 - 313,231}{\dfrac{121 + 140}{2}} = 0,094$$

5) Anzahl der Freiheitsgrade ν: $\nu = n = 13$
6) aus Tab. XIII: SSchr ($\nu = 9$; $\alpha = 0,05$) = 0,20
7) Da u < SSchr (0,094 < 0,20) kann H_0 mit einer Sicherheit von 95 % nicht verworfen werden.
8) Auf einem Fehlerniveau von 5 % kann nicht widerlegt werden, daß die Massen in den beiden Stichproben gleich sind. Man wird also von gleichen Fischmassen ausgehen.

LA 7.25

Es wird zunächst auf Gleichheit der Varianzen getestet.

1) H_0: $\sigma_A = \sigma_B$
2) **F-Test**. Es liegt Normalverteilung vor.
3) Irrtumsrisiko $\alpha = 0,05$
4) Berechnung der Prüfgröße PG = F

$$F = \frac{s_B^2}{s_A^2} = \frac{0,36}{0,11} = 3,2727$$

5) Anzahl der Freiheitsgrade ν: $\nu_1 = \nu_2 = n_B - 1 = n_A - 1 = 10 - 1 = 9$
6) aus Tab. XI: SSchr ($\nu_1 = 9$; $\nu_2 = 9$; $\alpha = 0,05$) = 3,18
7) Da F > SSchr (3,2727 > 3,18) kann H_0 mit einer Fehlerwahrscheinlichkeit von 5% verworfen werden.
8) Auf einem Fehlerniveau von 5 % kann gezeigt werden, daß die Varianzen in den beiden Stichproben heterogen sind.

Es wird als Signifikanztest für normalverteilte Stichproben mit heterogenen Varianzen und kleinem Stichprobenumfang der **Weir-Test** durchgeführt:

1) H_0: $\mu_A = \mu_B$
2) Weir-Test
3) Wahl der Irrtumswahrscheinlichkeit: $\alpha = 0,05$. Es wird ein zweiseitiger Test durchgeführt.
4) Die Prüfgröße t berechnet sich zu:

$$t = \frac{|\bar{x}_A - \bar{x}_B|}{\sqrt{\dfrac{s_A^2 (n_A - 1) + s_B^2 (n_B - 1)}{n_A + n_B - 4}} \left(\dfrac{1}{n_A} + \dfrac{1}{n_B} \right)} = \frac{|4,35 - 7,551|}{\sqrt{\dfrac{(10 - 1)\,0,11 + (10 - 1)\,0,36}{10 + 10 - 4}}\ \dfrac{1}{5}} = 31,1179$$

5) ν nicht relevant
6) SSchr = 2 (fest)
7) Da die Prüfgröße einen höheren Wert aufweist als die SSchr (31,1179 > 2), kann die Nullhypothese mit einer Fehlerwahrscheinlichkeit von 5 % verworfen werden.
8) Die Vermutung, daß die mittleren Werte unterschiedlich sind, kann demnach bei einer Fehlerwahrscheinlichkeit von 5 % bestätigt werden.

LA 7.26

Um einen geeigneten Paardifferenzen-Test auswählen zu können, muß zunächst überprüft werden, ob die **Paardifferenzen** normalverteilt sind.

Es wird ein **David-Schnelltest** auf Vorliegen einer **Normalverteilung** durchgeführt.

1) H_0: Verteilung der Paardifferenzen = Normalverteilung
2) David-Schnelltest
3) Irrtumsrisiko $\alpha = 0,05$
4) Berechnung der Prüfgröße PG für: R = 9 - (-9) = 18 und s = 5,039

$$PG = \frac{R}{s} = \frac{18}{5,0392} = 3,572$$

5) Anzahl der Freiheitsgrade v: $v = n = 25$
6) aus Tab. X: untere SSchr ($v = 25$; $\alpha = 0,05$) = 3,34 und
obere SSchr ($v = 25$; $\alpha = 0,05$) = 6,93
7) Da 3,34 < PG < 6,93 kann H_0 mit einer Sicherheit von 95 % nicht verworfen werden.
8) Auf einem Fehlerniveau von 5 % kann nach diesem Schnelltest nicht widerlegt werden, daß die Paardifferenzen normalverteilt sind.

Dementsprechend wird zur Überprüfung, ob zwei unterschiedliche Meßmethoden gleiche Ergebnisse liefern, ein **zweiseitiger t-Test für Paardifferenzen** gewählt.

Tab. zu 4)

Nr.	Methode I	Methode II	Differenz d_i
	ms	ms	ms
1	128	132	-4
2	191	182	+9
3	174	181	-7
4	193	190	+3
5	152	148	+4
6	162	159	+3
7	171	173	-2
8	144	148	-4
9	152	150	+2
10	138	138	0
11	172	174	-2
12	161	157	+4
13	147	140	+7
14	177	182	-5
15	129	129	0
16	158	159	-1
17	174	178	-4
18	168	160	+8
19	187	181	+6
20	142	151	-9
21	155	156	-1
22	138	137	+1
23	147	146	+1
24	188	181	+7
25	136	144	-8

1) H_0: Meßmethode I = Meßmethode II oder $\bar{\delta} = 0$
2) t-Test für Paardifferenzen
3) Festlegen der Irrtumswahrscheinlichkeit: $2 \cdot \tfrac{1}{2}\alpha = 0,05$, zweiseitig
4) Berechnung der Prüfgröße t:

$$\bar{d} = \frac{\Sigma d_i}{n} = \frac{8}{25} = 0,32 \text{ und } s_d = \sqrt{\frac{\sum (d_i - \bar{d})^2}{n - 1}} \; ; \; s_d = \sqrt{\frac{609,44}{24}} = 50,39$$

Damit ergibt sich $PG = t = \dfrac{\overline{d}}{s_d} = \dfrac{0,32}{5,039} = 0,064$

5) $\nu = n - 1 = 24$

6) aus Tab. XII: SSchr ($2 \cdot \frac{1}{2}\alpha = 0,05$; $\nu = 24$) = 2,0639

7) Bei einer Fehlerwahrscheinlichkeit von 5 % kann die Nullhypothese nicht verworfen werden, da die berechnete Prüfgröße t < SSchr (0,064 < 2,0639).

8) Bei einer Irrtumswahrscheinlichkeit von 5% spricht nichts gegen die Annahme, daß beide Methoden übereinstimmende Meßergebnisse liefern.

LA 7.27
Richtig sind: a) e) g)s

Lösungen zu Kapitel 8

LA 8.1
a) $f(x) = 11,478 + 0,419\,x$; $f(y) = 11,786 + 1,271\,y \Rightarrow f(x) = -9,273 + 0,787\,x$
b) Schnittpunkt: (56,5 / 35,188)
c) 32,428 mm
d) $f(x) = b_{yx}\,x + a_{yx}$; es handelt sich um eine Schätzung des Y-Merkmals aus dem X-Merkmal.
e) Linearitätstest
    1) H_0: Es existiert ein linearer Zusammenhang zwischen X- und Y-Merkmal.
    2) Testwahl: F-Test
    3) Irrtumsrisiko $\alpha = 0,05$
    4) Berechnung von PG: F = 0,753
    5) Anzahl der Freiheitsgrade ($\nu_1 = n_x - 2$, $\nu_2 = n_y - n_x$): $\nu_1 = 9 - 2 = 7$, $\nu_2 = 16 - 9 = 7$
    6) SSchr ($\alpha = 5\%$; $\nu_1 = 7$, $\nu_2 = 7$): 3,79
    7) Da SSchr > PG wird H_0 akzeptiert, d.h. mit einer Fehlerwahrscheinlichkeit von 5% kann angenommen werden, daß eine lineare Beziehung zwischen X- und Y-Merkmal vorliegt.
    8) Mit einem Irrtumsrisiko von 5% kann angenommen werden, daß Eilänge und Eibreite linear voneinander abhängig sind.
f) Regressionsanalyse
    1) H_0: Der Regressionskoeffizient β ist nicht von Null verschieden ($\beta = 0$).
    2) Testwahl: t-Test
    3) Irrtumsrisiko $\alpha = 0,05$
    4) Berechnung von PG: t = 3,081
    5) Anzahl der Freiheitsgrade ($\nu = n - 2$): $\nu = 14$
    6) SSchr ($\alpha = 5\%$; zweiseitig; $\nu = 14$): 2,1448
    7) Da SSchr < PG wird H_0 verworfen, d.h. mit einer Fehlerwahrscheinlichkeit von 5% kann angenommen werden, daß der Regressionskoeffizient β von Null verschieden ist.
    8) Mit einem Irrtumsrisiko von 5% kann angenommen werden, daß zwischen Eilänge und Eibreite ein Zusammenhang besteht.
g) vgl. Abb. 8.5, Kap. 8.1.1.2
h) Korrelationsanalyse
    1) H_0: Länge und Breite sind voneinander unabhängig ($\rho = 0$).
    2) Testwahl: r-Test
    3) Irrtumsrisiko $\alpha = 0,05$
    4) Berechnung von PG: r = 0,730
    5) Anzahl der Freiheitsgrade ($\nu = n - 2$): $\nu = 16 - 2 = 14$
    6) SSchr ($\alpha = 5\%$; $\nu = 14$): 0,497
    7) Da SSchr < PG wird H_0 verworfen, d.h. mit einer Fehlerwahrscheinlichkeit von 5% konnte nicht gezeigt werden, daß keine Korrelation zwischen den beiden betrachteten Merkmalen vorliegt.

8) Mit einem Irrtumsrisiko von 5% kann angenommen werden, daß Eilänge und Eibreite voneinander abhängig sind.

LA 8.2

a) $f(x) = 7,024 + 1,779$ x; $f(y) = -2,949 + 0,500$ y; Schnittpunkt: (5,12 / 16,13)
b) 15,919 mg
c) Regressionsanalyse
    1) H_0: Der Regressionskoeffizient β ist nicht von Null verschieden ($\beta = 0$).
    2) Testwahl: t-Test
    3) Irrtumsrisiko $\alpha = 0,05$
    4) Berechnung von PG: t = 8,05
    5) Anzahl der Freiheitsgrade ($\nu = n - 2$): $\nu = 8$
    6) SSchr ($\alpha = 5\%$; zweiseitig; $\nu = 8$): 2,306
    7) Da SSchr < PG wird H_0 verworfen, d.h. mit einer Fehlerwahrscheinlichkeit von 5% kann angenommen werden, daß der Regressionskoeffizient β von Null verschieden ist.
    8) Mit einem Irrtumsrisiko von 5% kann angenommen werden, daß zwischen Masse und Länge der Libellenflügel ein Zusammenhang besteht.
d) Korrelationsanalyse
    1) H_0: Flügellänge und Flügelmasse sind voneinander unabhängig ($\rho = 0$).
    2) Testwahl: r-Test
    3) Irrtumsrisiko $\alpha = 0,05$
    4) Berechnung von PG: r = 0,943
    5) Anzahl der Freiheitsgrade ($\nu = n - 2$): $\nu = 10 - 2 = 8$
    6) SSchr ($\alpha = 5\%$; $\nu = 8$): 0,632
    7) Da SSchr < PG wird H_0 verworfen, d.h. mit einer Fehlerwahrscheinlichkeit von 5% konnte nicht gezeigt werden, daß keine Korrelation zwischen den beiden betrachteten Merkmalen vorliegt.
    8) Mit einer Irrtumswahrscheinlichkeit von 5% spricht nichts gegen die Annahme, daß Flügellänge und Flügelmasse korreliert sind, und somit voneinander abhängig sind.
e) Unter einer Scheinkorrelation ist die Fehlinterpretation eines statistische korrekten Befundes zu verstehen. Dabei kann etwa das Zugrundelegen des falschen Modells, die Koabhängigkeit oder der Daten von einem unbekannten Merkmal Ursache des Fehlschlusses sein. Dabei liegt bei einer Inhomogenitätskorrelation meist das unkorrekte Zusammenfassen von Daten zu einer einzigen Stichprobe zugrunde (vgl. Kap. 8.2.3).
f) Die Kovarianz ist betragsmäßig vom Datenmaterial der Stichprobe abhängig, wohingegen der Korrelationskoeffizient auf Eins normiert ist.

LA 8.3

a) $f(x) = 17,067 + 0,008$ x   **Achtung**: Da hier die x-Werte fest vorgegeben sind, ist lediglich die Berechnung der Regressionsgeraden f(x) zulässig!
b) 43,467 ml / d
c) Der Stichproben-Regressionskoeffizient b ist der Schätzwert für den Regressionskoeffizienten β der Grundgesamtheit und charakterisiert die Art des Zusammenhanges zwischen den Merkmalen.
d) Der Stichproben-Korrelationskoeffizient r ist der Schätzer für den Korrelationskoeffizienten ρ der Grundgesamtheit, er gibt die Stärke des Zusammenhanges zwischen zwei Merkmalen an.
e) Das Bestimmtheitsmaß B (hier 97,2%) gibt den Anteil an der Varianz an, der durch das angepaßte Regressionmodell erklärt werden kann. Gesamtvarianz - B = Restvarianz: 100% - 97,2% = 2,8%.
f) Wenn $r \neq 0$ bzw. $\rho \neq 0$ ist, dann ist auch $b \neq 0$ bzw. $\beta \neq 0$ denn $|r| = \sqrt{b_{yx} \cdot b_{xy}}$
g) $0 < r < 1$: der Korrelationskoeffizient ist positiv, mit steigenden x-Werten steigen auch die y-Werte.
    $-1 < r < 0$: Der Korrelationskoeffizient ist negativ, mit steigenden x-Werten fallen die y-Werte.

LA 8.4

a) $f(x) = -8,706 + 47,011$ x; $f(y) = 1,281 + 0,007$ y
b) Schnittpunkt: (1,791 / 75,49)
c) 73,563 kg
d) Regressionsanalyse:

1) H_0: Der Regressionskoeffizient β ist nicht von Null verschieden ($\beta = 0$).
2) Testwahl: t-Test
3) Irrtumsrisiko $\alpha = 0,05$
4) Berechnung von PG: t = 3,753
5) Anzahl der Freiheitsgrade ($v = n$ -2): $v = 8$
6) SSchr ($\alpha = 5\%$; zweiseitig; $v = 8$): 2,306
7) Da SSchr < PG wird H_0 verworfen, d.h. mit einer Fehlerwahrscheinlichkeit von 5% kann angenommen werden, daß der Regressionskoeffizient β von Null verschieden ist.
8) Mit einem Irrtumsrisiko von 5% kann angenommen werden, daß zwischen Körpermasse und Körperlänge der Studierenden keine Unabhängigkeit besteht.

e) Korrelationsanalyse:
1) H_0: Körpermasse und Körperlänge sind voneinander unabhängig ($\rho = 0$).
2) Testwahl: r-Test
3) Irrtumsrisiko: $\alpha = 5\%$
4) Berechnung von PG: r = 0,563
5) Anzahl der Freiheitsgrade ($v = n - 2$): $v = 10 - 2 = 8$
6) SSchr ($v = 8$; $\alpha = 5\%$): 0,632
7) Da SSchr > PG wird H_0 ($\rho = 0$) akzeptiert, mit einer Fehlerwahrscheinlichkeit von 5% besteht kein Zusammenhang zwischen den betrachteten Merkmalen.
8) Mit einem Irrtumsrisiko von 5% läßt sich zeigen, daß Körperlänge und Körpermasse unabhängig voneinander sind.

f) B = 0,317, d.h. 31,7 % der Variation des einen Merkmals wird durch die Variation des anderen Merkmals verursacht. Der Hauptanteil der Variation (68,3%) wird durch andere Faktoren induziert. - Das erklärt auch die unterschiedlichen Testergebnisse für d) und e). Zwar konnte in d) eine Abhängigkeit der Merkmale angenommen werden, nicht aber in e). Die statistischen Befunde, incl. der hohen Restvarianz, deuten auf ein fehlerhaftes Regressionsmodell hin!

LA 8.5
a) $f(x) = 3,171 + 0,294\ x$; $f(y) = 6,123 + 1,265\ y$
b) 12,448 mm
c) Regressionsanalyse:
1) H_0: Der Regressionskoeffizient β ist nicht von Null verschieden ($\beta = 0$).
2) Testwahl: t-Test
3) Irrtumsrisiko $\alpha = 0,01$
4) Berechnung von PG: t = 2,178
5) Anzahl der Freiheitsgrade ($v = n$ -2): $v = 8$
6) SSchr ($\alpha = 1\%$; zweiseitig; $v = 8$): 3,3554
7) Da SSchr > PG wird H_0 akzeptiert, d.h. mit einer Fehlerwahrscheinlichkeit von 1% kann angenommen werden, daß der Regressionskoeffizient β nicht von Null verschieden ist.
8) Mit einem Irrtumsrisiko von 1% muß daher angenommen werden, daß zwischen der Länge und Breite der Muscheln kein Zusammenhang besteht.

d) Korrelationsanalyse:
1) H_0: Länge und Breite sind voneinander unabhängig ($\rho = 0$).
2) Testwahl: r-Test
3) Irrtumsrisiko: $\alpha = 1\%$
4) PG = r = 0,61
5) Anzahl der Freiheitsgrade ($v = n - 2$): $v = 10 - 2 = 8$
6) SSchr ($v = 8$; $\alpha = 1\%$): 0,765
7) Da SSchr > PG wird H_0 ($\rho = 0$) akzeptiert, mit einer Fehlerwahrscheinlichkeit von 1% besteht kein Zusammenhang zwischen den betrachteten Merkmalen.
8) Mit einem Irrtumsrisiko von 1% läßt sich zeigen, daß Muschellänge und Muschelbreite voneinander unabhängig sind.

d) B = 0,372, demnach werden 37,2% der Variation des einen Merkmals durch die Variation des anderen
    induziert. Mit anderen Worten, lediglich 37,2% lassen sich über das angepaßte Modell erklären, was
    dieses erheblich in Zweifel zieht! Zwar zeigt die Korrelationsanalyse statistische Signifikanz auf, nicht
    aber die Regressionsanalyse. Hier konnte bereits aufgezeigt werden, daß der Regressionskoeffizient
    nicht von Null verschieden ist, zumindest also das angepaßte Modell falsch ist!

Auswahl englischer Fachausdrücke

analysis of variance	Varianzanalyse
approximation error	Näherungsfehler
approximation method	Näherungsverfahren
arithmetic mean	arithmetischer Mittelwert
at random	zufällig
average	Mittelwert
bar chart	Säulendiagramm
bell-shaped curve	Glockenkurve
bias	sytematischer Fehler, Bias
bimodal distribution	zweigipflige Verteilung
bivariate distribution	zweidimensionale Verteilung
cell frequency	Klassenhäufigkeit
chi-square	Chi-Quadrat
charateristic	Merkmal
class frequency	Klassenhäufigkeit
class mark	Klassenmittel
coefficient of correlation	Korrelationskoeffizient
coefficient of determination	Bestimmheitsmaß
coefficient of regression	Regressionskoeffizient
coefficient of variation	Variationskoeffizient
correlation	Korrelation
columns	Spalten
confidence belt	Vertrauensbereich
confidence intervall	Vertrauensbereich
continiuous	stetig
covariance	Kovarianz
counts	Anzahl, absolute Häufigkeit
critical value	kritischer Wert
cumulative frequency	Summenhäufigkeit
curvilinear regression	nichtlineare Regression
degree of freedom	Freiheitsgrad
dependent	abhängig
dependent variate	abhängige Variable
design of experiment	Versuchsplanung
distribution free	verteilungsfrei, parameterfrei
distribution function	Verteilungsfunktion
equation	Gleichung
error of first (second) kind	Fehler 1. (2.) Art
error of observation	Meßfehler
estimate	Schätzung
estimator	Schätzfunktion
expectation	Erwartungswert, Mittelwert

finite population	endliche Grundgesamtheit
fit	Anpassung
frequency	Häufigkeit
frequency ration	relative Häufigkeit
F-distribution	F-Verteilung
goodness of fit	Güte der Anpassung, Anpassungsstärke
grouping	klassieren
Gauss distribution	Gauss-Verteilung, Normalverteilung
independent	unabhängig
intercept	Schnittpunkt mit der y-Achse
least methode of square	Methode der kleinsten Quadrate
level of significance	Signifikanzniveau, Irrtumswahrscheinlichkeit
likelihood	Mutmaßlichkeit
maverick	Ausreißer
mean	Mittelwert
median	Median
mode	Modus
nonparametrics methods	nichtparametrische Methoden
nonsense correlation	Scheinkorrelation
one-tailed test	einseitiger Test
open-ended class	offene Klasse
order statistics	Rangzahlen
outlier	Ausreißer
order statistics	Anordnungsstatistik, Anordnungswerte
parametric method	parametrisches Verfahren
pie chart	Kreisdiagramm
pooling of classes	Zusammenfassen von Klassen
population	Grundgesamtheit
probability	Wahrscheinlichkeit
probability paper	Wahrscheinlichkeitsgesetz
probability of error	Fehlerwahrscheinlichkeit
random error	Zufallsfehler
random event	Zufallsereignis
random sample	Zufallsstichprobe
random variable	Zufallsvariable
randomisation	Zufallszuteilung, Randomisieren
range	Spannweite
rank	Rang, Rangzahl
rates	Beziehungszahlen
ratios	Verhältniszahlen
reject	verwerfen
relatives	Meßzahlen
relative frequency	relative Häufigkeit
residual	Fehlerstreuung
residual varianz	Restvarianz
rows	Zeilen
runs	Iterationen

sample	Stichprobe
sample mean	Mittelwert der Stichprobe
sample size	Stichprobengröße
sign	Vorzeichen
significance level	Signifikanzniveau
slope	Steigung
smoothing	Glättung
standard deviation	Standardabweichung
standard error	mittlerer Fehler
statistic	statistische Maßzahl
statsistics	Statsitik
statistical inference	statistischer Schluß von der Zufallsstichprobe auf die Grundgesamtheit
stochastic variable	Zufallsvariable
Student´s distribution	t-Verteilung
subset	Teilmenge
sum of squares	Summe der quadratischen Abweichungen
tally chart	Strichliste
technical error	Meßfehler
test for goodness of fit	Anpassungstest
test statistic	Prüfgröße, Teststatistik
theorem	Satz
trial	Zufallsexperiment
two-tailed test	zweiseitiger Test
type I (II) error	Fehler 1. (2.) Art
unbiased sample	erwartungstreue unverzerrte Stichprobe
unimodal	eingipfelig
value	Wert
variance ratio distribution	F-Verteilung

Englische Abkürzungen

ANOVA	analysis of variance
ANCOVA	analysis of covariance
DF	degree of freedom
NS	not (statistically) significant
SD	standard deviation
SE	standard error
SEM	standard error of the mean

Sachverzeichnis

Biowissenschaften bei Birkhäuser

**Bestimmungsschlüssel zur Flora der Schweiz
und angrenzender Gebiete**

4. überarbeitete und erweiterte Auflage

Hess, H.E., Eidgenössische Technische Hochschule Zürich, Schweiz / **Landolt, E.,** Eidgenössische Technische Hochschule Zürich, Schweiz / **Hirzel, R.,** Zeichnungen / **Baltisberger, M.,** Eidgenössische Technische Hochschule Zürich, Schweiz

Der „Bestimmungsschlüssel zur Flora der Schweiz" ermöglicht die einfache Identifizierung von Farn- und Blütenpflanzen, die auf dem Gebiet der Schweiz wild wachsen. Da er auch die Nachbargebiete der Schweiz mit einbezieht, enthält er neben dem grössten Teil der Alpen- und Mitteleuropaflora auch die meisten submediterranen und zahlreiche mediterrane Arten. Der Band umfasst etwa 3300 Arten, wovon knapp die Hälfte mit klaren Abbildungen vorgestellt werden. Die Schlüssel sind verständlich geschrieben und übersichtlich dargestellt, und die Fachausdrücke werden in einem besonderen Verzeichnis erklärt. Aufgrund intensiven Gebrauchs der Schlüssel in Unterricht und Forschung der ETH Zürich konnten in der hier vorliegenden, vierten Auflage erneut zahlreiche Verbesserungen und Ergänzungen sowie die Aufnahme einer Reihe von neu im Gebiet auftretenden Arten aufgenommen werden.
Das Buch eignet sich vorzüglich für Fach- und Liebhaberbotaniker zur Mitnahme auf Exkursionen und für das Pflanzenbestimmen im Unterricht.

Hess H.E., Landolt E., Hirzel R., Baltisberger M.
Bestimmungsschlüssel zur Flora der Schweiz...
1998. 4. Auflage. 664 Seiten. Gebunden
ISBN 3-7643-5831-9

Birkhäuser

**Etymologisches Wörterbuch der botanischen Pflanzennamen
3. vollst. überarbeitete u. erweiterte Auflage**

Genaust, H.

Die dritte Auflage des Etymologischen Wörterbuchs
der botanischen Pflanzennamen wurde vollständig
überarbeitet, erweitert und berücksichtigt den aktuellen
Stand der internationalen Nomenklatur. Das Buch
vermittelt das Wissen über die Etymologie botanischer
Pflanzennamen, also die Aufklärung über die Herkunft
und Geschichte der wissenschaftlichen Gattungs-
und Artnamen (einschliesslich Bakterien, Algen, Pilzen,
Moosen und Flechten). Damit gibt das Buch auch einen
faszinierenden Einblick in die Geschichte der mannig-
fachen Beziehungen zwischen Pflanze und Mensch.

Anhand einer neuartigen Methode werden botanische
und linguistische Aspekte zusammengeführt und so
neue und teilweise überraschende Erkenntnisse erzielt.
Auf diesem Wege werden nicht nur Antworten auf die
vom Benutzer gestellten Fragen gegeben, sondern es
wird auch die historische Namensgebung von Pflanzen
neu beleuchtet.

Das Buch richtet sich daher nicht nur an Botaniker und
Linguisten, sondern ebenso an jeden, der mehr über
die Geschichte der Zivilisation im Zusammenhang mit
der Kultivierung der Pflanzen wissen möchte.

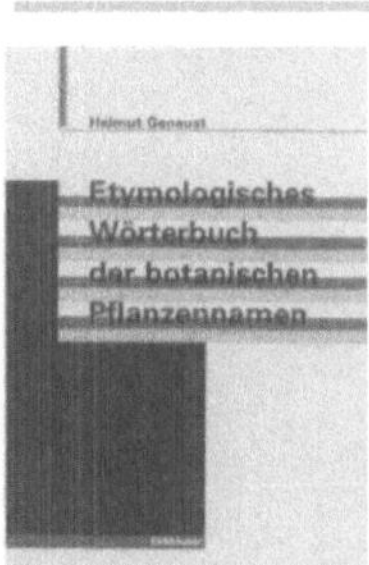

Genaust, H., Waldkirch, Deutschland
Etymologisches Wörterbuch...
1996. 728 Seiten. Gebunden
ISBN 3-7643-2390-6